中 国 国 家 标 准 汇 编

517

GB 27927～27944

（2011 年制定）

中国标准出版社　编

中国标准出版社

北　京

图书在版编目(CIP)数据

中国国家标准汇编:2011年制定.517:GB 27927～27944/中国标准出版社编.—北京:中国标准出版社,2012
ISBN 978-7-5066-6984-9

Ⅰ.①中… Ⅱ.①中… Ⅲ.①国家标准-汇编-中国-2011 Ⅳ.①T-652.1

中国版本图书馆CIP数据核字(2012)第197123号

中国标准出版社出版发行
北京市朝阳区和平里西街甲2号(100013)
北京市西城区三里河北街16号(100045)

网址 www.spc.net.cn
总编室:(010)64275323 发行中心:(010)51780235
读者服务部:(010)68523946

中国标准出版社秦皇岛印刷厂印刷
各地新华书店经销

*

开本 880×1230 1/16 印张 34.75 字数 952 千字
2012年9月第一版 2012年9月第一次印刷

*

定价 220.00 元

出 版 说 明

1.《中国国家标准汇编》是一部大型综合性国家标准全集。自1983年起，按国家标准顺序号以精装本、平装本两种装帧形式陆续分册汇编出版。它在一定程度上反映了我国建国以来标准化事业发展的基本情况和主要成就，是各级标准化管理机构，工矿企事业单位，农林牧副渔系统，科研、设计、教学等部门必不可少的工具书。

2.《中国国家标准汇编》收入我国每年正式发布的全部国家标准，分为"制定"卷和"修订"卷两种编辑版本。

"制定"卷收入上一年度我国发布的、新制定的国家标准，顺延前年度标准编号分成若干分册，封面和书脊上注明"20××年制定"字样及分册号，分册号一直连续。各分册中的标准是按照标准编号顺序连续排列的，如有标准顺序号缺号的，除特殊情况注明外，暂为空号。

"修订"卷收入上一年度我国发布的、被修订的国家标准，视篇幅分设若干分册，但与"制定"卷分册号无关联，仅在封面和书脊上注明"20××年修订-1,-2,-3,……"字样。"修订"卷各分册中的标准，仍按标准编号顺序排列(但不连续)，如有遗漏的，均在当年最后一分册中补齐。需提请读者注意的是，个别非顺延前年度标准编号的新制定的国家标准没有收入在"制定"卷中，而是收入在"修订"卷中。

读者配套购买《中国国家标准汇编》"制定"卷和"修订"卷则可收齐由我社出版的上一年度我国制定和修订的全部国家标准。

3. 由于读者需求的变化，自1996年起，《中国国家标准汇编》仅出版精装本。

4. 2011年我国制修订国家标准共1 989项。本分册为"2011年制定"卷第517分册，收入国家标准GB 27927～27944的最新版本。

中国标准出版社
2012年8月

目　　录

ICS 35.240.40
A 11

中华人民共和国国家标准

GB/T 27927—2011

银行业务和相关金融服务 三重数据加密算法操作模式 实施指南

Banking and related financial services—Triple DEA-Modes of operation—Implementation guidelines

(ISO/TR 19038:2005,MOD)

2011-12-30 发布　　　　2012-05-01 实施

中华人民共和国国家质量监督检验检疫总局
中国国家标准化管理委员会　发布

前　言

本标准修改采用 ISO/TR 19038:2005《银行业务和相关金融服务　三重数据加密算法操作模式实施指南》(英文版)。

本标准根据 ISO/TR 19038:2005 重新起草,与 ISO/TR 19038:2005 的技术性差异为:

a) 将标准中的"TDEA"按照我国习惯修改为"三重数据加密算法"(在本文中简称"3-DEA")(标准正文中部分需要区分之处保留"三重 DEA"的说法);

b) 为便于使用者理解标准正文,增加一条术语:"错误传播"(见 3.20);

c) 在 5.5 中为无编号、无标题的表编号为:表 1DEA 功能块执行时间表,以下表号顺延。

d) 在 6.6.1.1 中,将与 7.4 中 TCFB 惟一的不同之处是,反馈到移位函数的数据块是 O_i 而不是 C_i"修改为"与 6.4 中 TCFB 惟一的不同之处是,反馈到移位函数的数据块是 O_i 而不是 C_i"(勘误);

e) 为便于理解,在 B.3.2 的标题中将"stream cipher"翻译为"伪随机向量序列{O_i}"。

为便于使用,本标准还做了下列编辑性修改:

a) 将原文中的"本技术报告"改为"本标准";

b) 删除 ISO/TR 19038:2005 的前言,修改了 ISO/TR 19038:2005 的引言。

本标准的附录 A、附录 B、附录 C 为资料性附录。

本标准由中国人民银行提出。

本标准由全国金融标准化技术委员会(SAC/TC 180)归口。

本标准负责起草单位:中国金融电子化公司。

本标准参加起草单位:中国人民银行、中国工商银行、中国银行、交通银行、中国银联股份有限公司、华北计算技术研究所、北京工商大学、中国人民银行太原中心支行。

本标准主要起草人:王平娃、陆书春、李曙光、吕毅、杨颖莉、刘运、刘志军、林中、张启瑞、刘先、仲志晖、李彦智、周亦鹏、钱湘隆、李劲松、赵志兰、贾树辉、景芸、马小琼、张龙龙。

引　言

为加强DEA(数据加密算法)的强度和延长其生命周期,推荐使用三重数据加密算法(3-DEA)运算模式。3-DEA的操作模式大大加强了密码保护的强度,由于这些算法基于DEA,因此,用户和厂商可以较快熟悉它们。由于3-DEA操作模式能向下兼容已有的DEA操作模式,金融机构可使用3-DEA延长DEA的安全生命周期,保护对标准DEA技术的投资。

每种操作模式均有其优势和特性。对特定操作模式的选择、实施和使用取决于金融机构的安全要求、风险接受度和操作要求,这些不在本标准范围之内。如果参与方使用相同操作模式和共享保密密钥,那么本标准需要给使用本文所规定的3-DEA操作模式的各方提供互操作的基础根据。

本标准并不替代DEA算法标准和ISO/IEC 18033中规定的3-DEA算法。DEA是3-DEA操作模式的基础。3-DEA使用了先进的计算技术和密码分析技术,提供了更高的安全性。3-DEA可用硬件、软件或软硬件混合实现。

本标准提供了ISO/IEC 10116中规定的操作模式的实施指南。

金融机构有责任建立全面的安全流程,其中包含必要的控制措施以确保上述过程以安全的方式实施,并且应对实施过程进行审计以确认该过程符合安全流程。

银行业务和相关金融服务 三重数据加密算法操作模式 实施指南

1 范围

本标准给用户提供了为增强数据加密保护而安全有效地实施 3-DEA 操作模式的技术支持和详细资料。本处描述的 3-DEA 操作模式用于加密运算和解密运算。本标准所描述的模式是使用 ISO/IEC 18033-3 中规定的 3-DEA 运算的分组密码操作模式(在 ISO/IEC 10116 中规定)的实现。

3-DEA 操作模式可用于金融批发业务和金融零售业务的应用系统。本标准为产品的互用性和使用 3-DEA 操作模式的应用标准的开发提供了基础。本标准将和其他使用 DEA 的 ISO 标准一起使用。

2 规范性引用文件

下列文件对于本文件的应用是必不可少的。凡是注日期的引用文件,仅注日期的版本适用于本文件。凡是不注日期的引用文件,其最新版本(包括所有的修改单)适用于本文件。

ISO/IEC 9797-1　信息技术　安全技术　用块密码算法作密码校验函数的数据完整性机制

ISO/IEC 10116　信息技术　安全技术　n 位块密码算法的操作方式

ISO/IEC 18033-3　信息技术　安全技术　加密算法　第 3 部分:分组运算器

3 术语和定义

下列术语和定义适用于本文件。

3.1

生日现象　birthday phenomenon

一个有 n 个成员的相对较小的小组中至少两个人可能拥有共同生日的现象。

示例:当 $n=23$,该概率超过 1/2。如果一个人从 m 个可相互替代的可能数字随机地挑出一个,在 n 个实验对象中($n<m$),至少出现一对相同值的概率由以下公式估算出:

$$p=1-E^{-n^2/2m}$$

在以上实验中,试验的期望数在被发现相同值之前大约是$(\pi m/2)^{1/2}$。其表明对于使用混合密钥的 64 比特分组加密运算,如果一个人拥有 2^{32} 明文/密文对和 2^{32} 个由随机输入产生的密文块的文本字典,那么应该认为未知密码文本块将可从该字典中搜索到(见参考文献[11])。

3.2

块;分组　block

二进制串　binary string

示例:分割成给定的长度的明文或密文,每个片断称作一个块(分组)。明文(密文)从左向右逐块加密(解密)。在本标准中,对于 TCBC、TCBC-I、TOFB 和 TOFB-I 模式,明文和密文分割成 64 比特的块,然而对于 TCFB 和 TCFB-P 模式,支持 1 位、8 位及 64 比特明文和密文块的加密和解密。

3.3

密钥组 bundle

组成一个完整 3-DEA(K)密钥的元素组。

注：密钥组可由 2 个元素($K1$,$K2$)或者 3 个元素($K1$,$K2$,$K3$)组成。

3.4

密文 ciphertext

加密过的数据。

3.5

时钟周期 clock cycle

本标准中使用的时间单元,定义为一个 DEA 功能块执行一次 DEA 运算的时长。

3.6

密码算法初始化 cryptographic initialization

在开始加密或者解密之前,输入初始化向量到 3-DEA 中对算法进行初始化的过程。

3.7

密钥 cryptographic key

决定从明文到密文的转换的参数,反之亦然。

注：DEA 密钥是由 56 个独立位和 8 个奇偶位组成的 64 比特参数。

3.8

密钥周期 cryptoperiod

特定密钥(或密钥集)授权使用的有效期限。

3.9

数据加密算法 data encryption algorithm;DEA

ISO/IEC 18033-3 中规定的算法。

注：术语"单一 DEA"(single DEA)指 DEA,然而 3-DEA 指本标准中规定的三重 DEA(3-DEA)。

3.10

DEA 加密运算 DEA encryption operation

DEA 使用密钥 K 加密 64 比特数据块。

3.11

DEA 解密运算 DEA decryption operation

DEA 使用密钥 K 解密 64 比特数据块。

3.12

DEA 功能块 DEA functional block

指使用特定密钥执行 DEA 加密运算或 DEA 解密运算的块。

注：本标准中,每个 DEA 功能块由 DEA_j 表示。

3.13

解密 decryption

把密文转换成明文的过程。

3.14

加密 encryption

把明文转换成密文的过程。

3.15

异或运算 exclusive-OR

等长位二进制向量的逐位模 2 加运算。

3.16

初始向量　initialization vector

通过引入附加的密码变量并使得密码设备同步而对明文块序列的密码算法的初始化引入的二进制向量，以提高数据加密的安全性。

注：向量初值无需保密。

3.17

密钥　key

见3.7密钥。

3.18

明文　plaintext

包含一定涵义，且无需解密即可阅读或操作的可读数据。

注：也称之为明文(cleartext)。

3.19

传播延迟　propagation delay

给3-DEA模式提供的明文块与形成可用的密文块之间的延迟。

3.20

错误传播　error propagation

一个明文(密文)块中的错误比特经过加密(解密)运算后，不仅导致相应密文(明文)块中出现错误，而且导致其他密文(明文)块中出现错误。

3.21

再同步　re-synchronization

由于一个或多个密文块中比特位的增加或删除，失去同步状态后的再同步。

示例：如果能侦测到比特位的增加或删除，并且能删除或增加适当数目的比特位到密文，以便由块 C_i 开始重新建立块边界，使得随后解密的明文仍正确地来自包含 r 的块 P_{i+r}，那么，我们就认为是 C_{i+r} 的再同步。

3.22

自同步　self synchronization

自动的再同步。

示例：TCBC模式展示了自动同步，即如果密文 C_i 发生了包括丢失一个或多个完整块的错误，但是错误不再发生，那么，C_{i+2} 和随后的密文块正确地解密到 P_{i+2} 和随后的明文块(见[11]和[12])。

3.23

同步　synchronization

指对于包括 P_1、P_2、……、P_n 的明文，如果其加密成为 C_1、C_2、……、C_n 等密文块，那么，对于任何 i，$1 \leqslant i \leqslant n$，$P_1$、$P_2$、……、$P_i$ 能正确地从 C_1、C_2、……、C_i 解密得出。

注：如果密文转换中出现错误，或者，密文增加或丢失了某些比特位，那么，同步丢失。

4　符号和缩略语

C_i	第 i 个密文块，由 k 比特组成，$k=1$、8或64。
$C^{(j)}$	TCBC-I模式中的第 j 个密文子串。
$C_{j,i}$	第 j 个密文子串中的第 i 个密文块。
CBC	密码分组链接(Cipher block chaining)。
CFB	密码反馈(Cipher feed back)。
D_{K_j}	使用密钥 K_j 的DEA解密运算。

DEA　ISO/IEC 18033-3 中规定的数据加密算法(data encryption algorithm)。

DEA_j　第 j 个 DEA 功能块。

E_{K_j}　使用密钥 K_j 的 DEA 加密运算。

ECB　电子密码本(Electronic codebook)。

I_i　加密运算第 i 个输入块,包括 TCFB、TCFB-P、TOFB 和 TOFB-I 操作模式中的 64 比特。

i　块索引。

IV　初始向量(Initialization vector)。

j　TCBC-I 中的功能块索引、密钥索引和明文子串(密文子串)索引。

h　时钟周期给定的计数数值。其用于描述每个 DEA 功能块的操作,通过采取 $t=h-1$、$t=h$ 和 $t=h+1$ 的形式。在交错或者流水模式中,h 以时钟周期 $t=3(h-1)+j$,$j=1,2,3$ 的方式,用于描述三个功能块的同时操作行为。在交错模式中,h 用作把明文划作三部分的块的索引。

k　块的长度,用作转换函数 S_k 的参数,$k=1$、8、64。

K　密钥。

n　明文中块的数量。

O_i　加密运算中第 i 个输出块,包括 TCFB、TCFB-P、TOFB 和 TOFB-I 操作模式中的 64 比特。

$\{O_i\}_k$　O_i 加最左边的 k 比特,$k=1$、8、64。当 K=64 时,$\{O_i\}_k=O_i$。

OFB　输出反馈(Output feedback)。

P_i　第 i 个明文块,包括 k 位,$k=1$、8、64。

$P^{(j)}$　TCBC-1 模式中的第 j 个明文支流。

$P_{j,i}$　第 j 个明文支流中的第 i 个密文块。

S_k　“k 转换”函数,定义如下:

假设 64 比特分组 $I=(i_1,i_2,\cdots\cdots,i_{64})$ 和 k 比特块 $C=(C_1,C_2,\cdots\cdots,C_k)$,$k=1,8,64$,那么,$k$ 转换函数 $S_k(I|C)$产生一个 64 比特块:

$$S_k(I|C)=\{i_{k+1},i_{k+2},\cdots\cdots,i_{64},c_1,c_2,\cdots\cdots,c_k\}$$

这里 I 的比特数被向左移动 k 比特,丢弃 $i_1,i_2,\cdots\cdots,i_k$ 并且把 C 的 k 比特放在 I 的最右边 k 个位置。当 $k=64$ 时,$S_k(I|C)=C$。

t　从 1 开始的时钟周期的计数器。

TCBC　3-DEA 密码分组链接(TDEA cipher block chaining)。

TCBC-I　3-DEA 交错密码分组链接(TDEA cipher block chaining-interleaved)。

TCFB　3-DEA 密码反馈(TDEA cipher feed back)。

TCFB-P　3-DEA 密码管道式反馈(TDEA cipher feedback-pipelined)。

3-DEA　三重 DEA(Triple data encryption algorithm)。

TECB　3-DEA 电子密码本(TDEA electronic algorithm)。

TOFB　3-DEA 输出反馈(TDEA output feed back)。

TOFB-I　3-DEA 输出管道式反馈(TDEA output feedback-interleaved)。

$X \oplus Y$　X 和 Y 的异或运算。

$X||Y$　X 和 Y 的链接。

$|X|$　位串 X 的长度。

5 规范

5.1 3-DEA 加密/解密运算

本标准中，每个 3-DEA 加密/解密运算均遵守 ISO/IEC 18033-3 中的规定，为 DEA 加密和解密运算的复合运算。以下运算将适用于本标准。

a) 3-DEA 加密运算：把 64 比特分组 I(输入)转换成 64 比特分组 O(输出)，定义如下：

$O=E_{K3}(D_{K2}(E_{K1}(I)))$；

b) 3-DEA 解密运算：把 64 比特分组 I 转换成 64 比特分组 O，定义如下：

$O=E_{K1}(D_{K2}(E_{K3}(I)))$。

5.2 密钥选项

本标准在 3-DEA 密钥方面使用以下密钥选项：

a) 密钥选项 1：K1、K2 和 K3 是相互独立的密钥；

b) 密钥选项 2：K1 和 K2 是相互独立的密钥，K3=K1；

c) 密钥选项 3：K1=K2=K3。

注：不推荐密钥选项 3，因为它将 3-DEA 的安全强度降低到了 DEA 的安全强度。

5.3 3-DEA 操作模式

本标准讨论了以下操作模式：

a) 3-DEA 电子密码本模式(TECB)；

b) 3-DEA 密码分组链接模式(TCBC)；

c) 3-DEA 密码分组链接模式-交错(TCBC-I)；

d) 3-DEA 密码反馈模式(TCFB)；

e) 3-DEA 密码反馈模式-管道(TCFB-P)；

f) 3-DEA 输出反馈模式(TOFB)；

g) 3-DEA 输出反馈模式-交错(TOFB-I)。

这些就是 ISO/IEC 10116 中规定的 ECB、CBC 和 CFB 操作模式的实施方式。在应用中，高效的 3-DEA 加密/解密运算很重要，或者传播延迟必须最小化，因此，本标准也提供了最新交错模式(针对 TCBC 和 TOFB)和管道模式(针对 TCFB)。

5.4 向后兼容性

在本标准中，如果在 3-DEA 操作中使用恰当的密钥选项，3 DEA 操作模式能够向后兼容到单个 DEA 的相应操作模式。

a) 使用单一 DEA 操作模式加密得到的密文能正确地通过 3-DEA 相应的操作模式加以解密；

b) 使用 3-DEA 操作模式加密得到的密文能正确地通过单一 DEA 相应的操作模式加以解密。

使用密钥选项 3 时，TECB、TCBC、TCFB 和 TOFB 模式均分别向后兼容 ECB、CBC、CFB 和 OFB 的单一 DEA 操作模式。宜注意：向后兼容到 DEA 把 3-DEA 的操作模式的安全性降低到单一 DEA 的相应操作模式的程度。

5.5 DEA 功能块执行时间表

在本标准中，一个时钟周期定义为执行 $E_K(I)$ 或 $D_K(I)$ 的 DEA 功能块的时钟周期。在 DEA 功能块执行时间表中，$O=E_{K3}(D_{K2}(E_{K1}(I)))$ 划分为三个操作。每个操作由一个功能块在一个时钟周期内完成。表 1 是在执行 $E_{K3}(D_{K2}(E_{K1}(I)))$ 时三个 DEA 功能块的执行时间次序。

表 1 DEA 功能块执行时间表

	Input	DEA_1	DEA_2	DEA_3	Output
$t=1$	I	$E_{K1}(I)$			
$t=2$			$D_{K2}(E_{K1}(I))$		
$t=3$				$E_{K3}(D_{K2}(E_{K1}(I)))$	O

5.6 提高运算效率并将传播最小化

如 5.5 所示，有效的 3-DEA 输出块 O 仅在输入块 I 之后产生，已经传播经过了三个单独的 DEA 功能块。也就是说，获得输出花费了三个时钟周期。在每个时钟周期内，只有一个 DEA 功能块在进行数据加密/解密。该配置方式具有最低的运算效率和最长的传播延迟。

为了提高运算效率并将传播最小化，可使用本标准提供的交错模式和管道模式。它们分别是 TCBC-I、TCFB-P 和 TOFB-I 模式。在交错模式中，明文序列分割成三个明文子序列。加密能同步进行。在管道模式中，通过三个时钟周期，用三个 IV 发起加密运算，以至于在发起之后，三个 DEA 功能块能并行处理数据。交错和管道配置方式用于配有多个 DEA 处理器的系统。

在交错或者管道模式中，执行时间表定义了在每个时钟周期内多个 DEA 功能块的同步操作。

5.7 密钥和初始向量

在执行 3-DEA 操作模式时应符合以下有关密钥和初始化向量的具体规定。

a) 对于所有的 3-DEA 操作模式，三个密钥(K1，K2，K3)定义了 3-DEA 密钥组。密钥组和单个密钥应：
   1) 保密；
   2) 随机产生；
   3) 从其由授权源产生、传输或者存储时起，保持完整性，以确保密钥组中的每个密钥均不能以未授权方式进行变更；
   4) 以特定操作模式中规定的适当的顺序来使用；
   5) 在 3-DEA 运算及相应的密钥管理过程中，应将整个密钥组看作一个整体，对密钥的相关操作应作用于整个密钥组的每个密钥；
   6) 密钥组不能因为任何目的而拆散。

b) IV 应符合以下特性：
   1) 对于 TECB，不使用 IV；
   2) 对于使用 IV 的所有模式，IV 可为公共信息；
   3) 在给定密钥组的密钥周期内，只要重新发起加密过程，就应产生一个或者三个新的 IV。

c) IV 应通过以下方式之一产生，按照如下优先级顺序采用：
   1) 随机产生；
   2) 由单调递增计数器产生，以便该数值将在密钥的密钥周期内不会重复。

d) 需要三个 IV 时，通过 c)项的方式 1)或方式 2)产生一个 IV，然后：
   1) $IV_1 = IV$；
   2) $IV_2 = IV_1 + R_1 \bmod 2^{64}$，$R_1 = (5555555555555555)$；
   3) $IV_3 = IV_1 + R_2 \bmod 2^{64}$，$R_2 = (AAAAAAAAAAAAAAAA)$。

——在以上 IV_2 和 IV_3 的等式中，二进制串或十六进制串转换成整数。运算是整数加法模 2^{64}。运算结果转换回二进制串或十六进制串；

——通过方式 2)，即用单调递增计数器产生 IV 时，IV 值一旦转换成整数，那么应小于 R_1。R_1 当作从(5555555555555555)转换出来的整数。

5.8 输入和输出

以下技术规范适用于3-DEA操作模式的输入和输出。

a) 3-DEA的输入和输出是64比特分组。对于TCFB和TCFB-P模式,明文/密文块大小可为1比特、8比特或者64比特。对于TECB、TCBC、TCBC-I、TOFB和TOFB-I,明文/密文需要为其操作提供64比特的完整数据块。少于64比特的块需要特别处理,该部分内容不在本标准中阐述。

b) 由于中间结果把3-DEA的强度降低到DEA的水平,任何3-DEA操作模式的实施行为宜确保不同DEA功能块之间的中间结果不被泄露。因此,为防止针对3-DEA运算设备的攻击,设备本身必须加以物理防护,且绝对不能泄露中间结果。

c) 应禁止将起初的输出数据输出到运算设备之外,因为其无效且如果泄露可产生安全风险。每种操作模式应具体规定多少比特的输出宜加以禁止。

6 3-DEA操作模式

6.1 3-DEA操作模式电子密码本

6.1.1 TECB定义

6.1.1.1 概述

如6.2所述,为TECB模式定义三个密钥选项。

6.1.1.2 TECB加密

——输入:P_1、P_2、……、P_n;$|P_i|=64$;

——输出:C_1、C_2、……、C_n;$|C_i|=64$。

For $i=1,2,\cdots\cdots,n$,do

1) $C_i=\mathrm{E}_{K3}(\mathrm{D}_{K2}(\mathrm{E}_{K1}(P_i)))$;

2) 输出 C_i。

TECB加密如图1所示。

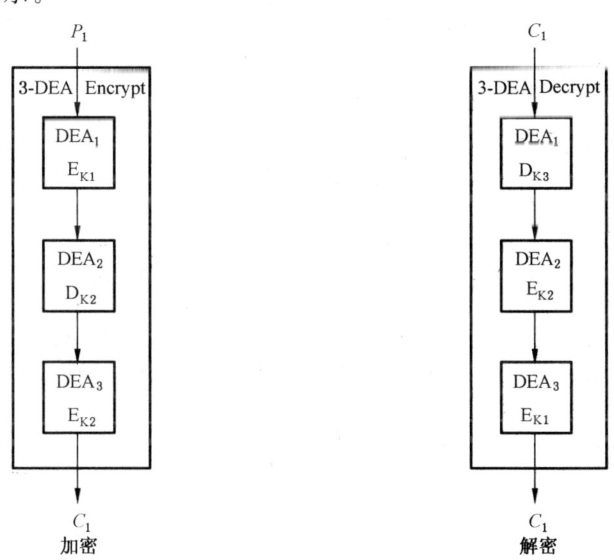

图1 3-DEA电子密码本

假设三个 DEA 功能块：DEA_1、DEA_2 和 DEA_3 同步并行运算。DEA_1 执行 E_{K1} 运算，DEA_2 执行 D_{K2} 运算，DEA_3 执行 E_{K3} 运算。在每个时钟周期里，每个 DEA_j 使用来自 DEA_{j-1} 的输入(或者来自输入缓冲区的输入)执行具体运算，把运算结果传给 DEA_{j+1}(或者传给输出缓冲区)。表 2 显示了三个 DEA 功能块是如何按照时间顺序安排的。在起初的两个时钟周期里，3-DEA 的 128 比特输出宜加以禁止，因为其并非有效的输出。

表 2 TECB 加密执行时间表执行时间表

时钟	输入	DEA_1	DEA_2	DEA_3	输出
$t=1$	P_1	$E_{K1}(P_1)$	空闲	空闲	N/A
$t=2$	P_2	$E_{K1}(P_2)$	$D_{K2}(E_{K1}(P_1))$	空闲	N/A
$t=3$	P_3	$E_{K1}(P_3)$	$D_{K2}(E_{K1}(P_2))$	$E_{K3}(D_{K2}(E_{K1}(P_1)))$	C_1
$t=4$	P_4	$E_{K1}(P_4)$	$D_{K2}(E_{K1}(P_3))$	$E_{K3}(D_{K2}(E_{K1}(P_2)))$	C_2
		…	…	…	
$t=\mathrm{h}$	P_h	$E_{K1}(P_\mathrm{h})$	$D_{K2}(E_{K1}(P_{\mathrm{h}-1}))$	$E_{K3}(D_{K2}(E_{K1}(P_{\mathrm{h}-2})))$	$C_{\mathrm{h}-2}$
		…	…	…	
$t=n$	P_n	$E_{K1}(P_n)$	$D_{K2}(E_{K1}(P_{4-1}))$	$E_{K3}(D_{K2}(E_{K1}(P_{n-1})))$	C_{n-2}
$t=n+1$	N/A	空闲	$D_{K2}(E_{K1}(P_4))$	$E_{K3}(D_{K2}(E_{K1}(P_{n-2})))$	C_{n-1}
$t=n+2$	N/A	空闲	空闲	$E_{K3}(D_{K2}(E_{K1}(P_{n-3})))$	C_n

例如：如果待加密的明文是“Now is the time for all good men”，那么其使用 ASCII 编码，采用 16 进制表示为：

X‘4E6F772069732074 68652074696D6520 666F7220616C6C20 676F6F64206D656E’

使用密钥 X‘0123456789ABCDEFFEDCBA9876543210’加密，得到表 3 结果。

表 3 TECB 加密示例

时钟	输入	DEA_1	DEA_2	DEA_3	输出
$t=1$	P_1 4E6F772069732074	$E_{K1}(P_1)$ 3FA40E8A984D4815	空闲	空闲	N/A
$t=2$	P_2 68652074696D6520	$E_{K1}(P_2)$ 6A271787AB8883F9	$D_{K2}(E_{K1}(P_1))$ 0EF020F064194595	空闲	N/A
$t=3$	P_3 666F7220616C6C20	$E_{K1}(P_3)$ 893D51EC4B563B53	$D_{K2}(E_{K1}(P_2))$ 174B332E073DE8AF	$E_{K3}(D_{K2}(E_{K1}(P_1)))$ D80A0D8B2BAE5E4E	C_1 D80A0D8B2BAE5E4E
$t=4$	P_4 676F6F64206D656E	$E_{K1}(P_4)$ 73C1ADB2171F7894	$D_{K2}(E_{K1}(P_3))$ 47B3F7F0E82E1F35	$E_{K3}(D_{K2}(E_{K1}(P_2)))$ 6A0094171ABCFC27	C_2 6A0094171ABCFC27
$t=5$	N/A	空闲	$D_{K2}(E_{K1}(P_4))$ 7A1E4ABD1DA455C6	$E_{K3}(D_{K2}(E_{K1}(P_3)))$ 75D2235A706E232C	C_3 75D2235A706E232C
$t=6$	N/A	空闲	空闲	$E_{K3}(D_{K2}(E_{K1}(P_4)))$ 41B637F9AB83FFD4	C_4 41B637F9AB83FFD4

6.1.1.3 TECB 解密

——输入：C_1、C_2、……、C_n；$|C_i|=64$；

——输出：P_1、P_2、……、P_n；$|P_i|=64$。

For $i=1,2,\cdots\cdots,n$, do

1) $P_i=\mathrm{D_{K1}}(\mathrm{E_{K2}}(\mathrm{D_{K3}}(C_i)))$；

2) 输出 P_i。

TECB 解密如图 1 所示。

假设三个 DEA 功能块：$\mathrm{DEA_1}$、$\mathrm{DEA_2}$ 和 $\mathrm{DEA_3}$ 同步并行运算。$\mathrm{DEA_1}$ 执行 $\mathrm{D_{K3}}$ 运算，$\mathrm{DEA_2}$ 执行 $\mathrm{E_{K2}}$ 运算，$\mathrm{DEA_3}$ 执行 $\mathrm{D_{K1}}$ 运算。在每个时钟周期里，每个 DEA 使用来自 DEA_{j-1} 的输入（或者来自输入缓冲区的输入）执行具体运算，把运算结果传给 DEA_{j+1}（或传给输出缓冲区）。表 4 显示了三个 DEA 功能块是如何按照时间顺序安排的。在起初的两个时钟周期里，3-DEA 的 128 比特输出宜加以禁止，因为其并非有效的输出。

表 4 TECB 解密执行时间表

时钟	输入	$\mathrm{DEA_1}$	$\mathrm{DEA_2}$	$\mathrm{DEA_3}$	输出
$t=1$	C_1	$\mathrm{D_{K3}}(C_1)$	空闲	空闲	N/A
$t=2$	C_2	$\mathrm{D_{K3}}(C_2)$	$\mathrm{E_{K2}}(\mathrm{D_{K3}}(C_1))$	空闲	N/A
$t=3$	C_3	$\mathrm{D_{K3}}(C_3)$	$\mathrm{E_{K2}}(\mathrm{D_{K3}}(C_2))$	$\mathrm{D_{K_{31}}}(\mathrm{E_{K2}}(\mathrm{D_{K3}}(C_1)))$	P_1
$t=4$	C_4	$\mathrm{D_{K3}}(C_4)$	$\mathrm{E_{K2}}(\mathrm{D_{K3}}(C_3))$	$\mathrm{D_{K1}}(\mathrm{E_{K2}}(\mathrm{D_{K3}}(C_2)))$	P_2
		…	…	…	
$t=h$	C_h	$\mathrm{D_{K3}}(C_\mathrm{h})$	$\mathrm{E_{K2}}(\mathrm{D_{K3}}(C_{\mathrm{h}-1}))$	$\mathrm{D_{K1}}(\mathrm{E_{K2}}(\mathrm{D_{K3}}(C_{\mathrm{h}-2})))$	$P_{\mathrm{h}-2}$
		…	…	…	
$t=n$	C_n	$\mathrm{D_{K3}}(C_n)$	$\mathrm{E_{K2}}(\mathrm{D_{K3}}(C_{4-1}))$	$\mathrm{D_{K1}}(\mathrm{E_{K2}}(\mathrm{D_{K3}}(C_{n-1})))$	P_{n-2}
$t=n+1$	N/A	空闲	$\mathrm{E_{K2}}(\mathrm{D_{K3}}(C_4))$	$\mathrm{D_{K1}}(\mathrm{E_{K2}}(\mathrm{D_{K3}}(C_{n-2})))$	P_{n-1}
$t=n+2$	N/A	空闲	空闲	$\mathrm{D_{K1}}(\mathrm{E_{K2}}(\mathrm{D_{K3}}(C_{n-3})))$	P_n

6.1.2 TECB 特性

a) 当把密钥组中三个密钥设定为同一密钥时（见密钥选项 3），TECB 操作模式则向后兼容到使用相同密钥的单一 DEA ECB 模式。

b) 在 TECB 解密过程中，密文输入块 C_i 即使出现一个比特的错误，一旦解密，也将导致明文 P_i 最大 64 比特的错误。这样一个明文块 P_i 的平均错误率将为 50%。然而，对其他的块不会出现错误传播，即，由密文 C_i 导致的错误仅出现在 P_i 中。

c) TECB 模式需要同步机制。

如果密文块 C_i 增加或删除了少于 64 比特的位串，那么，将失去同步机制。如果探测到位的增加或删除，且删除或增加了适当的位，那么解密可再同步，这样除了 P_i，后续解密出来的块是正确的。否则，C_i 的解密和后续解密出来的块均是错误的。

如果丢失或增加某些完整的块，那么，解密出来的块将丢失或增加相同数量的块。然而，在增加或删除之后后续解密出来的块如果没有其他错误，就是正确的。

d) 对于单一 DEA ECB 模式，TECB 模式将在使用相同密钥的情况下，针对同样的明文块产生同样的密文块。该属性使 TECB 不适合于通用数据加密，在通用数据加密情况下，明文块副本的结构将泄露有关明文的关键信息（例如，数字化图片）。其适合于输入具有高度可变性或者数据由单个块组成的应用情况。

e) TECB是分组加密的方式，因此，其运算需要完整的64比特数据块。少于64比特的块需要特别处理，该内容不在本标准范围之内。

6.2 3-DEA 密码分组链接操作模式

6.2.1 TCBC 定义

6.2.1.1 概述

本操作模式为ISO/IEC 10116中规定的CBC模式(参数 $m=1$)，把3-DEA当作 n 位密码系统。见图2和图3。

如5.2所述，为TCBC模式定义了三个密钥选项。

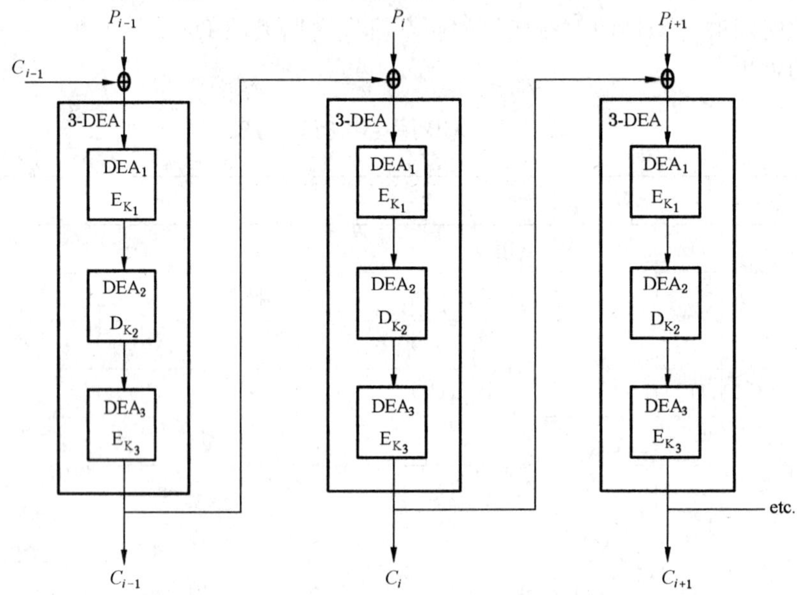

图2 3-DEA密码分组链接-加密

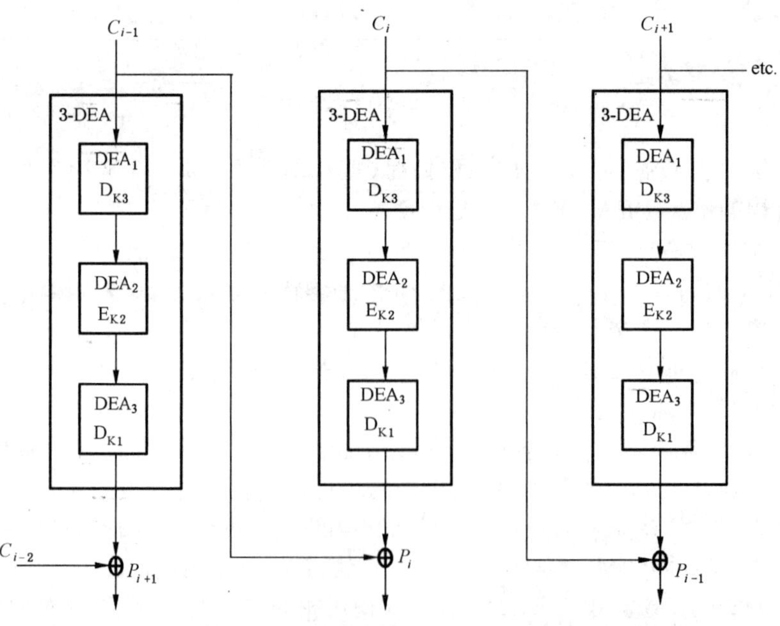

图3 3-DEA密码分组链接-解密

6.2.1.2 TCBC 加密

——**输入**：P_1、P_2、……、P_n；IV；$|P_i|=64$，$|\mathrm{IV}|=64$；

——**输出**：C_1、C_2、……、C_n；$|C_i|=64$。

a) $C_0=\mathrm{IV}$。

b) For $i=1,2,\cdots\cdots,n$，do

  1) $C_i=\mathrm{E}_{K3}(\mathrm{D}_{K2}(\mathrm{E}_{K1}(P_i\oplus C_{i-1})))$；

  2) 输出 C_i。

在 TCBC 加密中，DEA_1 执行 E_{K1} 运算，DEA_2 执行 D_{K2} 运算，DEA_3 执行 E_{K3} 运算。如果在时钟周期 $t=1$，DEA_1 执行 $\mathrm{E}_{K1}(P_1)$，当 $t=2$，$t=3$，DEA_1 就是空闲的，因为 DEA_1 的下一次输入是 $P_2\oplus C_1$，其中，C_1 是 $t=3$ 时的输出。于是，DEA_1、DEA_2 和 DEA_3 不可能同时执行 TCBC 加密的 DEA 运算。DEA_1、DEA_2 和 DEA_3 的执行时间表就是，当 $t=3(h-1)+j$，其中 $j=1、2、3、\cdots、n$，仅有 DEA_j 是激活的，其他两个必须是空闲的。

例如：

如果即将加密的明文是"Now is the time for all good men"，那么其使用 ASCII 编码，采用 16 进制表示为：

X '4E6F772069732074 68652074696D6520 666F7220616C6C20 676F6F64206D656E'

使用密钥 X '0123456789ABCDEFFEDCBA9876543210'和 IV X '0000000000000000'通过 TCBC 模式加密，得到表 5 结果。

表 5 TCBC 加密示例

时钟	输入	DEA_1	DEA_2	DEA_3	输出
$t=1$	P_1 4E6F772069732074 $\oplus$ 0000000000000000	$\mathrm{E}_{K1}(P_1)$ 3FA40E8A984D4815	空闲	空闲	N/A
$t=2$	N/A	空闲	$\mathrm{D}_{K2}(\mathrm{E}_{K1}(P_1))$ 0EF220F064194595	空闲	N/A
$t=3$	N/A	空闲	空闲	D80A0D8B2BAE5E4E	C_1 D80A0D8B2BAE5E4E
$t=4$	P_2 68652074696D6520 $\oplus$ D80A0D8B2BAE5E4E	$\mathrm{E}_{K1}(P_4)$ 38D4E8D33C87C3F3	空闲	空闲	N/A
$t=5$	N/A	空闲	$\mathrm{D}_{K2}(\mathrm{E}_{K1}(P_1))$ 2259D3308D542A00	空闲	N/A
$t=6$	N/A	空闲	空闲	$\mathrm{E}_{K3}(\mathrm{D}_{K2}(\mathrm{E}_{K1}(P_2)))$ 319E5E68C3E8891B	C_2 319E5E68C3E8891B
$t=7$	P_3 666F7220616C6C20 $\oplus$ 319E5E68C3E8891B	$\mathrm{E}_{K1}(P_4)$ 9A08D22BD5F1B809	空闲	空闲	N/A

表 5（续）

时钟	输入	DEA_1	DEA_2	DEA_3	输出
$t=8$	N/A	空闲	$D_{K2}(E_{K1}(P_3))$ 810A66AC77A0A869	空闲	N/A
$t=9$	N/A	空闲	空闲	$E_{K3}(D_{K2}(E_{K1}(P_3)))$ 93462A6DB9B4A4D1	C_3 93462A6DB9B4A4D1
$t=10$	P_2 676F6F64206D656E ⊕ 93462A6DB9B4A4D1	$E_{K1}(P_4)$ 2A389A64B537E2D5	空闲	空闲	N/A
$t=5$	N/A	空闲	$D_{K2}(E_{K1}(P_4))$ C8247F029F02DFBD	空闲	N/A
$t=6$	N/A	空闲	空闲	$E_{K3}(D_{K2}(E_{K1}(P_4)))$ 976E095D6DA30EE9	C_4 976E095D6DA30EE9

6.2.1.3 TCBC 解密

——**输入**：C_1、C_2、……、C_n；IV；$|C_i|=64$，$|IV|=64$；

——**输出**：P_1、P_2、……、P_n；$|P_i|=64$。

a) $C_0=IV$。

b) For $i=1$、2、……、n，do

1) $P_i=D_{K1}(E_{K2}(D_{K3}(C_i)))\oplus P_i$；

2) 输出 P_i。

TCBC 的解密不同于其加密，在 TCBC 解密中，如果 DEA_1 执行 D_{K3} 运算，DEA_2 执行 E_{K2} 运算，DEA_3 执行 D_{K1} 运算，那么，DEA_1、DEA_2 和 DEA_3 能同步执行 DEA 运算。见 6.1.1.2 中的表 3，可得到 DEA 功能块的执行时间表。注意，如果根据表 3，使用多个 DEA 处理器执行 TCBC 解密，那么，DEA_3 的输出需要与 C_{i-1} 进行异或运算以得到明文块 P_i。

6.2.2 TCBC 特性

a) 当把三个密钥设定为同一密钥时（见密钥选项 3），TCBC 操作模式便往后兼容使用相同密钥的单一 DEA CBC 模式。

b) 对于本模式，单个密文块出现一个或多个比特位的错误将影响两个块的解密：发生错误的块和后续的块。如果密文块 C_{i-1} 出现错误，那么，明文块 P_{i-1} 的每一位将出现 0.5 的平均错误率。明文块 P_i 将仅与错误的密文位直接对应的那些位才出现错误。如果 C_i 没有错误，那么 P_{i+1} 将正确地得以解密，即限制错误传播。

c) TCBC 模式需要同步机制。如果密文块 C_{i-i} 增加或删除了少于 64 比特的位串，那么，将失去同步机制。如果探测到位的增加或删除，且删除或增加了正确的位到 C_{i-i} 上，那么解密可再同步，这样除了 P_i 和 P_{i-1}，后续解密出来的块是正确的。否则，P_{i-1} 的解密和后续解密出来的块均是错误的。

如果 C_{i-1} 后面增加或丢失 r 个完整的块（即块 C_i 到 C_{i+r-1} 增加或丢失），则 P_i 是个错误块并且

在 P_i 后面也将增加或丢失 r 个块(即块 P_{i+1} 到 P_{i+r} 增加或丢失)。但是,如果没有出现其他错误,则上述增加或丢失的 r 个块之后的块能够正确地解密。

d) 如果对每个新明文使用相同的 IV,则 TCBC 在使用完全相同的密钥组的情况下,将为相同的明文产生相同的密文。在使用同一密钥的情况下,可对每个新的明文使用新的 IV。

e) TCBC 是分组加密的方式,因此,其运算需要完整的 64 比特数据块。少于 64 比特的块需要特别处理,该内容不在本标准范围之内。

6.3 3-DEA 密码分组链接操作模式-交错

6.3.1 TCBC-I 定义

6.3.1.1 概述

为提高 TCBC 运算效率,其模式可通过把明文分成三个明文子串加以修订。5.2 为 TCBC-I 定义了三种密钥选项。

本操作模式是 ISO/IEC 10116 中定义的使用 n 位分组密码的 3-DEA CBC 模式(参数 m 等于 3)。

6.3.1.2 明文分割

假设 $P=(P_1、P_2、\cdots\cdots、P_n)$ 是 n 个块组成的明文。P 的块通过以下方式重新编入索引。

对于每个 P_i,$1\leqslant i\leqslant n$,首先找到一个整数对 (j,h),$j=1$、2 或 3,$h>0$,以便 $i=3(h-1)+j$。然后 P_i 重新编成为 $P_{j,h}$。

例如,对于 P_8,由于 $8=3(3-1)+2$,$j=2$,且 $h=3$。P_8 重新编成为 $P_{2,3}$。

那么明文 $P=(P_1、P_2、\cdots\cdots、P_n)$ 重新编索引,成为:

$P=(P_{1,1}、P_{2,1}、P_{3,1};P_{1,2}、P_{2,2}、P_{3,2};P_{1,3}、P_{2,3}、P_{3,3};\cdots;P_{1,h}、P_{2,h}、P_{3,h};\cdots;\cdots P_{j',nj'})$,

其中,最后的块 $P_{j',nj'}=P_n$ 且 $n=3(nj'-1)+j'$,$j'=1$、2 或 3。

然后把 P 分割成三个子串:

$P^{(1)}=P_{1,1};P_{1,2};\cdots;P_{1,n1}$;

$P^{(2)}=P_{2,1};P_{2,2};\cdots;P_{2,n2}$;

$P^{(3)}=P_{3,1};P3,2;\cdots;P_{3,n3}$;

其中,取决于以下方式中的数字 n,三个明文子串可不具有相同的长度:

如果 $n=0 \bmod 3$,那么,$n_1=n_2=n_3=n/3$;

如果 $n=1 \bmod 3$,那么,$n_1=(n+2)/3$,$n_2=n_3=(n-1)/3$;

如果 $n=2 \bmod 3$,那么,$n_1=n_2=(n+1)/3$,$n_3=(n-2)/3$。

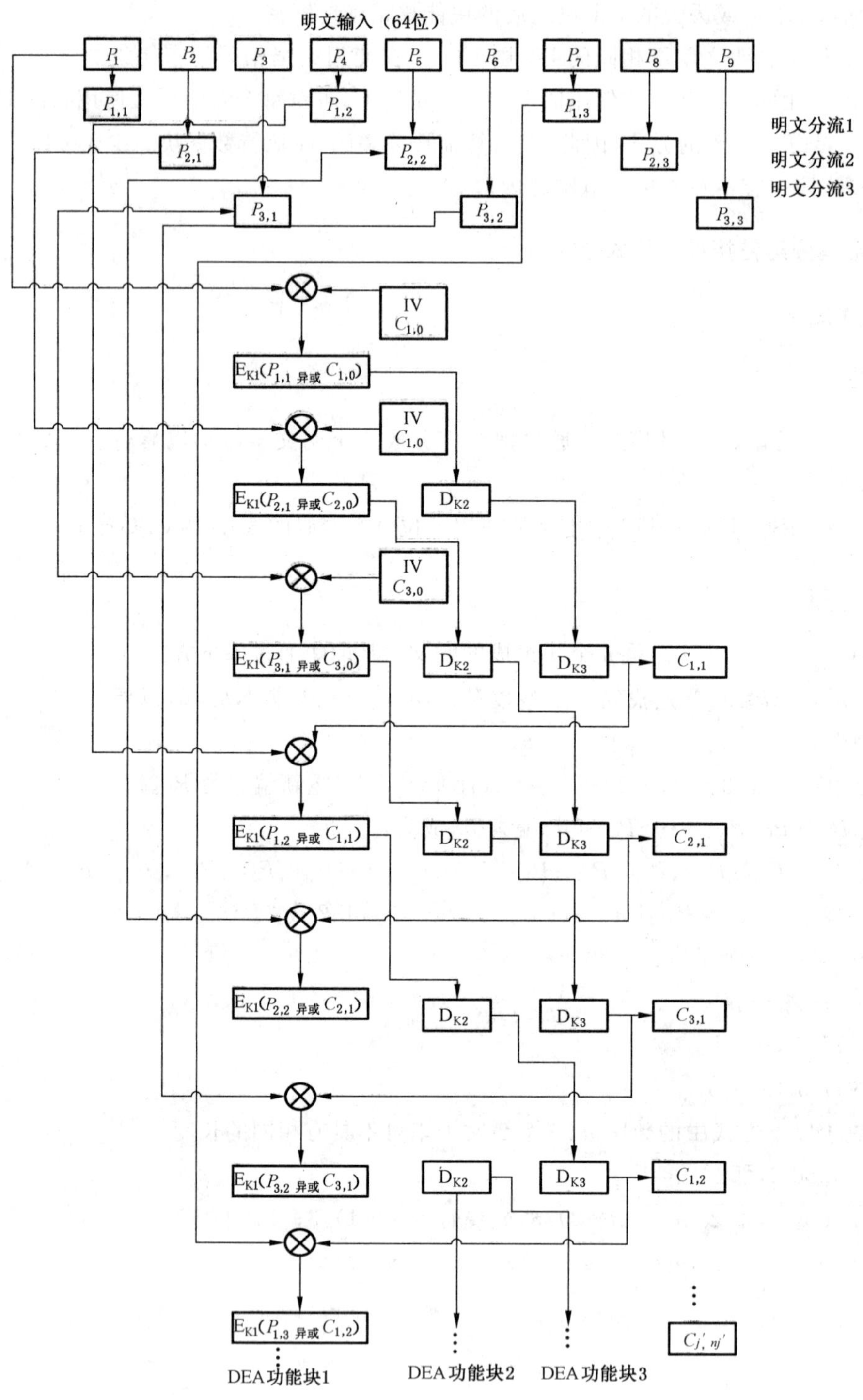

图 4　TCBC-I 加密

6.3.1.3　TCBC-I 加密

如图 4,在 TCBC-I 加密中,每个明文子串 $P^{(j)}$ 均使用 IV_j 通过 7.2.1.1 中的算法进行加密。

——输入:$P^{(1)}=P_{1,1};P_{1,2};\cdots;P_{1,n1}$;

$P^{(2)}=P_{2,1};P_{2,2};\cdots;P_{2,n2}$;

$P^{(3)} = P_{3,1}; P_{3,2}; \cdots; P_{3,n3}$;

IV_1、IV_2、IV_3，其中，$|P_{j,i}| = 64$，且 $|IV_j| = 64$。

——**输出**：$C^{(1)} = C_{1,1}; C_{2,2}; \cdots; C_{2,n2}$;

$C^{(2)} = C_{2,1}; C_{2,2}; \cdots; C_{2,n2}$;

$C^{(3)} = C_{3,1}; C_{3,2}; \cdots; C_{3,n3}$;

For $j = 1, 2, 3$, do

$C_{j,0} = IV_j$;

For $n = 1, 2, \cdots, n_j$, do

$C_i = E_{K3}(D_{K2}(E_{K1}(P_{j,h} \oplus C_{j,h-1})))$;

输出：$C_{j,h}$。

以上算法给出了明文块与密文块的关系，其中每个明文块以三个明文子串组成，每个密文块由三个密文子串组成。

这得出了以下密文流：

$C = (C_{1,1}, C_{2,1}, C_{3,1}; C_{1,2}, C_{2,2}, C_{3,2}; C_{1,3}, C_{2,3}, C_{3,3}; \cdots; C_{1,h}, C_{2,h}, C_{3,h}; \cdots; \cdots C_{j',nj'})$

对于三个 DEA 功能块，DEA_1、DEA_2 和 DEA_3，它们同步并行运算，三个明文子串 $P^{(1)}$、$P^{(2)}$、$P^{(3)}$ 的加密能交错执行。DEA_1 执行 E_{K1} 运算，DEA_2 执行 D_{K2} 运算，DEA_3 执行 E_{K3} 运算。表 6 显示了三个 DEA 功能块是如何安排的(例如，假设 $n \bmod 3 = 0$，那么，$n_1 = n_2 = n_3 = n/3$)。在起初两个时钟周期内，3-DEA 的 128 比特输出数据由于其无效宜禁止其输出。

表 6 TCBC-I 加密执行时间表

时钟	输入	DEA_1	DEA_2	DEA_3	输出
$t=1$	$P_{1,1} \oplus C_{1,0}$	$E_{K1}(P_{1,1} \oplus C_{1,0})$	空闲	空闲	N/A
$t=2$	$P_{2,1} \oplus C_{2,0}$	$E_{K1}(P_{2,1} \oplus C_{2,0})$	$D_{K2}(E_{K1}(P_{1,1} \oplus C_{1,0}))$	空闲	N/A
$t=3$	$P_{3,1} \oplus C_{3,0}$	$E_{K1}(P_{3,1} \oplus C_{3,0})$	$D_{K2}(E_{K1}(P_{2,1} \oplus C_{2,0}))$	$E_{K3}(D_{K2}(E_{K1}(P_{1,1} \oplus C_{1,0})))$	$C_{1,1}$
$t=4$	$P_{1,2} \oplus C_{1,1}$	$E_{K1}(P_{1,2} \oplus C_{1,1})$	$D_{K2}(E_{K1}(P_{3,1} \oplus C_{3,0}))$	$E_{K3}(D_{K2}(D_{K1}(P_{2,1} \oplus C_{2,0})))$	$C_{2,1}$
$t=5$	$P_{2,2} \oplus C_{2,1}$	$E_{K1}(P_{2,2} \oplus C_{2,1})$	$D_{K2}(E_{K1}(P_{1,2} \oplus C_{1,1}))$	$E_{K3}(D_{K2}(D_{K1}(P_{3,1} \oplus C_{3,0})))$	$C_{3,1}$
$t=6$	$P_{3,2} \oplus C_{3,1}$	$E_{K1}(P_{3,2} \oplus C_{3,1})$	$D_{K2}(E_{K1}(P_{2,2} \oplus C_{2,1}))$	$E_{K3}(D_{K2}(E_{K1}(P_{1,2} \oplus C_{1,1})))$	$C_{1,2}$
		…	…	…	
$t=3(h-1)+1$	$P_{1,h} \oplus C_{1,h-1}$	$E_{K1}(P_{1,h} \oplus C_{1,h-1})$	$D_{K2}(E_{K1}(P_{3,h-1} \oplus C_{3,h-2}))$	$E_{K3}(D_{K3}(E_{K3}(P_{2,h-1} \oplus C_{2,h-2})))$	$C_{2,h-1}$
$t=3(h-1)+2$	$P_{2,h} \oplus C_{2,h-1}$	$E_{K1}(P_{2,h} \oplus C_{2,h-1})$	$D_{K2}(E_{K1}(P_{1,h} \oplus C_{1,h-1}))$	$E_{K3}(D_{K2}(E_{K3}(P_{3,h-1} \oplus C_{3,h-2})))$	$C_{3,h-1}$
$t=3(h-1)+3$	$P_{3,h} \oplus C_{3,h-1}$	$E_{K1}(P_{3,h} \oplus C_{3,h-1})$	$D_{K2}(E_{K1}(P_{2,h} \oplus C_{2,h-2}))$	$E_{K3}(D_{K2}(E_{K3}(P_{1,h} \oplus C_{3,h-1})))$	$C_{1,h}$
		…	…	…	
$t=n=3n_3$	$P_{3,n3} \oplus C_{3,h3-1}$	$E_{K1}(P_{3,n3} \oplus C_{3,n3-1})$	$D_{K2}(E_{K1}(P_{2,n3} \oplus C_{2,n3-1}))$	$E_{K3}(D_{K2}(E_{K3}(P_{1,n3} \oplus C_{1,n3-1})))$	$C_{1,n3}$
$t=n+1$	N/A	空闲	$D_{K2}(E_{K1}(P_{3,n3} \oplus C_{3,h-1}))$	$E_{K3}(D_{K2}(E_{K3}(P_{2,n3} \oplus C_{2,n3-1})))$	$C_{2,n3}$
$t=n+2$	N/A	空闲	空闲	$E_{K3}(D_{K2}(E_{K3}(P_{3,n3} \oplus C_{3,n3-1})))$	$C_{3,n3}$

注意：尽管在 TCBC-I 中，明文分割成三个明文子串，输入块的顺序仍和明文 P_1、P_2、……、P_n 一样。若输出块根据输出的顺序 C_1、C_2、……、C_n 索引，则三个相对应的密文子串 $C^{(1)}$、$C^{(2)}$、$C^{(3)}$ 按照 6.3.1.1 所述的分割方式从密文 C_1、C_2、……、C_n 导出。

6.3.1.4 TCBC-I 解密

在 TCBC-I 解密中，密文 C_1、C_2、…、C_n 分割成三个密文支流 $C^{(1)}$、$C^{(2)}$、$C^{(3)}$。密文分割的方式和 6.3.1.1 中所述明文分割的方式相同。每个密文子串 $C^{(j)}$ 利用初始向量 IV_j 通过 6.2.1.2 所描述的算法解密。

——**输入**：$C^{(1)}=C_{1,1};C_{1,2};\cdots;C_{1,n1}$；

$C^{(2)}=C_{2,1};C_{2,2};\cdots;C_{2,n2}$；

$C^{(3)}=C_{3,1};C_{3,2};\cdots;C_{3,n3}$；

IV_1、IV_2、IV_3，其中，$|C_{j,i}|=64$，且 $|IV_j|=64$。

——**输出**：$P^{(1)}=P_{1,1};P_{2,2};\cdots;P_{1,n1}$；

$P^{(2)}=P_{2,1};P_{2,2};\cdots;P_{2,n2}$；

$P^{(3)}=P_{3,1};P_{3,2};\cdots;P_{3,n3}$；

For $j=1,2,3$, do

$C_{j,0}=IV_j$；

For $n=1,2,\cdots,n_j$, do

$P_{i,h}=D_{K1}(E_{K2}(D_{K3}(C_{j,h})))\oplus P_{j,h-1}$；

输出 $P_{j,h}$。

这得出了以下明文串：

$P=(P_{1,1},P_{2,1},P_{3,1};P_{1,2},P_{2,2},P_{3,2};P_{1,3},P_{2,3},P_{3,3};\cdots;P_{1,h},P_{2,h},P_{3,h};\cdots;\cdots P_{j',nj'})$

使用三个 DEA 功能块，DEA_1、DEA_2 和 DEA_3，它们同步并行运算，三个密文子串 $C^{(1)}$、$C^{(2)}$、$C^{(3)}$ 的解密可交错进行。DEA_1 执行 D_{K3} 运算，DEA_2 执行 E_{K2} 运算，DEA_3 执行 D_{K1} 运算。表 7 显示了三个 DEA 功能块是如何安排的(例如，假设 $n \bmod 3=0$，那么，$n_1=n_2=n_3=n/3$)。在起初两个时钟周期内，3-DEA 的 128 位输出数据由于其无效宜禁止其输出。

表 7 TCBC-I 解密执行时间表

时钟	输入	DEA_1	DEA_2	DEA_3	输出
$t=1$	$C_{1,1}$	$D_{K3}(C_{1,1})$	空闲	空闲	N/A
$t=2$	$C_{2,1}$	$D_{K3}(C_{2,1})$	$E_{K2}(D_{K3}(C_{1,1}))$	空闲	N/A
$t=3$	$C_{3,1}$	$D_{K3}(C_{3,1})$	$E_{K2}(D_{K3}(C_{2,1}))$	$D_{K1}(E_{K2}(D_{K3}(C_{1,1})))$	$C_{1,1}$
$t=4$	$C_{1,2}$	$D_{K3}(C_{1,2})$	$E_{K2}(D_{K3}(C_{3,1}))$	$D_{K1}(E_{K2}(D_{K3}(C_{2,1}))$	$C_{2,1}$
$t=5$	$C_{2,2}$	$D_{K3}(C_{2,2})$	$E_{K2}(D_{K3}(C_{1,2}))$	$D_{K1}(E_{K2}(D_{K3}(C_{3,1})))$	$C_{3,1}$
$t=6$	$C_{3,2}$	$D_{K3}(C_{3,2})$	$E_{K2}(D_{K3}(C_{2,2}))$	$D_{K1}(E_{K2}(D_{K3}(C_{1,2})))$	$C_{1,2}$
		…	…	…	
$t=3(h-1)+1$	$C_{1,h1}$	$D_{K3}(C_{1,h})$	$E_{K2}(D_{K3}(C_{3,h-1}))$	$D_{K1}(E_{K2}(D_{K3}(C_{2,h-1})))$	$C_{2,h-1}$
$t=3(h-1)+2$	$C_{2,h}$	$D_{K3}(C_{2,h})$	$E_{K2}(D_{K3}(C_{1,h}))$	$D_{K1}(E_{K2}(D_{K3}(C_{3,h-1})))$	$C_{3,h-1}$

表 7（续）

时钟	输入	DEA_1	DEA_2	DEA_3	输出
$t=3(h-1)+3$	$C_{3,h}$	$D_{K3}(C_{2,h})$	$E_{K2}(D_{K3}(C_{2,h}))$	$D_{K1}(E_{K2}(D_{K3}(C_{1,h})))$	$C_{1,h}$
		…	…	…	
$t=n=3n_3$	$C_{3,n3}$	$D_{K3}(C_{3,n3})$	$E_{K2}(D_{K3}(C_{2,n3}))$	$D_{K1}(E_{K2}(D_{K3}(C_{1,n3})))$	$C_{1,n3}$
$t=n+1$	N/A	空闲	$E_{K2}(D_{K3}(C_{3,n3}))$	$D_{K1}(E_{K2}(D_{K3}(C_{2,n3})))$	$C_{2,n3}$
$t=n+2$	N/A	空闲	空闲	$D_{K1}(E_{K2}(D_{K3}(C_{3,n3})))$	$C_{3,n3}$

6.3.2 TCBC-I 特性

a) TCBC-I 模式不向后兼容单一 DEA CBC 模式。

b) 对于本模式，单个密文块 $C_{j,h-1}$ 出现一个或多个比特的错误将影响同一明文子串两个块 $P_{j,h-1}$ 和 $P_{j,h}$ 的解密。明文块 $P_{j,h-1}$ 的每一位将出现 50% 的平均错误率。明文块 $P_{j,h}$ 将仅与错误的密文位直接影响的那些位才会出现错误。然而，如果仅有 $C_{j,h-1}$ 的错误，则密文块中除了 $P_{j,h-1}$ 和 $P_{j,h}$ 将能正确地解密，即限制错误传播。

应注意：$P_{j,h-1}$ 和 $P_{j,h}$ 是第 j 个明文子串 $P^{(j)}$ 的相连的两个块。但它们并非明文 P_1、P_2、…、P_n 的相连的块。在 $P_{j,h-1}$ 和 $P_{j,h}$ 之间有两个块，例如，如果 $j=2$，那么在 $P_{2,h-1}$ 和 $P_{2,h}$ 之间的块是 $P_{3,h-1}$ 和 $P_{1,h}$。在这种情况下，除了 $P_{2,h-1}$ 和 $P_{2,h}$ 之外，其他块将得以正确解密。

c) TCBC-I 模式需要同步机制。

如果加密和解密之间失去了块分界（例如，由于丢失或者插入一个密文位），加密和解密运算之间失去同步，直到正确的分界位重新建立为止。当块分界丢失时，所有解密运算的结果都是错误的。

d) 如果使用相同的 IV，那么，TCBC-I 将为给定的明文和密钥产生相同的密文。因此，为避免这种情况，宜对每个新的明文使用新的 IV。

e) 由于 TCBC-I 是分组加密的方式，因此，其运算需要完整的 64 比特数据块。少于 64 比特的块需要特别处理，该内容不在本标准范围之内。

6.4 3-DEA 密码反馈操作模式

6.4.1 TCFB 定义

6.4.1.1 概述

图 5 和图 6 所示的 3-DEA 密码反馈操作模式（TCFB），是基于 GB/T 17964 中的 CFB 模式。

TCFB 不同于本标准中的其他模式，因为其明文/密文块长度可小于 64 比特。注意，3-DEA 加密/解密运算的输入/输出数据块仍为 64 比特。IV 为 64 比特。如 5.2 中所述，TCFB 模式定义了三个密钥选项。

对于本标准，定义了以下 TCFB 执行方式：

a) TCFB1，1 比特明文/密文块实现方式；

b) TCFB8，8 比特明文/密文块实现方式；

c) TCFB64,64 比特明文/密文块实现方式。

根据以上 k 比特 TCFB 实现方式,明文数据分割成 n 个明文块 P_1、P_2、……、P_n 的序列,每个均为 k 比特,$k=1$、8 或 64。

6.4.1.2 TCFB 加密

——**输入**:P_1、P_2、……、P_n;IV;$|P_i|=k$,$|\mathrm{IV}|=64$;

——**输出**:C_1、C_2、……、C_n;$|C_i|=k$。

$\mathrm{I}_0=\mathrm{IV}$;

$\mathrm{O}_1=\mathrm{E}_{\mathrm{K3}}(\mathrm{D}_{\mathrm{K2}}(\mathrm{E}_{\mathrm{K1}}(\mathrm{I}_0)))$;

$C_1=P_1\oplus\{\mathrm{O}_1\}_k$;

输出并反馈 C_1。

For $i=2$、……、n,do

$I_{i-1}=\mathrm{S_k}(I_{i-2}|C_{i-1})$;

$\mathrm{O}_i=\mathrm{E}_{\mathrm{K3}}(\mathrm{D}_{\mathrm{K2}}(\mathrm{E}_{\mathrm{K1}}(I_{i-1})))$;

$C_i=P_i\oplus\{\mathrm{O}_i\}_\mathrm{k}$;

输出和反馈 C_i。

3-DEA 加密运算的输入是 64 比特块 I_{i-1}。输出是 64 比特块 O_i。O_i 最左边的 k 位表示成$\{\mathrm{O}_i\}_k$,与明文块 P_i 进行异或运算,得到密文 C_i,该密文也可用作移位函数 $\mathrm{S}_k(I_{i-1}|C_i)$的输入。

在 TCFB 加密中,DEA_1 执行 E_{K1}运算,DEA_2 执行 D_{K2}运算,DEA_3 执行 E_{K3}运算。如果时钟周期 $t=1$ 时,DEA_i 执行 $I_{k_1}(\mathrm{I}_0)$,然后当 $t=2$ 和 $t=3$ 时,因为 DEA_1 下一次输入应为 $\mathrm{S}_k(\mathrm{I}_0|C_1)$,$\mathrm{DEA}_1$ 一定是空闲的。但是 C_1 是 $t=3$ 时的输出。因此 DEA_1、DEA_2 和 DEA_3 同步执行 TCFB 加密运算是不可能的。

6.4.1.3 TCFB 解密

——**输入**:C_1、C_2、……、C_n;IV;$|C_i|=k$,$|\mathrm{IV}|=64$;

——**输出**:P_1、P_2、……、P_n;$|P_i|=k$。

$\mathrm{I}_0=\mathrm{IV}$;

$\mathrm{O}_1=\mathrm{E}_{\mathrm{K3}}(\mathrm{D}_{\mathrm{K2}}(\mathrm{E}_{\mathrm{K1}}(\mathrm{I}_0)))$;

$P_1=C_1\oplus\{\mathrm{O}_1\}_k$;

输出和反馈 C_1。

For $i=2$、……、n,do

$I_{i-1}=\mathrm{S_k}(I_{i-2}|C_{i-1})$;

$\mathrm{O}_i=\mathrm{E}_{\mathrm{K3}}(\mathrm{D}_{\mathrm{K2}}(\mathrm{E}_{\mathrm{K1}}(I_{i-1})))$;

$P_i=C_i\oplus\{\mathrm{O}_i\}_k$;

输出和反馈 C_i。

注:在 TCFB 模式中,3-DEA 加密运算既用于加密又用于解密,以产生 O_1,O_2,…,O_n。

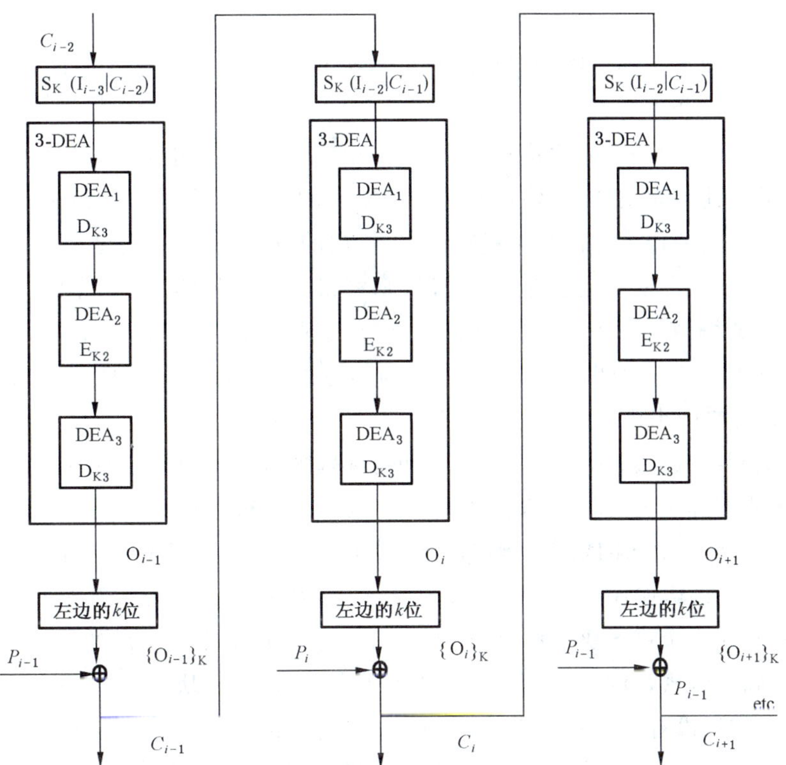

图 5　3-**DEA** 密码反馈-加密

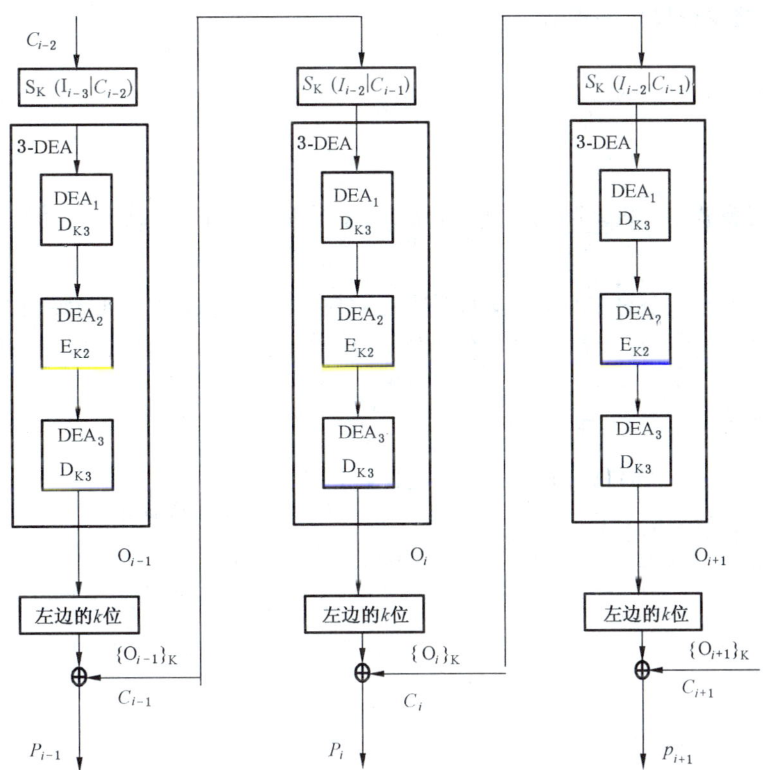

图 6　3-**DEA** 密码反馈-解密

6.4.2 TCFB 特性

a) 当把三个密钥设定为同一密钥时(见密钥选项 3),TCFB 操作模式便向后兼容到使用相同密钥的单一 DEA CFB 模式。

b) 对于本模式,在任何一个 k 比特密文块 C_i 中出现比特错误将影响($64/k+1$)个块的解密。首先受影响的 k 比特块明文 P_i 将在密文出现错误的地方发生错误。相应的已解密的明文块将出现 0.5 的平均错误率,直到不再使用发生错误的位为止(即它们已经通过移位函数 $S_k(I_{i-2}|C_{i-1})$ 移出。)假定此时没有遇到其他错误,则将得到正确的明文块。例如,$k=8$,如果 C_i 是出现错误的密文块,则 P_i 将在与 C_i 相同的地方出现错误。P_{i+1}、P_{i+2}、…、P_{i+8} 的每一个块中将存在 50%的错误率。如果 C_i 之后没有遇到其他错误,那么 P_{i+9} 和后续的块将是正确的。

c) TCFB 模式需要同步机制。

如果密文块 C_i 增加或删除了少于 k 比特的位串,则将失去同步。如果探测到比特的增加或删除,且删除或增加了适当数目的比特到 C_i 上,解密将被再同步,这样除了 P_i、P_{i+1}、P_{i+2}、…、$P_{i+(64/k)}$,随后解密出来的块是正确的。否则,C_i 和后续块的解密均是错误的。

如果 C_i 后面直接增加或丢失 r 个完整的块,则 P_i 将增加或丢失 r 个块。在增加或丢失的 r 个块之后跟随 $64/k$ 个错误块。然而,在增加或丢失的 $64/r$ 个块之后的块,如果没有出现其他错误,能够正确地解密。例如,若 $k=8$ 且如果丢失了 C_{i+1},则块 P_{i+1} 将丢失,P_{i+2}、P_{i+3}、…、P_{i+9} 出现错误。如果没有出现其他错误,则 P_{i+10} 和随后的块将被正确解密。

d) 如果对每个新明文使用相同的 IV,则 TCFB 将为相同的明文产生相同的密文。因此,在同一密钥的操作情况下,应对每个新的明文使用新的 IV。

6.5 3-DEA 密码反馈操作模式—管道

6.5.1 TCFB-P 定义

6.5.1.1 概述

在 TCFB 的管道模式中,如 6.7 所述的产生方式,应使用三个 IV。如 5.2 所述,TCFB-P 定义了三个密钥选项。

在进行 TCFB-P 加密或解密之前,应按如下所述对模式进行初始化。通过断开反馈路径,IV_1 作为输入 I_0。然后,IV_2 作为输入 I_1。最后,IV_3 作为输入 I_2。将反馈路径连接,则加密/解密可开始。

6.5.1.2 TCFB-P 加密

——输入:P_1、P_2、……、P_n;IV_1、IV_2、IV_3;$|P_i|=k$,$|IV_j|=64$;

——输出:C_1、C_2、……、C_n;$|C_i|=k$。

For $i=1,2,3$, do

$I_{i-1}=IV_i$;

$O_i=E_{K3}(D_{K2}(E_{K1}(I_{i-1})))$;

$C_i=P_i\oplus\{O_i\}_k$;

输出和反馈 C_i。

For $i=4,5,\cdots n$, do

$I_{i-1}=S_k(I_{i-2}|C_{i-3})$;

$O_i=E_{K3}(D_{K2}(E_{K1}(I_{i-1})))$;

$C_i = P_i \oplus \{O_i\}_k$；

输出和反馈 C_i。

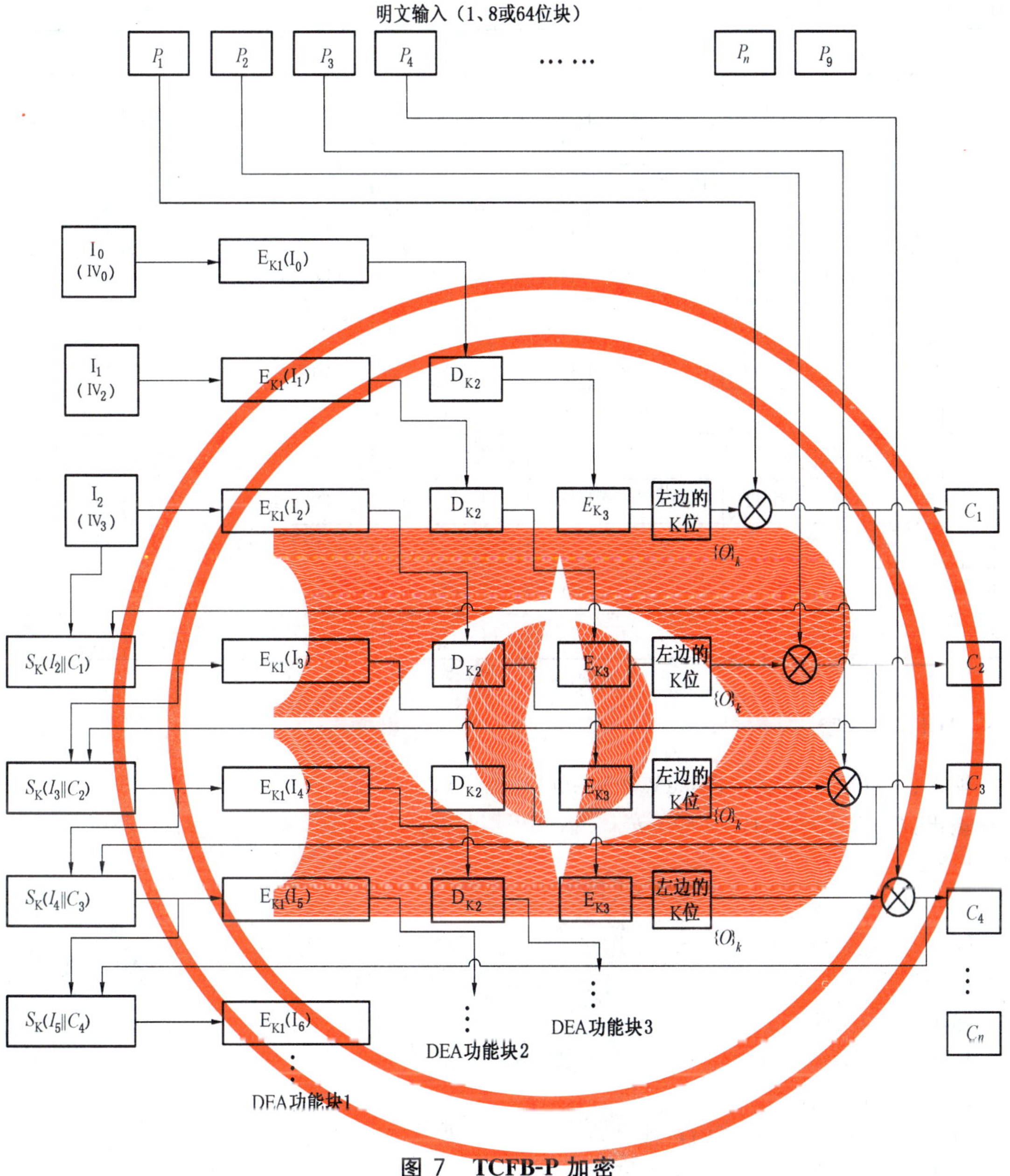

图 7　TCFB-P 加密

通过使用三个同步并行运算的 DEA 功能块 DEA_1、DEA_2、DEA_3，及三个初始向量 IV_1、IV_2、IV_3，TFCB 加密能够管道化。DEA_1 执行 E_{K1} 运算，DEA_2 执行 D_{K2} 运算，DEA_3 执行 E_{K3} 运算。表 8 显示了三个 DEA 功能块是如何安排的。表 8 包括反馈路径连接或断开信息。F=0 用作反馈路径断开，F=1 用作反馈路径连接。在初始的两个时钟周期，128 比特 3-DEA 输出数据由于其无效宜禁止其输出。

表 8 TCBC-P 解密执行时间表

时钟	输入	DEA_1	DEA_2	DEA_3	输出	F
$t=1$	$I_0=IV_1$	$E_{K1}(I_0)$	空闲	空闲	N/A	0
$t=2$	$I_1=IV_2$	$E_{K1}(I_1)$	$D_{K2}(E_{K1}(I_0))$	空闲	N/A	0
$t=3$	$I_2=IV_3$	$E_{K1}(I_2)$	$D_{K2}(E_{K1}(I_2))$	$E_{K3}(D_{K2}(E_{K1}(I_0)))$	O_1	1
$t=4$	$I_3=S_k(I_2\|C_1)$	$E_{K1}(I_3)$	$D_{K2}(E_{K1}(I_3))$	$E_{K3}(D_{K2}(E_{K1}(I_1)))$	O_2	1
$t=5$	$I_3=S_k(I_3\|C_2)$	$E_{K1}(I_4)$	$D_{K2}(E_{K1}(I_4))$	$E_{K3}(D_{K2}(E_{K1}(I_2)))$	O_3	1
$t=6$	$I_3=S_k(I_4\|C_3)$	$E_{K1}(I_5)$	$D_{K2}(E_{K1}(I_4))$	$E_{K3}(D_{K2}(E_{K1}(I_3)))$	O_4	1
		…	…	…		
$t=h$	$I_{h-1}=S_k(I_{h-2}\|C_{h-3})$	$E_{K1}(I_{h-1})$	$D_{K2}(E_{K1}(I_{h-2}))$	$E_{K3}(D_{K2}(E_{K1}(I_{h-3})))$	O_{h-2}	1
		…	…	…		
$t=n-2$	$I_{n-3}=S_k(I_{n-4}\|C_{n-5})$	$E_{K1}(I_{n-3})$	$D_{K2}(E_{K1}(I_{n-4}))$	$E_{K3}(D_{K2}(E_{K1}(I_{n-5})))$	O_{n-4}	1
$t=n-1$	$I_{n-2}=S_k(I_{n-3}\|C_{n-4})$	$E_{K1}(I_{n-2})$	$D_{K2}(E_{K1}(I_{n-3}))$	$E_{K3}(D_{K2}(E_{K1}(I_{n-4})))$	O_{n-3}	1
$t=n$	$I_{n-1}=S_k(I_{n-2}\|C_{n-3})$	$E_{K1}(I_{n-1})$	$D_{K2}(E_{K1}(I_{n-2}))$	$E_{K3}(D_{K2}(E_{K1}(I_{n-3})))$	O_{n-2}	1
$t=n+1$	$I_n=S_k(I_{n-1}\|C_{n-2})$	$E_{K1}(I_n)$	$D_{K2}(E_{K1}(I_{n-1}))$	$E_{K3}(D_{K2}(E_{K1}(I_{n-2})))$	O_{n-1}	1
$t=n+2$	$I_3=S_k(I_n\|C_{n-1})$	$E_{K1}(I_{n+1})$	$D_{K2}(E_{K1}(I_n))$	$E_{K3}(D_{K2}(E_{K1}(I_{n-1})))$	O_n	1

6.5.1.3 TCFB-P 解密

——**输入**：C_1、C_2、……、C_n；IV_1、IV_2、IV_3；$|C_i|=k$，$|IV_j|=64$；

——**输出**：P_1、P_2、……、P_n；$|P_i|=k$。

a) For $i=1,2,3$, do

$I_{i-1}=IV_i$；

$O_i=E_{K3}(D_{K2}(E_{K1}(I_{i-1})))$；

$P_i=C_i\oplus\{O_i\}_k$；

输出 P_i 和反馈 C_i。

b) For $i=4,5,\cdots n$, do

$I_{i-1}=S_k(I_{i-2}||C_{i-3})$；

$O_i=E_{K3}(D_{K2}(E_{K1}(I_{i-1})))$；

输出 P_i 和反馈 C_i。

注：在 TCFB-P 模式中，3-DEA 加密运算既用于加密又用于解密，以产生相同的 O_1，O_2，…，O_n。因此，表 8 可用于安排每个时钟周期内的 DEA_1、DEA_2 和 DEA_3 的工作。

6.5.2 TCFB-P 特性

a) TCFB-P 操作模式不兼容单一 DEA CFB 模式；

b) 在本模式中，密文块 C_i 出现比特错误将影响 C_i 和 C_{i+2} 以后的 $64/k$ 个块的解密，直到错误的比特不再使用为止(即它们已经通过移位函数 $S_k(I_{i-2}|C_{i-3})$移出)。P_i 将在 C_i 出现错误的同样位置发生错误。P_{i+2} 以后的 $64/k$ 个块将出现 50%的平均错误率，例如在 TCFB1-P 模式中，C_i 出现的比特错误将在 P_i 中相同位置产生错误，随后出现两个正确解密的明文位串，P_{i+1}、P_{i+2}，随后出现错误位串，P_{i+3}、P_{i+4}、…、P_{i+66}，其平均错误率是 50%。如果不出现进一步的错

误，P_{i+67}和随后的块可正确解密；

c) TCFB模式需要同步机制。如果密文块C_i增加或删除了少于k位的位串，则将失去同步。如果探测到位的增加或删除，且删除或增加了适当数目的位到C_i上，解密将被再同步，这样除了P_i、P_{i+3}、P_{i+4}、…、$P_{i+2+(64/k)}$，随后解密出来的块是正确的。否则，C_i和后续块的解密均是错误的。如果C_i后面直接增加或丢失r个完整的块，则P_i将增加或丢失r个块。在增加或丢失的r个块之后跟随$64/k$个错误块。然而，在增加或丢失的$(64/k)+2$个块之后的块，如果没有出现其他错误，能够正确地解密。例如，若$k=8$且如果丢失了C_{i+1}，则块P_{i+1}将丢失，P_{i+2}、P_{i+3}、…、P_{i+10}、P_{i+11}出现错误。如果没有出现其他错误，则P_{i+11}和随后的块将被正确解密。

d) 如果对每个新明文使用相同的IV，则TCFB-P将为相同的明文产生相同的密文。因此，在同一密钥的操作情况下，应对每个新的明文使用新的IV。

6.6 3-DEA输出反馈操作模式

6.6.1 TOFB定义

6.6.1.1 概述

TOFB操作模式基于ANSI X3.106和ISO 8372中定义的OFB模式，是通过用TECB的加密运算(见6.1)取代ECB操作模式的DEA加密运算而产生的，见图8和图9。

IV应为64比特。如6.2所述，TOFB模式定义了三个密钥选项。和TCFB模式类似，加密和解密使用相同的3-DEA加密运算。与6.4中TCFB惟一的不同之处是，反馈到移位函数的数据块是O_i而不是C_i；而且$k=64$；在这种情况下，$I_i=S_k(I_{i-1}|O_i)=O_i$。

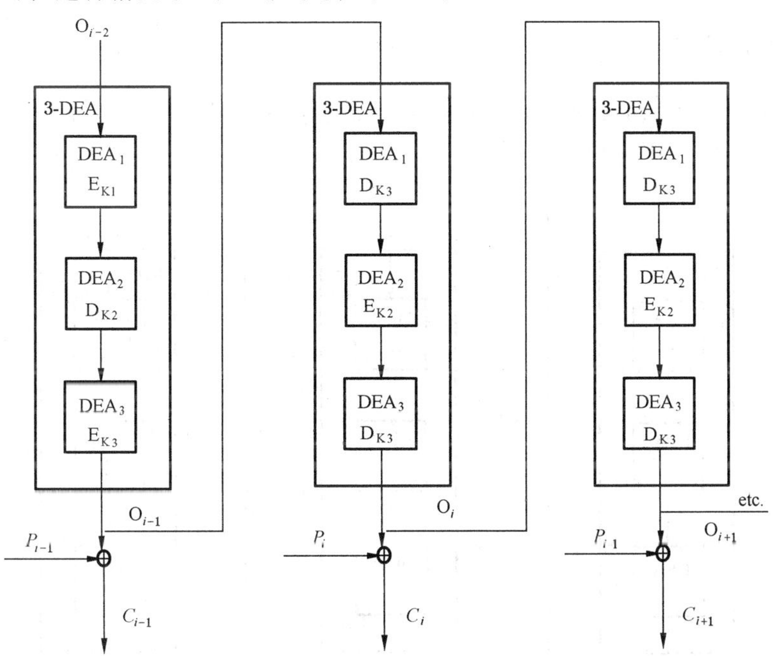

图8 3-DEA输出反馈-加密

6.6.1.2 TOFB加密

——输入：P_1、P_2、……、P_n；IV；$|P_i|=64$，$|IV|=64$；

——输出：C_1、C_2、……、C_n；$|C_i|=64$。

I_0＝IV；

$O_1=E_{K3}(D_{K2}(E_{K1}(I_0)))$；

$C_1=P_1\oplus O_1$；

输出 C_1 和反馈 O_1。

For $i=2,\cdots n$,do

$I_{i-1}=O_{i-1}$；

$O_i=E_{K3}(D_{K2}(E_{K1}(I_{i-1})))$；

$C_i=P_i\oplus O_i$；

输出 C_i 和反馈 O_i。

在 TOFB 加密中，DEA_1 执行 E_{K1} 运算，DEA_2 执行 D_{K2} 运算，DEA_3 执行 E_{K3} 运算。时钟周期 $t=1$，DEA_i 执行 $E_{K1}(I_0)$，然后在 $t=2$ 和 $t=3$ 时，DEA_1 一定是空闲的，因为 DEA_1 下一次输入应为 O_1。但是 O_1 是 $t=3$ 时的输出。因此 DEA_1、DEA_2 和 DEA_3 同步执行 TOFB 加密运算是不可能的。

6.6.1.3 TOFB 解密

——**输入**：C_1、C_2、……、C_n；IV；$|C_i|=64$，$|IV|=64$；

——**输出**：P_1、P_2、……、P_n。

I_0＝IV；

$O_1=E_{K3}(D_{K2}(E_{K1}(I_0)))$；

$P_1=C_1\oplus O_1$；

输出 P_1 和反馈 O_1。

For $i=2$、……、n,do

$I_{i-1}=O_{i-1}$；

$O_i=E_{K3}(D_{K2}(E_{K1}(I_{i-1})))$；

$P_i=C_i\oplus O_i$；

输出 P_i 和反馈 O_i。

注：在 TOFB 解密中，使用与 3-DEA 加密运算同样的 K1，K2，K3 和 IV 产生相同 O_1，O_2，…，O_n（它们是在加密过程中产生的，DEA_1、DEA_2、DEA_3 均在解密过程中执行与加密过程同样的操作），由于同 6.4.1.1 所引述的同样原因，DEA_1、DEA_2、DEA_3 不能同时进行 TOFB 解密操作。

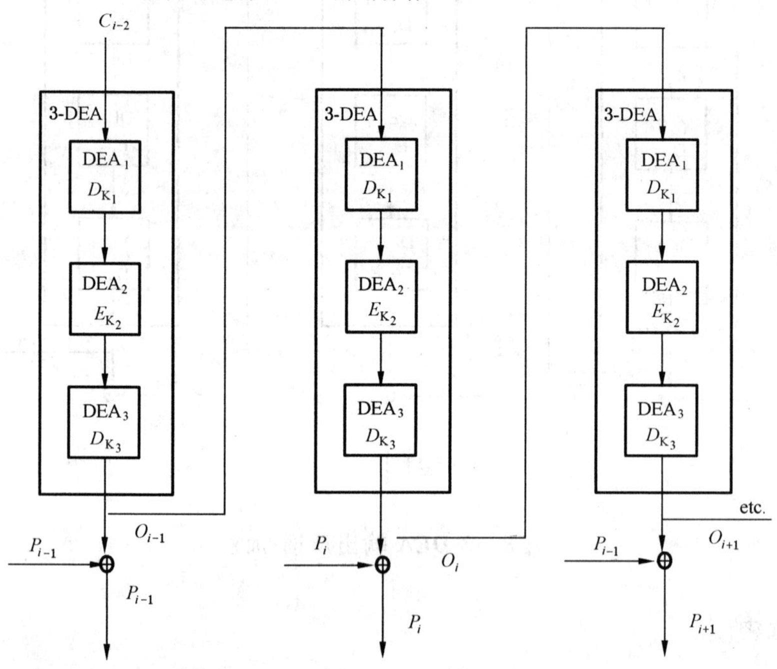

图 9 3-DEA 输出反馈-解密

6.6.2 TOFB 特性

a) 当把三个密钥设定为相同时(见密钥选项3),TOFB操作模式便向后兼容到使用相同密钥的单一DEA OFB模式。

b) 使用TOFB,不会出现错误传播,但是密文的错误会导致明文产生相应的错误,即,如果密文块 C_i 出现某些错误位,那么其仅仅影响明文块 P_i 相同的位。

c) TOFB模式需要同步机制。

如果密文块 C_i 增加或丢失了位串,则将失去同步。如果检测到位的增加或删除,且删除或增加了适当的位到密文的合适位置上,则解密可再同步。否则,后续块的解密均是错误的。

d) 如果一直重复使用相同的IV,则TOFB将对不同的明文 P 和 P' 产生相同的 $O_1, O_2, \cdots, O_n$。因此,$C \oplus C' = P \oplus P'$。假设明文是特定形式的,这将导致信息泄漏。因此,在使用相同密钥加密时,应对每个新的明文使用新的IV。

6.7 3-DEA 输出反馈模式—交错

6.7.1 TOFB-I 定义

6.7.1.1 概述

为了对TOFB操作模式进行交错,需要三个64比特的IV。这些IV应以5.7中所述的方式产生。在图8和图9中,通过断开反馈路径并按顺序把每个IV载入到每个3-DEA加密运算的输入块中,进行3-DEA初始化。一旦IV已经载入,反馈路径将连接起来,则模式可启动。

明文没有明显地分割成三个明文子串。原因是,对于加密和解密算法来说,该过程可视为三个明文子串使用三个给定的IV分别进行加密/解密,也可视作在TCFB-P中的管道式加密和解密。也就是说,对于TOFB模式,交错模式和管道模式相同。

6.7.1.2 TOFB-I 加密

——**输入**:P_1、P_2、……、P_n;IV_1、IV_2、IV_3;$|P_i|=64$,$|IV_j|=64$;

——**输出**:C_1、C_2、……、C_n;$|C_i|=64$。

For $i=1,2,3$,do

$I_{i-1}=IV_1$;

$O_i=E_{K3}(D_{K2}(E_{K1}(I_{i-1})))$;

$C_i=P_i \oplus O_i$;

输出 C_i 和反馈 O_i。

For $i=4,5,\cdots n$,do

$I_{i-1}=O_{i-3}$;

$O_i=E_{K3}(D_{K2}(E_{K1}(I_{i-1})))$;

$C_i=P_i \oplus O_i$;

输出 C_i 和反馈 O_i。

通过使用三个同步并行运算的DEA功能块 DEA_1、DEA_2、DEA_3,以及三个初始向量 IV_1、IV_2、IV_3,TOFB加密能够交错进行。DEA_1 执行 E_{K1} 运算,DEA_2 执行 D_{K2} 运算,DEA_3 执行 E_{K3} 运算。表9显示了三个DEA功能块是如何安排的,并包括反馈路径连接或断开信息:F=0用作反馈路径断开,F=1用作反馈路径连接。在初始的两个时钟周期,128位3-DEA输出数据由于无效应禁止输出。

表 9 **TOFB-I 加密执行时间表**

时钟	输入	DEA_1	DEA_2	DEA_3	输出	F
$t=1$	$I_0=IV_1$	$E_{K1}(I_0)$	空闲	空闲	N/A	0
$t=2$	$I_1=IV_2$	$E_{K1}(I_1)$	$D_{K2}(E_{K1}(I_0))$	空闲	N/A	0
$t=3$	$I_2=IV_3$	$E_{K1}(I_2)$	$D_{K2}(E_{K1}(I_2))$	$E_{K3}(D_{K2}(E_{K1}(I_0)))$	O_1	1
$t=4$	$I_3=O_1$	$E_{K1}(I_3)$	$D_{K2}(E_{K1}(I_3))$	$E_{K3}(D_{K2}(E_{K1}(I_1)))$	O_2	1
$t=5$	$I_4=O_2$	$E_{K1}(I_4)$	$D_{K2}(E_{K1}(I_4))$	$E_{K3}(D_{K2}(E_{K1}(I_2)))$	O_3	1
$t=6$	$I_5=O_3$	$E_{K1}(I_5)$	$D_{K2}(E_{K1}(I_4))$	$E_{K3}(D_{K2}(E_{K1}(I_3)))$	O_4	1
		…	…	…		
$t=h$	$I_{h-1}=O_{h-3}$	$E_{K1}(I_{h-1})$	$D_{K2}(E_{K1}(I_{h-2}))$	$E_{K3}(D_{K2}(E_{K1}(I_{h-3})))$	O_{h-2}	1
		…	…	…		
$t=n-2$	$I_{n-3}=O_{n-5}$	$E_{K1}(I_{n-3})$	$D_{K2}(E_{K1}(I_{n-4}))$	$E_{K3}(D_{K2}(E_{K1}(I_{n-5})))$	O_{n-4}	1
$t=n-1$	$I_{n-2}=O_{n-4}$	$E_{K1}(I_{n-2})$	$D_{K2}(E_{K1}(I_{n-3}))$	$E_{K3}(D_{K2}(E_{K1}(I_{n-4})))$	O_{n-3}	1
$t=n$	$I_{n-1}=O_{n-3}$	$E_{K1}(I_{n-1})$	$D_{K2}(E_{K1}(I_{n-2}))$	$E_{K3}(D_{K2}(E_{K1}(I_{n-3})))$	O_{n-2}	1
$t=n+1$	$I_n=O_{n-2}$	$E_{K1}(I_n)$	$D_{K2}(E_{K1}(I_{n-1}))$	$E_{K3}(D_{K2}(E_{K1}(I_{n-2})))$	O_{n-1}	1
$t=n+2$	$I_3=O_{n-1}$	$E_{K1}(I_{n+1})$	$D_{K2}(E_{K1}(I_n))$	$E_{K3}(D_{K2}(E_{K1}(I_{n-1})))$	O_n	1

6.7.1.3 TOFB-I 解密

——**输入**：C_1、C_2、……、C_n；IV_1、IV_2、IV_3；$|C_i|=64$，$|IV_j|=64$；

——**输出**：P_1、P_2、……、P_n；$|P_i|=64$。

For $i=1,2,3$,do

$I_{i-1}=IV_i$；

$O_i=E_{K3}(D_{K2}(E_{K1}(I_{i-1})))$；

$P_i=C_i \oplus O_i$；

输出 P_i 和反馈 O_i。

For $i=4,5,\cdots n$,do

$I_{i-1}=O_{i-3}$；

$O_i=E_{K3}(D_{K2}(E_{K1}(I_{i-1})))$；

$P_i=C_i \oplus O_i$；

输出 P_i 和反馈 C_i。

在 TOFB-I 模式中，3-DEA 解密运算如同加密运算中一样，产生相同的 $O_1,O_2,\cdots,O_n$。可以采用与 6.3.1.4 中表 7 类似的形式，来安排每个时钟周期内的 DEA_1、DEA_2 和 DEA_3 的执行时间表。

6.7.2 TOFB-I 特性

a) TOFB-I 操作模式不向后兼容单一 DEA OFB 模式。

b) 使用 TOFB-I，不会出现错误传播，而是输入的一个错误会导致产生相应输出的一个错误，即，如果密文块 C_i 出现某些错误位，那么其将导致明文块 P_i 对应比特出错。

c) TOFB-I 模式需要同步机制。

如果在密文中增加或丢失部分比特，则同步将丢失。如果在密文中检测到这些增加或丢失的比特，并且相应数量的比特被剔除或补充到密文中合适的位置，则解密可再同步。否则，发生错误的块及后续块的解密均是错误的。

d） 如果一直重复使用相同的IV，则TOFB-I将对不同的明文P和P'产生相同的$O_1, O_2, \cdots, O_n$。因此，$C \oplus C' = P \oplus P'$。假设明文是特定形式的，这将导致信息泄漏。因此，在使用相同密钥加密时，应对每个新的明文使用新的IV。

附 录 A
（资料性附录）
3-DEA 操作模式的 ASN.1 语法

A.1 概述

本附录为本标准中所阐述的 3-DEA 操作模式提供了 ASN.1 语法(见 4.7)。

如果需要互操作性,则在实施中应使用以下 ASN.1 编码(见 8 和 9)。在无需互操作或者已经定义了同样健壮的语法和编码规则的情况下,不对使用 ASN.1 编码作要求。

算法标识符通过对象标识符和参数进行定义。参数定义了密钥选项、IV 生成方式和反馈参数。这些算法和参数对共同定义了 3-DEA 操作模式。

A.2 3-DEA 操作模式语法

本章提供了操作模式的通用语法定义。3-DEA 操作模式通过 ASN.1 类型 3-DEAIdentifier 进行定义:

3-DEAIdentifier ::= AlgorithmIdentifier {{ 3-DEAModes }}

本标准中的 3-DEA 操作模式通过类别对象 ALGORITHM-ID 进行了详细规定。信息对象集 3-DEAModes 用作涉及类型 AlgorithmIdentifier 的单一参数,包括七个紧随扩展项标记("…")的对象。每个代表 3-DEA 操作模式的对象包括一个惟一的对象标识符和其相应的类型。这些对象的值定义了所有的出现在 3-DEAIdentifier 之中的有效值。扩展项标记使得本标准的以后版本可向后兼容,这些版本可定义对象来表示另外的操作模式。本标准中所定义的 3-DEA 模式集如下:

```
3-DEAModes ALGORITHM-ID ::= {
{   OID   tECB      PARMS   ECBParms   }|--mode 1--
{   OID   tCBC      PARMS   ECBParms   }|--mode 2--
{   OID   tCBC-I    PARMS   ECBParms   }|--mode 3--
{   OID   tCFB      PARMS   ECBParms   }|--mode 4--
{   OID   tCFB-P    PARMS   ECBParms   }|--mode 5--
{   OID   tOFB      PARMS   ECBParms   }|--mode 6--
{   OID   tOFB-I    PARMS   ECBParms   }|--mode 7--

...
}
```

类型值 3-DEAIdentifier 限制于信息对象集 3-DEAModes 中列举的对象标识符和参数对。对于某些不需要 CFBParms 的操作模式中,3-DEAIdentifier 的 parameters 部分不必出现在该种类型值的编码中。当不存在类型 ECBParms 的可选参数或者存在 3-DEAParms 时,可发生这种情况。对于与类型 CFBParms,反馈路径的宽度必须一直提供。

```
ECBParms ::= 3-DEAParms ( WITH COMPONENTS {
ivGeneration ABSENT })
3-DEAParms ::= SEQUENCE {
```

```
    keingOptions      KeyingOptionss OPTIONAL,
    ivGeneration      [0] IVGeneration OPTIOANL
}
CFBParms ::= SEQUENCE {
    keyingOptions     KeyingOptions OPTIOANL,
    feedbackSize      FeedbackSize
}
```

用户能对给定的 X9.52 进一步限制可使用的密钥选项。密钥选项 3 能在需要向后兼容性的某些模式中使用。密钥选项 2 使用了两个独立的密钥。密钥选项 1 需要使用三个独立的密钥。

```
KeyingOptions ::= BIT STRING {
    option-1 (0),--(3 个密钥) K1、K2、K3 是独立的密钥。--
    option-2 (1),--(2 个密钥) K1、K2 是独立的密钥,K3=K1。--
    option-3 (2),--(1 个密钥) K1=K2=K3。--
}
```

当可选密钥选项组件没有具体规定时,那么认为独立密钥通过其他方式确定,或许通过协商、预先安排或者因为在某些上下文中密钥数目是明显的。类型 KeyingOptions 的值示例如下:

```
three-Key KeyingOptions ::= { option-1 }
three-or-two-Key KeyingOptions ::= { option-1, option 2 }
dea-compatible KeyingOptions ::= { option-3 }
```

在 X9.52 中,一个 IV 或者三个 IV 能通过随机数生成器或者单调上升计数器产生。前者更优于后者。

```
IVGeneration ::= BIT STRING {
    random      (0),
    counter     (1)
}
```

当可选 IV 产生组件没有具体规定时,那么认为 IV 产生的方法通过其他方式确定,或者通过本标准中的优先顺序和用户能力决定。类型 IVGeneration 的值示例如下:

```
randomOnly      IVGeneration ::={random}
eitherMethod    IVGeneration ::={random,counter}
```

TCFB 模式和 TCFB-P 模式需要长度为 1 位、8 位和 64 比特的反馈路径,此长度在通过这些模式的类型 3-DEAIdentifier 的 parameters 组件中来定义,作为类型值 FeedbackSize:

```
FeedbackSize ::=INTEGER{--反馈路径的比特长度--
    one        (1),
    eight      (8),
    sixtyfour  (64),
}( one | eight | sixtyfour )
```

A.3 对象标识符

对象标识符 id-ansi-x952 代表本标准中定义的所有对象标识符的树,具有以下值:

```
ide-ansi-x952 OBJECT IDENTIFIER ::= {
iso (1) member-body(2) us (840) ansi-x952(10047) }
```

对象标识符 mode 代表本标准中定义的所有表示 3-DEA 操作模式的对象标识符的树,具有以下值:

mode OBJECT IDENTIFIER ∷={id-ansi-x952 1}

以下对象标识符代表本标准中规定7种3-DEA操作模式中每一个。这些模式具有以下值：

```
tECB      OBJECE IDENTIFIER ∷= { mode 1 }
tCBC      OBJECE IDENTIFIER ∷= { mode 2 }
tCBC-I    OBJECE IDENTIFIER ∷= { mode 3 }
tCFB      OBJECE IDENTIFIER ∷= { mode 4 }
tCFB-P    OBJECE IDENTIFIER ∷= { mode 5 }
tOFB      OBJECE IDENTIFIER ∷= { mode 6 }
tOFB-I    OBJECE IDENTIFIER ∷= { mode 7 }
```

A.4 辅助定义

本标准定义了X.509(见[10])类型AlgorithmIdentifier的参数化版本。引用本类型，一个信息对象类别集ALGORITHM-ID时，需要一个单一的参数。定义以上类型3-DEAIentifier的参考资料详细规定了参数3-DEAModes。

```
AlgorithmIdentifier  { ALGORITHM-ID:IOSet } ∷= SEQUENCE {
    algorithm     ALGORITHM-ID. &id({ IOSet}),
    parameters    ALGORITHM-ID. &Type({IOSet}{@algorithm}) OPTIONAL
}
```

类型AlgorithmIdentifier由两个组件组成，algorithm和parameters，其由信息对象类别ALGORITHM-ID中定义和由该类别的字段&id和&Type具体规定。

```
ALGORITHM-ID ∷= CLASS {
    &id       OBJECT IDENTIFIER UNIQUE,
    &Type     OPTIONAL
    }
    WITH SYNTAX { OID &id[PARMS &Type]}
```

这些字段形成了信息对象定义集，即类ALGORITHM-ID的实例，这些类类似于有用的信息对象classTYPE-IDENTIFIER，其用于定义X.509中的类ALGORITHM，但在允许AlgorithmIdentifier的parameters组件不出现在类型值编码方面存在差异。ALGORITHM-ID类的实例“algorithm”将包括一个对象标识符值，该值惟一地标识了包含在“parameters”中的类型。在AlrorithmIdentifier序列中的所有两个组件中引用“algorithm”的作用是，紧密绑定了对象标识符和其类型。

A.5 ASN.1模块

下面提供了完整的ASN.1模块，包括本标准中定义的所有符号：

```
ANSI-X9-52 {
    iso(1) member-body(2) us(840) ansi-x952(10047) module(4) 1 }
        DEFINITIONS EXPLICTS TAGS ∷= BEGIN
——X9.52 3-DEA 操作模式；
——输出所有；
——没有输入；
3-DEAIdentifier ∷= AlgorithmIdentifier {{ 3-DEAModes }}
3-DEAIdentifier ∷= AlgorithmIdentifier {{ 3-DEAMode }}
```

```
3-DEAModes ALGORITHM-ID ::= {
{  OID  tECB      PARMS  ECBParms  }|--mode 1--
{  OID  tCBC      PARMS  ECBParms  }|--mode 2--
{  OID  tCBC-I    PARMS  ECBParms  }|--mode 3--
{  OID  tCFB      PARMS  ECBParms  }|--mode 4--
{  OID  tCFB-P    PARMS  ECBParms  }|--mode 5--
{  OID  tOFB      PARMS  ECBParms  }|--mode 6--
{  OID  tOFB-I    PARMS  ECBParms  }|--mode 7--
...
}
ECBParms ::= 3-DEAParms ( WITH COMPONENTS {
                        ..., ivGeneration ABSENT})
3-DEAParms ::= SEQUENCE {
    keyingOptions KeyingOptions OPTIOANL,
    ivGeneration [10] IVGeneration OPTIONAL
}
CFBParms ::= SEQUENCE {
      keyingOptions   keyingOptions OPTIONAL,
      feedbackSize    FeedbackSize
}
KeyingOptional ::= BIT STRING {
    option-1 (0),--(3-key)K1、K2 和 K3 是独立的密钥
    option-2 (1),--(2-key)K1、K2 是独立的密钥,K3=K1
    option-3 (2),--(1-key)K1=K2=K3
}
IVGeneration ::= BIT STRING {
    random  (0),
    counter  (1)
}
FeedbackSize ::= INTEGER {        --反馈路径的位宽
    one    (1),
    eight   (8),
    sixtyfour(64)
} (one|eight|sixtyfour)
——对象标识符
id-ansi-x952 OBJECT IDENTIFIER ::= {
    iso(1) member-body(2) us(840) ansi-952(10047)}
mode OBJECT IDENTIFIER ::={id-ansi-x952 1}
tECB       OBJECE IDENTIFIER ::= { mode 1 }
tCBC       OBJECE IDENTIFIER ::= { mode 2 }
tCBC-I     OBJECE IDENTIFIER ::= { mode 3 }
tCFB       OBJECE IDENTIFIER ::= { mode 4 }
tCFB-P     OBJECE IDENTIFIER ::= { mode 5 }
```

```
tOFB          OBJECE IDENTIFIER ::= { mode 6 }
tOFB-I    OBJECE IDENTIFIER ::= { mode 7 }
——辅助定义
AlgorithmIdentifier { ALGORITHM-ID:IOSet } ::= SEQUENCE {
    algorithm          ALGORITHM-ID. &id({IOSet}),
    parameters         ALGORITHM-ID. &Type({IOSet}{@algorithm}) OPTIONAL
}
ALGORITHM-ID ::= CLASS {
    &id     OBJECT IDENTIFIER UNIQUE,
    &Type OPTIONAL
}
    WITH SYNTAX {OID &id[PARMS &Type]}
END
```

附 录 B
(资料性附录)
3-DEA 运算模式的密码特性

B.1 运算模式

本附录从通用性的角度，描述了3-DEA运算模式的主要密码特性，见表B.1。

如果没有标记(*)，则这些特性也适用于交错或者管道模式。

表 B.1 运算模式

特性	TECB	TCBC	TCFB1	TCFB8	TCFB64	TOFB
错误传播	1个块	2个块	65个块	9个块	2个块	无
明文中的标记块模式	否	是	是	是	是	是
向后兼容性(*)	是	是	是	是	是	是
每个块的DEA数目	3	3	3	3	3	3

B.2 密钥攻击

密钥攻击试图揭示密钥的值，由此能揭示所有用该密钥加密的数据。

使用密钥选项1和2，如果已知一部分明文/密文块对，则针对TECB、TCBC、TOFB和TCFB64的已知的最好攻击需要进行2^{112}次单一DEA加密。

如果已知许多明文/密文块对，则使用密钥选项2(见5.2)，最好的攻击需要进行$(2^{120})/r$次单一DEA加密，其中，r是已知明文/密文块对的数目。但是在使用密钥选项1(见5.2)的情况下，已知许多明文/密文对并不会使攻击变得更加容易。

当前，在使用密钥选项1或2时，不存在已知的、针对这些模式的可行的密钥攻击。

B.3 文本攻击

B.3.1 概述

文本攻击试图从密文中揭示某些明文或有关某些明文的信息；密钥并不被揭示。

B.3.2 伪随机向量序列$\{O_i\}$的周期长度

B.3.2.1 概述

对于TOFB，在伪随机向量序列$\{O_i\}$重复之前，其周期长度是十分重要的。TOFB的该伪随机向量序列有一个2^{63}个块的平均周期长度，一旦其重复，则保守的设想就是所有使用重复的伪随机向量序列加密的数据均能被破解。

在为相同密钥组产生大约2^{32}个IV后，IV将可能重复，因而导致产生相同的伪随机向量序列$\{O_i\}$。

在这种情况下，保守的估计是所有的明文均可恢复。

在以上任何一种情况发生前，强烈建议更改 3-DEA 的密钥组。

B.3.2.2 文本字典

攻击者可建立已知明文/密文对的字典，试图针对一个密文恢复其对应明文。

假设 m 为不同的 64 比特明文块的数目，这些明文块即将使用 TECB 模式加密；m 至多为 2^{64}。定义交叉点为已知明文密文对中密文块的这样一个数目，当获取了该数目的已知明文密文对的块时可由生日攻击对一个新的密文块恢复出相应的明文。表 B.2 提供了 3-DEA 运算模式的交叉点。

表 B.2 交叉点

运算模式	交叉点
TECB	$2(m^{1/2})$个加密块
TCBC	2^{33}加密块
TCFB64	2^{33}加密块

谨慎起见，应在到达交叉点之前，考虑变更 3-DEA 密钥组。

B.3.2.3 匹配密文

大约 2^{32} 个块加密之后，生日现象预示一个密文块将匹配另外一个块。

对于 TECB，匹配密文块表明，在不同的位置出现相同明文块；这可导致信息泄漏。由于 TECB 没有随机化，或者存在某种特定规律，使用 IV 的块(TCBC 也是如此)，匹配密文的机会仅依赖于正被加密的不同明文块的数目。

对于 TCBC，匹配密文块 $C_i=C_{i'}$ 表明，$P_i \oplus P_{i'}=C_{i-1} \oplus C_{i'-1}$；假设明文块是结构化的，则该事件将泄露信息。

对于 TCFB64，匹配密文块 $C_i=C_{i'}$ 表明，$P_{i+1} \oplus P_{i'+1}=C_{i+1} \oplus C_{i'+1}$；假设明文块是结构化的，则该事件将泄露信息。

对于 TOFB，匹配密文的一个块不具有实际意义，因为其所用的伪随机向量序列独立于先前的密文。

谨慎起见，应在到达交叉点之前，考虑变更 3-DEA 密钥组。

B.4 数据鉴别指南

本标准描述的 3-DEA 操作模式适用于在共享密钥的双方之间提供数据机密性。这些模式本身不提供对数据完整性的鉴别；例如，不可信第三方可有意地篡改密文，以引起解密之后明文的歪曲。在某些情况下，知道明文的不可信第三方可能修改密文或者 IV，导致由此解密得出另一个不正确的报文。

鉴别报文完整性有可适用的技术。这些技术的使用指南不在本标准的范围之内。

附 录 C
（资料性附录）
密钥组加密应注意的方面

C.1 特性

当使用分组密码对一个密钥加密，并且该分组密码的分组长度小于密钥长度时，需要采取措施防止利用该密钥密文的一个片断来取代整个密钥密文。通过报文摘要技术或使用特定的操作模式，可将加密的密钥组的各个块绑定到一起。本附录提供了三个可选方式，RFC3217、Authentication Key Block 和 Three Pass Outer CBC 加密，见表 C.1。

表 C.1 特性

	加密后的密钥长度	密码/哈希运算操作次数	备注
RFC3217	固定的 40 个八位组输出	27	需要 SHA-1
AKB	固定的 80 个八位组输出	42	提供密钥标记
3CPO	和输入长度一样	18	

C.2 RFC3217

C.2.1 概述

本方式，基于 RFC3217，把所有的 3-DEA 密钥扩展到固定的长度，提供密钥强校验和并包括两次 CBC 加密操作，以提供一个固定长度，即 40 个八位组的密钥密文。其不同于 RFC3217 中规定的方法在于，在 RFC3217 中，允许使用 128 位的 3-DEA 密钥对 192 位的 3-DEA 密钥加密，见图 C.1。

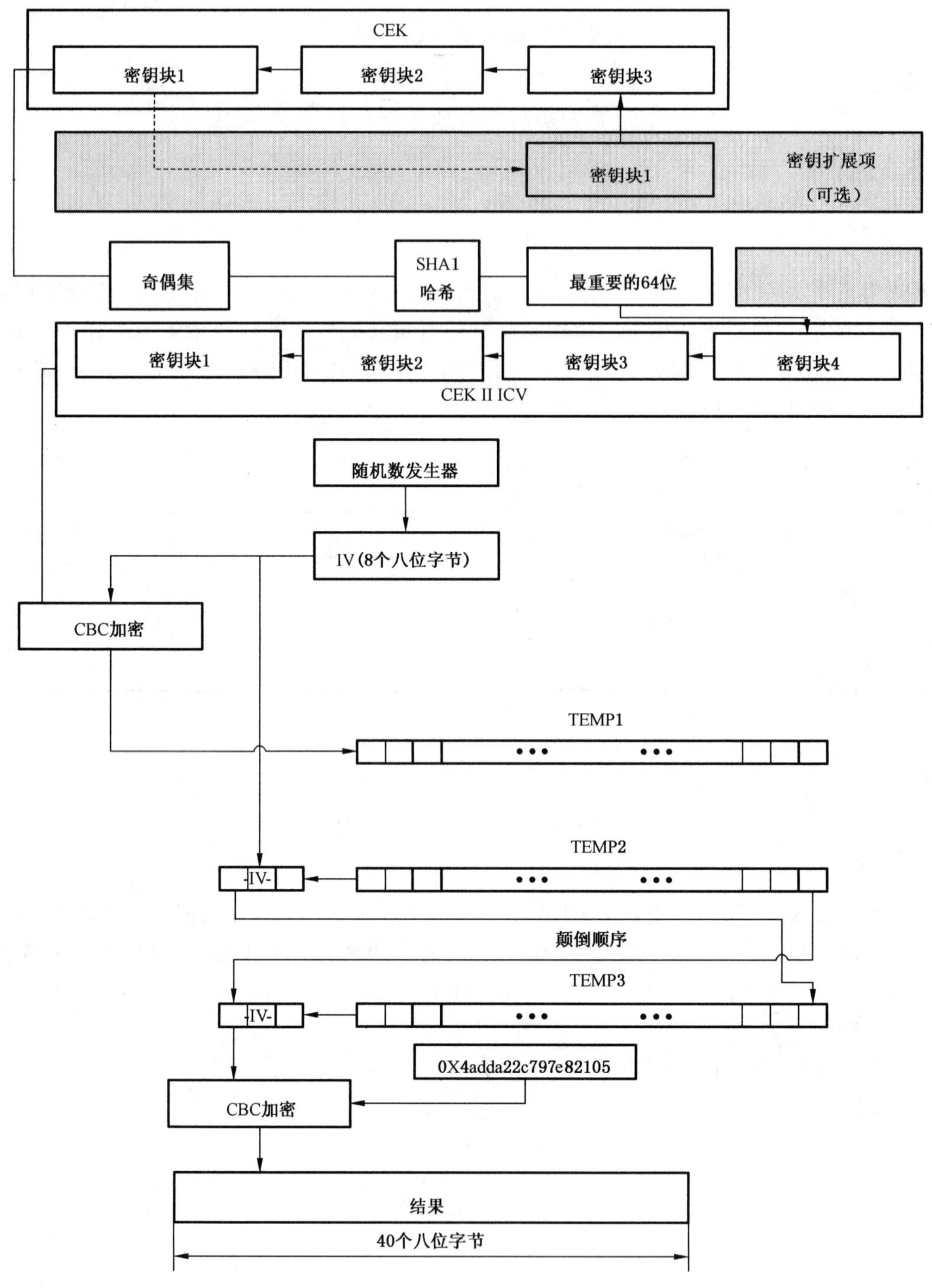

图 C.1 RFC3217 密钥绑定

C.2.2 功能性元素-密钥校验值

C.2.2.1 概述

密钥校验值算法用于提供密钥完整性校验。

该算法为：

——对将被封装的密钥计算一个 20 个八位组的 SHA-1[SHA1]报文摘要。

——使用报文摘要的最高有效位的八个字节作为校验值。

C.2.2.2 密钥扩展

对两密钥的3-DEA(128位)密钥组和三密钥的3-DEA(192位)密钥组使用相同的密钥封装算法。当两密钥的3-DEA密钥组将被封装时,将产生一个与第一个DEA密钥值相同的第三个DEA密钥。这样,所有被封装的3-DEA密钥组的长度均是192比特。

允许使用128位3-DEA密钥组对192位3-DEA密钥组进行加密,因为128位DEA密钥提供了相近的安全保护。

C.2.2.3 3-DEA密钥封装

3-DEA密钥封装算法使用3-DEA密钥加密密钥对3-DEA密钥进行加密。3-DEA密钥封装算法为:

a) 通过增加128比特3-DEA密钥最左边的64比特至128位3-DEA密钥本身的右边,扩充任何128比特3-DEA密钥至192比特;
b) 为构成3-DEA密钥的每一个DEA密钥(将被封装)的字节设定奇偶位,称之为CEK;
c) 如C.2.1所述,对CEK计算一个8个字节的密钥检验和,称之为ICV;
d) 让CEKICV=CEK||ICV;
e) 随机产生8个字节数据,称之为IV;
f) 使用密钥加密密钥,用CBC模式加密CEKICV;使用先前步骤中产生的随机数据作为IV,将密文称为TEMP1;
g) 让TEMP2=IV||TEMP1;
h) 颠倒TEMP2中的字节顺序,即,将最左边的字节和最右边的字节进行交换,等等,将结果称为TEMP3;
i) 使用密钥加密密钥,用CBC模式加密TEMP3;使用Ox4ADDA22C79E82105作为IV,密文为40字节长度。

注:当相同的192位3-DEA密钥使用不同的密钥加密密钥封装,则必须产生新的IV用于密钥封装算法的每次调用。

C.2.2.4 3-DEA密钥解包

3-DEA密钥解包算法使用3-DEA密钥加密密钥对3-DEA密钥进行解密。3-DEA密钥解包算法如下:

a) 如果封装的密钥不是40个字节,则出现错误;
b) 使用密钥加密密钥,用CBC模式解密被封装的密钥;使用Ox4ADDA22C79E82105作为IV;输出为TEMP3;
c) 颠倒TEMP3中的字节顺序,即,用最左边的字节与最右边的字节进行交换,等等;其结果称为TEMP2;
d) 把TEMP2分解为IV和TEMP1;IV是TEMP最左边8个字节,TEMP1是TEMP2中除了最左边的8字节外的其余32个字节;
e) 使用密钥加密密钥,以CBC模式解密TEMP1;使用先前步骤中产生的随机值作为IV;该密文称之为CEKICV;
f) 将CEKICV分解成CEK和ICV;CEK是CEKICV最左边24个字节,ICV是CEKICV最右边8个字节;

g) 如C.2.1所述,对CEK计算一个8个字节的密钥检验和;如果计算出来的密钥检验和值与解密出来的密钥检验和值ICV不匹配,则出现错误;
h) 检验组成CEK的每个DES密钥的奇偶位。如果奇偶位不正确,则出现错误;
i) 使用CEK作为3-DEA密钥。

C.3 已确认的密钥块(Authenticated Key Block)方式(AKB)

C.3.1 概述

已确认的密钥块有固定的格式。其包括长度16个字节的头、加密的密钥字段(使用16进制-ASCII格式),该密钥字段扩充为3-DEA密钥的最大长度,以隐藏短密钥的真实长度,并紧随16字节MAC,从而形成一个80字节的块,见表C.2。

表C.2 AKB密钥绑定

头	加密的密钥	MAC

C.3.2 密钥块头(KBH)

C.3.2.1 概述

头有一个规定长度16字节,包括有关密钥的属性信息,为提供更好的支持能力(即,人类可读性),头的16个字节应仅包括大写的ASCII可打印字符。所提供的表格为定义的密钥类型提供了具体的头。

C.3.2.2 密钥块头定义

见表C.3。

表C.3 密钥块头定义

字节#	定义	内容
0	版本号	“2”(现在的版本)
1-4	密钥块长度	ASCII编号的数字,提供密钥块的长度;即,一个72字节的密钥块将在字节#1中包含“0”,字节#2中包含“0”,字节#3中包含“7”,字节#4中包含“2”。
5	密钥用途	“K”代表密钥加密,“D”代表数据加密,等等。
6	其他信息	其他有关密钥的信息。
7	算法	“D”代表DES,“R”代表RSA,“A”代表AES。
8	使用模式	“E”代表仅加密,“D”代表仅解密,等等。
9	导出能力	“E”代表在可信密钥保护下可以导出,“N”代表不可导出,等等。(建议删除或作为保留字段暂不使用)
10-11	保留/随机的值长度	对于使用CBC MAC绑定方式绑定的密钥块,该字段保留,一直填写为“R”。
12-15	保留	“0”

注:在密钥块格式中的密钥使用在防篡改硬件安全模块(TRSM)中之前,头块的内容必须验证,以确保执行正确的用途。“密钥用途”字节通过首先检验,然后就是“算法”字节。其他的头字节或可,或不可依赖于密钥用途和使用的算法进行检验。

C.3.2.3 字节5,密钥用途

见表C.4。

表C.4 字节5密钥用途

值	16进制	定义
“D”	0×44	数据加密
“I”	0×49	IV或者控制向量 字节6=“0”
“K”	0×4B	密钥加密或者封装
“M”	0×4D	MAC
“P”	0×50	PIN加密
“V”	0×56	PIN验证,KPV
“C”	0×43	CVK卡验证密钥
“B”	0×42	基于BDK的导出密钥

注:这些用途适用于对称和非对称密钥。用途“K”适合于DES KEK和RSA密钥交换密钥。

C.3.2.4 字节6,其他信息

这个字节的值用于提供密钥的其他信息。C.2.2.3包含有关该字节的可能值的更多细节。

C.3.2.5 字节7,算法

见表C.5。

表C.5 字节7算法

值	16进制	定义
“D”	0×44	DES
“R”	0×52	RSA
“A”	0×41	AES
“S”	0×53	DSA
“U”	0×55	未知或者未具体规定
“E”	0×45	椭圆曲线

C.3.2.6 字节8,使用模式

见表C.6。

表C.6 字节8使用模式

值	16进制	定义
“N”	0×4E	没有具体限制
“E”	0×45	仅加密
“D”	0×44	仅解密
“0”	0×30	IV

C.3.2.7 字节9,导出能力

见表C.7。

表C.7 字节9导出能力

值	16进制	定义
"S"	0×53	敏感
"E"	0×45	可导出
"N"	0×4E	不可导出

该字段的标记表明特定类型密钥需要特别处理。任何不遵从正常安全设定的密钥宜在该字段里做一个标记。通常,在"值"列的字母表示,以后的制定者宜仔细地检验这种类型密钥的定义。

C.3.2.8 字节12-15,保留

见表C.8。

表C.8 保留

值	16进制	定义
"0"	0×30	保留

C.3.2.9 将被交换/存储的密钥

将被交换或存储的密钥在以16进制ASCII格式表示的密钥块中。单一DES密钥和双重长度的3-DEA密钥填充至完全的48字节长度,以掩盖密钥的真实长度。

填充(如果使用)是特别针对DES和3-DES实施的,而不用于任何其他密钥类型。所有的填充字符是随机数据,附有强制为偶校验的奇偶校验位,以表明它们是填充字节。

C.3.2.10 密钥分离

通过使用预先给定的方式,从基本密钥加密密钥导出加密密钥和MAC密钥,从而维护密钥分离。

C.3.2.11 密钥块加密

密钥块加密方式使用3-DEA CBC加密,以维护将被交换和/或存储的密钥的机密性。密钥和任何随机值和/或填充字符均通过3-DEA CBC加密,使用头的字节5-12作为CBC加密的IV。

加密密钥是通过重复的方式将常量X'4545454545454545'(ASCII"E"的8个字节)进行扩展到与密钥加密密钥相同的长度的结果,并将其与密钥加密密钥进行异或计算结果。

C.3.2.12 CBC MAC绑定方式

CBC MAC绑定方式包括使用以KBH的字节5-12作为IV对整个密钥块计算3-DEA CBC MAC。CBC MAC的计算遵循ISO/IEC 9797的1号算法和第1种填充方式,使用ISO/IEC 18033中的3-DE分组密码。

加密密钥是通过重复的方式将常量X'4D4D4D4D4D4D4D4D'(ASCII"E"的8个字节)进行扩展到与密钥加密密钥进行异或的计算结果。

这样产生了一个与加密密钥不同的 MAC 密钥。在明文头和被加密的密钥块基础上计算的 MAC，可以紧紧绑定两个组成部分，并阻止了它们之间的任何变更。

MAC 的大小是 8 个字节长(16 个十六进制 ASCII 字符)。

C.3.2.13 密钥确认

一旦收到经已确认的密钥块，必须通过验证 MAC 和头的内容对密钥块进行确认。

C.4 3CPO—三轮 CBC 外部加密(Three,CBC pass outer encryption)

C.4.1 引言

如图 C.2 所述，本方式使用了通常的两密钥的密钥组，这样通过 CBC 加密方式可实现密钥组元素之间的绑定。其中 CBC 加密使用的 IV 由其他密钥组内容影响并产生。

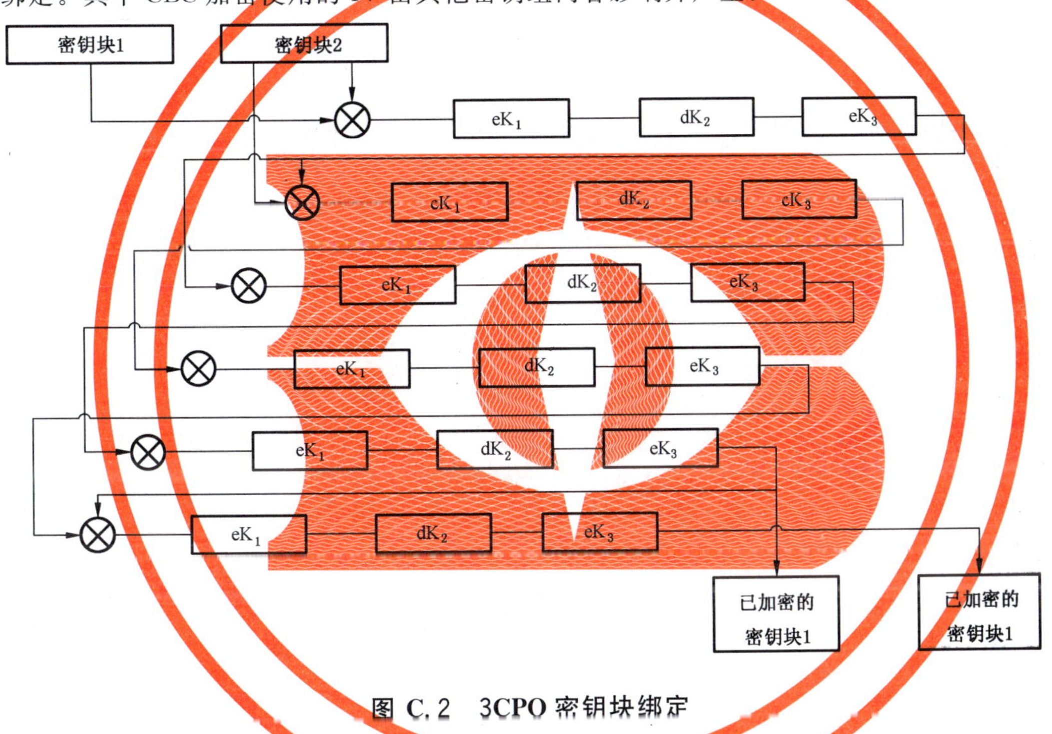

图 C.2 3CPO 密钥块绑定

C.4.2 方式

在本方式中，执行 CBC 加密的三轮运算时，将第一轮的结果链入第二个的 IV，第二轮的结果链入第三轮的 IV。本方式适合于 n-块加密，并可将三轮加密扩展到更多的轮加密。

C.4.3 加密规则

C.4.3.1 2-块加密

p=加密的轮数目(推荐为 3)

$T_{-1}=K1$

$T_0=K2$

$T_i=eK1(dK2(eK3(T_{i-2}\oplus T_{i-1}))),I=1,2,\cdots,2p$

已加密的密钥块 1=$T2_{p-1}$

已加密的密钥块 2＝T_{2p}

C.4.3.2 *n*-块加密

$T_{i-n}=K_i, i=1,2,\cdots,n$

$T_i=eK1(dK2(eK3(T_{i-n}\oplus T_{i-1}))), I=1,2,\cdots,n_p$

$EKB_i=T_{i+n(p-1)}, i=1,2,\cdots,n$

C.4.3.3 解密规则

C.4.3.3.1 2-块解密

T_{2p}＝已加密的密钥块 1

T_{2p-1}＝已加密的密钥块 2

$T_{i-2}=dK1(eK2(dK3(T_i)))\oplus T_{i-1}, i=1,2,\cdots,2p$

$KB_1=T_0$

$KB_2=T_{-1}$

C.4.3.3.2 *n*-块解密

$T_{i+n(p-1)}=EKB_i, i=1,2,\cdots,n$

$T_i=eK1(dK2(eK3(T_i)))\oplus T_{i-1}, i=n_p, n_{p-1},\cdots,1$

$EKB_i=T_{i-n}, i=1,2,\cdots,n$

参考文献

[1] ANSI X3.92-1981 数据加密算法

[2] ANSI X9.52-1998 三重数据加密算法—操作模式

[3] ISO/IEC 8372:1987 信息处理—64 位块密码算法的操作模式

[4] X.680,ITU-T 建议 X.680(1997)|ISO/IEC 8824-1:1998 信息技术 抽象语法记法一(ASN.1) 第1部分:基本记法规范

[5] X.681,ITU-T 建议 X.681(1997)|ISO/IEC 8824-2:1998 信息技术 抽象语法记法一(ASN.1) 第2部分:信息客体规范

[6] X.682,ITU-T 建议 X.682(1997)|ISO/IEC 8824-3:1998 信息技术 抽象语法记法一(ASN.1) 第3部分:约束规范

[7] X.683,ITU-T 建议 X.683(1997)|ISO/IEC 8824-4:1998 信息技术 抽象语法记法一(ASN.1) 第4部分:ASN.1 规范的参数化

[8] X.690,ITU-T 建议 X.690(1997)|ISO/IEC 8825-1:1998 信息技术 ASN.1 编码规则 第1部分:基本编码规则(BER)、正则编码规则(CER)和非典型编码规则(DER)规范

[9] X.691,ITU-T 建议 X.691(1997)|ISO/IEC 8825-2:1998 信息技术 ASN.1 编码规则 第2部分:紧缩编码规则(PER)规范

[10] ITU-T 建议 X.509(1997) 信息技术 开放系统互联 目录 鉴别框架,ITU,日内瓦,瑞士,1997

[11] MENEZES,Alfred J.,VAN OORSCHOT,PAUL C.,VANSTONE,Scott A. 应用密码手册,CRC 出版社,1997

[12] MEYER,Carl H.,MATYAS,Stephen M. 密码:计算机数据安全中的新因素,John Wiley &Sons,New York,1982

ICS 35.240.40
A 11

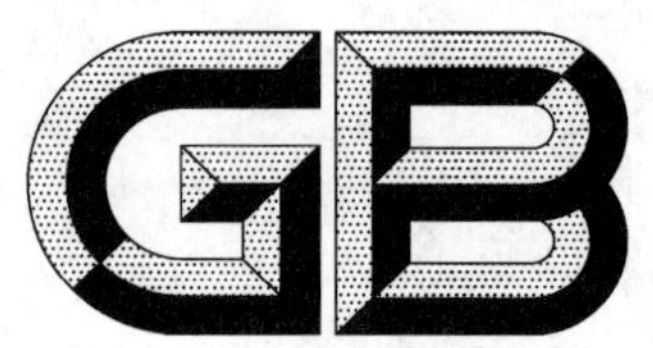

中华人民共和国国家标准

GB/T 27928.1—2011

金融业务　证书管理
第1部分:公钥证书

Certificate management for financial services—
Part 1:Public key certificates

(ISO 15782-1:2003,MOD)

2011-12-30 发布　　2012-05-01 实施

中华人民共和国国家质量监督检验检疫总局
中国国家标准化管理委员会
发布

前　言

GB/T 27928 在总标题“银行业务 证书管理”下，包括以下 2 个部分：

——第 1 部分：公钥证书；

——第 2 部分：证书扩展项。

本部分为 GB/T 27928 的第 1 部分。

本部分修改采用 ISO 15782-1：2003《银行业务　证书管理　第 1 部分：公钥证书》（英文版）。

本部分根据 ISO 15782-1：2003 重新起草，与 ISO 15782-1：2003 的技术性差异及原因为：

a)　删去“2 规范性引用文件”中对下列文件的引用：

ANS X9.30-1　金融服务业　使用不可逆算法的公钥密码　第 1 部分：数字签名算法（DSA）；

ANS X9.31-1　金融服务业　使用可逆算法的公钥密码　第 1 部分：RSA 签名算法；

ANS X9.62　金融服务业　公钥密码：椭圆曲线数字签名算法（ECDSA）。

b)　6.2.1.2d)中：“宜使用标准化（ISO 或国家的）密码技术和密码模块，用于符合金融业使用要求的 4 级安全模块。”修改为：“宜使用国家的密码技术和密码模块，用于符合金融业使用要求的 4 级安全模块”。

c)　删去原英文标准中“6.3.5 CA 公钥分发”中如下文字：

对高风险应用，应使用 ISO 9807：1991，附录 C 中定义的 3DES MAC，或者单 DES MAC，单 DES MAC 使用不同密钥对每一个数据库或缓冲区的条目进行签名。对中低风险应用，使用任何核准的 TC68 密钥管理标准的单 DES MAC 就足够了。并删去本节最后一段中“如 DSA 和 RSA”。

d)　把 6.4.2 最后一段中原文“自动化的审计日志应保护以防止修改或替换。哈希和数字签名的使用可遵循 ANS X9.30，ANS X9.31 和 ANS X9.62 中规定”修改为“自动化的审计日志应保护以防止修改或替换。哈希和数字签名的使用应遵循我国密码管理部门的规定。”

e)　删去附录 B 标题的注释：3）对慎重的基于日志的算法如：Diffie-Hellman，DSA 和 ECDSA；删除附录 B.3 示例，因为该示例用了 DSA 和 RSA 的例子。

f)　将附录 E 的脚注“4）即将发布（ISO 8824-2：1998 的修订版）”，因为其对应的国家标准 GB/T 16262.2—2006 已经发布。

g)　删去附录 I（资料性附录），因为其中引用了 DSA 等例子。

h)　删除 5.5，因为与 3.33 重复。

为便于使用，本部分还做了下列编辑性修改：

a)　对规范性引用文件中所引用的国际标准，有相应国家标准的，改为引用国家标准；

b)　删除 ISO 前言。

附录 A～附录 F 为规范性附录。附录 G～附录 J 为资料性附录。

本部分由中国人民银行提出。

本部分由全国金融标准化技术委员会（SAC/TC 180）归口。

本部分负责起草单位：中国金融电子化公司。

本部分参加起草单位：中国人民银行、中国工商银行、中国农业银行、中国建设银行、交通银行、中国银联股份有限公司、华北计算技术研究所、北京工商大学。

本部分主要起草人：王平娃、陆书春、李曙光、吕毅、杨颖莉、刘运、林中、张启瑞、仲志晖、景芸、周亦鹏、钱湘隆、赵金波、曹文中、李劲松、刘先。

引言

GB/T 27928 的本部分在金融服务业方面采纳了 GB/T 16264.8 部分，定义了证书管理的过程和数据元。

ISO 15782-2(即将转化我国国家标准)给出了金融业对独立扩展项的详细需求。

虽然本部分所描述的技术是用于保证金融报文的完整性和支持不可否认服务，但本部分不能保证一个特定的执行是安全的。金融机构有责任在全过程的适当位置加入必要的控制以确保这些过程被安全地执行。这些控制包括为了验证符合性而应用适当的审计测试。

证明公钥拥有者的身份和公钥的绑定是为了证实对应私钥的所有权。该绑定称作公钥证书。公钥证书由可信实体——认证机构(CA)生成。

本部分的正确执行应以保证绑定了实体用于文件(包括电汇和合同)签名的密钥和实体身份为前提。

本部分定义了用于鉴别的证书管理框架，包括鉴别加密密钥。

本部分所描述的技术能应用于合法实体(实体)之间发起的业务关系。

金融业务 证书管理 第1部分:公钥证书

1 范围

GB/T 27928的本部分定义了用于法人和自然人的金融业证书管理系统,包括:

——凭证和证书内容;

——证书授权系统,包括用于数字签名和加密密钥管理的证书;

——证书的生成、分发、验证和更新;

——鉴别结构和认证路径;

——撤销和恢复程序;

——公钥证书和证书撤销列表的定义扩展项。

本标准适用于金融行业中公钥证书的管理。

GB/T 27928的本部分也推荐了一些有用的操作程序(例如,分发机制,对所提交凭证的接受标准)。

GB/T 27928的本部分的执行也将基于业务风险和法律要求。

GB/T 27928的本部分不包括以下内容:

——在证书管理过程中各参与方之间使用的协议报文;

——对公证人和时间戳的要求;

——证书策略和认证行为的要求;

——可信第三方的要求;

——属性证书。

虽然本部分规定了证书(可包括用于加密密钥的公钥管理)生成的相关方面,但并未说明加密密钥的生成与传输。

希望遵守GB/T 16264.8的实施者可以采用该标准定义的证书结构。希望实现兼容证书和证书撤销结构而没有X.500系列相关的头字段的实施者可以采用附录A中所定义的ASN.1结构。

2 规范性引用文件

下列文件对于本文件的应用是必不可少的。凡是注日期的引用文件,仅注日期的版本适用于本文件。凡是不注日期的引用文件,其最新版本(包括所有的修改单)适用于本文件。

GB/T 16262.1 信息技术 抽象语法记法一(ASN.1)第1部分:基本记法规范(GB/T 16262.1—2006,ISO/IEC 8824-1:2002,IDT)

GB/T 16262.2—2006 信息技术 抽象语法记法一(ASN.1)第2部分:信息客体规范(ISO/IEC 8824-2:2002,IDT)

GB/T 16262.3 信息技术 抽象语法记法一(ASN.1) 第3部分:约束规范(GB/T 16262.3—2006,ISO/IEC 8824-3:2002,IDT)

GB/T 16262.4 信息技术 抽象语法记法一(ASN.1) 第4部分:ASN.1规范的参数化(GB/T 16262.4—2006,ISO/IEC 8824-4:2002,IDT)

GB/T 16263.1 信息技术 ASN.1编码规则 第1部分:基本编码规则(BER)、正则编码规则(CER)和非典型编码规则(DER)规范(GB/T 16263.1—2006,ISO/IEC 8825-1:2002,IDT)

GB/T 16263.2 信息技术 ASN.1编码规则 第2部分:紧缩编码规则(PER)规范(GB/T 16263.2—2006,ISO/IEC 8825-2:2002,IDT)

GB/T 16264.8 信息技术 开放系统互连 目录 第8部分:公钥和属性证书框架(GB/T 16264.8—2005,ISO/IEC 9594-8:2001,IDT)

ISO 15782-2:2001 银行业 证书管理 第2部分:证书扩展项

ISO/IEC 9594-2|ITU-T 建议书 X.501(1997) 信息技术 开放系统互联目录:模型 第2部分

ISO/IEC 9594-6|ITU-T 建议书 X.520(1997) 信息技术 开放系统互连目录:精选属性类型—第6部分

ISO/IEC 9834-1:1993|ITU-T Recommendation X.660,信息技术 开放系统互连 OSI注册机构操作程序:通用程序 第1部分

ISO/IEC 15408(所有部分) 信息安全评估通用标准

3 术语和定义

下列术语和定义适用于本文件。

3.1

ASN.1 模块 ASN.1 module

可识别的ASN.1类型和值的集合。

3.2

属性 attribute

一个实体的特性。

3.3

审计日志 audit journal

系统运行的时序纪录,该记录足够重建、复审、检查环境的系列事物和周边行为,或导出一笔交易从起始到输出最终结果路径中的每个事件。

3.4

授权 authorization

赋予权利。

3.5

CA证书 CA-certificate

其主体是认证机构(CA)的证书,且其相关私钥用于证书签名。

3.6

(证书)挂起 (certificate) hold

暂停证书的有效性。

3.7

证书信息 certificate information

已签发的证书所包含的信息。

3.8

证书策略 certificate policy

指定的规则集,这些规则指出某一证书对具有通用安全要求的特定群体和/或应用类的适用性。

示例:一个特定的策略可指出某类证书适用于鉴别给定价格范围的货物交易的电子数据交换交易。

注1:证书用户宜使用证书策略,以决定是否接受主体(证书的)和公钥的绑定。证书策略框架的某些组件给出了具体值,并且在X.509版本3证书中通过注册对象标识符来表示。对象所有者同样注册了策略的文本描述并使其可被它的信任方使用。

注2：以下X.509版本3证书中的扩展项中能包括证书策略对象标识符：证书策略、策略映射和策略限定。对象标识符可不出现在这些域中，出现在一些域中或出现在所有的域中。这些对象标识符可能相同（引用相同的证书策略），也可能不同（引用不同的证书策略）。

3.9

证书策略框架　certificate policy framework

与可被用来定义证书策略的组件相关的安全和责任的全集。

注：通过给出证书策略框架的组件的一个子集具体值来定义一个证书策略。

3.10

证书请求数据　certificate request data，凭证 credentials

一个请求证书中的签名信息，包括实体公钥，实体身份和证书中包含的其他信息。

3.11

证书撤销列表　certificate revocation list，CRL

已撤销的证书的列表。

3.12

证书使用系统　certificate-using system

证书用户使用的GB/T 27928本部分所定义的功能的实现。

3.13

认证　certification

为实体建立公钥证书的过程。

3.14

认证机构　certification authority，CA

一个或多个实体所信任的实体，它产生、分配、撤销或挂起公钥证书。

3.15

认证机构系统　certification authority system

管理证书的全程生命周期的实体集，包括CA。

这些实体负责：

——产生；

——提交；

——注册；

——认证；

——分发；

——使用；

——更新；

——撤销或挂起；

——终止。

3.16

认证路径　certification path

实体证书的有序序列，通过该路径以及路径中初始实体的公钥，可以获得该路径最终实体的公钥。

3.17

认证业务申明　certification practice statement，CPS

认证机构签发证书业务中的申明。

3.18

损害　compromise

可能已发生的对系统安全的侵害，如未经授权泄漏了敏感信息。

3.19

机密性　confidentiality

信息对未授权的个人、实体或过程不可用或不可泄漏的特性。

3.20

CRL 分发点　CRL distribution point

CRL 目录项或其他分发源。

注：通过 CRL 分配点的 CRL 可包括由一 CA 签发的证书中的一部分撤销条目，这些条目仅仅是一个全集中的子集，或者可包括多个 CA 的撤销条目。

3.21

交叉认证　cross certification

两个 CA 相互认证彼此公钥的过程。

见策略映射(3.48)。

3.22

(密码)密钥　(cryptographic)key

决定密码函数运行的参数。

注：密码函数包括以下部分：

——明文到密文的转换过程及反过程；

——密钥要素的同步生成；

——数字签名的生成或确认。

3.23

密码模块　cryptographic module

执行密码功能的设备(例如：加密、鉴别和产生密钥)。

3.24

密码算法　cryptography

包括数据转换的原理、方法和途径的一套规则，目的在于隐藏其信息内容、防止未侦测的修改、防止未授权使用或者以上某几个目的的组合。

3.25

密码周期　cryptoperiod

一个指定的密钥被授权使用或该密钥对特定系统有效的时间范围。

3.26

数据完整性　data integrity

数据未被修改或破坏的性质。

3.27

增量 CRL　delta-CRL

部分 CRL，指明以前 CRL 发表以来仅有的变更。

3.28

(数字)签名　(digital) signature

数据的密码转换和数据单元相关，提供源鉴别和数据完整性服务，同时可支持签名者不可否认。

3.29

目录　directory

资料库　pository

分发或生成可用证书或 CRL 的方法。

示例：一数据库或一 X.500 目录。

3.30

惟一识别名称　distinguished name

全局(一个 PKI 体系中证书的应用范围)范围内实体惟一的名称。

注1：决定全局惟一性的方法超出了 GB/T 27928 本部分的范围。

注2：一个实体可签发一个以上具有同样的惟一识别名称的证书。

3.31

双重控制　dual control

利用两个或更多的独立实体(通常是个人)协同操作,保护敏感功能和信息的过程。

注1：实体双方对易受攻击的交易所涉及的资料的物理保护的责任是相同的。任何人员不能单独访问或利用这些资料(例如,密码密钥)。

注2：手工的密钥及证书产生、传输、装载、存储以及重新获得,双重控制需要实体中的密钥分割,见密钥分割。

3.32

末端证书　end certificate

证书链中最末的证书。

3.33

最终实体　end entity

除了 CA 以外的证书主体,其私钥用于对证书签名以外的其他任何目的。

3.34

实体　entity

法人(如:一公司、工会、州或国家)或自然人。

示例:CA、RA 或最终实体。

3.35

金融报文　financial message

包含金融意义信息的通信数据单元。

3.36

哈希　hash

从一个大(可能非常大)不定长域向小(固定)域进行值的映射的(数学)函数,满足以下特性:

——不能通过计算得到预期输出的输入;

——不能通过计算得到同一个输出的两个截然不同的输入。

3.37

密钥协商　key agreement

无需传输密钥(甚至是加密的形式),在线协商密钥值的方法。

示例:Diffie-Hellman 技术。

3.38

密钥片段　key fragment

被分成若干块(也叫做份(shares))的私钥的一部分,分布于各个实体之中,因此汇合实体中的特定子集的片段能产生原始私钥的数字签名。

3.39

密钥管理　key management

根据一安全策略,密钥要素的产生、存储、安全的分发和应用。

3.40

密钥对　key pair

(公钥密码系统)中公钥以及与其相对应的私钥。

3.41

密钥要素　keying material

建立和维护密钥关系的必要数据，如密钥、证书、初始向量。

3.42

密钥关系　keying relationship

通讯双方或一组成员共享密钥要素时，相互之间的存在状态。

3.43

报文　message

将要签名的数据。

3.44

不可否认　non-repudiation

提供有关数据完整性和数据源证据的服务，且能被第三方验证。

注：不可否认服务防止了签名实体错误地拒绝其行为，并能提供举出反证假定。它要求具有适当的处理措施和程序（注册、审计日志、协议安排、人员等等）。

3.45

可选择性　optional

GB/T 27928的本部分不做要求或不要求符合GB/T 27928本部分的可选择性条款。

注：不要与ASN.1的关键字“OPTIONAL”搞混。

3.46

线下通知　out-of-band notification

使用不受主要通讯方式限定的通讯方法的通知。

3.47

策略映射　policy mapping

当一个域的CA验证另一个域的CA，第二个域中的特定证书策略可被第一个域的认证机构视为与第一个域中的一个特殊的证书策略等同（不必在所有方面相同）。

比较交叉认证（3.21）。

3.48

策略限定符　policy qualifier

X.509证书中由策略所决定的信息，补充证书策略标识符。

3.49

私钥　private key

（非对称（公开）密钥密码系统）中一个实体密钥对中仅由实体本身知道的密钥。

3.50

公钥　public key

（非对称（公开）密钥密码系统）中一个实体密钥对中公诸于众的密钥。

3.51

公钥证书　public key certificate

公钥、实体身份及其他信息，通过使用发布该公钥证书的认证机构的私钥对证书信息进行签名，从而提供不可伪造性。

3.52

公钥确认　public key validation，PKV

对候选公钥进行算法测试的过程，确保符合标准的详细规定。

注1：如果使用一个不一致的公钥，攻击可能发生在所有者和/或用户身上。

注 2：公钥确认可能包括算法特性测试(范围、顺序、初始状态等)、程序规则生成测试以及公钥部件之间的一致性测试。在金融业签名标准(如 ANS X9.62)里有公钥确认方法的典范。

3.53

注册机构　registration authority,RA

负责证书主体的身份验证和认证的实体,但并非 CA,因此并不签名或签发证书。

注：一个 RA 可在证书应用流程、撤销流程或在两者中同时提供协助。

3.54

信任方,用户　relying party,user

信任证书的证书接收方。

3.55

密钥分割　split knowledge

两个或更多的实体分别地拥有密钥片断,仅通过单个密钥片段不能合成密钥信息。

3.56

主体　subject

在公钥证书中认证其公钥的实体。

3.57

从属　CA subject CA

由发布 CA 认证的 CA。

3.58

可信 CA 公钥　trusted CA public key

用来确认证书链中的第一个证书,作为认证路径处理一部分的公钥。

示例：集中信任模型的根密钥或分布式信任模型的一个本地 CA 密钥(参见附录 G)。

注：如果一个最终实体确认了从一个可信 CA 公钥到末端证书的证书链,那么末端证书视作有效。

3.59

归零　zeroize

对电子存储数据的有效破坏,如消磁、清除或覆盖。

4　符号和缩略语

缩略语	含义
ASN.1	抽象语法符号(Abstract syntax notation)
BER	基本编码规则(Basic encoding rules)
CA	认证机构(Certification authority)
CPS	证书业务申明(Certification practice statement)
CRL	证书撤销列表(Certificate revocation list)
DER	非典型编码规则(Distinguished encoding rules)
DSA	数字签名算法(Digital signature algorithm)
ECDSA	椭圆曲线数字签名算法(Elliptic curve digital signature algorithm)
ITU-T	国际电信联盟电信标准化部门(International Telecommunication Union telecommunications standardization sector)
PKI	公钥基础设施(Public key infrastructure)
RA	注册机构(Registration authority)
RSA	RSA 算法(Rivest Shamir Adleman algorithm)

SHA-1	安全哈希算法-1(Secure hash algorithm-1)
URI	统一资源标识符(Uniform resource identifier)
X\{information\}	X 签名的“信息”
X_p	X 的公钥(例如,X_{1p}是 X_1 的公钥)
X_S	X 的私钥
X_1《X_2》	由 CA X_1 发布的 X_2 的证书
X_1《X_2》X_2《X_3》X_{n-1}《X_n》	证书路径。路径中的每个条目是 CA 产生下一个条目的证书。这条路径是任意长度的,功能上等价于 X_1《X_n》。用户拥有 X_{1p}可析取出 X_n 的已鉴别的公钥。
X_{1p} • X_1《X_2》	一个证书或路径的展开。最左边的 CA(X_1)的公钥用于析取最右边的证书(X_1《X_2》)的鉴别公钥(经过完成中间证书的路径)。本例析取 X_{2p}。

注 1:GB/T 27928 的本部分使用的符号是用于证书、认证路径和相关信息的 X.509 符号的变量。

注 2:使用无衬线粗体字如 **CertReqData** 或 **CRLEntry** 表示该用法来自抽象句法符号(ASN.1),如同 GB/T 16262.1 到 GB/T 16262.4 和 GB/T 16263.1 和 GB/T 16263.2 的规定。一旦这样做有意义,ASN.1 术语就用于代替正文。

5 公钥基础设施

5.1 概述

公钥基础设施(PKI)是用于描述技术上、法律上和业务上广泛运用公钥技术的基础设施的术语。

公钥技术用于创建数字签名和管理对称密钥。公钥密码技术使用了两个密钥:一个是用户私人保存的,另一个是可公开获取的。用一密钥(私钥或公钥)签名或处理的可以用它的对应部分(公钥或私钥)加以验证。公钥的公开不以任何方式损害私钥安全。

鉴别公钥是一个基本要求,因此,公钥封装在公钥证书中。证书包含公钥和它的身份验证数据,且由认证机构(CA)加以数字签名。GB/T 27928 的本部分是基于 X.509 的公钥证书格式。

5.2 公钥管理基础设施处理流程

公钥管理机制要求的责任、服务和程序如下:

——密钥产生;

——注册;

——认证;

——分发;

——使用;

——撤销/挂起;

——终止;

——更新。

与验证相关的主要步骤见图 1。

5.3 认证机构(CA)

一个 CA 拥有一个公/私密钥对,并使用数字签名算法产生证书。

实体的公钥对其身份的捆绑由 CA 产生证书来完成,因此,在那里证明信息的关联并保证其完整性。

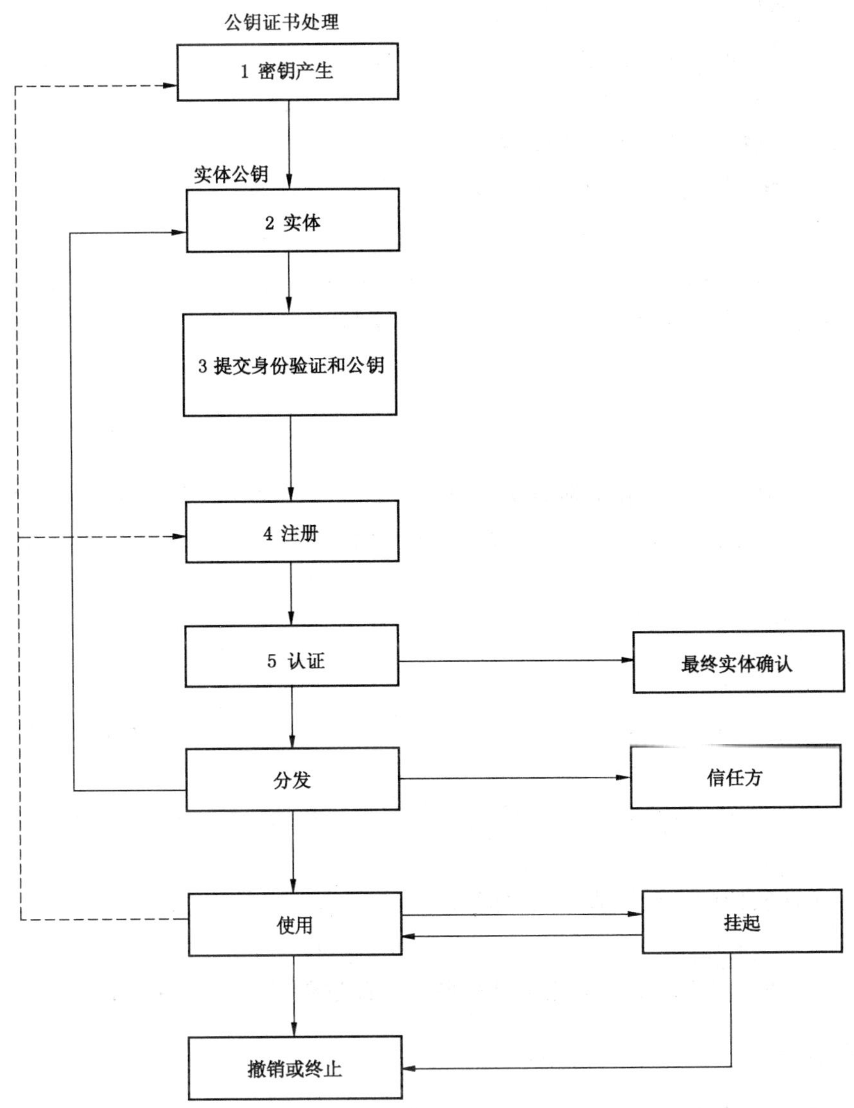

注：编号对应的处理步骤详见图 2 和图 3。

图 1　典型的公钥机制处理流程

如 6.3.1 所述，实体的公钥和它的身份的捆绑使用一个或更多 CA 公钥来确认。证书和确认证据将由一个审计日志里的确认项来提供。CA 可对任何实体，包括 CA，签发证书。

实体(包括 CA)可以使用这些证书向信任方提供自身的鉴别。因此，鉴别可涉及到一个证书链。一个证书链的验证由一个可信任的 CA 公钥开始，到被验证的证书结束。所信任的 CA 公钥应通过使用证书之外的手段来获得和鉴别。这是为了确保过程安全开始。见 6.3.1、附录 II 和 X.509。

一旦证书已经产生，其内容完整性即得到保护。GB/T 27928 的本部分不要求保护证书机密性。信任方为了验证证书，需要 CA 公钥的有效副本。假定 CA 是一个被信任的实体，这验证了实体公钥、其身份标识和其他需要的信息之间的捆绑。

两种通用体系可设定为认证路径：分级体系和非分级体系。在分级体系中，认证机构被安排在一个为下级 CA 签发证书的"根"CA 之内。这些下级 CA 可以为它们自身的下级 CA 或最终实体签发证书。在一个分级体系中，根 CA 公钥视为可信任的 CA 公钥，并为所有实体知晓。任何实体的证书可通过验证签名证书的认证路径进行确认，该认证路径从正被验证的 CA 公钥回溯到根 CA 的可信 CA 公钥。在该体系中，根 CA 是所有实体的共同信任点。

为了与根CA域的外部进行通讯，根CA应与想要通讯的远程域交叉认证。通过交叉认证的远程CA，认证路径验证包括从远程实体到根CA的证书链的建立。

在非分级体系中，独立CA可以通过相互签发公钥证书交叉验证。这产生CA之间信任关系的通用网络并允许每个组(例如，一个零售信用授权网络、一个票据交换所、一个金融机构或其中的一个小组)拥有其自身CA。实体挑选一个CA公钥作为其信任的CA公钥。认证路径由这些证书(从被验证的证书回溯到信任方所信任的CA的系列)组成。

CA私钥的损害危及CA证书的所有用户，因为那个私钥的持有者能产生欺诈的证书然后伪装成一个或更多的最终实体。在金融网络里，不能提供弥补控制以处理交易损害可能对金融机构及其用户产生灾难性的影响。

5.4 注册机构(RA)

RA是负责证书主体身份验证和鉴别的实体，但其并非CA，因此不签名或签发证书。一个RA可出现在证书的申请过程、撤销过程或在这两种情况下同时出现。RA不必成为一个单独的机构，但可以是CA的一部分。

6 认证机构系统

6.1 概述

一个CA和一个或多个RA可以被设定成一个CA系统，并且CA和RA之间的职能分配将根据具体实施有所变化。

RA可被指定关注实体的安全注册或该功能可成为CA提供的服务的一部分。每一个RA负责特定的RA域。

使用RA时，应对RA和CA之间的通讯进行鉴别。此过程可使用数字签名。

6.2 CA系统的职责

6.2.1 CA的专有职责和最佳业务准则

6.2.1.1 CA的专有职责

CA应负责：

a) 保护CA证书中与公钥相对应的私钥的安全；

b) 确保CA认证的公钥是CA域里惟一的；

c) 确保CA认证请求者惟一识别名称的惟一性[见7.4(2)和7.5(6)]；

d) 通过为证书信息进行签名产生证书；

e) 维护一个适合信任方的撤销检查机制；

f) 建立、维护和分发证书撤销列表；

g) 根据业务风险，适当地定期替换CA的公/私密钥对。

CA系统应确保分配CA和RA的责任。

CA的操作应遵照谨慎的业务惯例、CA的证书策略和证书业务申明(CPS)。

CA应负责认证，并能以易于阅读的形式打印包含在证书中的信息。

ISO 15782-2:2001中定义了认证路径限制。ISO 15782-2:2001附录K给出了它们的应用实例。

6.3.5中定义了CA的公钥的分发要求。

6.2.1.2 CA 系统的最佳业务准则

建议 CA 系统拥有如下属性：

a) 宜拥有足够的资源来维持与其职责相应的操作；

b) 宜能合理地承担一些其策略规定的最终实体和人的责任风险，这些实体和人依赖于该 CA 所签发的证书；

c) 宜采用提供合理、可靠担保的人员行为模式。

d) 宜使用国家的密码技术和密码模块，用于符合金融业使用要求的 4 级安全模块。4 级安全模块定义如下：

 1) 1 级密码模块

 安全级别 1 提供最低级的安全。它为密码模块指定基本的安全要求，但它在某些方面与高级别不同。除了产品级设备的要求中，模块不要求物理安全机制。

 级别 1 允许在通用个人计算机(PC)中运行软件密码函数。该实施措施通常适合低水平的安全应用。PC 加密软件比硬件机制更具有成本效益。这能使机构避免目前存在的情形：由于硬件太昂贵，通常作出不对数据进行密码保护的决定。

 2) 2 级密码模块(层迹破坏)

 2 级通过包括对防明显的损害覆盖或密封，或对防盗锁的要求提供物理安全。防明显的损害覆盖或密封应放置在一个密码模块上，所以只有破坏覆盖或密封，才能从物理上获得明文密钥和其他关键安全参数。防盗锁应放置在覆盖物或门上，以防止未授权的物理访问。这些要求提供了物理安全的低成本方法，避免了更高保护级别的费用，更高级别的保护包括坚固的不传导性的覆盖保护或重要的更昂贵的损害侦查和电路归零。

 3) 3 级密码模块(防止破坏)

 3 级试图阻止访问控制模块内的关键安全参数的入侵者。例如，一个多芯片嵌入模块应包含一个坚固的包装，如果覆盖物被移除或门被打开，关键安全参数即被归零(清除)。另外一个例子，一个模块被包装在一个坚固的不透明的陶制材料里来阻止对其中内容的访问。

 4) 4 级密码模块(损害封装)

 4 级物理安全在密码模块周围提供一个保护封装。尽管低级别的损害检测电路可能被旁路，但是 4 级保护的目的是检测从任何方向对设备的穿透。例如，如果试图穿透密码模块的封装层，该尝试应被检测出来并且所有的关键安全参数被归零。4 级设备可以专门用于在物理上无保护的环境中操作，这种环境中，入侵者可能损害其中的设备。

 注：这些级别不要与 ISO/IEC 15408 的评估保证级别(EALS)或安全功能的级别，或与定义在一个 CA 证书策略/CPS 的信任级别搞混淆。

e) 它应迅速地和可靠地使可信任方得到它自己的证书，公钥和证书撤销列表(CRL)；

f) 在履行其服务时，应使用可信赖的系统；

g) 它应为 CA 系统域定义策略并提供文件。

6.2.2 分派给 CA 或 RA 的职责

以下要求适用于 CA 或 RA：

a) 应验证请求证书的实体(作为证书主体)的身份；

 这可能通过让实体对证书请求签名，并让 CA 或 RA 使用提交的认证公钥验证该签名来实现。见 7.4；

b) 如果请求实体不是证书主体，应验证请求证书实体的身份；

c) 如果合适，它应告知证书的已鉴别方，证书已经签发；

应使用已确认的方式传达该通知，并且该方式应与任何传送证书给实体的方式无关。例如，已验证的手段包括低风险（零售）系统的常规邮递和对私银行业务系统的挂号信。该功能的履行由业务风险决定。

d) 应确保证书发行过程的记录的时间长度由记录保留要求决定；

e) 应对被鉴别的实体进行安全注册；

f) 应在私钥安全管理方面指导其最终实体；

g) 应通知最终实体，如果最终实体的私钥曾泄漏给未授权实体或被未授权实体使用，最终实体操作的完整性将认为受到损害；

h) 应使用任何适当的手段使最终实体理解 6.2.3 的责任并能照做；

i) 当 CA 私钥被损害时，它应通知域内信任方；

j) 应处理来自实体的证书撤销请求。

附录 H 包含对接受证书请求数据的建议需求。见 6.4 对安全性保证和审计的要求。

6.2.3 最终实体的责任

下面要求适用于最终实体：

a) 应确信最终实体的私钥是：

 1) 保存在一个密码模块的安全范围之内；

 2) 只能被经授权的有适当的访问控制（例如用户口令或 PIN）的个人使用。

b) 应理解如 CPS 里指定的对业务连续性的要求；

c) 应确信当私钥存储在一备份环境里时，它被保存在一个密码模块的安全范围之内，在那里密码模块被安全的存储；

对私钥备份的安全要求应基于 6.3.1.1，除非使用了 2 级别的密码模块。在低风险的应用里，可以使用 1 级别的密码模块。私钥应在安全的方式下输出。

注：1 级和 2 级两者的密钥管理允许一个单独的个体对一个完整的加密密钥的访问。该行为可以接受在确定认为是“低风险”情形（如家庭银行业务）里，但不被接受在有传统的要求密钥要素的双重控制的商业金融机构里。

d) 应保证私钥保存在它的惟一控制之下，同时应小心使用，在密钥的整个生命周期内阻止非授权使用；

e) 它应保证如果最终实体确信或怀疑它的私钥已经发生丢失、揭露、透露或其他损害，CA 系统尽可能快的得到通知；

f) 应保证在损害或回收一个实体的私钥之后，那个私钥的使用立即、永久的停止；

g) 应保证任何最终实体的先前已被丢失或损害、之后又被恢复的私钥，将被销毁；

h) 应保证如果最终实体不再存在，存在一个指定责任人员销毁最终实体的密钥，并通知 CA 系统；

i) 应保证提供 CPS 要求的安全级别并符合最终实体协议的要求。

6.3 证书生命周期要求

6.3.1 产生

6.3.1.1 概述

本条款描述了公私密钥对的产生要求。

6.3.1.2 CA 的证书签名私钥的安全要求

既然 CA 产生的证书应用于提供实体身份和实体公钥完整性的证明，那么执行私钥密码操作的 CA 的部分应在密码模块里执行，该密码模块不能被任何低级的实体控制或访问。既然密码模块使用签发实体证书的 CA 的私钥，那么该密钥应给予高级别的保护，因为拥有该密钥将使入侵者能伪装成 CA 并产生伪证书。

对 CA 的签名私钥的安全要求如下：

a) 私钥应在密码模块内部产生，该密码模块至少满足 3 级密码模块的需求；
b) 公/私钥产生过程应保证密钥要素在算法上与指定算法的有效公钥的要求一致；
c) 公/私密钥对应至少和用于认证的任何密钥一样强健；
d) 私钥或其组件，均不应在密码模块以外以明文形式存在，该密码模块至少满足 3 级密码模块的需求；
e) CA 应惟一控制其所拥有的私钥；
f) 如果需要 CA 的用于签名证书的私钥的副本，私钥应使用下列方法之一安全输出：
    1) 通过密钥分割，至少提供多重控制；
    2) 加密，使用一个至少和公私密钥对一样强健的密钥，并提供该公私密钥对与 CA 签名私钥同样高级别的保护。
g) 密钥终止以后，CA 私钥的所有的拷贝(及其片断，如果存在)应安全保存或安全地销毁。

6.3.1.3 最终实体密钥对的产生要求

最终实体公/私密钥对应至少在 1 级密码模块中产生。用于高风险应用的密钥对宜至少在 2 级密码模块中产生。应为私钥备份提供与工作私钥相同信任级别的安全要求。

最终实体的密钥可在最终实体密码模块中或集中密钥管理基础设施中产生。强烈建议：签名密钥宜在最终实体密码模块中产生。如果密钥对集中产生，则适用以下附加要求：

a) 集中密钥产生机构应至少在 3 级密码模块中产生密钥；
b) 集中密钥产生机构应保证最终实体的签名私钥不会泄露给密钥所有者以外的任何实体；
c) 一旦密钥分发给最终实体，集中密钥产生机构不应保留任何数字签名私钥的副本；
d) 使用集中密钥产生要求一个安全的信道来给最终实体分发密钥对。分发最终实体的密钥对要求采取机密性和完整性保护措施。

示例 1：如 6.3.5 或其他关于银行业务的合适国际标准所述，在密钥分割的双重控制之下，在 1 级密码模块中分发。

示例 2：在密钥分割的双重控制之下分发。

示例 3：对低风险系统而言，在 PIN 邮件里分发。

最终实体可能有必要与证书管理系统进行交互，使用称之为密钥验证的流程证明与公钥所对应的私钥的所有权。

6.3.2 提交证书请求数据

最终实体应编辑其证书请求数据，提交给 RA。证书请求数据给 RA 提供了足够的信息，以允许 RA 确认最终实体的身份。其中，包括最终实体的惟一识别名称。

证书请求过程应使用最终实体的私钥来签名证书请求数据，并且，RA 或者 CA 应验证证书请求数据中的数字签名，以确保：

a) 在使用私钥的申请过程中，最终实体的惟一识别名称、公钥和其他信息的完整性；
b) 证书请求数据里的公钥对应于实体的私钥；

c） 密钥的产生和传输过程没有故障。

密钥产生之后与密钥使用之前，最终实体应：

a） 编辑证书请求数据，包括最终实体的惟一识别名称和最新产生的公钥；

b） 用与包含在证书请求数据里的公钥相对应的私钥，对证书请求数据进行数字签名；

c） 根据 CPS 的要求，将签名的证书请求数据和其他信息提交给 RA 和 CA。

有关提交证书请求数据的格式见 7.4。

6.3.3 注册

当 RA 或履行 RA 功能的 CA 代表最终实体申请证书时，CA 或 RA 应：

a） 依照 CA 的 CPS（对接受证书请求数据的建议要求参见附录 H，也见 7.4），确认请求的最终实体的身份；

b） 确认最终实体拥有与所申请证书的公钥相对应的私钥；

c） 接受来自已确认身份的最终实体的证书请求数据（如果证书请求数据是由最终实体产生的）；

d） 检查证书请求数的错误和遗漏；

e） 确认最终实体在证书请求数据上的数字签名；

f） 依照 6.3.5 的要求，将 CA 的公钥的副本以及最终实体的证书的副本交付给最终实体；

g） 使用一个带外方法，通知最终实体，以确认证书的成功注册和签发；

h） 依据业务要求，在审计日志中记录其活动。

见 6.4.1 和附录 F。

图 2 概括性描述了一个使用单独 CA 签发证书的过程。图 3 概括性描述了一个使用 RA 的 CA 签发证书的方法。

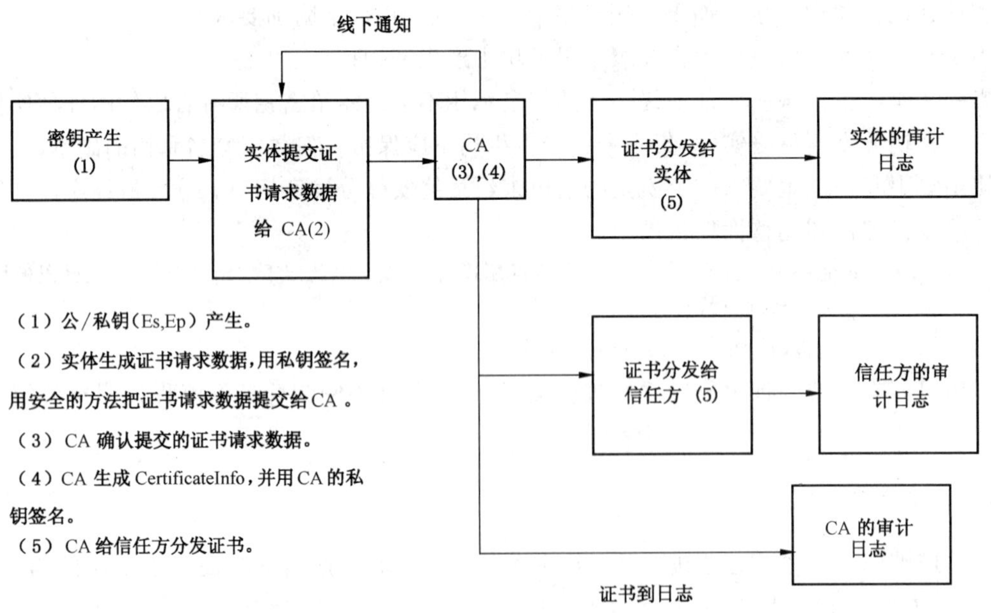

图 2 CA 独立签发证书

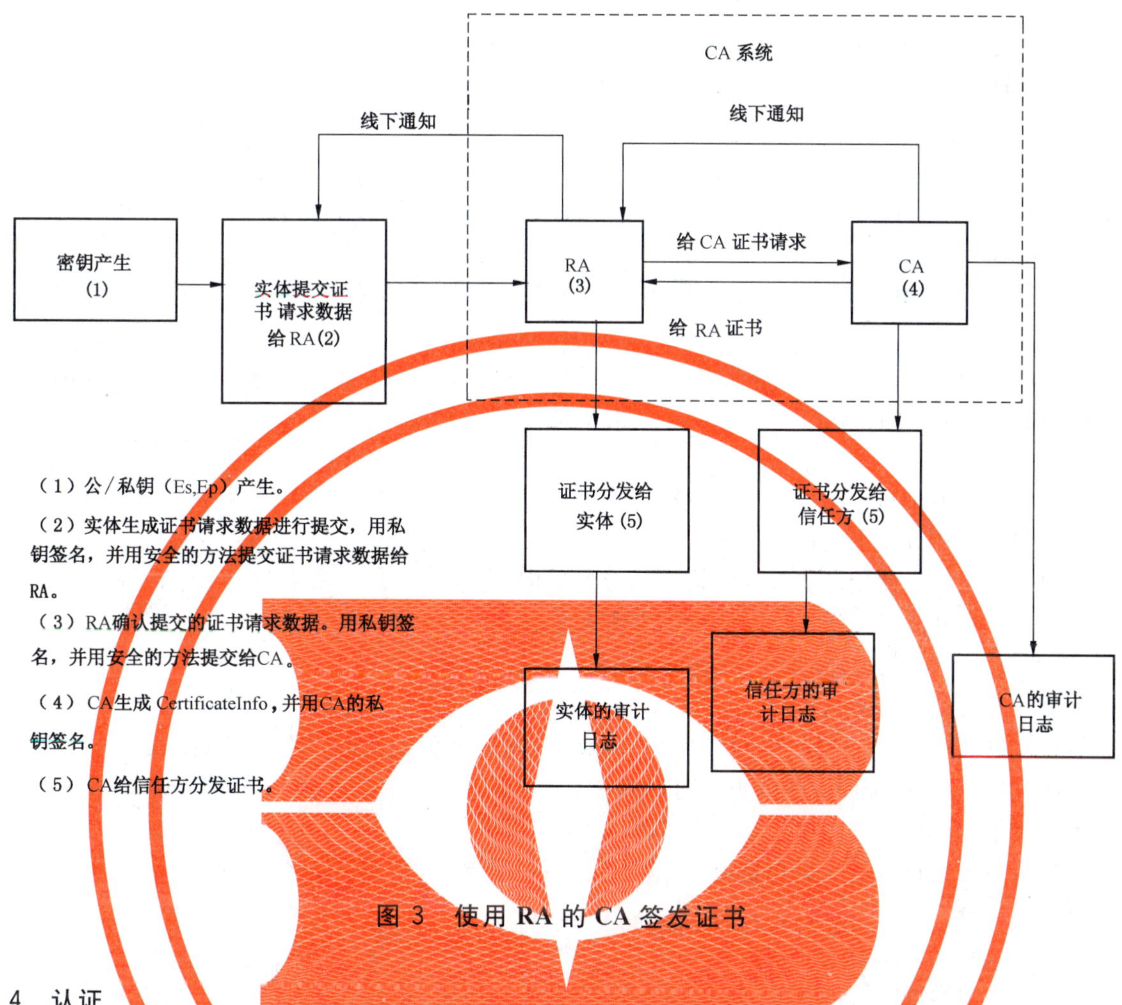

图 3　使用 **RA** 的 **CA** 签发证书

6.3.4　认证

对新公钥证书(X.509,v3)的请求,CA 应:

a)　确认 RA 提交数据的真实性;

b)　验证提交的证书请求数据的签名;

c)　确保请求者的惟一识别名称与 CA 认证的任何其他实体不存在重复;

d)　确保所提交的用于认证的公钥在 CA 域内的惟一性;

e)　当发现重复公钥时,CA 应:

　1)　撤销所有的包含重复公钥的证书;

　2)　拒绝证书请求。

CA 系统应基于业务风险验证公钥。如果出现任何的检查失败,CA 应拒绝证书请求。

对证书请求,CA 应:

a)　确保证书请求数据里提供的证书信息元符合 CA 的 CPS,如果合适,完成或修改这些要素以达到符合性要求(见 7.4);

b)　基于所请求的证书类型,产生或获得其他数据元素来完成证书信息(CertificateInfo);

c)　用一个或更多 CA 私钥对 CertificateInfo 进行签名,从而基于执行中的业务模式,创建一个或更多的证书;

d)　签发证书前,验证证书上其自身签名;

e) 根据6.3.5的要求将CA公钥的副本和最终实体证书的副本交付给RA[1]或直接交付给最终实体(取决于业务模式);

f) 如果必要,用带外方式安全地通知RA已产生一个或更多的证书;

g) 在审计日志中记录其动作。

6.3.5 CA公钥分发

CA系统应提供一个或更多的CA公钥及关联的参数给它的实体和信任方,这些实体能利用其来确认路径里的起始证书。

CA可分发多个公钥,作为在给定的公私密钥对的密码期满后对公钥的替代,及用于备份和恢复目的。

CA公钥及关联的参数的完整性是基本的。当使用单一的CA或证书路径时,认证路径的完整性依赖于路径中每个CA的公钥的完整性和私钥的机密性。

CA应:

a) 分发其公钥、关联参数(包括有效期)和CA的惟一识别名称;

b) 确保该密钥分发期间的完整性和真实性。

分发的方法依赖于使用的业务风险模式和分发原因,但应是下列方法之一:

a) 最初分发可信CA公钥可使用以下方法之一:

 1) 机器可读的介质(如IC卡);

 2) 嵌入实体的密码模块;

 3) 包含可信公钥的自签名证书,用其相应私钥签名(注意:该签名不通过自己证明签名人的身份,身份证明由带外方法进行);

 4) 非自动化的方法。

b) 如果一个用户或信任方已经有可信CA公钥的经鉴别的副本,一个新的CA公钥可用下列方法之一分发:

 1) 从CA直接电子发送;

 2) 放到远程的缓冲区或目录里;

 3) 加载到一个密码模块里;

 4) 初始分发的任何方法。

不管发送的方法,应确保可信CA公钥的完整性和真实性。可用下列的方法之一(或等价的方法)完成:

a) 分发介质,在有密钥分割的双重控制之下并获得收据。该方法不适用于直接电子发送;

b) 使用一个现有的可信CA公钥对新的可信CA公钥进行签名。如果该方法被使用,接收方应确认收条上的签名;

c) 在仍然使用的地方,如ISO标准中所定义的,可使用报文鉴别码(MAC)为分发到数据库或本地缓冲区的可信CA公钥提供完整性保护。

如果使用该方法,用来产生用于计算MAC的数字签名或保密密钥的私钥不应用于其他用途。

CA的密钥可包含在由其他CA签名的证书里并成为认证路径的一部分,在此情况下,密钥可被路径中的前一个证书的公钥确认。

为确认包括多个CA证书的路径,路径中的初始证书由用GB/T 27928本部分所描述的方法进行分发的可信CA公钥确认。

确认者应确定该可信CA公钥是当前有效的。附录I描述了一个从交叉域认证路径(包含用2个以上数字签名算法的一个或多个CA的路径)提取CA公钥的方法。

---

[1] RA不必接受每一个请求里的CA公钥,因而,在提交的时候,能提供CA公钥给主体。

6.3.6 证书分发

证书可用下面一个或两个方法分发到信任方：

a) 证书显式地包含于电子报文中；

b) 证书隐含在电子报文中并被包含在远程缓冲区或库中。

RA 可能也分发证书到信任方。注意：GB/T 27928 本部分不指定分发方法。

6.3.7 证书使用

证书使用应符合下列要求：

a) 为了确认一个证书并为即时使用获得一个确认的公钥，信任方应检查：

   1) 证书的有效期(注意：同步并安全地维护发送方、接收方和路径中的所有的 CA 的时钟是关键问题，解决方案应基于业务风险)；

   2) 认证路径中所用证书的撤销状态，使用 CRL 或其他恰当的状态机制(如在线证书状态协议(OCSP)，或其他标准证书状态协议)；

   3) 认证路径中所有证书上的数字签名：

      ◆ 如果系统使用了一个可信时间机制，并且证书在已签名的报文中包含的可信时间参数之前撤销，那么证书被看作无效。与本要求相矛盾的任何业务决定将属于认证系统的范围之外，且暗含着以下可能性：报文可能已被复制；

      ◆ 如果系统没有使用可信时间机制，那么可能发生这样的事：使用一个看起来未撤销实际上已撤销的证书去验证已签名的报文。

关于是否接受或拒绝报文的业务决定应由信任方作出。这将依赖于系统的业务风险情况和将考虑报文被复制的可能性。

b) 应拒绝由任何原因所导致的路径确认失败的报文：

   1) 对于高风险应用：信任方应在审计日志中记录确认失败；

   2) 信任方应在法律、规则或谨慎业务行为要求的时间段内保留相关联的确认失败记录，这些记录应包括：

      ◆ 确认失败的那个报文；

      ◆ 报文相关联的证书链；

      ◆ 证书撤销列表(CRL)或其他标准证书状态协议的使用。

证书应仅用于证书策略中给出的用途。

详细的证书路径处理要求见 GB/T 16264.8 和 ISO 15782-2:2001。

应确保任何公钥和以备以后使用的相关参数的完整性。一个方法是保存全部证书并根据要求验证证书。另一个方法是在保护密钥不被无意或有意修改的同时提取操作使用的公钥。不管哪个方法，信任方应允许对公钥再次确认。这包括对密钥授权使用的时间范围进行确认，并且对证书撤销或挂起确认。

为符合 6.3.3 和 6.3.4，要求实体提供：

c) 对实体证书进行签名的 CA 公钥；

d) 在签名信息的始发者和接收者之间，证书路径中的可能的 CA 公钥。

如果信任方的 CA 公钥用于打开认证路径，那么，认证路径就从信任方的 CA 延伸到始发者的 CA。

如果该路径中另一个 CA 的公钥是可信的，由于较少的证书需要确认，该路径可缩短。例如，一个分级中最高端的 CA 的可信公钥可以被使用，允许路径从最高端的 CA 延伸到发起方，同时不需要从信任方到最高端的 CA 的路径。附录 G 中提供了可选信任模型的一些实例。

6.3.8 撤销和挂起(或终止)

6.3.8.1 概述

证书有生存期,生存期由规定在证书中的有效期说明,但可由证书策略中定义的CA进一步限制。

CA可暂时性地挂起某证书,而并非永久性地撤销。这样做的原因包括:

a) 当一个撤销要求没有鉴别,和没有适当的信息来决定撤销要求是否有效时,希望降低发生错误撤销的可能性;

b) 其他业务需要,比如临时停止处于审计或调查中的实体证书。

实体或RA相关联的实体可对实体证书要求撤销或挂起。通过CA和RA策略,在证书请求的时候,可设定RA关联。在要求防止拒绝服务的地方,应对撤销或挂起请求进行鉴别。在此情况下,可使用数字签名。

只有签发证书的CA方可撤销或挂起证书。该情况可由于以下原因出现:

a) 最终实体的私钥损害;

b) CA私钥损害;

c) 改变了从属关系(如,转向不同的CA);

d) 公钥被另一个代替;

e) 业务停止;

f) 证书挂起;

g) 未指明的原因。

不管怎样,原因代码CRL条目扩展项宜使用 **unspecified** 原因代码值代替。

按照业务上的合理程序(与未授权的撤销或挂起的相关风险相应),CA(或RA)应确认请求撤销或挂起证书的实体的身份。

应使用快速通讯的程序和方法,以促进以下安全的、鉴别过的撤销或挂起:

a) 一个或多个实体的一个或多个证书;

b) 一个CA签发的基于CA用来产生证书的一个简单的公私密钥对的所有证书集;

c) CA签发的所有证书,无论其使用的公私密钥对。

不管证书期满是被撤销还是被挂起,在法律、谨慎的业务习惯及规章所要求的期间,旧证书和CRL的副本应由签发它的CA保留。注意:这是记录保留要求。6.3.8.2规定了为期满的证书保留CRL条目的要求。

在证书撤销的情况下,所有包含相同公钥的证书应被立即撤销。

6.3.8.2 证书撤销过程

已经撤销或挂起的证书可分布在有时间戳的证书撤销列表(CRL)里。对于表明实体的公钥和身份标识之间的绑定被撤销或(挂起)的时间,时间戳很关键。一经撤销,证书被撤销的实体不能用与撤销证书里的公钥相对应的私钥产生被确认是有效的签名。

使用证书撤销列表时,这些列表应:

a) 由CA创建和签名,因此信任方能验证所发布的CRL和数据的完整性;

b) CA每隔一定间隔发布,即使从上一次发布以来没有发生变化;

c) 对系统的所有的实体和信任方可访问。

CRL发布的频率和时间定义在CPS里。然而,不必给所有实体提供CRL的在线分发。CRL也可由目录服务提供可用性。CRL条目确定的撤销证书在CRL上至少应保留至证书的有效期结束。

区分CRL的方法的讨论(如增量CRL和分发点)见GB/T 16264.8和ISO 15782-2:2001。

6.3.8.3 证书挂起和释放

通过签发有 **certificatehold** 的原因代码的 CRL 条目，证书可放置到挂起位置。一条可选的挂起指令代码也可包括传给信任方的补充信息。

证书的挂起状态的持续时间将根据挂起的目的而有所不同。在未证实的撤销请求的情况下，CA 不确定请求者的身份标识，挂起状态可能持续几天或者甚至只有几小时，因为应调查和确认请求的真实性。如果一个真实交易的证书被放置到挂起状态，CA 将希望尽快完成其调查。为其他业务目的签发的挂起状态可能要持续较长时间。

一旦挂起状态被发布，挂起状态可采用下面三种途径之一处理：

a) 保留在没有进一步动作的 CRL 上，在挂起期间使证书确认失败；

b) 被撤销取代，对同一证书，在这种情况下应是一个标准的撤销原因并且可选择的指令代码字段不出现；

c) 被释放并且条目从 CRL 中删除。

挂起期满后证书可以被使用。通过不把证书放到下一个 CRL 上，挂起状态被释放。

6.3.8.4 证书被撤销或挂起时采取的动作

6.3.8.4.1 概述

表 1 中定义了证书撤销或挂起时所采取的动作。随后的表中定义了每一种原因代码所采取的其他动作。

6.3.8.4.2 证书撤销期间采取的动作

在证书撤销过程中，CA 应：

a) 确认请求证书撤销实体的身份和授权；

b) 确认该撤销请求；

c) 生成撤销通告，用私钥签名通告，并可发送通告给请求实体；

d) 生成 **CRLInfo**，并用私钥签名；

e) 确保证书状态信息对所有实体的可用性；

f) 在审计日志中记录其动作。

CA 应提供一个经鉴别的撤销回执给实体，也可能将撤销通告发布给其他用户和信任方。

当 RA 在证书撤销过程中协助实体时，RA 应：

a) 确认请求证书撤销实体的身份和授权；

b) 以一种已鉴别的方式提交证书撤销请求；

c) 接受并验证 CA 已接收到撤销请求的确认；

d) 保证撤销过程中 RA 承担责任的那部分的安全；

e) 提供一个已鉴别的撤销回执给请求实体；

f) 确保给所有用户和信任方的证书状态信息的有效性；

g) 在审计日志中记录其动作。

它也宜给该实体提供经鉴别的撤销回执。

当 RA 在证书挂起过程中协助一个请求实体时，RA 应：

a) 确认请求证书挂起实体的身份和授权；

b) 以一种已鉴别的方式提交证书挂起请求；

c) 提供一个书面的挂起回执。

见表1。

6.3.8.4.3 采取的其他动作

见表2～表6。

下面是请求挂起的实体和RA采取的更多其他动作：

a) 实体和RA可请求签发将被挂起证书的CA给证书添加证书挂起标记，该证书提供识别证书的CertificateSerialNumber和一个可选的certificateHold的CRLEntry reasonCode值；

b) 如果CA的证书被挂起，那么，该CA自己的证书撤销列表应包含关于全部撤销和挂起的证书的条目。

表1 证书由于任何原因被撤销或挂起所采取的动作

实体	采取的动作
认证实体或RA	认证实体或RA可： 1. 请求CA撤销、挂起或解除某证书的挂起，提供识别该证书的**CertificateSerialNumber**，和可选的**CRLEntry reasonCode**请求。 2. 发送消息通知其他实体和信任方，并为**CRLEntry**鉴别该证书。 3. 更新审计日志来反映采取的动作和采取该动作的原因。撤销或挂起的证书应进入审计日志。
CA	CA应依照CA的CPS确定撤销或挂起的正确性，并执行下面动作： 1. 更新CRL。在证书撤销的情况下，最起码，在该证书截止日期后的第一个CRL发布前，该证书应一直保存在CRL中。 2. 发送(可选的)一个包含**CRLEntry**签名的消息(带外方法)给所有的实体和信任方。撤销通告可用于此目的。见7.8。 3. 更新审计日志来反映采取的动作和动作的原因。撤销或挂起的证书应加以记录。
证书的用户	用户应： 1. 在撤销日期之后，拒绝任何已签名的消息请求使用撤销的证书； 2. 更新审计日志来反映采取的动作和采取该动作的原因。撤销或挂起的证书应记录日志。 可选择性地通知其他实体。 表6定义了当用于保护对称算法密钥交换的公钥证书撤销时，或者用于保护对称算法密钥交换的被挂起密钥撤销时的其他要求。

表2 实体私钥的损害或怀疑损害时采取的其他动作

实体	采取的其他动作
认证实体或RA	认证实体或RA可请求实体的CA撤销该证书，提供识别该证书的**CertificateSerialNumber**和**keyCompromise**或**caCompromise**的可选**CRLEntry reasonCode**值。 如果该实体是一个CA，所有可疑的证书应撤销，并且该CA自己的**CertificateRevocationList**应包含关于所有可疑的证书条目，可选性地包括**caCompromise**的**reasonCode**值。
CA	签发CA应更新证书撤销列表(**CertificateRevocationList**)。在适当时，**CertificateRevocationList**中的**CRLEntry**可选择性地包含**keyCompromise**或**caCompromise**的**reasonCode**值。
证书的用户	停止使用所有曾经由该证书发送和保护的密钥要素。

表 3　业务停止时采取的动作

实体	采取的其他动作
认证实体或 RA	认证实体或 RA 可请求实体的 CA 撤销该证书，提供识别该证书的 **CertificateSerialNumber**、**CRLEntry** 和可选的 **cessationOfOperation** 的 **reasonCode** 值。如果该实体是一个 CA，应撤销该 CA 发布的所有的证书。 该请求可由实体或它的法定代理人提交。
CA	签发 CA 应更新证书撤销列表（**CertificateRevocationList**），该列表提供了 **cessationOfOperation** 的可选的 **reasonCode** 值。 有关已被停止操作的 CA 或 CA 的所有权的业务问题应注明。

表 4　实体的从属关系改变时采取的其他动作

实体	采取的其他动作
认证实体或 RA	认证的实体或 RA 可请求实体的 CA 撤销该证书，该证书给出了识别证书的 **CertificateSerialNumber**，有 **affiliationChanged** 的可选的被请求的 **CRLEntry reasonCode** 值。 如果该实体是一个 CA，该 CA 自己的 **CertificateRevocationList** 可包含所有的撤销的证书的条目。
CA	CA 应更新证书撤销列表（**CertificateRevocationList**），该列表给出 **affiliationChanged** 的可选的 **reasonCode** 值。

表 5　由于密钥损害、操作停止和从属关系改变等以外的原因导致证书撤销时采取的其他动作

实体	采取的其他动作
认证实体或 RA	实体或 RA 可请求实体的 CA 撤销该证书，提供识别该证书的 **CertificateSerialNumber**、**superseded** 或 **unspecified** 的可选的证书撤销列表条目（**CRLEntry**） **reasonCode** 值。 如果该实体是一个 CA，该 CA 自己的 **CertificateRevocationList** 应包含所有的含有 **superseded** 或 **unspecified** 的 **reasonCode** 值的撤销的证书的条目。
CA	在适当时，CA 应更新证书撤销列表（**CertificateRevocationList**），该列表给出 **superseded** 或 **unspecified** 的可选的 **reasonCode** 值。

表 6　当用于保护对称算法密钥交换的公钥证书被撤销或挂起时采取的其他动作

撤销或挂起的原因	证书用户采取的其他动作
实体私钥损害或怀疑损害。	所有曾经由该证书（不管类型）发送和保护的密钥要素的使用应停止。 如果其证书被撤销或挂起的实体是一个 CA，应在更换密钥要素的过程中使用其他 CA。
由于真实的或可疑的损害以外的原因导致证书终止或被撤销。	一旦操作方便立即更换所有由该证书（不管类型）发送和保护的密钥要素。
由于真实的和可疑的损害以外的原因导致证书被挂起。	当一个证书由于真实的或可疑的损害的以外的原因挂起时，一旦操作方便立即可选地终止或更换所有的由该证书（不管类型）发送和保护的密钥要素。

6.3.9 证书更新

证书拥有一个生命期，即证书中规定的有效期。

在有效期终止之前，最终实体可通过请求其有效期的延长(也就是请求一个比现存证书的 **notAfter** 日期更迟的 **notAfter** 日期)来请求证书的更新。但是，更新的证书中的开始日期(**notBefore** 日期)应和原来一样。

只有签发证书的 CA 可更新证书。

最终实体请求更新当前有效的证书应编辑其证书更新数据，并把它提交给 RA 或履行 RA 功能的 CA(之前，证书由其产生)。为让 RA 确认最终实体的身份和鉴别要更新的证书，证书更新数据提供了足够的信息给 RA。这包括：

a) 最终实体的惟一识别名称；

b) 证书的序列号；

c) 请求的有效期。

最终实体应对证书更新数据进行数字签名。

见 7.7 证书更新数据的格式。

为更新公钥证书，CA 应：

a) 确认在证书更新数据提交资料上的签名；

b) 确认将被更新的证书是否存在和其有效性；

c) 确认请求的有效期(包括 **notBefore** 日期应和原来证书中的一样，**notAfter** 日期比原来证书中更迟)；

d) 确认该请求(包括有效期的扩展项)符合证书策略中规定的要求。

如果这些检查没有失败，CA 应产生并且签名一个新的证书实例，与先前的证书相比，仅仅有效期、序列号和 CA 签名不同。如果有一项检查失败，则 CA 将拒绝证书更新请求。

CA 将分发更新的证书，其程序与证书产生后的程序一样。

证书更新导致两个证书有相同的公钥。这意味着：

a) 证书的更新不要求撤销先前的证书实例；

b) 当有效期重叠，不同的证书实例中的任意一个都可以被使用。

6.4 安全性保证和审计要求

6.4.1 介绍

CA 和 RA 应通过安全性保证过程、程序与符合性审计，保持良好的管理和控制。

6.4.2 审计日志要求

要求 CA 系统维护审计日志，其提供了足够的细节来重建事件，提供“应有的注意”要求并满足了法律的要求。审计日志里的所有条目应注明日期和时间戳。当 CA 管理系统正常地创建和维护审计日志时，一些审计日志不必手工操作。CA 的证书业务申明应详细说明审计日志。

CA 审计日志条目应包括所有的证书和密钥管理操作，例如，密钥产生、备份、恢复和销毁，加上个人授权操作的身份标识和个人操作的任何密钥要素(如密钥片断或密钥存储在一个便携的设备或介质里)。私钥和相关参数的保管的变更以及保存密钥的设备或介质的变更保存在审计日志中。审计日志不应记录任何私钥的明文值，但可保留哈希值当作鉴别密钥和确认其真实性的方式，也是通过单向哈希函数的方法从私钥导出公钥的方式。

附录 F 里提供了审计日志内容的列表。

审计日志应保存在一个防止未授权修改和销毁的表格里。自动化的审计日志应保护以防止修改或替换。哈希和数字签名的使用应遵循我国密码管理部门的规定。用于签名审计日志的私钥对不应用于其他任何目的。另外,审计日志只能被授权的个人根据合法的业务或安全原因提取。

6.4.3 安全性保证

正式记载的安全性保证过程和程序要求作为内部安全控制证书管理系统的一部分。审计日志应由安全性保证部门定期(如每天)查阅。在有些机构里,该职能由审计部门履行。查阅包括确认审计日志的完整性、身份识别和重复的、未授权的和可疑的活动(如:数字签名失败、在不寻常的时间访问或不寻常来源的访问、系统的资源量或饱和度的意外增长)。

查阅的范围和频度及管理措施增大的要求宜由威胁/风险评估决定。在高风险应用中,或基于合法目的,或者两者兼而有之,CA 系统应要求最终实体或信任方保持审计日志。

6.4.4 CA 和 RA 审计

兼容性审阅应由独立的审计机构(内部的、外部的或两者)定期(如一年一次)执行,频率由审计机构决定。宜包括与证书策略、证书业务申明、程序指南和配置规范的符合性审计。审计结果应正式记录并提供给审计者复审。

6.4.5 最终实体审计

在高风险的应用里,最终实体和信任方也可被审计。

6.5 业务连续性计划

业务连续性计划的要求依赖于 CA 支持的业务应用的实用性和连续性需要。一般而言,高风险、高可用性应用比低风险、低可用性应用要求更健壮的业务连续性过程和技术。

如果 CA 系统的一个或多个关键部件发生故障,业务连续性计划至少应包括对 CA 系统所有的关键部件的灾难恢复过程,包括硬件、软件和密钥。

灾难恢复选项可包括重新安装 CA 系统、重新签发所用的证书和使用完全冗余系统或"热点(hotsite)"。

如果一个关键的安全部件被损害,也要求灾难恢复程序。特别地,CA 私钥的损害或怀疑损害应被视为一个灾难。在损害日期(当存在时)之后用那个密钥签名的所有证书应被认为是可疑的并因此被撤销。为保护 CA 的私钥,CA 所采取的安全措施应保证该密钥损害的可能性是可忽略不计的。

在 CA 不得不替换或恢复其私钥的情况下,应有安全的、可鉴别的撤销程序应用于:

——CA 基于一个单一的非对称密钥对签发的所有证书集;

——CA 签发的所有证书集,不管其是否使用了非对称密钥对。

附录 J 描述了两种可能的灾难恢复程序。

预期需要变更或恢复的情况下,一个实体可拥有一个或多个有效的证书。当证书终止、密码模块失效或私钥损害时,这些证书就提供服务的连续性。

7 数据元和关系

7.1 介绍

基于 GB/T 16264.8,GB/T 27928 的本部分为点对点连接的分级体系或非分级体系提供了鉴别框架。鉴别框架基于以下保证:实体的公钥包含在该实体的证书请求数据中。换句话说,假设可以保证:提供将要进行签名的证书请求数据的实体和持有私钥的实体是同一个,该私钥应与证书请求数据中包含的公钥相关联。鉴别框架的定义中使用了 ASN.1。

7.2 公钥

公钥应遵照附录 E 编码。

7.3 签名

通过引用 **SIGNED** 参数化类型定义签名，SIGNED 定义为待签名数据、算法标识符和实际的签名位串的 **SEQUENCE**。公钥签名算法应用于签名数据的 ASN.1 DER 编码表示法。

```
SIGNED {ToBeSigned } ::= SEQUENCE {
    toBeSigned ToBeSigned,
    algorithm AlgorithmIdentifier {{SignatureAlgorithms}},
    signature BIT STRING
}
```

7.4 认证请求数据(CertReqData)

CertReqData 包括实体为产生一个公钥证书应与 CA 或 RA 通讯的信息。请求实体对 **CertReqData** 进行编码和签名来创建随后提交给 CA 或 RA 的 **CertReqDataSubmission**，认证请求 **CertReqDataSubmission** 格式如下：

```
CertReqDataSubmission ::= SIGNED {EncodedCertReqData}
EncodedCertReqData ::= TYPE-IDENTIFIER.&Type( CertReqData )
CertReqData ::= SEQUENCE {
    version            Version DEFAULT v1,
    subject Name       Name,
    subjectPublicKeyInfo  SubjectPublicKeyInfo,
    requestedPeriod  [0]  Validity OPTIONAL,
    timeStamp           Time OPTIONAL,
    extensions          [2] Extensions {CertExtensions } OPTIONAL
}
Extensions { IOSet }::= SEQUENCE OF Extension {IOSet}
Extension {IOSet }::= SEQUENCE {
    extnID          EXTENSION.&id({IOSet}),
    critical        EXTENSION.&critical({IOSet}{@extnID}) DEFAULT FALSE.
    extnValue       OCTET STRING
-- 一个“八位字节空”，extnValue 的值包含 &ExtnType 类型的 DER 编码。是一个开放类型，由
extnId 对扩展对象进行标识)。
}
EXTENSION ::= CLASS {
  &id      OBJECT IDENTIFIER UNIQUE,
  &critical BOOLEAN DEFAULT FALSE,
  &ExtnType
}
WITH SYNTAX
    { SYNTAX &ExtnType [CRITICAL &critical] IDENTIFIED BY &id }
```

```
CertExtensions EXTENSION ::= {
  AuthorityKeyIdentifie        |
  basicConstraints             |
  certificatePolicies          |
  cRLDistributionPoints        |
  extKeyUsage                  |
  issuerAltName                |
  keyUsage                     |
  nameConstraints              |
  policyConstraints            |
  policyMappings               |
  privateKeyUsagePeriod        |
  subjectAltName               |
  subjectDirectoryAttributes   |
  subjectKeyIdentifier,
```

——希望其他扩展项对象在 GB/T 27928 本部分以后的版本中出现。

CertReqData 域定义如下：

a) 版本(**version**)

版本号区别不同的 **CertReqData** 版本。对 GB/T 27928 的本部分而言，版本号是 **V1**(见 7.5 中的定义)。

b) 主体名称(**subject**)

本字段是实体希望被认证的名称。证书中的名称被定义成一组件序列，称为相对的惟一识别名称。每个惟一识别名称是由属性类型和值构成。和公钥捆绑在一起的实体包含在 **subject** 字段里。

实体名应是惟一的。保证实体名称全局惟一的程序见 ISO/IEC 9834-1:1993。

```
Name ::= CHOICE { --目前只有一种可能性 --
    rdnSequence RDNSequence
}
RDNSequence ::= SEQUENCE OF RelativeDistinguishedName
RelativeDistinguishedName ::= SET SIZE(1..MAX) OF AttributeTypeAndValue
AttributeTypeAndValue ::= SEQUENCE {
      type ATTRIBUTE.&id({RDNameAttributes})
      valueATTRIBUTE.&Type({RDNameAttributes}{@type})
RDNameAttributes ATTRIBUTE ::= {
      commonName              |
      countryName             |
      organizationName        |
      organizationalUnitName,
      … --希望提供其他实施的具体属性--

}
commonName ATTRIBUTE ::= {
      WITH SYNTAX       DirectoryString { ub-common-name }
      ID          id-at-commonName
```

```
}
countryName ATTRIBUTE ∷ = {
      WITH SYNTAX      PrintableString( SIZE(2))
      ID          id-at-countryName
}
organizationName ATTRIBUTE ∷ = {
      WITH SYNTAX      DirectoryString { ub-organization-name}
      ID          id-at-organizationName
}
organizationalUnitName ATTRIBUTE ∷ = {
      WITH SYNTAX      DirectoryString { ub-organizational-unit-name }
      ID          id-at-organizationalUnitName
}
ub-common-name   INTEGER ∷ = 64
ub-organization-name INTEGER ∷ = 64
ub-organizational-unit-name  INTEGER ∷ = 64
jd-at OBJECT IDENTIFIER ∷ = { ds 4 } --属性类型--
id-at-commonName OBJECT IDENTIFIER ∷ = { id-at 3}
id-at-countryName  OBJECT IDENTIFIER ∷ = { id-at 6}
id-at-organizationName  OBJECT IDENTIFIER ∷ = {id-at 10 }
id-at-organizationalUnitName OBJECT IDENTIFIER ∷ = {id-at 11 }
```

c) 实体的公钥信息(**subjectPublicKeyInfo**)

subjectPublicKeyInfo 域中包含将被认证实体的公钥。

```
SubjectPublicKeyInfo ∷ = SEQUENCE {
        algorithm         Algorithm Identifier {{SupportedAlgorithms}},
        subjectPublicKey     BIT STRING
}
SupportedAlgorithms ALGORITHM-ID ∷ = {...}
```

GB/T 27928 的本部分使用算法的对象标识符和 **ALGORITHM-ID** 见附录 D。

d) 有效期(**requestedPeriod**)

每一个证书应有一个有效期。该有效期应由 **notBefore** 和 **notAfter** 日期(时间)确定,使用以下定义的 **Time** 结构。如果时间被表示成 **UTCTime**,世纪依照以下方式推出。

在 **Time** 的值进行比较操作之前,如作为搜索匹配规则的一部分,如果选择 **Time** 与 **UTCTime** 类型的语法一样,两位年份字段的值应如下所示,解释成四位年份字段的值。

a) 如果两位数字值是包含在 00～49 之间,值应增加 2 000;

b) 如果两位数字值是包含在 50～99 之间,值应增加 1 900。

见 GB/T 16264.8。

注:**GeneralizedTime** 的使用能防止不清楚选择 **UTCTime** 或 **GeneralizedTime** 的可能性,导致实施的相互交叉。其由规定该字段的人员或机构负责。在该字段中,可使用 **GeneralizedTime** 时,将使用本目录规范所定义的证书,如,描述组。在任何情况下,**UTCTime** 均不应用来表示超出 2049 的日期。

Validity 字段可提供在证书请求中,且可被 CA 在基于 **CertReqData** 所创建的证书中进行修改。见 8.2.5 给出的限制。

有效期定义如下:

```
Validity ::= SEQUENCE {
    notBeforeTime
    notAfter Time
}
Time ::= CHOICE {
    utcTime     UTCTime,
    generalizedTime GeneralizedTime
}
```

e) 时间(**timestamp**)

可包含 **timestamp** 字段,以允许 CA 探测到旧认证请求的重放。

f) 扩展项(**extensions**)

extensions 字段使得可增加结构的新字段,而无须修改 ASN.1 的定义。一个 **extensions** 字段由一个惟一标识符(一个对象 ID)、扩展项的数据类型(某些 ASN.1 类型)和一个关键标志组成。如果标志是 **FALSE**,实现时宜忽略未识别的扩展项。如果关键标志是 **TRUE**,未识别的扩展项应导致结构视为无效。

示例:在证书中,未识别的关键扩展项将导致不能确认该证书的数字签名。

7.5 公钥证书

CA 提供以下所示的证书的字段的定义。CA 可通过其他方式提供附加信息的可用性。证书应包含如下内容:

```
Certificate ::= SIGNED { EncodedCertificate }
EncodedCertificate ::= TYPE-IDENTIFIER.&Type( CertificateInfo )
GertificateInfo ::= SEQUENCE {
    version [0]         Version DEFAULT v1,
    serialNumber        CertificateSerialNumber,
    signature           Algorithm Identifier {{SignatureAlgorithms}},
    issuer              Name,
    vahdity             Vahdity
    subject             Name
    subjectPublicKeyInfo  SubjectPublicKeyInfo,
    issuerUniqueID      [1] IMPLICIT UniqueIdentifier OPTIONAL,
    subjectUniqueID     [2] IMPLICIT UniqueIdentifier OPTIONAL,
    extensions          [3] Extensions {CertExtensions} OPTIONAL
}
```

a) 版本(**version**)

Version 用于区分证书的不同版本。

```
Version ::= INTEGER { v1(0),v2(1),v3(2)}
```

v1 是 X.509(1988)定义的格式。**v2** 是 X.509(1993)定义的格式,其包含 **subjectUniqueID** 和 **issuerUniqueID** 字段。**v3** 是 GB/T 16264.8 定义的格式。

b) 序列号(**serialNumber**)

在 CA 签发的所有证书之中,serialNumber 字段惟一确定证书。CertificateSerialNumber 应从不重复。基于某些目的,如应用证书撤销列表,签发方的名称和序列号的组合惟一标识一个证书。

```
CertificateSerialNumber ::= INTEGER
```

c) 签名算法(**signature**)

signature 字段标识了用于签名证书的算法。CA 创建证书时将其加入。

d) 签发方名称(**issuer**)

issuer 字段包含 CA 的惟一识别名称。CA 创建证书时将其加入。

e) 有效性(**validity**)

validity 字段表明公私密钥对的有效期。每个证书应具有一个有效期。有效期应由 **notBefore** 和 **notAfter** 日期确定。证书的有效期可与 **CertReqData** 中实体请求的有效期不同。证书里的 **notAfter** 时间应不迟于 **CertReqData** 里的 **notAfter** 时间。证书中的 **notBefore** 时间应不早于 **CertReqData** 里的 **notBefore** 时间。**注意**:CA 的证书表明该 CA 公钥的有效期。

依照既定的安全策略,为保证有效期字段的完整性,应采取适当的机制和实施措施,以便使 UTC 时间既正确又安全。

f) 名称(**subject**)

该字段取自希望认证的实体所提交的 **CertReqData**。

g) 主体公钥(**subjectPublicKeyInfo**)

该字段取自希望认证的实体所提交的 CertReqData。

h) 签发方惟一 ID(**issuerUniqueID**)

该可选字段用于辨别有相同名称的多个 CA。惟一 ID 语法和语义如 7.5 所述。如果该 CA 的公钥被认证,那么这是来自 CA 证书的主体惟一 ID。不应使用该字段。

i) 主体惟一 ID(**subjectUniqueID**)

该可选字段用于辨别有相同名称的多个实体。该字段不应使用。

j) 扩展项

见 7.4。

7.6 挂起指令代码

证书挂起通告可包括一个可选的指令代码,传达附加信息给信任方。GB/T 27928 的本部分定义了下列代码:

a) **none** 没有指令。

b) **callIssuer** 请与 CA 通讯。

c) **reject** 被拒绝的证书可适合下面的情形之一:

- 预定的非紧急的挂起;
- 信任方作出不合适的物理动作的情况,例如,在主体是一个设备或过程的情况下。

d) **pickupToken** 取回用户令牌,假定信任方已取得暂时的令牌所有权且物理的令牌事实上被签发 CA 或其他实体所有。

以后可定义附加码。

见 D.4 挂起结构代码的对象标识符(OID)。

7.7 认证更新数据(CertRenData)

CertRenData 包括实体为更新证书,与 CA 或 RA 应通讯的信息。**CertRenDataSubmission** 由实体签名,然后提交给 CA 或 RA。

```
CertRenDataSubmission ::= SIGNED { EncodedCertRenData }
EncodedCertRenData ::= TYPE-IDENTIFIER.&Type( CertRenData )
CertRenData ::= SEQUENCE {
    subject    Name,
```

```
    serialNumber CertificateSerialNumber.
    validity         Validity
}
```

字段定义如下：

a） 主体名（**subject**）

该字段是希望更新证书的实体名称（见 7.4b）里的定义）。

b） 序列号（**serialNumber**）

serialNumber 在同一 CA 签发的所有证书中惟一地标识证书（见 7.5b）里的定义）。

c） 有效性（**validity**）

validity 字段指示公私密钥对有效的期限（见 7.4d）里的定义）。

7.8 CRL 数据结构

以下提供结构的信息。CRL 定义见 GB/T 16264.8 和 ISO 15782-2:2001。

```
CertificateList ∷ = CRL
CRL ∷ = SIGNED { EncodedCertificateList}
EncodedCertificateList ∷ = TYPE-IDENTIFIER.&Type(CertificateListInfo)
CertificateListInfo ∷ = SEQUENCE {
    version          Version OPTIONAL,--如存在,一定是 v2
    signature      Algorithm Identifier {{SignatureAlgorithms}},
    issuer           Name,
    thisUpdate       Time,
    nextUpdate       Time OPTIONAL,
    revokedCertificates  CRLEntryList OPTIONAL,
    crlExtensions      [0] Extensions {CRLExtensions} OPTIONAL
}
CRLEntryList ∷ = SEQUENCE OF CRLEntry
CRLEntry ∷ = SEQUENCE{
    userCertificate          CertificateSerialNumber,
    revocation Date  Time,
    crlEntryExtensions Extensions { CRLEntryExtensions} OPTIONAL
}
CRLExtensions EXTENSION ∷ = {
    authorityKeyIdentifier        |
    CRLNumber               |
    deltaCRLindicator      |
    issuerAltName           |
    issuing Distribution Point,
    …—希望 GB/T 27928 本部分的以后的修正版里有其他的扩展对象--
}
CRLEntryExtensions EXTENSION ∷ = {
    certificateIssuer   |
    holdInstructionCode   |
    invalidityDate     |
```

```
        reasonCode,
        …—希望在 GB/T 27928 本部分的以后的修正版里有其他的扩展对象--
    }
    cRLNumber EXTENSION ::={
        SYNTAX  CRLNumber
    IDENTIFIED BY id-ce-cRLNumber
    }
    CRLNumber ::= INTEGER(0..MAX)
    reasonCode EXTENSION ::= {
        SYNTAX  CRLReason
        IDENTIFIED BY id-ce-reasonCode
    }
    CRLReason ::= ENUMERATED {
      unspecified      (0),
      keyCompromise (1),
      cACompromise  (2),
      affiliationChanged (3),
      superseded      (4),
      cessationOfOperation (5),
      certificateHold    (6),
      removeFromCRL (8)
    }
    holdInstructionCode EXTENSION ::={
      SYNTAX     HoldInstruction
      IDENTIFIED BY id-ce-instructionCode
    }
      --该扩展项总是非关键的--
    Holdlnstruction ::= OBJECT IDENTIFIER
      --附录 C 定义了以下标准指令的 OIDs:none、callIssuer,reject 和 pickupToken。--
    invalidityDate EXTENSION ::={
      SYNTAX     GeneralizedTime
      IDENTIFIED BY id-ce-invalidityDate
    }
```

version 字段用于区分 CRL 格式的不同版本。

thisUpdate 是 CA 停止接受该 CRL 的条目的时间。**nextUpdate** 是 CA 发表下一个 CRL 的时间。

CRL 条目可包括 **reasonCode**。如果该扩展项没有出现,那么,宜如同具有 **unspecified** 的 **reasonCode** 一样进行处理。

发表一个 CRL,CRL 数量增加 1。这允许信任方察觉在最后一次接受的 CRL 的 **nextUpdate** 字段中指明的下一个预定更新之前,什么时候发表 CRL。

CRL 可有多种发布机制,包括递交给每个用户一个报文/交易条文、用户请求既定证书的当前状态和向 CA 查询其当前 **CertificateRevocationList**。在任何情况下,在接近当前 **CertificateRevocationList** 的 **nextUpdate** 时间或之前,CA 应发布一个新的 CertificateRevocationList。

6.3.8 的规定允许 CA 通知其他实体个别的撤销,可通过 **RevocationNotice** 实现:

```
RevocationNotice ::= SIGNED { EncodedRevNoticeInfo }
EncodedRevNoticeInfo ::=
TYPE-IDENTIFIER.&Type(RevocationNoticeInfo)
RevocationNoticeInfo ::= SEQUENCE {
    signature AlgorithmIdentifier{{SignatureAlgorithms}},
    issuer       Name,
    crlEntry     CRLEntry
}
```

8 公钥证书和证书撤销列表扩展项

8.1 介绍

GB/T 16264.8 提供了公钥证书的语法和语义。版本 3(V3)的公钥证书提供了 CA 添加关于实体公钥、签发方公钥和签发方 CRL 的附加信息的机制。其规定了标准的证书扩展项。由于 GB/T 16264.8 希望应用于一个广泛多变的用户群体，因此，其提供了许多可选特性。本条款描述了 GB/T 16264.8 中的证书和 CRL 扩展项框架。该框架规定了金融应用方面执行公钥证书的要求，也就是创建和处理公钥证书。该框架也描述了 CRL 的类似需求。

虽然 GB/T 16264.8 中定义的扩展项并非都适用于金融应用，但本处仍包括所有的扩展项来确保完整性。至于 ASN.1 实施这些要求方面，附录 C 提供了表格式的陈述。

注：ISO 15782-2 提取自 GB/T 16264.8，*certificate* 和 *CRL Extensions* 改编以满足金融应用要求。

8.2 证书扩展项

8.2.1 认证机构密钥标识符

本非关键扩展项标识了用于验证证书上数字签名的公钥。它能清楚地区分同一 CA 使用的密钥。该扩展项可拥有一个显式密钥标识符或一个显式证书标识符。当 CA 使用多个密钥时(例如，当 CA 密钥进行再次加密时)，该扩展项是有用的。在试图查找一个特定证书时，使用该扩展项可提高效率。

CA 应能在所有的 CA 和实体证书中产生该扩展项。增加该扩展项时，CA 应：

a) 包括 **keyIdentifier** 八位字节串；

b) 省略 **authorityCertIssuer** 和 **authorityCertSerialNumber** 字段。

KeyIdentifier 组件是专用的，因为所有公钥分配了惟一标识符(见 8.2.2)，且将使用显式密钥标识符一直惟一标识公钥证书)。

尽管建议信任方能把 **authorityKeyIdentifier** 字段视为认证机构的密钥证书标识符，对证书进行签名，但对如何处理本扩展项未作要求。

8.2.2 主体密钥标识符

本非关键扩展项用于识别正在认证的公钥。它能区分同一实体使用的不同密钥。扩展项可拥有一个显式密钥标识符，并且当主体使用多个密钥时其可用。与认证机构密钥标识符相似，当试图定位一个证书时，扩展项能提高效率。

CA 应能在所有的 CA 和最终实体证书中产生本扩展项。

尽管信任方应能宜把 **subjectKeyIdentifier** 字段视为正被认证的公钥标识符，但对如何处理本扩展项未作要求。

8.2.3 密钥用途

本扩展项指出已认证的公钥的使用目的。其应当作关键扩展项执行。**keyUsage** 字段包括下列类型：

a) **digitalSignature**：当主体公钥随数字签名机制一起用于提供除了不可否认(Bit 1)、证书签名(Bit 5)或撤销信息签名(Bit 6)等以外的安全服务时，可主张使用 **digitalSignature**。数字签名机制通常用于实体鉴别和数据源的完整性鉴别。

b) **nonRepudiation**：用于确认数字签名，该数字签名用于支持接收的不可否认服务(不包括按照下面 f)或 g)签名的证书或 CRL)。如果存在，则 **nonRepudiation** 位可被忽略。

c) **keyEncipherment**：用于加密密钥或其他安全信息，如：用于密钥传输。当公钥用于加密密钥或其他安全信息时，CA 应设置 **keyEncipherment** 位。

d) **dataEncipherment**：用于加密用户数据，但不是如 c)中所述密钥或其他安全信息。当公钥用于加密用户数据(但不是密钥或其他保密信息)时，CA 应设置 **dataEncipherment** 位。

e) **keyAgreement**：用于公钥协商密钥。当公钥用作密钥协商密钥时，CA 应设置 **keyAgreement** 位。

f) **keyCertSign**：用于确认 CA 在证书上的签名。当公钥可用于证书签名时，CA 应设置 **keyCertSign** 位。该位应仅在 CA 证书中设置。

g) **cRLSign**：用于确认 CA 在 CRL 上的签名。当公钥可用于签名 CRL 时，CA 应设置 **cRLSign** 位。

h) **encipherOnly** 和 **decipherOnly**：使用独立的共享保密密钥，用于单向通讯的密钥协议方案。在该方案中，用户有多个密钥对集及 Bits 7(**encipherOnly**)和 Bits 8(**decipherOnly**)，用来区别两种类型。报文发起方将使用接收方含有 Bits 4(**keyAgreement**)和 Bits 7(**encipherOnly**)的公钥证书建立密钥加密密钥。接收方将使用发起者含有 Bits 4(**keyAgreement**)和 Bits 8(**decipherOnly**)的公钥证书建立密钥加密密钥。通常，发起方将连同报文一起传递含有 Bits 4 和 Bits 8 的其自身证书。在独立由公钥对导出用于各方通讯的对称密钥的地方，金融系统对密钥管理方案的实施不作要求。

CA 应在所有的 CA 和最终实体证书里包括该扩展项，并通过把关键性标志设置成“ture”来表明本扩展项是关键的。

CA 应按照表 7 给出的和下面描述的有效的密钥用法组合设置密钥用途位。

当公钥用于确认签名数据(证书和 CRL 除外)的真实性和完整性时，则 **digitalSignature** 应设置成“1”。

对金融系统，只能通过业务协议提供不可否认性。因此，这些协议可取代设置 **nonRepudiation** 位。**nonRepudiation** 位的使用不在 GB/T 27928 本部分范围之内。

当公钥使用可逆的非对称算法提供机密性保护，则仅 **keyEncipherment** 位应设置成“1”，如同表 7 的组合 2 中所述。公钥不应用于任何其他目的(没有其他位可以被设置成“1”)。

当公钥用于数据机密性保护，则仅 **dataEncipherment** 位应设置成“1”，如同表 7 组合 3 所述。公钥不应用于任何其他目的(没有其他位可以被设置成“1”)。

当公钥使用不可逆的非对称算法提供机密性保护，则仅 **keyAgreement** 位应设置成“1”。如同表 7 的组合 4 中所述。公钥不应用于任何其他目的(没有其他位可以被设置成“1”)。

当公钥用于验证签名数据、证书和 CRL 的真实性和完整性时，则 **digitalSignature**、**keyCertSign** 和 **cRLSign** 位应分别设置成“1”。其他位均不可设置成“1”，如同表 7 的组合 5 中所述。该组合的子集也是有效的。在单个公钥中如何组合这些功能应取决于业务风险。该组合应仅出现在 CA 证书里。

当公钥使用密钥协商机制，例如 KEA、Diffie-Hellman 或其中的某个变量，提供机密性时，**key-**

Agreement 位设置成“1”；如果该密钥用于产生用来解密的成对密钥，则证书处理实体应确保 **encipherOnly** 位设置成“0”；如果该密钥用于生成用来加密的成对密钥，则证书处理实体应确保 **decipherOnly** 位设置成“0”。

信任方应依照 GB/T 27928 本部分解释 **keyUsage** 位，并拒绝任何无效的密钥用途组合（表 7 确定的和上面描述的）。

表 7　密钥用途位的有效组合

密钥用途	有效的密钥使用的组合				
	最终实体证书				CA 证书
	1	2	3	4	5
digitalSignature	•	x	x	x	A
keyEncipherment	x	•	x	x	x
nonRepudiation	#	#	#	#	#
dataEncipherment	x	x	•	x	x
keyAgreement	x	x	x	•	x
keyCertSign	x	x	x	x	A
cRLSign	x	x	x	x	A
encipherOnly	x	x	x	x	x
decipher-Only	x	x	x	x	x
•　位设置成“1”。 A　任何这些密钥使用的组合是有效的。 x　不允许。 #　超出 GB/T 27928 本部分的范围。					

8.2.4　扩展的密钥用途

本扩展项表明一个或多个目的，即已认证的公钥可另外使用，或代替密钥用途扩展项中表明的基本目的。它可当作关键性的或非关键性的扩展项执行。密钥目的可由任何组织根据需要定义。本部分没有定义附加的密钥用途，因此，对本扩展项的支持是可选的。

8.2.5　私钥使用期

本非关键性的扩展项表明与已认证的公钥相应的私钥的使用期。它仅适用于数字签名证书。本扩展项仅当存在可信时间戳机制时是有用的。该时间戳机制用于比较报文的签名日期和本扩展项包含的有效期。由于现在没有这样的机制，所以本扩展项是可选的。

8.2.6　证书策略

本扩展项列举了证书策略，也提供了附属于证书策略的可选的限定信息。证书策略被特别当作支持证书。该证书策略应当作关键性扩展项执行。如同 GB/T 16264.8 中所述，在认证路径确认期间，按照 **policyConstraints** 扩展项对该字段进行处理（见 8.2.13）。证书策略表明了创建证书的程序。

CA 应在所有的 CA 和最终实体证书中包括本扩展项，并可通过把关键性标志设置成“**false**”以指出本扩展项是非关键性扩展项。本扩展项的非关键性表明，所列策略不限制本扩展项的使用。CA 应指明可用证书策略的对象标识符。如同 **policyConstraints** 扩展项的要求,证书有必要包含一个可接受的策略标识符。可接受的策略标识符由认证路径的用户进行要求,或者为通过策略映射已公布的与其证书策略等价的策略标识符。

本部分对策略标识符不作任何要求。

8.2.7 策略映射

该非关键扩展项允许证书签发方指明一个或多个与签发方证书策略等价、在主体 CA 域内使用的其他策略。策略映射的分配受限于 CA,并可通过 **policyConstraints** 扩展项进一步限定。本扩展项通过指定的等价策略的 OID 支持交叉认证。

CA 应为 CA 数字签名证书产生该扩展项。该证书可使用策略映射,且其证书策略包含随带可用的 **CertPolicyId** 字段 **issuerDomainPolicy** 字段和与 **subjectDomainPolicy** 字段的组合。

信任方应把 **issuerDomainPolicy** 和 **subjectDomainPolicy** 的组合与证书策略对象标识符视作等价。

8.2.8 主体可选名称

本扩展项提供一个与主体的已认证公钥绑定的名称。它可视作关键的或非关键的扩展项执行。当 CA 选择规定可选名称的使用时,宜仅包括本扩展项。

产生本扩展项的 CA 应能够增加可选名称 **GeneralName**,且使用以下类型:

a) rfc822Name;

b) ediPartyName;

c) uniformResourceIdentifier。

证书的 **subject** 字段应包含一个清楚标识主体的 **directoryName**。

对支持本扩展项的实施系统不要求能处理所有的名称格式,但信任方应能处理基于 8.2.12 详细说明的命名限制的可选名称。

注: 如果本扩展项字段存在,并标志为关键,那么,证书的主体字段可包含一个空名称(例如,一个与惟一识别名称相关的 0 序列),在这种情况下,主体仅被名称或本扩展项里的名称所标识。

8.2.9 签发方可选名称

本扩展项为证书签发方提供了一个不同于惟一识别名称格式的名称。它可当作关键的或非关键的扩展项执行。

执行本扩展项的 CA 应能使用以下类型构成 **GeneralName**:

a) rfc822Name;

b) ediPartyName;

c) uniformResourceIdentifier。

不要求支持该扩展项的执行系统能处理所有的名称格式,但信任方应能处理基于 8.2.12 详细说明的命名限定的可选名称。

注: 如果本扩展项域存在,且标志为关键,那么,证书或 CRL 的签发方字段可包含一个空名称(例如,一个与惟一识别名称相关的 0 序列),在这种情况下,签发方仅被名称或本扩展项里的名称所标识。

8.2.10 主体目录属性

本非关键扩展项可为证书的主体提供任何希望的目录属性值。本框架对属性不做具体规定。

8.2.11 基本限定

本扩展项表明主体是否可作为 CA 使用已认证的公钥对证书签名。如果是的话,认证路径的长度也可被指定。本扩展项应当作关键扩展项来执行。

CA 应在所有的 CA 数字签名证书里包含本扩展项。CA 应通过把关键性标志设置成“true”来指示本扩展项是关键的。对 CA 证书，CA 应把 **cA** 布尔标志设置成“True”，如果合适，应再输入路径长度的限定。对最终实体证书，CA 可忽略本扩展项。

信任方应确认所有的 CA 数字签名证书中存在本扩展项，并拒绝处理 **cA** 布尔标志未设置成“True”的实体所签发的证书(不考虑扩展项的关键性)。如果本扩展项不存在，那么，证书处理实体应像处理最终实体证书那样处理证书。如果存在，证书处理实体应利用 **pathLenConstraint** 字段。

8.2.12 名称限定

本扩展项仅用于 CA 证书中，指定了一名称空间，在该名称空间中可对随后的认证路径里的所有主体名称进行定位。本扩展项应当作关键扩展项来执行。尽管不是所有的 CA 证书里都要求本扩展项，建议尽最大可能程度采用本名称限定。

CA 应在所有合适的 CA 证书中包含本扩展项，并应通过把关键性标志设置成“true”来表明本扩展项是关键的。

a) CA 应包含 PermittedSubtrees 和 excludedSubtrees 字段；

b) CA 应能产生 GeneralName，用下面的类型：

—**rfc822Name**；

—**uniformResourceIdentifier**；

—**directoryName**。

CA 也应在 **GeneralSubtree** 的最小量和最大量字段中提供适当的整数来指明所要求的名称空间。

c) 信任方应对 **GeneralNames** 类型利用以下限定条件：

- **rfc822Name**；
- **uniformResourceIdentifier**；
- **directoryName**。

以上限定条件应基于以下限定。

d) 对如下限制名称格式用字符串通配符匹配全部表达(“*”是通配符字符)：

- **rfc822Name**；
- **dNSName**；
- **uniformResourceIdentifier**。

在通常子树中，最小和最大字段不用于名称格式。**uniformResourceIdentifier** 和 **rfc822Name** 名称的限定将应用于名称的宿主部分，例如 moo. bar. com；www*. bar. com；*. xyz. com。格式 **directoryName** 限定将应用于证书里的主体域和类型 **directoryName** 的 **subjectAltName** 扩展项。

8.2.13 策略限定

本扩展项详细说明有关限定，该限定要求显式证书策略标识或禁止对认证路径余项进行策略映射。本扩展项应当作关键扩展项来执行。

CA 应在可用的 CA 证书中包含本扩展项，通过把关键性标志设置成“true”来表明本扩展项是关键的，且包括有合适的 **SkipCerts** 值的 **requireExplicitPolicy** 字段。这一点表明，在从认证路径中指定 CA(由 **SkipCerts** 值指明)开始直到认证路径结束的所有证书中，**certificatePolicies** 扩展项中包含合适的策略标识符对证书来说是必要的。CA 也应包括可用的 **inhibitPolicyMapping** 字段。

如 GB/T 16264.8 所述，在认证路径的确认过程中，信任方应使用 **policyConstraints** 信息。

8.2.14 CRL 分发点

本扩展项标识了信任方为确定证书是否已撤销宜查阅的 CRL 分发点。它可当作关键的或非关键的扩展项来执行。本扩展项提供了收集包含证书撤销的特定原因代码的 CRL 机制。

基于操作要求和业务风险，CA 可在所有的 CA 和最终实体证书里包含本扩展项。CA 应基于业务风险指明本扩展项的关键程度。

a) 如果扩展项是关键的，CA 应确保：分发点包含证书撤销的原因代码 **keyCompromise** 或 **cA-Compromise**，或者两个都有，任何一个均可用。如果本扩展项标志成关键的，则信任方在没有从推荐的分发点恢复或检查 CRL（，该分发点至少包含证书撤销原因代码 **keyCompromise**（对最终实体证书）或者 **cACompromise**（对 CA 证书））的情况下，不应使用证书。
b) 如果本扩展项被标志成关键的并且信任方不认可该扩展项字段类型，则系统应视作该证书无效。
c) 如果本扩展项被标志成非关键的，且信任方不认可扩展项字段类型，则系统应仅在它能从 CA 获得并检查一个完整的 CRL 时使用该证书。
d) 使用本扩展项不要求完整的 CRL。如果不使用本扩展项，CA 应产生完整的 CRL，但不要求分发 CRL。

8.3 CRL 扩展项

8.3.1 介绍

下面条款描述了标准的 CRL 扩展项。CRL 扩展项增加了关于 CRL 和 CRL 签发方的信息，并提供了控制 CRL 大小的机制。

8.3.2 机构密钥标识符

本非关键 CRL 扩展项见 8.2.1 所述。

8.3.3 签发方可选名称

本 CRL 扩展项见 8.2.9 所述。

8.3.4 CRL 编号

本非关键 CRL 扩展项为每个 CRL（由给定 CA 通过给定 CA 目录属性或 CRL 分发点目录属性签发）提供一个单一递增的顺序号。

CA 应包含 CA 签发的每个 CRL 单一递增的顺序号（如，1、2、3……）。有关本扩展项自动化处理不作要求。

8.3.5 签发分发点

本关键 CRL 扩展项为该特定的 CRL 标识了 CRL 分发点，并指明 CRL 是否仅限于对最终实体证书的撤销、对 CA-证书的撤销，或仅对有限原因集的撤销。本扩展项也指明 CRL 是否是间接的 CRL。间接的 CRL 是包含了来自于除了签名和签发 CRL 机构的 CA 的条目。

CA 可基于业务风险和实施要求产生本扩展项。使用间接的 CRL 具有及时性、有效性、访问和风险问题。不建议在高风险系统中使用间接的 CRL。

8.3.6 增量 CRL 标识

本关键 CRL 扩展项仅标识 CRL 为增量 CRL。不理解增量 CRL 使用的信任方不宜使用包含本扩展项的 CRL，因为 CRL 可不必象用户所希望的那样完整。

对如何支持本扩展项不作要求。

8.4 CRL 条目扩展项

8.4.1 介绍

下面内容定义了标准的 CRL 条目扩展项。CRL 条目扩展项附加了关于在 CRL 中特定条目的信息。证书、CRL 和 CRL 条目扩展项存在相互联系。图 4 对该联系进行了图解。

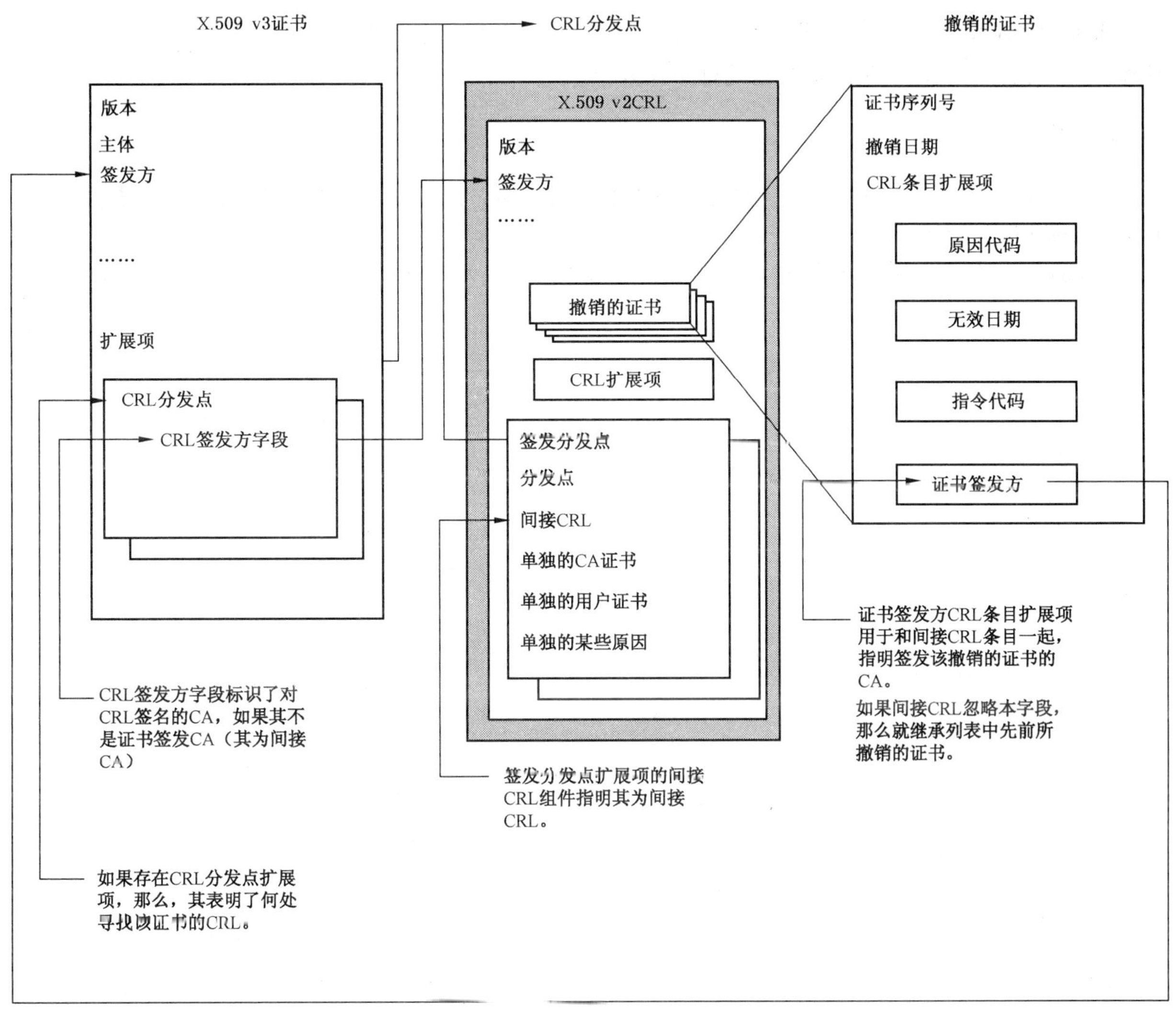

图 4 证书、CRL 和 CRL 条目扩展项的相互联系

8.4.2 证书签发方

本关键 CRL 条目扩展项标识了与具有 **indirectCRL** 标识集的 CRL 条目相关联的证书签发方。如果本扩展项在间接 CRL 的起始条目中不存在，则证书签发方默认为 CRL 签发方。在间接 CRL 中的随后条目中，如果本扩展项不存在，那么，条目的证书签发方和前面条目相同。

CA 应为间接 CRL 条目产生本扩展项，且当证书签发方出现在撤销证书的 **issuer** 字段中时，应包含证书签发方的 **GeneralName**。信任方应使用本扩展项关联证书签发方和间接 CRL 上的证书。

8.4.3 原因代码

本非关键 CRL 条目扩展项为证书撤销标识了原因。因而，用户能基于该撤销原因，决定在多大程度上信任该证书。

除了原因代码是 **unspecified** 时没有本扩展项之外，CA 宜在所有 CRL 条目中增加本扩展项。原因代码 **removeFromCRL** 与增量 CRL 关联。本部分不对支持增量 CRL 做要求，因而，也不对 **removeFromCRL** 支持作要求。对信任方本扩展项的自动处理不做要求。

8.4.4 挂起指令代码

本非关键 CRL 条目扩展项提供了已注册指令标识符的内容，以表明碰到挂起的证书之后所采取的动作。对信任方有关本扩展项的自动处理不作要求。

8.4.5 失效期

本非关键 CRL 条目扩展项用于识别证书视作失效日期。该日期可早于 CRL 条目里的撤销日期，其为 CA 撤销的日期。

CA 宜在所有 CRL 条目中增加本扩展项。对信任方有关本扩展项的自动处理不作要求。

附 录 A
（规范性附录）
ASN.1 模块

A.1 概述

以下 ASN.1 模块反映了 GB/T 27928[2] 本部分的 ASN.1 定义。这些模块能输入到 ASN.1 编译器，以确认语法的正确性。

A.2 基本证书 ASN.1

注：使用了某些 1997 扩展项。许多类型取自 X.501 和 X.509(1993)，如果需要，可从这些标准的合适模块导入。

```
CertificateManagement {
    iso(1) member-body(2) us(840) x9-57(10040) module(1)
    certificateManagement(1)}
DEFINITIONS EXPLICIT TAGS ::= BEGIN
——输出所有的；
    IMPORTS
        authorityKeyIdentifier,basicConstraints,certificateIssuer,
        certificatePolicies,cRLDistributionPoints,cRLNumber,
        deltaCRLIndicator,extKeyUsage,holdInstructionCode,
        invalidityDate,issuerAltName,issuingDistribution Point,
        keyUsage,nameConstraints,policyConstraints,policyMappings,
        privateKeyUsagePeriod,reasonCode,subjectAltName,
        subjectDirectoryAttributes,subjectKeyIdentifier
FROM CertificateExtensions
    Name,UniqueIdentifier
FROM SupportingDefinitions;
——基本证书定义
Certificate ::= SIGNED { EncodedCertificate }

EncodedCertificate ::= TYPE-IDENTIFIER.&Type( CertificateInfo )

CertificateInfo ::= SEQUENCE {
        Version       [0] Version DEFAULT v1,
        serialNumber      CertificateSerialNumber,
        signature     AlgorithmIdentifier{{SignatureAlgorithms}},
                                                         18015782-1:2003(E)

        issuer            Name.
```

2) 本 ASN.1 模块与版本 1 在 ISO 15782 本部分发布时有效。

```
        validity          Validity,
        subject          Name,
        subjectPublicKeyInfo SubjectPublicKeyInfo,
        issuerUniqueID  [1] IMPLICIT UniqueIdentifier OPTIONAL,
        subJectUniqueID [2] IMPLICIT UniqueIdentifier OPTIONAL,
        extensions      [3] Extensions { CertExtensions} OPTIONAL
    }
Version ∷ = INTEGER { v1(0),v2(1),v3(2)}

CertificateSerialNumber ∷ = INTEGER

AlgorithmIdentifier { ALGORITHM-ID:IOSet} ∷ = SEQUENCE {
        algorithm ALGORITHM-ID.&id({IOSet}),
        parameters ALGORITHM-ID.&Type({IOSet}{@algorithm}) OPTIONAL
}

SignatureAlgorithms ALGORITHM-ID ∷ = {
        { OID id-rsa-signature          PARMS NULL } |
        { OID id-rsa-signature-with-shal    PARMS NULL },
        ...
}

Validity ∷ = SEQUENCE {
        notBeforeTime,
        notAfter Time
}

SubJectPublicKeyInfo ∷ = SEQUENCE {
        algorithm    Algorithm Identifier {{SupportedAlgorithms}},
        subjectPublicKey BIT STRING
        }

SupportedAlgorithms ALGORITHM-ID ∷ = {...}
Time ∷ = CHOICE {
        uteTime    UTCTime,
        generalizedTime GeneralizedTime
        }

Extensions {IOSet }∷ = SEQUENCE OF Extension { IOSet}
Extension { IOSet} ∷ = SEQUENCE {
        extnID       EXTENSION.&id({IOSet}),
        critical  EXTENSION.&critical({IOSet}{@extnID}) DEFAULT FALSE,
        extnValue  OCTET STRING
```

——一"八位空",extnVatue 的值,包含类型和 ExtnType 的值的 DER 密码,一开放类型,为 extnId 标识扩展项对象。

```
}

EXTENSION :: = CLASS {
    &id     OBJECT IDENTIFIER UNIQUE,
    Acritical BOOLEAN DEFAULT FALSE,
    &ExtnType
}

        WITH SYNTAX
{ SYNTAX &ExtnType [CRITICAL &critical] IDENTIFIED BY &id}
CertExtensions EXTENSION :: = {
        authorityKeyIdentifier      |
        basicConstraints            |
        certificatePolicies         |
        cRLDistributionPointe       |
        extKeyUsage                 |
        issuerAltName               |
        keyUsage                    |
        nameConstraints             |
        policyConstraints           |
        policyMappings              |
        privateKeyUsagePeriod       |
        subjectAltNamc              |
        subjectDirectoryAttributes  |
        subjectKeyIdentifier,
        ——希望 GB/T 27928 本部分间以后的修正中包括其他的扩展项对象——

CRLExtensions EXTENSION :: = {
        authorityKeyIdentifier      |
        cRLNumber                   |
        deltaCRLIndicator           |
        issuerAltName               |
        issuingDistributionPoint,
        ——希望 GB/T 27928 本部分间将来的修正中有其他的扩展项对象——

CRLEntryExtensions EXTENSION :: = {
        certificateIssuer           |
        holdlnstructionCode         |
        invalidityDate              |
        reasonCode,
        ——希望 GB/T 27928 本部分间将来的修正中有其他的扩展项对象——
```

```
}
```

——证书请求

```
CertReqDataSubmission ::= SIGNED {EncodedCertReqData}

EncodedCertReqData ::= TYPE-IDENTIFIER.&Type( CertReqData )

CertReqData ::= SEQUENCE {
        version Version DEFAULT v1,
        subject Name,
        subjectPublicKeyInfo SubjectPublicKeyInfo,
        requestedPeriod [0] Validity OPTIONAL,
        timeStamp  Time OPTIONAL,
        extensions  [2] Extensions {CertExtensions } OPTIONAL
}
```

——证书更新

```
CertRenDataSubmission ::= SIGNED { EncodedCertRenData }

EncodedCertRenData ::= TYPE-IDENTIFIER.&Type( CertRenData )

    CertRenData ::= SEQUENCE {
            subject Name,
        serialNumber CertificateSerialNumber,
        validity      Validity
}
```

——证书撤销列表(**CRL**)

```
CertificateList ::= CRL

CRL ::= SIGNED { EncodedCertificateList}

EncodedCertificateList;; = TYPE-IDENTIFIER.&Type(CertificateListInfo)

CertificateListInfo ::= SEQUENCE {
            version          Version OPTIONAL,——if present,must be v2
            signature     AlgorithmIdentifier{{SignatureAlgorithms}},
            issuer             Name,
            thisUpdate         Time,
            nextUpdate         Time OPTIONAL.
            revokedCertiffcates  CRLEntryList OPTIONAL,
            crlExtensions     [0] Extensions {CRLExtensions} OPTIONAL
}
```

```
CRLEntryList ::= SEQUENCE OF CRLEntry

CRLEntry ::= SEQUENCE{
          userCertificate      CertificateSerialNumber.
          revocation Date   Time,
          crlEntryExtensions Extensions{CRLEntryExtensions } OPTIONAL}

        ——证书撤销

RevocationNotice ::= SIGNED { EncodedRevNoticeInfo }

EncodedRevNoticeInfo ::= TYPE-IDENTIFIER.&Type(RevocationNoticeInfo)

RevocationNoticeInfo ::= SEQUENCE {
          signature Algorithm Identifier{{SignatureAlgorithms}},
          issuer       Name,
    crlEntry CRLEntry
}

        ——信息对象类型——

ALGORITHM-ID ::= CLASS {
  &id OBJECT IDENTIFIER UNIQUE,
  &Typc OPTIONAL
    }
  WITH SYNTAX {OID &id [FARMS &Type]}
        ——参数化的类型

SIGNED {ToBeSigned } ::= SEQUENCE {
        toBeSigned ToBeSigned,
        algorithm Algorithm Identifier{{SignatureAlgorithms}},
        signature BIT STRING
}
DSAPublicKcy ::= INTEGER   ——公钥 y

DSAParameters ::= SEQUENCE {
        prime1 INTEGER,   ——模块 p
        prime2 INTEGER,   ——模块 q
        base INTEGER   ——基础 g
}

DSAMatchParameters ::= ModulusLength
```

```
ModulusLength ::= INTEGER-用位表示的模块长度
RSAPublicKey ::= SEQUENCE {
        n  INTEGER,
        e  INTEGER
}

        ——对象标识符分配

secsig OBJECT IDENTIFIER ::={
      iso(1) identified-organization(3) oiw(14) secsig(3)}
secsigAlgorithm OBJECT IDENTIFIER ::= {
      secsig algorithm(2)}
id-rsa-signature OBJECT IDENTIFIER ::= {
      secsigAlgorithm 11}
id-rsa-signature-with-sha1 OBJECT IDENTIFIER ::= {
      secsigAlgorithm 29}
- algorithm information objects
rsaSignature ALGORITHM-ID ::= {
      OID id-rsa-signature PARMS NULL}
rsaSignatureWithSHA1 ALGORITHM-ID ::={
      OID id-rsa-signature-with-shal PARMS NULL }
END
```

A.3 证书扩展项

```
CertificateExtensions {
        iso(1) member-body(2) us(840) x9-57(10040) module(1) certificateExtensions(2)}
        DEFINITIONS IMPLICIT TAGS ::= BEGIN
——输出所有的;——
IMPORTS
        Algorithm Identifier {},CertificateList,CertificateSerialNumber,
        EXTENSION.SupportedAlgorithms
                    FROM CertificateManagement
Attribute,DirectoryString {},id-ce,Name,RelativeDistinguishedName,ub-name
        FROM SupportingDefinitions;

——密钥和策略信息扩展项

authorityKeyIdentifier EXTENSION ::= {
          SYNTAX      AuthorityKeyIdentifier
          IDENTIFIED BY id-ce-authorityKeyIdentifier
}
```

```
authorityKeyIdentifier ::= SEQUENCE {
          keyIdentifier [0] KeyIdentifier
}

KeyIdentifier ::= OCTET STRING

subjectKeyIdentifier EXTENSION ::= {
          SYNTAX     SubjectKeyIdentifier
          IDENTIFIED BY id-ce-subjectKeyIdentifier
}

SubjectKeyIdentifier ::= KeyIdentifier

keyUsage EXTENSION ::= {
          SYNTAX     KeyUsage
          CRITICAL       TRUE
          IDENTIFIED BY id-ce-keyUsage
}

KeyUsage ::= BIT STRING {
          digitalSignature  (0),
          nonRepudiation  (1),
          keyEncipherment (2),
          dataEncipherment (3),
          keyAgreement       (4),
          keyCertSign       (5),
          cRLSign     (6),
          encipherOnly     (7),
          decipherOnly     (8)
}

extKeyUsage EXTENSION ::= {
        SYNTAX     SEQUENCE SIZE(1..MAX) OF KeyPurposeId
        ——CRITICAL  TRUE——
        IDENTIFIED BY id-ce-extKeyUsage
    }

KeyPurposeId ::= OBJECT IDENTIFIER

privateKeyUsagePeriod EXTENSION ::= {
        SYNTAX     PrivateKeyUsagePeriod
        IDENTIFIED BY id-ce-privateKeyUsagePeriod
}
```

```
    PrivateKeyUsagePeriod ∷ = SEQUENCE {
        notBefore[0] GeneralizedTime OPTIONAL.
        notAfter [1] GeneralizedTime OPTIONAL
}

(WITH COMPONENTS {...,notBefore PRESENT} |

WITH COMPONENTS{...,notAfter PRESENT} )

certificatePolicies EXTENSION ∷ = {
        SYNTAX     CertificatePoliciesSyntax
        CRITICAL       TRUE
        IDENTIFIED BY id-ce-certificatePolicies
}

CertificatePoliciesSyntax ∷ = SEQUENCE SIZE(1..MAX) OF PolicyInformation

PolicyInformation ∷ = SEQUENCE {
        policyIdentifier     CertPolicyId,
        policyQualifiers   PolicyQualifiers OPTIONAL
}

PolicyQualifiers ∷ = SEQUENCE SIZE(1..MAX) OF PolicyQualifierInfo

CertPolicyld ∷ = OBJECT IDENTIFIER

PolicyQualifierInfo ∷ = SEQUENCE {
        policyQualifierId
        CERT-POLICY-QUALIFIER.&id({SupportedPolicyQualifiers}),
        qualifier
        CERT-POLICY-QUALIFIER.&Qualifier(
        {SupportedPolicyQualifiers}{@policyQualifierId}) OPTIONAL
}

SupportedPoficyQualifiers CERT-POLICY-QUALIFIER ∷ = { ...}

CERT-POLICY-QUALIFIER ∷ = CLASS {
        &id     OBJECT IDENTIFIER UNIQUE,
        &QualifierOPTIONAL
}

WITH SYNTAX
        {POLICY-QUALIFIER-ID &id [QUALIFIER-TYPE &Qualifier]}
```

```
policyMappings EXTENSION ::= {
        SYNTAX     PolicyMappingsSyntax
        IDENTIFIED BY id-ce-policyMappings
}

PolicyMappingsSyntax ::= SEQUENCE SIZE(1..MAX) OF PolicyMapping

PolicyMapping ::= SEQUENCE {
        IssuerDomainPolicy   CertPolicyId,
        subjectDomainPolicy CertPolicyId
}
```

——证书主体和签发方属性扩展项

```
subjectAltName EXTENSION ::= {
        SYNTAX     GeneralNames
        ——CRITICAL        TRUE——
        IDENTIFIED BY id-ce-subjectAltName
}

GeneralNames ::= SEQUENCE SIZE (1..MAX) OF GeneralName

GeneralName ::= CHOICE {
        otherName              [0] INSTANCE OF OTHER-NAME,
        rfc822Name              [1] IA5String,
        dNSName              [2] IA5String,
        ——x400Address              [3] ORAddress,——
        directoryName              [4] EXPLICIT Name,
        ediPartyName          [5] EDIPartyName,
        uniformResourceIdentifier [6] IA5String,
        iPAddress              [7] OCTET STRING,
        registeredID              [8] OBJECT IDENTIFIER
        ——
            X.509 定义的其他选项不用于 GB/T 27928 的本部分——

OTHER-NAME ::= TYPE-IDENTIFIER

EDIPartyName ::= SEQUENCE {
        nameAssigner[0] DirectoryString {ub-name} OPTIONAL,
        partyName   [1] DirectoryString {ub-name}
}
```

```
issuerAltName EXTENSION ::= {
        SYNTAX     GeneralNames
        ——CRITICAL   TRUE——
        IDENTIFIED BY id-ce-issuerAltName
}

subjectDirectoryAttributes EXTENSION ::= {
        SYNTAX     AttributesSyntax
        IDENTIFIED BY id-ce-subjectDirectoryAttributes
}

AttributesSyntax ::= SEQUENCE SIZE (1.,MAX) OF Attribute
        ——认证路径限定扩展项

    basicConstraints EXTENSION ::= {
        SYNTAX     BasicConstraintsSyntax
        ——CRITICAL     TRUE——
        IDENTIFIED BY id-ce-basicConstraints
}

BasicConstraintsSyntax ::= SEQUENCE {
        cA          BOOLEAN DEFAULT FALSE,
        pathLenConstraint INTEGER (0..MAX) OPTIONAL
}

nameConstraints EXTENSION ::= {
        SYNTAX     NameConstraintsSyntax
        ——CRITICAL     TRUE——
        IDENTIFIED BY id-ce-nameConstraints
}

NameConstraintsSyntax ::= SEQUENCE {
        permittedSubtrees [0] GeneralSubtrees OPTIONAL,
        excludedSubtrees [1] GeneralSubtrees OPTIONAL
}

GeneralSubtrees ::= SEQUENCE SIZE(1..MAX) OF GeneralSubtree

GeneralSubtree ::= SEQUENCE {
        base GeneralName.
        minimum [0] BaseDistance DEFAULT 0,
        maximum[1] BaseDistance OPTIONAL
}
```

```
BaseDistance ::= INTEGER (0..MAX)

poficyConstraints EXTENSION ::= {
        SYNTAX     PolicyConstraintsSyntax
    ——CRITICAL     TRUE——
        IDENTIFIED BY id-ce-policyConstraints
}

PolicyConstraintsSyntax ::= SEQUENCE {
        requireExplicitPolicy  [0] SkipCerts OPTIONAL,
        inhibitPolicyMapping [1] SkipCerts OPTIONAL
}

SkipCerts ::= INTEGER (0..MAX)

CertPolicySet ::= SEQUENCE SIZE(1..MAX) OF CertPolicyId
```

——基本的 **CRL** 扩展项

```
cRLNumber EXTENSION ::= {
        SYNTAX     CRLNumber
        IDENTIFIED BY id-ce-cRLNumber
}

CRLNumber ::= INTEGER (0..MAX)

reasonCode EXTENSION ::= {
        SYNTAX   CRLReason
        IDENTIFIED BY id-ce-reasonCode
        }
CRLReason ::= ENUMERATED {
        unspecified       (0),
        keyCompromise   (1),
        cACompromise   (2),
        affiliationChanged (3),
        superseded         (4),
        cessation OfOperation (5),
        certificateHold      (6),
        removeFromCRL (8)
}
        holdInstructionCode EXTENSION ::= {
        SYNTAX     Hold Instruction
```

```
        IDENTIFIED BY id-ce-instructionCode
}
    HoldInstruction ::= OBJECT IDENTIFIER
    invalidityDate EXTENSION ::= {
        SYNTAX     GeneralizedTime
    IDENTIFIED BY id-ce-invalidityDate
}
```

——CRL 分发点和增量-CRL 扩展项

```
cRLDistributionPoints EXTENSION ::= {
        SYNTAX     CRLDistPointsSyntax
        ——CRITICAL     TRUE——
        IDENTIFIED BY id-ce-cRLDistributionPoints
}

CRLDistPointsSyntax ::= SEQUENCE SIZE (1..MAX) OF DistributionPoint

DistributionPoint ::= SEQUENCE {
        distribution Point [0] DistributionPointName OPTIONAL,
        reasons      [1] ReasonFlags OPTIONAL,
        cRLIssuer        [2] GeneralNames OPTIONAL
}

DistributionPointName ::= CHOICE {
        fullName          [0] GeneralNames,
        nameRelativeToCRLIssuer [1] RelativeDistinguishedName
}

ReasonFlags ::= BIT STRING {
        unused            (0),
        keyCompromise (1),
        caCompromise  (2),
        affiliationChanged (3),
        superseded        (4),
        cessationOfOperation (5),
        certificateHold     (6)
}

issuingDistributionPoint EXTENSION ::= {
        SYNTAX     IssuingDistPointSyntax
        CRITICAL       TRUE
        IDENTIFIED BY id-ce-issuingDistributionPoint
}
```

```
IssuingDistPointSyntax ::= SEQUENCE {
        distribution Point      [0] DistributionPointName OPTIONAL,
        onlyContainsUserCerts[1] BOOLEAN DEFAULT FALSE,
        onlyContainsCACerts     [2] BOOLEAN DEFAULT FALSE,
        onlySomeReasons    [3] ReasonFlags OPTIONAL,
        indirectCRL           [4] BOOLEAN DEFAULT FALSE
}

certificateIssuer EXTENSION ::= {
        SYNTAX     GeneralNames
        CRITICAL       TRUE
        IDENTIFIED BY id-ce-certificateIssuer
}

deltaCRLIndicator EXTENSION ::= {
        SYNTAX   BaseCRLNumber
        CRITICAL        TRUE
        IDENTIFIED BY id-ce-deltaCRLIndicator
}

BaseCRLNumber ::= CRLNumber

——对象标识符分配——

id-ce-subjectDirectoryAttributes OBJECT IDENTIFIER ::= {id-ce 9}
id-ce-subjectKeyIdentifier      OBJECT IDENTIFIER ::= {id-ce 14 }
id-ce-keyUsage            OBJECT IDENTIFIER ::= { id-ce 15}
id-ce-privateKeyUsagePeriod      OBJECT IDENTIFIER ::= {id-ce 16}
id-ce-subjectAltName        OBJECT IDENTIFIER ::= {id-ce 17}
id-ce-issuerAltName      OBJECT IDENTIFIER ::= { id-ce 18 }
id-ce-basicConstraints       OBJECT IDENTIFIER ::= { id-ce 19}
id-ce-cRLNumber          OBJECT IDENTIFIER ::= {id-ce 20 }
id-ce-reasonCode           OBJECT IDENTIFIER ::= { id-ce 21 }
id-ce-instructionCode       OBJECT IDENTIFIER ::= { id-ce 23 }
id-ce-invalidityDate         OBJECT IDENTIFIER ::= { id-ce 24 }
id-ce-deltaCRLIndicator       OBJECT IDENTIFIER ::= { id-ce 27 }
id-ce-issuingDistributionPoint  OBJECT IDENTIFIER ::= { id-ce 28 }
id-ce-certificateIssuer       OBJECT IDENTIFIER ::= { id-ce 29 }
id-ce-nameConstraints       OBJECT IDENTIFIER ::= {id-ce 30 }
id-ce-cRLDistributionPoints  OBJECT IDENTIFIER ::= { id-ce 31 }
id-ce-certificatePolicies      OBJECT IDENTIFIER ::= {id-ce 32 }
id-ce-policyMappings         OBJECT IDENTIFIER ::= { id-ce 33 }
——deprecated               OBJECT IDENTIFIER ::= { id-ce 34 }
```

```
id-ce-authorityKeyIdentifier  OBJECT IDENTIFIER ::= { id-ce 35 }
id-ce-policyConstraints       OBJECT IDENTIFIER ::= { id-ce 36 }
id-ce-extKeyUsage             OBJECT IDENTIFIER ::= { id-ce 37 }
holdInstruction  OBJECT IDENTIFIER ::= {

iso(1) member-body(2) us(840) x9-57(10040) hi(2)}
none                  OBJECT IDENTIFIER = { holdInstruction none(1)}
callIssuer              OBJECT IDENTIFIER = { holdInstruction callIssuer(2)}
reject                  OBJECT IDENTIFIER = { holdInstruction reject(3)}
pickupToken             OBJECT IDENTIFIER = { holdInstruction pickupToken(4)}
END
```

A.4 支持性定义

```
SupportingDefinitions {
            iso(1) member-body(2) us(840) x9-57(10040) module(1) supportingDefinitions(3)}
DEFINITIONS EXPLICIT TAGS ::= BEGIN
——
——本模块提供了在金融服务环境下的支持公钥管理所需要的 ASN.1 符号的集合。
——
——输出所有的；
——输入空；
——
——由 X.520|ISO/IEC 9594-6 模块 SelectedAttributeTypes 所定义。
——

DirectoryString {INTEGER:maxSize} ::= CHOICE {
        teletexString     TeletexString (SIZE(1 ..maxSize)),
        printableString       PrintableString (SIZE(1 ..maxSize)),
        universalString   UniversalString (SIZE(1 ..maxSize)),
        bmpString        BMPString (SIZE(1..maxSize)),
}

UniqueIdentifier ::= BIT STRING
        ——
        ——定义在 X.520|ISO/IEC 9594-6 模块 UpperBounds 中。
        ——
ub-name INTEGER ::= 32768
        ——
        ——定义在 X.520|ISO/IEC 9594-2 模块 InformationFrameworks 中。
        ——
name ::= CHOICE {——目前仅有一个可能——
        rdnSequence RDNSequence
```

```
}

RDNSequence ::= SEQUENCE OF RelativeDistinguishedName

RelativeDistinguishedName ::= SET SIZE(1 ..MAX) OF AttributeTypeAndValue

AttributeTypeAndValue ::= SEQUENCE {
        type ATTRIBUTE.&id({SupportedAttributes}),
        valueATTRIBUTE.&Type({SupportedAttributes}{@type})
}

Attribute ::= SEQUENCE {
        type ATTRIBUTE.&id({SupportedAttributes}),
        values  SETSIZE(1..MAX)OF
        ATTRIBUTE.&Type({SupportedAttributes}{@type})
}

SupportedAttributes ATTRIBUTE ::= {...}
```

——

——**X.501** | **ISO/IEC** 9594-2 模块的 **InformationFramework** 中定义的 **ATTRIBUTE** 类的本简化版本依照其目录标准产生语法，但仅包含公钥证书需要的这些字段。

——

```
ATTRIBUTE ::= CLASS {
        &Type,
        &id OBJECT IDENTIFIER UNIQUE
}

        WITH SYNTAX {WITH SYNTAX &Type ID &id }
```

——

——定义在 **X.520** | **ISO/IEC** 9594-2 模块 **UsefulDefinitions** 中。

——

```
id-ce OBJECT IDENTIFIER ::= { joint-iso-ccitt ds(5) 29}-证书扩展项

    END
```

附 录 B
（规范性附录）
参数和参数继承

B.1 公钥参数

DSA 和 ECDSA 数字签名算法要求宜使用参数产生和确认数字签名。RSA 不要求参数。ASN.1 类型 **Algorithmidentifier** 可包含一个 **parameters**（参数）字段，能出现在证书的 3 个字段里：

a） **signature** 字段，包含在证书的签名信封中，其标识签名证书的算法并可选地包含参数；

b） **subjectPublicKeyInfo** 字段，包含在证书的签名信封中，其指明证书主体的公钥并包含一 **algorithm** 字段，该字段包含应用于主体的公钥的所有参数；

c） **SIGNED** 参数化类型，其包含一 **algorithm** 字段以及加密的报文摘要。**Algorithmidentifier** 字段不包含在证书的签名信封里。

B.2 公钥参数处理要求

在任何证书或认证路径能被确认之前，实施确认的系统应通过鉴别的方式获取数字签名算法所要求的公钥和所有的相关参数。因此，该密钥和相关的参数视为可信。用于确认认证路径中的起始证书的参数（以及公钥）应成为初始的可信参数。如果这些参数包含在先前的有效证书的 **subjectPublicKeyInfo** 字段中，那么，沿着认证路径每个随后的证书确认中，已用的参数应取自先前的有效 CA 证书（包含与用作确认的证书签名的私钥相对应的公钥）的 **subjectPublicKeyInfo** 字段中。

然而，对要求参数的算法，认证路径里的证书的 **parameters** 字段和 **subjectPublicKeyInfo** 字段可为空。在这种情况下：

a） 认证路径里先前证书的 **subjectPublicKeyInfo** 字段中的 **algorithm** 字段（或者，路径中起始证书的初始的可信公钥）应和正被确认的证书 **subjectPublicKeyInfo** 字段的 **algorithm** 字段一致，否则不能通过确认；

b） 用于确认路径里先前证书的参数（或者，在路径中起始证书的情况下，初始的可信参数）应用于确认路径中当前的证书。

签名证书的 CA，包含用于需要参数的算法的主体公钥，应确保下面的任意情况：

d） 已认证的 **subjectPublicKeyInfo** 字段中表述了已认证公钥的有效参数；

e） 如果已认证的 **subjectPublicKeyInfo** 字段中不包含相应参数，那么，已认证的 **subjectPublicKeyInfo** 字段中表述的算法就是用于证书签名的算法，并且用于证书签名的参数对已认证的公钥是有效的。

附 录 C
（规范性附录）
金融机构第 3 版证书扩展项框架

C.1 介绍

下面条款里描述的框架为金融团体提供了第 3 版 X.509 证书和第 2 版证书撤销列表(CRL)的推荐性实施措施。因为 GB/T 16264.8 标准固有的通用性，推荐使用本框架以提高互操作性和通讯安全。本框架提供了 GB/T 16264.8 证书和 CRL 的每个扩展项和字段的推荐性的实施措施。

C.2 证书框架表

C.2.1 概述

本节列出了为在证书上增加扩展项，CA 应产生的协议元，以及，如果要使扩展项正确处理，信任方应理解的协议元。列表以五个主要标题列的表格形式出现。见表 C.1～表 C.10。

项目和表列用于交叉引用。项目列中的数字项为行数，表列上的数字指示表号(后面跟着“1”)和项目编号，这两列共同使用指向子元素。

协议元列引用了来自 X.509 建议书中的 ASN.1 字段的名称。

处理列表明要素的处理是强制的还是可选的，判断标准依据 GB/T 27928 本部分。

产生列指定每个要素的所需的支持等级。支持等级包含支持分类，该分类是根据处理证书信任方要求的。产生列分为两种证书类型：签名和密匙管理。签名列又分为 CA 和最终实体证书(与 KM 证书的要求没有区别)。在每种证书形式中公布的信息均确定到每一个相关列中。备注列指出该项所涉及的表格底部的附加信息。

C.2.2 支持分类

在 C2.3 及 C2.4 中列出的每个协议元均指定成拥有强制或可选的支持要求。在协议元嵌套(即要素中包含子要素)的地方，仅当要求支持直接包含的父要素时，才要求支持相应的嵌套要素(即如果顶级要素指派成可选的(o)，其子要素仍可因此指派成强制的(m)，如果执行顶级要素，指派成强制的子要素也应执行)。

C.2.3 静态性能

以下分类用于详细说明静态性能。

f) 强制支持(m)

CA 应能生成协议元。信任方应能接收协议元，并能适当地运行所有相关程序(即能处理要素的语法及语意)。构成协议元的信息是基于 GB/T 27928 本部分的实施细节。

g) 可选择性(o)

CA 不要求支持生成协议元。如果要求支持(即如果执行该选择性要素)，则该要素应指定为强制支持，可能存在的子要素，也应指定为支持(即可选的要素可拥有指示成强制的子要素；这表明如果执行可选要素，则子元素也应指定为执行)。声明处理证书的执行机制可忽略协议元并继续处理证书，除非其标志成“关键的”。见建议书 X.509 处理关键扩展项的规则。

h) 无应用(-)

要素不应用在其分类被使用的特定内容中。

C.2.4 动态行为

下面的分类用于指定动态一致性(即行为)。

i) 禁止(x)

CA 应确保要素从未生成。当遇到禁止的要素时,处理证书的过程应产生及返回适当的错误。

j) 关键性(k)

某要素,如果存在于证书中且无法被信任方所认知,应导致系统认为该证书无效。某要素,如果出现在 CRL 条目中且无法被信任方认知,应指示用户:CRL 可不如用户希望的那样完整。

k) 要求(r)

证书一旦生成,就应生成本协议元的信息。

表 C.1 基本证书

<table>
<tr><th rowspan="3">项目</th><th rowspan="3">协议元</th><th rowspan="3">处理</th><th colspan="3">产生</th><th rowspan="3">备注</th><th rowspan="3">表</th></tr>
<tr><th colspan="2">签名</th><th rowspan="2">KM</th></tr>
<tr><th>CA</th><th>最终实体</th></tr>
<tr><td>1</td><td>Certificate</td><td>m</td><td>mr</td><td>mr</td><td>mr</td><td></td><td></td></tr>
<tr><td>2</td><td>Version</td><td>m</td><td>mr</td><td>mr</td><td>mr</td><td></td><td></td></tr>
<tr><td>3</td><td>SerialNumber</td><td>m</td><td>mr</td><td>mr</td><td>mr</td><td></td><td></td></tr>
<tr><td>4</td><td>Signature</td><td>m</td><td>mr</td><td>mr</td><td>mr</td><td></td><td>C2/1</td></tr>
<tr><td>5</td><td>Issuer</td><td>m</td><td>mr</td><td>mr</td><td>mr</td><td></td><td></td></tr>
<tr><td>6</td><td>Validity</td><td>m</td><td>mr</td><td>mr</td><td>mr</td><td></td><td></td></tr>
<tr><td>7</td><td>notBefore</td><td>m</td><td>mr</td><td>mr</td><td>mr</td><td></td><td></td></tr>
<tr><td>8</td><td>notAfter</td><td>m</td><td>mr</td><td>mr</td><td>mr</td><td></td><td></td></tr>
<tr><td>9</td><td>Subject</td><td>m</td><td>mr</td><td>mr</td><td>mr</td><td></td><td></td></tr>
<tr><td>10</td><td>SubjectPubHcKeyInfo</td><td>m</td><td>mr</td><td>mr</td><td>mr</td><td></td><td></td></tr>
<tr><td>11</td><td>algorithm</td><td>m</td><td>mr</td><td>mr</td><td>mr</td><td></td><td>C2/1</td></tr>
<tr><td>12</td><td>subjectPublicKey</td><td>m</td><td>mr</td><td>mr</td><td>mr</td><td></td><td></td></tr>
<tr><td>13</td><td>IssuerUniqueIdentifier</td><td>x</td><td>x</td><td>x</td><td>x</td><td></td><td></td></tr>
<tr><td>14</td><td>SubjectUniqueIdentifier</td><td>x</td><td>x</td><td>x</td><td>x</td><td></td><td></td></tr>
<tr><td>15</td><td>Extension</td><td>m</td><td>mr</td><td>mr</td><td>mr</td><td></td><td>C3/1</td></tr>
</table>

表 C.2 算法标识符

<table>
<tr><th rowspan="3">项目</th><th rowspan="3">协议元</th><th rowspan="3">处理</th><th colspan="3">产生</th><th rowspan="3">备注</th><th rowspan="3">表</th></tr>
<tr><th colspan="2">签名</th><th rowspan="2">KM</th></tr>
<tr><th>CA</th><th>最终实体</th></tr>
<tr><td>1</td><td>Algorithm Identifier</td><td></td><td></td><td></td><td></td><td></td><td></td></tr>
<tr><td>2</td><td>algorithm</td><td>m</td><td>mr</td><td>mr</td><td>mr</td><td></td><td></td></tr>
<tr><td>3</td><td>parameters</td><td>m</td><td>o</td><td>o</td><td>o</td><td>1</td><td></td></tr>
<tr><td colspan="8">注:见附录 E 关于公钥的编码及相关参数。</td></tr>
</table>

表 C.3 扩展项

项目	协议元	处理	产生			备注	表
			签名		KM		
			CA	最终实体			
1	Extensions	m	mr	mr	mr		
2	Extension	m	mr	mr	mr		
3	extnID	m	mr	mr	mr		
4	critical	m	mr	mr	mr		
5	extnValue	m	mr	mr	mr		

表 C.4 标准扩展项

项目	协议元	处理	产生			备注	表
			签名		KM		
			CA	最终实体			
1	AuthorityKeyIdentifier	o	m	m		1	C5/1
2	SubjectKeyIdentifier	o	m	m	m	1	C5/15
3	KeyUsage	m	kmr	kmr	kmr		C5/16
4	ExtendedKeyUsage	o	o	o	o		C5/26
5	PrivateKeyUsagePeriod	o	o	o	—		C5/27
6	Certificate Policies	m	(k)mr	(k)mr	(k)mr		C5/30
7	PolicyMappings	m	m	—	—		C5/36
8	SubjectAltName	m	(k)m	(k)m	(k)m		C5/39
9	IssuerAltName	m	(k)m	(k)m	(k)m		C5/39
10	SubjectDirectoryAttributes	o	o	o	o		—
11	BasicConstraints	m	kmr	kmr	o		C5/51
12	NameConstraints	m	km	—	—	2	C5/54
13	PoiicyConstraints	m	km	—	—		C5/71
14	CRLDistributionPoints	o	o	o	o		C5/74

注 1：尽管不是强制的，仍推荐本扩展项用于证书处理。

注 2：鼓励增加本扩展项到尽可能完整的范围。

表 C.5 标准扩展项语法

项目	协议元	处理	产生			备注	表
			签名		KM		
			CA	最终实体			
1	AuthorityKeyIdentifier						
2	KeyIdentifier	m	m	m	m	7	
3	AuthorityCertIssuer	o	o	o	o		
4	GeneralName						
5	otherName	o	o	o	o		
6	rfc822Name	o	o	o	o		
7	dNSName	o	o	o	o		
8	x400Address	o	o	o	o		
9	directoryName	o	o	o	o		
10	ediPartyName	o	o	o	o		
11	uniformResourceIdentifier	o	o	o	o		
12	IPAddress	o	o	o	o		
13	registeredID	o	o	o	o		
14	AuthorityCertSerialNumber	o	o	o	o		
15	SubjectKeyIdentifier	m	m	m	m		
16	KeyUsage						
17	digitalSignature	m	m	m	—		
18	nonRepudiation	o	o	o	o		
19	keyEncipherment	m	—	—	m		
20	dataEncipherment	m	—	—	m		
21	keyAgreement	m	—	—	m		
22	keyCertSign	m	m	—	—		
23	cRLSign	m	m	—	—		
24	encipherOnly	o	—	—	o		
25	decipherOnly	o	—	—	o		
26	KeyPurposeld	m	m	m	m		
27	PrivateKeyUsagePeriod						
28	NotBefore	m	m	m	m	5	
29	NotAfter	m	m	m	m	5	
30	Policy Information						
31	PolicyIdentifier	m	mr	mr	mr	1	
32	PolicyQualifiers	o	o	o	o		

表 C.5（续）

项目	协议元	处理	产生			备注	表
			签名		KM		
			CA	最终实体			
33	PolicyQualifierInfo						
34	PolicyQualifierId	m	m	m	m	6	
35	Qualifier	o	o	o	o		
36	PolicyMappingsSyntax						
37	IssuerDomainPolicy	m	mr	—	—		
38	SubjectDomainPolicy	m	mr	—	—		
39	GeneralName						
40	otherName	o	o	o	o		
41	rfc822Name	o	o	o	o		
42	dNSName	o	o	o	o		
43	x400Address	o	o	o	o		
44	directoryName	o	o	o	o		
45	ediPartyName	o	m	m	m		
46	nameAssigner	o	m	m	m		
47	partyName	o	m	m	m	4	
48	uniformResourceIdentifier	m	m	m	m		
49	iPAddress	o	o	o	o		
50	registeredID	m	m	m	m		
51	BasicConstraintsSyntax						
52	cA	m	mr	o	—	d(false)	
53	pathLenConstraint	m	m	—	—		
54	NameConstraintsSyntax						
55	PermittedSubtrees	m	mr	—	—	—	
56	GeneralSubtree						
57	Base	m	mr	—	—	3	
58	GeneralName						
59	otherName	o	o	—	—		
60	rfc822Name	m	m	—	—		
61	dNSName	o	o	—	—		
62	x400Address	o	o	—	—		
63	directoryName	m	m	—	—		
64	ediPartyName	o	o	—	—		

表 C.5（续）

项目	协议元	处理	产生			备注	表
			签名		KM		
			CA	最终实体			
65	uniformResourceIdentJfier	m	m	—	—		
66	iPAddress	o	o	—	—		
67	registeredID	o	o	—	—		
68	Minimum	o	o	—	—	d(0),2	
69	Maximum	o	o	—	—		
70	ExdudedSubtrees	m	m	—	—		C5/55
71	PolicyConstraintsSyntax						
72	RequireExplicitPolicy	m	m	—	m		
73	InhibitPolicyMapping	m	m	—	m		
74	CRLDistPointsSyntax						
75	DistributionPoint	o	o	o	o		
76	DistributionPointName	o	o	o	o		
77	FullName	o	o	o	o		
78	GeneralName						
79	otherName	o	o	o	o		
80	rfc822Name	o	o	o	o		
81	dNSName	o	o	o	o		
82	x400Address	o	o	o	o		
83	directoryName	o	o	o	o		
84	ediPartyName	o	o	o	o		
85	uniformResourceIdentifier	o	o	o	o		
86	iPAd dress	o	o	o	o		
87	nameRelativeToCRLIssuer	o	o	o	o		
88	Reasons						
89	ReasonFlags						
90	unused	o	o	o	o		
91	keyCompromise	m	m	m	m		
92	caCompromise	m	m	m	m		
93	affiliationChanged	m	m	m	m		
94	superseded	m	m	m	m		
95	cessationOfOperation	m	m	m	m		
96	certificateHold	m	m	m	m		

表 C.5（续）

项目	协议元	处理	产生			备注	表
			签名		KM		
			CA	最终实体			
97	CRLIssuer	m	mr	mr	mr		
98	GeneralName						
99	otherName	o	o	o	o		
100	rfc822Name	o	o	o	o		
101	dNSName	o	o	o	o		
102	x400Address	o	o	o	o		
103	directoryName	m	m	m	m		
104	ediPartyName	o	o	o	o		
105	uniformResourceIdentifier	o	o	o	o		
106	IPAddress	o	o	o	o		
107	registered ID	o	o	o	o		

如果 **requireExplicitPolicy** 字段出现在 **policyConstraints** 扩展项里，该字段应至少包含一个应用于证书的策略。
证书中包扩展项含时，*minimum* 属性应一直存在。
尽管 **nameConstraints** 扩展项不是总要求出现在证书中，但存在 **nameConstraints** 时，基本属性应一直存在。
证书中包含 **ediPartyname** 时，**partyName** 应一直存在。
本扩展项中应包括 **notBefore** 和 **notAfter** 要素中的一个或两个。
证书中包含 **PolicyQualifierld** 时，应存在 **PolicyQualifierld**。
存在 **AuthorityKeyIdentifier** 时，则 **keyIdentifier** 也应存在。

表 C.6 CRL

项目	协议元	处理	产生	备注	表
1	CertificateList				
2	version	m	mr		
3	Signature	m	mr		C2/2
4	Issuer	m	mr		
5	ThisUpdate	m	mr		
6	nextUpdate	m	mr		
7	RevokedCertificates	m	mr		
8	userCertificate	m	mr		
9	revocationDate	m	mr		
10	crlEntryExtensions	m	mr		C9
11	CrlExtensions	m	mr		C8

表 C.7 CRL 扩展项

项目	协议元	处理	产生	备注	表
1	AuthorityKeyIdentifier	o	m		C5/1
2	IssuerAltName	o	m		C5/39
3	CRLNumber	o	mr		C8/1
4	IssuingDistributionPoint	o	o		C8/2
5	DeltaCRUndicator	o	o		C8/8

表 C.8 CRL 扩展项语法

项目	协议元	处理	产生	备注	表
1	CRLNumber	m	mr		
2	IssuingDistPointSyntax	m	m		
3	DistributionPoint	o	o		C5/75
4	OnlyContainsUserCerts	m	m	d(false)	
5	OnlyContainsCACerts	m	m	d(false)	
6	OnlySomeReasons	o	o		C5/89
7	IndirectCRL	m	mr	d(false)	
8	BaseCRLNumber	m	m	1	
该要素的值应与基本证书的 CRLNumber 值一样。					

表 C.9 CRL 条目扩展项

项目	协议元	处理	产生	备注	表
1	ReasonCode	o	m		C10/1
2	HoldInstructionCode	o	o		
3	InvalidityDate	o	m		
4	CertificateIssuer	m	km		

表 C.10 CRL 条目扩展项语法

项目	协议元	处理	产生	备注	表
1	CRLReason				
2	unspecified	m	m		
3	keyCompromise	m	m		

表 C.10（续）

项目	协议元	处理	产生	备注	表
4	cACompromise	m	m		
5	affiliationChanged	m	m		
6	superseded	m	m		
7	cessationOfOperation	m	m		
8	certificateHold	m	m		
9	removeFromCRL	o	o		

附　录　D
（规范性附录）
对象标识符和属性

D.1　概述

本附录列出了 GB/T 27928 本部分使用的所有对象标识符。对象标识符用于识别一些信息对象，如算法，并给出适当的规范。这些规范使用 X.500 的类定义和语法，且使用以下定义。

```
ID ∷ = OBJECT IDENTIFIER
secsig ID ∷ = {iso(1) identified-organization(3) oiw(14) secsig(3)}
x9cm ID ∷ = ={ iso (1) member-body (2) us(840) x9-30-3( 10040)}
module ID ∷ = {x9cm 1}
heldinstruction ID ∷ = {x9cm 2}
attribute ID ∷ = {x9cm 3}
```

D.2　算法

GB/T 27928 本部分要求的对象标识符(OIDs)由 TC68 定义，并应取自 TC68 网站发表的 OID。

D.3　模块

本条款列出了适合于附录 A 中 ASN.1 模块的对象标识符。

```
id-x9f1-cert-mgmt ∷ = {module 1 }
```

D.4　证书挂起指令

```
id-holdinstruction-none ID ∷ = {holdinstruction 1}
id-holdinstruction-callIssuer ID ∷ = {holdinstruction 2}
id-holdinstruction-reject ID ∷ = {holdinstruction 3}
id-holdinstruction-pickupToken ID ∷ = {holdinstruction 4}
```

附 录 E
（规范性附录）
公钥及相关参数的编码

E.1 DSA 公钥

DSA 公钥应编码成 INTEGER。编码应当作 SubjectPublicKeyInfo 数据元素的 subjectPublicKey 组件(BIT STRING)的八进制内容。

```
DSAPublicKey ∷= INTEGER——公钥 y
DSAParameters ∷= SEQUENCE {
    prime1 INTEGER,——模块 p
    prime2 INTEGER,——模块 q
base INTEGER }  ——基数 g
DSAMatchParameters ∷= ModulusLength
ModulusLength ∷= INTEGER——位模块的长度
```

对于 DSA,签名 BIT STRING 的八进制内容(contents octets)解释成以下 DER 编码类型：

```
SEQUENCE {
    rINTEGER,
    s INTEGER}
```

即,顺列的编码封装在 BIT STRING 中。

dsa-with-sha1 和 **sha1** 两个都有 NULL 参数。因此,执行应总在 sha1 算法标识符和 dsa-with-sha1 算法标识符里插入 NULL 参数。

注 1：在过去,某些执行机制已省略了参数。

注 2：依照上面的定义,DSA 适用于哈希函数的 DER 编码,其有一个 22 字节的长度(标签、长度和内容)。由于处理 DSA 签名的输入仅 160 位,DER 编码的标签和长度字节不再包含在签名计算中;仅编码(哈希函数)的实际内容被签名。

SIGNED 类型不包括签名计算中的签名算法标识符。为防止修改报文中哈希函数或签名算法标识符的攻击,使用 **SIGNED** 类型的应用软件宜在正签名的实际数据中包含算法标识符。

E.2 ECDSA 公钥

E.2.1 概述

基于抽象语法符号 1(**ASN.1**),本条款提供了椭圆曲线参数和密钥的语法。尽管不要求用 **ASN.1** 语法描述椭圆曲线参数和密钥,但如果这样描述它们,则它们的语法应如下定义。这些 **ASN.1** 定义应使用惟一编码规则(DER)编码。

如 GB/T 27928 本部分所定义,对象标识符 **ansi-X9.62** 描述了包含所有对象标识符的树的根,并拥有以下值：

```
ansi-X9-62 OBJECT IDENTIFIER ∷= {iso(1) member-body(2) us(840) 10045 }
```

E.2.2 有限字段标识语法

如本部分所定义,以下为有限字段提供抽象语法定义。

有限字段应标识为类型 **FieldID** 的值：

```
FieldID { FIELD-ID.-IOSet }∷ = SEQUENCE {
    fieldType FIELD-ID.&id({IOSet}),
    parameters  FIELD-ID.&Type({IOSet}{@fieldType})
}
FieldTypes FIELD-ID ∷ = {
    {Prime-p     IDENTIFIED BY prime-field              }|
    {Characteristic-two  IDENTIFIED BY characteristic-two-field }
    ...
    }
FIELD-ID ∷ = TYPE-IDENTIFIER——GB/T 16262.2—2006,附录 A
```

注：**FieldID** 是一个参数化类型，它由两部分组成：**fieldType** 和参数。这些组件由字段 &id 和 &Type 说明，其为定义信息对象集形成一个模板，例如类 **FIELD-ID**。该类基于有用的信息对象类 **TYPE-IDENTIFIER**，具体见 GB/T 16262.2—2006 附录 A。在一个 **FieldID** 的实例中，"**fieldType**"将包含一个对象标识符值，其惟一地标识了包含在"**parameters**"中的类型。在 **ofthefieldID** 序列的两个组件中引用"**fieldType**"的作用是紧紧绑定对象标识及其类型。

信息对象集 **FieldTypes** 用作测定 **FieldID** 类型所参考的惟一参数。**FieldTypes** 包含扩展项记号("…")跟随的两个对象。每个对象描述一个有限字段，其包含惟一的对象标识符和及其相关类型。这些对象的值规定了可出现在 **FieldID** 实例中的所有有效值。扩展项记号允许 GB/T 27928 本部分未来的版本向后兼容，未来的版本可定义不同对象以描述另外有限字段种类。

对象标识符 **id-fieldType** 描述了包含每个字段类型的对象标识符的树的根。其拥用下面的值：

id-fieldType OBJECT IDENTIFIER ∷ = { ansi-X9-62 fieldType(1) }

对象标识符 **prime-field** 和 **characteristic-two-field** 指名了本部分中所定义的两种字段。它们拥用下面的值：

```
prime-field OBJECT IDENTIFIER ∷ = {id-fieldType 1 }
characteristic-two-field OBJECT IDENTIFIER ∷ = {id-fieldType 2 }
Prime-p ∷ = INTEGER-有限字段 F(p),p 是一个奇素数
Characteristic-two ∷ = SEQUENCE {
    m         INTEGER,——字段大小 2^m
    basis   CHARACTERISTIC-TWO.&id({BasisTypes}),
    parameters CHARACTERISTIC-TWO.&Type({BasisTypes}{@basis})
}
    BasisTypes CHARACTERISTIC-TWO∷ = {
    { NULL       IDENTIFIED BY gnBasis} |
    {Trinomial   IDENTIFIED BY tpBasis } |
    { Pentanomial IDENTIFIED BY ppBasis},
    ...
}
    ——
    ——F2^m 的三项式基本描述法
    ——整数 k 用于描述多项式 xm + xk + 1
    ——
Trinomial ∷ = INTEGER
```

```
Pentanomial ::= SEQUENCE {
    ——F2^m 的五项式基本描述法
    - 描述多项式整数 k1,k2,k3
    - f(x) = x**m + x**k3 + x**k2 + x**k1 +1
    k1 INTEGER,
    k2 INTEGER,
    k3 INTEGER
}
CHARACTERISTIC-TWO ::= TYPE-IDENTIFIER
```

对象标识符 **id-characteristic-two-basis** 描述了一个树的根，该树包含了第 2 类型的有限字段的主要要素的对象标识符。其拥用以下值：

```
id-characteristic-two-basis OBJECT IDENTIFIER ::= {
characteristic-two-field basisType(3)}
```

对象标识符 **gnBasis**，**tpBasis** 和 **ppBasis** 指定了本部分所定义的第 2 类型的有限字段的三种主要要素。其拥用以下值：

```
gnBasis OBJECT IDENTIFIER ::= {id-characteristic-two-basis 1 }
tpBasis OBJECT IDENTIFIER ::= {id-characteristic-two-basis 2 }
ppBasis OBJECT IDENTIFIER ::= {id-characteristic-two-basis 3 }
```

注 1：对于有限字段 F_p，这里 p 是一个奇素数，参数 p 由类型 **Prime-p** 的值指定。

注 2：对于有限字段 F_2m，**Characteristic-two** 的组件是：

l) m：字段的次数；

m) basis：描述的类型使用的(ONB，TPB，or PPB)。

注 3：对于 F_2m 的一个三项式基本描述，Trinomial 指定了整数 k，这里 x^m+x^k+1 是一个降级多项式。

注 4：对于 F_2m 的一个五项式基本描述，Pentanomial 的组件 k1，k2，和 k3 分别地指定 $k1$，$k2$，和 $k3$，这里 $xm+x^{k3}+x^{k2}+x^{k1}+1$ 是一个降级多项式。

E.2.3 有限字段元素和椭圆曲线点的语法

有限字段元素应表示为类型 **FieldElement** 的值：

```
FieldElement ::= OCTET STRING——有限字段元素——
```

FieldElement 的值应用一个字段要素的八位串描述。

椭圆曲线点应由类型 **ECPoint** 的值描述：

```
ECPoint ::= OCTET STRING   ——椭圆曲线点——
```

ECPoint 的值应表示为符合 ANS X9.62 中换算程序的椭圆曲线点的八位串。

E.2.4 椭圆曲线参数语法

本条款提供了椭圆曲线参数描述的语法。

椭圆曲线参数应表示为类型 **ECParameters** 的值：

```
Parameters ::= CHOICE {
    ecParameters    ECParameters,
    namedCurve CURVES.&id({CurveNames}),
    implidtlyCA NULL
}
CurveNames CURVES ::= {
```

```
    {IDc2pnb163v1}|      ——j.4.1,例 1
    {IDc2pnb163v2}|      ——j.4.1,例 2
    {IDc2pnb163v3}|      ——j.4.1,例 3
    {IDc2pnb176w1}|      ——j.4.2,例 1
    {IDc2tnb191v1 }|     ——j.4.3,例 1
    {IDc2tnb191v2}|      ——j.4.3,例 2
    {IDc2tnb191v3}|      ——j.4.3,例 3
    {IDc2onb191v4}|      ——j.4.3,例 4
    {IDc2onb191v5}|      ——j.4.3,例 5
    {ID c2pnb208w1}|     ——j.4.4,例 1
    {ID c2tnb239v1 }|    ——j.4.5,例 1
    {ID c2tnb239v2}|     ——j.4.5,例 2
    {ID c2tnb239v3 }|    ——j.4.5,例 3
    {ID c2onb239v4}|     ——j.4.5,例 4
    {ID c2onb239v5}|     ——j.4.5,例 5
    {ID c2pnb272w1}|     ——j.4.6,例 1
    {ID c2pnb304w1 }|    ——j.4.7,例 1
    {ID c2tnb359v1 }|    ——j.4.8,例 1
    {ID c2pnb368w1 }|    ——j.4.9,例 1
    {IDc2tnb431r1 }|     ——j.4.10,例 1
    {IDprime192v1 }|     ——j.5.1,例 1
    {IDprime192v2}|      ——j.5.1,例 2
    {ID prime 192v3}|    ——j.5.1,例 3
    {ID prime239v1}|     ——j.5.2,例 1
    {ID prime239v2}|     ——j.5.2,例 2
    {ID prime239v3}|     ——j.5.2,例 3
    {ID prime256v1 },|   ——j.5.3,例 1
    ...——其他——
}
CURVES ::= CLASS {
    &id OBJECT IDENTIFIER UNIQUE
}
WITH SYNTAX {ID &id}
ellipticCurve OBJECT IDENTIFIER ::= {ansi-X9-62 curves(3)}
c-TwoCurve OBJECT IDENTIFIER ::= { ellipticCurve characteristicTwo(0)}
primeCurve OBJECT IDENTIFIER ::= { ellipticCurve prime(1)}
c2pnb163v1 OBJECT IDENTIFIER ::= {c-TwoCurve 1}
c2pnb163v2 OBJECT IDENTIFIER ::= { c-TwoCurve 2}
c2pnb163v3 OBJECT IDENTIFIER ::= {c-TwoCurve 3}
c2pnb176w1 OBJECT IDENTIFIER ::= {c-TwoCurve 4}
c2tnb191v1 OBJECT IDENTIFIER ::= {c-TwoCurve 5}
c2tnb191v2 OBJECT IDENTIFIER ::= {c-TwoCurve 6}
c2tnb191v3 OBJECT IDENTIFIER ::= {c-TwoCurve 7}
```

```
c2onb191v4 OBJECT IDENTIFIER ::= { c-TwoCurve 8}
c2onb191v5 OBJECT IDENTIFIER ::= {c-TwoCurve 9}
c2pnb208w1 OBJECT IDENTIFIER ::= {c-TwoCurve 10}
c2tnb239v1 OBJECT IDENTIFIER ::= {c-TwoCurve 11}
c2tnb239v2 OBJECT IDENTIFIER ::= { c-TwoCurve 12}
c2tnb239v3 OBJECT IDENTIFIER ::= {c-TwoCurve 13}
c2onb239v4 OBJECT IDENTIFIER ::= {c-TwoCurve 14}
c2onb239v5 OBJECT IDENTIFIER ::= {c-TwoCurve 15}
c2pnb272w1 OBJECT IDENTIFIER ::= {c-TwoCurve 16}
c2pnb304w1 OBJECT IDENTIFIER ::= { c-TwoCurve 17}
c2tnb359v1 OBJECT IDENTIFIER ::= {c-TwoCurve 18}
c2pnb368w1 OBJECT IDENTIFIER ::= { c-TwoCurve 19}
c2tnb431r1 OBJECT IDENTIFIER ::= {c-TwoCurve 20}
prime192v1 OBJECT IDENTIFIER ::= {primeCurve 1}
prime192v2 OBJECT IDENTIFIER ::= {primeCurve 2}
prime192v3 OBJECT IDENTIFIER ::= {primeCurve 3}
prime239v1 OBJECT IDENTIFIER ::= {primeCurve 4}
prime239v2 OBJECT IDENTIFIER ::= {primeCurve 5}
prime239v3 OBJECT IDENTIFIER ::= {primeCurve 6}
prime256v1 OBJECT IDENTIFIER ::= {primeCurve 7}
```

类型 **ECParameters** 的组件具有下列意义：

n) **version** 说明椭圆曲线参数的版本号。对于 GB/T 27928 本部分的本版本它应有值 1。以上符号创建了名为 **ecpVer1** 的 **INTEGER** 并附值 1。通常，其限定 **version** 为一单一值；

o) **fieldID** 标识了定义椭圆曲线的有限字段。有限字段描述为参数化类型 **FieldID** 的值，限定为信息对象集 **FieldTypes** 中对象的值；

p) **curve** 说明了椭圆曲线 E 的系数 a 和 b。每个系数应描述为类型 **FieldElement** 的值，一个 **OCTET STRING**。**seed** 为一个可选参数，通常来源于随机产生的椭圆曲线；

q) **base** 说明在椭圆曲线上的基础点 P 。基础点应描述为类型 **ECPoint** 的值，一个 **OCTET STRING**；

r) **ord{er** 说明基础点的次序 n；

s) **cofactor** 为整数 h，$h=\#E(Fp)/n$。

E.2.5 公钥的语法

本条款提供 GB/T 27928 本部分所定义的公钥的语法。

公钥可用 **ASN.1** 语法的各种方法描述。当公钥描述为 **X.509** 类型 **SubjectPublicKeyInfo** 时，则公钥应具有以下语法：

```
SubjectPublicKeyInfo ::= SEQUENCE {
    algorithm     Algorithm Identifier {{ECPKAlgorithms}},
    subjectPublicKey BIT STRING
}
Algorithmldentifier {ALGORITHM:IOSet} ::= SEQUENCE {
        algorithm ALGORITHM.&id({IOSet}),
        parameters ALGORITHM.&Type({IOSet}{@algorithm}) OPTIONAL
```

```
}
ECPKAlgorithms ALGORITHM ::= {
        ecPublicKeyAlgorithm,
}
ecPublicKeyAlgorithm ALGORITHM ::= { ECParameters IDENTIFIED BY id-ecPublicKey}
ALGORITHM ::= TYPE-IDENTIFIER
id-ecPublicKey OBJECT IDENTIFIER ::= { id-publicKeyType 1 }
id-publicKeyType OBJECT IDENTIFIER ::={ ansi-X9-62 keyType (2)}
```

注 1：对象标识符 **id-pubiicKeyType** 描述了包含每个公钥的对象标识符的树。它具有以下值：

```
id-public-key-type OBJECT IDENTIFIER ::= {ansi-X9-62 2}
```

注 2：椭圆曲线公钥(**ECPoint** 是 **OCTET STRING**)映射到一 **subjectPublicKey**(一 **BIT STRING**)，如下：**OCTET STRING** 的最高有效位变成 **BIT STRING** 的最高有效位，等等。**OCTET STRING** 的最低有效位变成 **BIT STRING** 的最低有效位。

E.2.6 数字签名语法

本条款提供了 GB/T 27928 的本部分所定义的数字签名的语法。

签名可用 **ASN.1** 符号的各种方法描述。X.509 证书和 CRL 类型包含一个 ASN.1 算法对象标识符来标识签名类型和格式。当 ECDSA 和 SHA-1 用于签名一个 X.509 证书或 CRL 时，签名应使用 ecdsa-with- SHA1 值来标识，如下所述：

id-ecSigType OBJECT IDENTIFIER ::={ ansi-X9-62 signatures(4)}
ecdsa-with-SHAI OBJECT IDENTIFIER ::= { id-ecSigType 1 }

当 **ecdsa-with-SHA1** OID 出现在 ASN.1 类型 **Algorithmldentifier** 的算法字段中，且参数字段为类型 **NULL** 的值时，用于签名确认的 **ECDSA** 参数应从其他来源获得，如签发方证书 **subjectPublicKeyInfo** 字段。

用 OID **ecdsa-with-SHA1** 标识数字签名时，数字签名应是使用下面语法进行的 ASN.1 编码：

```
ECDSA-Sig-Value ::= SEQUENCE {
    r  INTEGER,
    s  INTEGER
}
```

X.509 证书和 CRL 把数字签名描述成位串。在证书和 CRL 使用 ECDSA 和 SHA-1 签名处，ASN.1 类型 **ECDSA-Sig-Value** 的值的完整编码应是“位串”值。

E.3 RSA 公钥

RSA 公钥作为 DER 编码的模块和公共指数进行传输：

```
RSAPublicKey ::= SEQUENCE {
        n  INTEGER.
        e  INTEGER
}
```

RSA 数字签名(**INTEGER**)用 **BIT STRING** 传输，如下：**INTEGER** 的最高位变成的 **BIT STRING** 最高位，**INTEGER** 的最低位变成的 **BIT STRING** 最低位。

RSA 没有参数：

```
rsa-signature ALGORITHM ::= { NULL IDENTIFIED BY id-rsa-signature }
rsa-signature-with-shal ALGORITHM ::=
    { NULL IDENTIFIED BY id-rsa-signature-with sha1}
```

附 录 F
（规范性附录）
认证机构审计日志的内容和使用

F.1 CA 和 RA 审计日志的内容和保护

F.1.1 概述

审计日志条目应精确地确认其来源、日期和条目编号。只有授权的和审计日志所要求的才能写入审计日志。

大多数载入日志的对象是电子形式的。但某些和安全有关的重要事件应手工记载。

6.4.2 条款最后一节应充分注意。

F.1.2 所有日志条目包含的元素

所有日志条目应包含以下元素：

a) 条目的日期和时间；
b) 条目的序号；
c) 条目的类型；
d) 来源(终端、端口、位置、用户等等)；
e) 制作日志条目的实体身份；
f) 如果合适，手工日志条目还应包括：授权操作的实体身份和处理密钥要素的实体(如密钥片段或储存在便携装置或介质中的密钥)；
g) 密钥和挂起密钥的装置或媒介的的保管。

F.1.3 RA 或 CA 记入日志的证书应用信息

以下信息应包含在审计日志中：

a) 申请者提出的鉴别文件的类型；
b) 如果合适，记录鉴别文件的惟一性识别数据，数字，或以上的组合(如：申请者的驾驶证的许可编号)；
c) 储存申请和鉴别文件副本的位置；
d) 接受申请的实体的身份；
e) 如果存在，确认鉴别文件的方法；
f) 如果可以，包括接收 CA 或提交 RA 的名称。

F.1.4 记入日志的事件

记入日志的事件应包括以下关于密钥要素的信息：

a) 产生；
b) 手工密钥的安装及其结果(附带操作者的身份)；
c) 备份；
d) 储存；
e) 恢复；

f） 回收密钥要素；

g） 清除；

h） 证书产生；

i） 收到证书请求；

j） 证书的撤销和挂起请求；

k） 收到、产生和发送证书撤销列表；

l） CA 公钥的分发；

m） 认证的公钥的提交。

F.1.5 记入日志的行为

记入日志的行为应包括：

a） 私钥损害；

b） 证书过期。

F.1.6 记入日志的安全敏感事件

审计日志记录应包括分析模式的信息。记入日志的安全敏感事件和相关信息包括：

a） 安全敏感文件或记录的读写；

b） 删除安全敏感数据；

c） 安全特性改变；

d） 身份识别和鉴别机制的使用，包括成功和不成功的（包括多重的失败的注册）；

e） 安全的敏感的非金融交易（如：账户或名称/地址改变等）；

f） 系统崩溃、硬件错误和其他异常情况；

g） 计算机操作者和系统管理员和/或系统安全官采取的行动；

h） 实体从属关系的改变；

i） 审计日志的访问；

j） 旁路加密/鉴别过程或程序的决定；

k） 对设备或其任何组件的访问。

F.1.7 记入日记的信息和数据

审计日志应包括如下数据：

a） CA（包括证书撤销列表）输入或输出的所有的信息/数据（以电子形式）；

b） 所有产生的证书；

c） 所使用的密钥的标识及其哈希值（在合适的地方）[5]；

d） 证书撤销请求；

e） 接受密钥片段的人的身份。

F.2 审计日志备份

CA 和 RA 审计日志数据应适当地定期进行非现场备份。

---

[5] 作为识别密钥和确认其正确性的一种方式，使用核准哈希算法导出的校验值宜写入日志。

F.3 审计日志使用

应有手动的或自动程序以便审计日志的使用、检查和维护。审计程序宜指明何时把侵害汇报给管理层。

需要分析及采取可能动作的实例包括：

a） 系统资源异常饱和；

b） 突发的、意外的容量增加；

c） 异常的访问次数或来自异常地方的访问。

附 录 G
（资料性附录）
可选的信任模型

G.1 介绍

信任模型定义了CA之间传输信任的方式。为确认一个证书，信任方应搜寻一条从被确认的证书到实体所信任的CA证书的可信路径。CA或实体可不持有（或信任）签名其他实体证书的CA公钥。

有多种信任模型定义了通过CA分级体系构建认证路径的机制。这些信任模型具备一个共同特性，即信任方为获得和确认实体的证书，应仅需要信任一个CA公钥。可信任密钥通常是根CA（一个分级信任模型）或签发实体证书的CA（一个非分级信任模型）的证书密钥。

信任模型由CA给其他CA签发证书的方式来标识。CA能以系统有序的方式或更灵活地、较随意的方式相互签发证书。系统的、有序的认证路径技术通常用于分级体系，如图G.1所示。更通常的拓扑结构是交叉认证CA的网络，如图G.2所示。混合拓扑结构如图G.3所示。表G.1简要描述了所有这三种模式的优缺点。

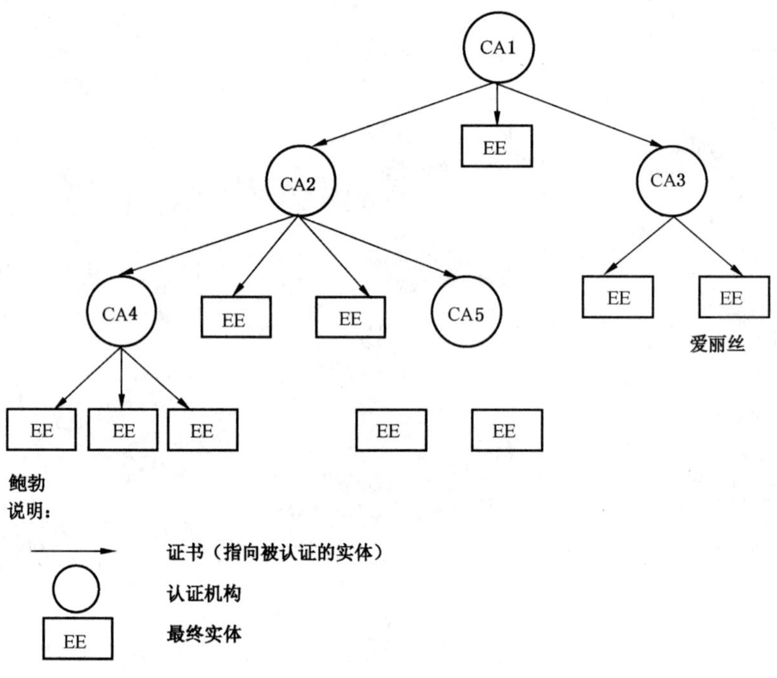

图 G.1 分级信任模型

EE
11
9
10
12
8
6
7
鲍勃
PKI
根CA
1
2
3
A
4
5
爱丽丝
说明：
证书(指向被认证的实体)
所要求的分级交叉证书
通常交叉证书
特定交叉证书
认证机构
最终实体

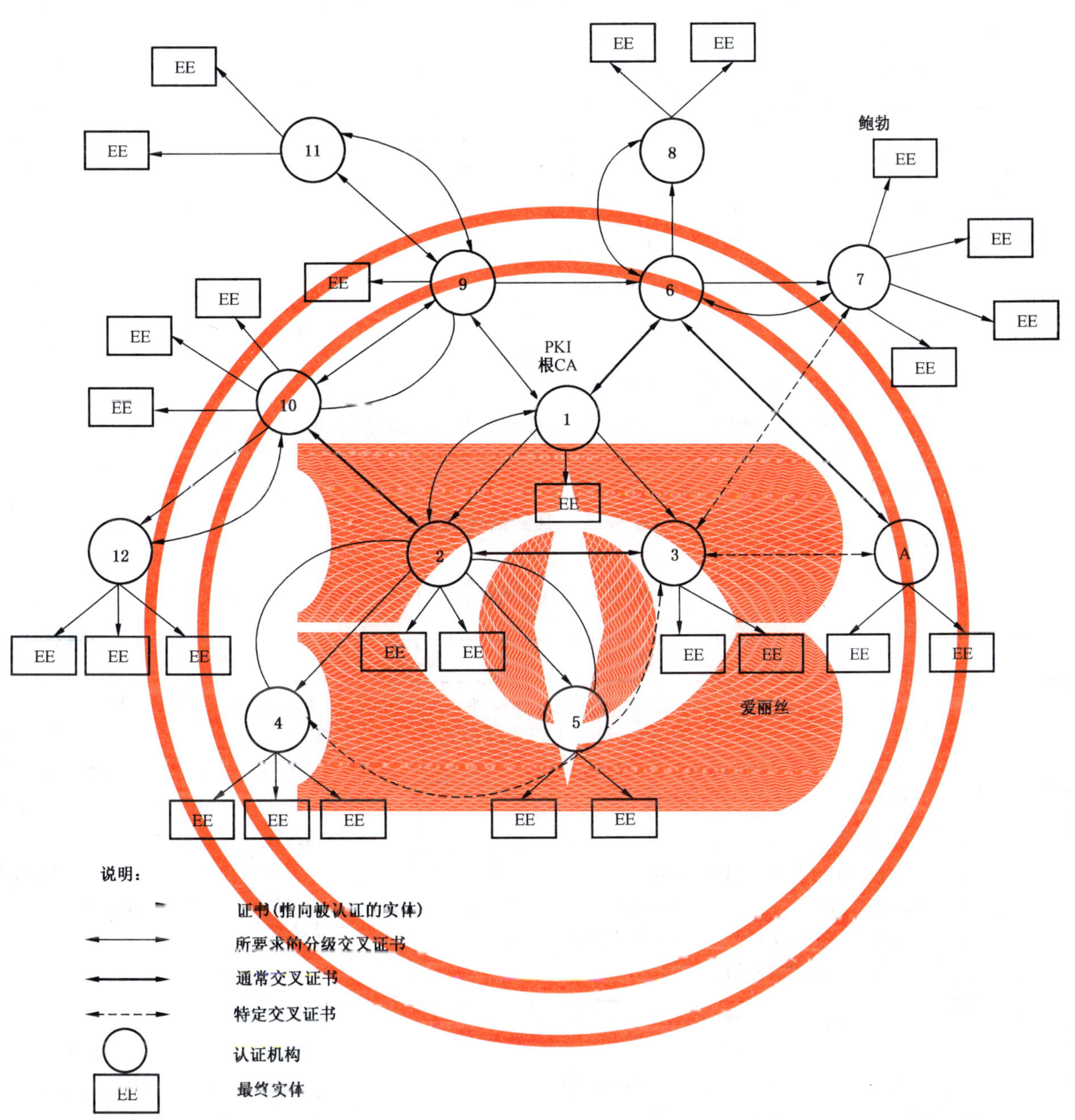

图 G.2 非分级信任模型

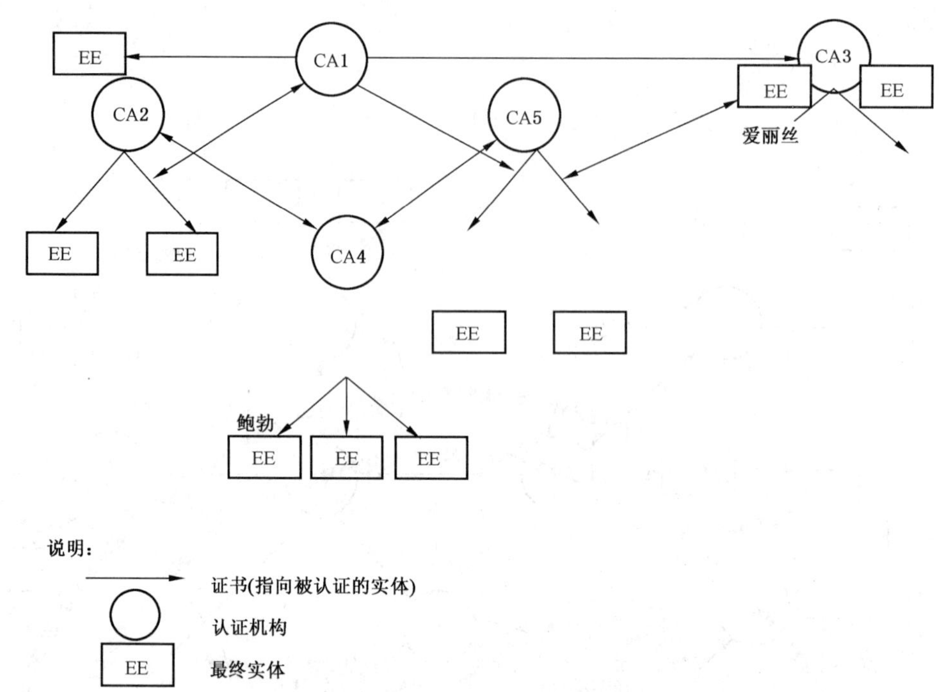

图 G.3　混合信任模型

表 G.1　信任模型的优缺点

信任模型	优　　点	缺　　点
分级	——许多组织的组织管理结构是总体上是分层的。信任关系随着组织结构经常调整，因此它利用组织结构调整认证路径； ——分级可随着分级目录名称调整； ——可直接提出认证路径搜索策略； ——现有的系统是分分级的(如 SET)； ——每个实体有个返回到根的认证路径。实体能提供它的路径给任何其他实体，且任何实体能验证该路径。因此所有实体知道该根的公钥。	——全世界 PKI 拥有一个单独的根 CA 是不可能的； ——业务信任关系不必为分分级的； ——根私钥的损害是灾难性的，且根私钥的恢复要求新公钥安全发送到每一个实体。然而，CA 私钥的损坏仅使该 CA 签发的证书无效。
非分级	——其灵活，尤其促进关联和信任关系，且反映业务的双边信任关系； ——实体至少信任任何 PKI 里签发它自己证书的 CA，且能建成所有信任关系的基础； ——虽然 CA 是远程组织的，但它的实体能以高信任度一起工作，在高信任策略下直接交叉认证。且该信任策略不扩展到其他 CA，且执行效率高于通过一个长分级的证书链直接交叉验证； ——它允许其实体经常通讯的 CA 直接交叉验证，减少认证路径的处理负荷； ——来自任何 CA 的私钥损害的恢复仅需要新的公钥(和用对应的新私钥签名的证书)安全分发到该 CA 的证书持有者。	——证书路径搜索策略会更复杂； ——实体不能保证提供简单的认证路径，即 PKI 的所有其他实体能验证它的签名。

表 G.1（续）

信任模型	优　　点	缺　　点
混合	——执行一个信任分级网络为每一个用户提供一个返回到根的认证路径； ——允许用户经常通讯的 CA 直接交叉验证，减少认证路径的处理负荷； ——反映业务的双边信任关系； ——随着组织结构调整认证路径。	——证书路径搜索策略会更加更加复杂； ——下属 CA 之间交叉验证会出现风险。

G.2　分级信任模型

在分级信任模型里，任何已确认的证书的信任级别仅与根公钥的信任级别一样。在本模型中，不验证根公钥，因为这里隐含地表示不存在验证公钥的签发者，且公钥用带外方式分发(例如：通过使用交付有担保的信使分发)。这要求使用分级认证模型，且实体不需要有其自己 CA 的公钥的可信副本。

在分级信任模型中，CA 根据分级安排在签发证书给下属 CA 的“根”CA 之下。图 G.1 解释了分级信任模型。CA 可签发证书给分级中其下面的 CA 或实体。

在分级 PKI 里：

a)　每个实体都知道根 CA 的公钥；

b)　任何实体的证书可通过确认回溯到根 CA 的认证路径进行确认。

爱丽丝：

t)　确认鲍勃的证书由 CA4 签发；

u)　然后，确认 CA4 的证书由 CA2 签发；

v)　然后，确认 CA2 的证书由 CA1 签发，爱丽丝知道 CA1 的公钥为根公钥。

无需反向认证路径(从信任方到根)；仅需从根到被鉴别的实体(即，发起者)的路径。基于环境，这可使认证路径的平均长度最小化(例如，当很多通讯方式应用于广泛的个体实体之间)。

G.3　非分级信任模型

在非分级信任模型中，每个 CA 认证其母 CA 和子 CA，且个实体持有它的签发 CA 的公钥。实体应信任该密钥，不管该密钥是否被确认。本模型允许轻易增加实体、CA 和分级的级别。密钥的破坏或变更对 CA 的影响是极小的，因为最短的认证路径将经由最少的通讯实体的共同上级 CA。在绝大多数通讯处于就近实体之中的大环境中，本模型可产生最短的平均认证路径。

在非分级信任模型里，独立 CA 相互交叉验证(即，互相签发证书)，在 CA 之间产生信任关系的通用网络。图 G.2 解释了非分级信任模型。实体信任本地 CA 的公钥，一般是签发其证书的 CA，并通过确认回溯到该可信 CA 的证书的认证路径来确认其他实体的证书。

示例：

w)　爱丽丝知道 CA3 的公钥；

x)　并且，鲍勃知道 CA4 的公钥。

有若干从鲍勃到爱丽丝的认证路径，但要求爱丽丝确认的最短路径为：

y)　确认鲍勃的证书，由 CA4 签发；

z)　然后，确认 CA4 的证书由 CA5 签发；

aa)　最后，确认 CA5 的证书由 CA3 签发。

CA3 是爱丽丝的 CA，她信任 CA3 并且知道其公钥。

G.4 混合信任模型

混合信任模型综合了分级信任模型和非分级信任模型的特性。基本的构建单元是包括根 CA、子 CA 和最终实体的分级。CA 认证子 CA 并与其他根 CA 执行交叉验证。每个非根 CA 的 CA 将拥有到根 CA 的认证路径。这样就创建了从根 CA 延伸到子 CA 的证书分级路径，并从这些 CA 到达他们各自的下属 CA 或实体。

交叉证书对是在连接 CA 到根上平行的证书分级。这些平行的交叉验证对，如图 G.3 中为双向箭头，允许客户端应用从验证者的父 CA 使用交叉验证对到来自任何 CA 的操作来执行验证路经确认。这允许与其他域的交叉认证不仅可出现在顶部(根 CA)级别也可在子 CA 之中。

混合信任模型中定义了三种类型的交叉证书：分级的、普通的和特殊的。

分级的交叉证书平行于根 CA 的分层认证路径。他们确保，信任其本地 CA 的信任方(与根 CA 相对)，总是能找到到达 PKI 中其他实体的认证路径。

普通的交叉证书增加了认证分级并缩短了认证路径。使用普通交叉证书的规则提供了信任的传输，其至少与使用信任方的根 CA 到被确认的证书的最小认证路径返回的传输结果一样。

特殊的交叉证书提供了某认证路径，其不需要遵照强制的沿自根 CA 的路径的分级限制。特殊的交叉证书可在"叶"CA 之间创建。叶 CA 拥有到根的分级认证路径，并且持有不存在路径长度限制的证书。这使得信任可沿着分级认证路径到另一个 CA 的进一步传输。当两个 CA 均处在更高的信任级别或更低的限制的策略下时，特殊的交叉证书是合适的。

在图 G.3 里，在 PKI 里，爱丽丝与鲍勃出现在不同的分级中。如果她希望确认鲍勃的签名，爱丽丝有多种认证路径选择，从而建立到其直接 CA、CA3 或其根 CA、CA1 的信任。爱丽丝的客户端认证路经确认程序应找到至少一条符合爱丽丝要求的策略或标准的认证路径，以验证鲍勃的证书。

附 录 H
（资料性附录）
接受证书请求数据的建议要求

H.1 介绍

本附录提供了不同情形下如何接受来自个体或法人实体的证书请求数据的指南。仅为建议，且将举例说明：接受请求所必须的开销与接受无效的认证请求的风险相均衡（如，请求证书的个体并非证书主体，递交伪造的身份识别文件）。实际请求将由CA和应用的安全策略所决定。

本程序对使用RA的CA的以下策略不作禁止：基于个体在场并提交身份识别凭证的申请者身份确认。

本附录中的要求仅为CA签发中证书考虑给予多少信任度的一个因素。其他因素包括CA实施策略、程序及安全控制措施、最终实体的策略、管理私钥的程序等等。证书签发者和最终实体承担的责任也在一定程度上影响了信任度。证书可包含证书策略；这些标识符允许证书用户决定多大程度上信任实体的身份及其公钥的绑定。证书的策略是这样的：“一套命名的指明证书实用性的规则集，其指明对特定团体和/或具有公共安全要求的应用类别。”明确的安全策略和执行机制通常在详细的文档——认证业务声明（CPS）中具体规定。

有关明确阐述证书策略所考虑的要素（对象）的综合框架见X9.79-2000。

H.2 个体证书请求数据的接受

H.2.1 低风险应用

示例：零售银行业信用卡和销售终端（POS）。

证书请求数据的接受宜基于识别申请证书个体的基础之上。对低风险的应用而言，个体不必亲自提交证书请求数据。识别个体的方法应符合合理的商务惯例。

H.2.2 中等风险应用

示例：少量的/小额的商业电子数据交换（EDI）应用或个人资产管理系统。

证书请求数据的接受应基于识别申请证书个体的一个或多个机制。在个体亲自或不亲自提交证书请求数据时，这些技术可在基于商务惯例识别该人的强度上有所变化。可绑定使用的机制包含：

bb） 使用和确认有效的用户ID和口令；

cc） 回拨；

dd） 报文鉴别码（MAC）；

ee） IC卡或令牌。

H.2.3 高风险应用

示例：对私银行业务系统。

证书请求数据的接受应由申请证书的个体亲自出面（或其授权代理人），并通过合理商务惯例识别该人（或其代理人，如果必要）。这可涉及通过可信实体，如银行账户管理人员或由金融机构核准的独立公司确认其身份。

H.3 法人实体的证书请求数据的接受

H.3.1 对等关系中的金融机构

示例：票据交换所(例如，CHIPS，CHAPS)和中央银行的自动结算系统。

证书请求数据的接受应基于：

a) 通过实体代表手工递交证书请求数据；

b) 公司决议，由实体授权申请证书的高级官员，在信笺上方签名并密封，如果可以的话；

c) 按照合理的商务惯例识别递交证书请求数据的代表的方式。

H.3.2 金融机构的业务客户

证书请求数据的接受应：

a) 由实体的两个或更多的代表手工递交书请求数据；

b) 在实体授权申请证书的信笺上方签名和盖印章(适当的地方)；

c) 使用合理的商务惯例识别实体的签名和印章(在适当的地方)；

d) 按照合理的商务惯例识别传送证书请求数据的代表的方式。

H.4 硬件设备证书请求数据的接受

证书请求数据的接受应基于硬件设备和硬件设备所有者的惟一标识符。硬件设备所有者可为个体或实体。因此，除了惟一的设备标识符外，证书请求数据也应包括个体或法人实体的证书请求数据的接受所要求的适当信息。

附 录 I
(资料性附录)
灾难恢复的认证机构技术

I.1 介绍

CA 私钥的丢失和损害视为一种灾难。用该私钥签名的所有证书都是可疑的。这包括所有已签发的用于过去、现在和将来的证书。正确的灾难恢复包括撤销和重签发用 CA 的私钥签名的所有证书。部分重签证书的技术包括：

e) 用 CA 的次密钥对进行通告(CRL 用次密钥对签名)；

f) 用该 CA 的次密钥对重新签发证书的；

g) 用该 CA 的新主密钥对重新签发证书；

h) 用多重签名的证书通告。

对于每种技术，CA 有两个公钥对，即其主密钥对($\mathbf{P}^1$ 和 $\mathbf{S}^1$)和次密钥对($\mathbf{P}^2$ 和 $\mathbf{S}^2$)。使用下面的通告：

i) **P=〉Ep**：对于给定证书 CA《E》，使用 CA 的公钥 P 确认公钥 Ep。CA《E》，P 产生 Ep；

j) $\mathbf{P}^1$**=〉Ep**：E 的公钥，使用 CA 的主公钥确认；

k) $\mathbf{P}^2$**=〉Ep**：E 的公钥，使用 CA 的次公钥确认；

l) $\mathbf{S}^1$**《E》**：E 的主证书，使用 CA 的主私钥签名；

m) $\mathbf{S}^2$**《E》**：E 的次证书，使用 CA 的次私钥签名。

I.2 用 CA 的次密钥对进行通告

当新实体(E)提交其公钥(Ep)给 CA，CA 产生用 CA 主私钥签名的主证书 CA^1《E》和用 CA 的次私钥签名的次证书 CA^2《E》。在灾难恢复之前，信任方有两个证书和两个 CA 的公钥，但只使用 CA 的主密钥来验证主证书。

在灾难恢复之前：CA^1《E》，P^1=〉Ep 和 CA^2《E》，P^2；

在灾难恢复之后：CA^1《E》，P^1=〉Ep 和 CA^2《E》，P^2=〉Ep。

在这可能性很小的事件里，CA 的主私钥被破坏，灾难恢复包括撤销所有由主私钥签名的证书和通知最终实体切换到次证书。在灾难恢复之后，每个用户应确认使用 CA 的次公钥的次最终实体证书。

注：本灾难恢复技术仅一次可用。

证书通过集中的服务被间接分发时，本技术有所变化。在这种情况下，CA 删除所有的无效主证书并通知最终实体使用仍有效的次证书。

I.3 用 CA 的次密钥对重新签发

当新实体(E)提交其公钥(Ep)给 CA，CA 产生用 CA 主私钥签名的证书 CA^1《E》，在灾难恢复之前，信任方仅有主证书和两个 CA 公钥，但只使用 CA 的主密钥来验证主证书。

在灾难恢复之前：CA^1《E》，P^1=〉Ep 和 CA^2《E》，P^2；

在灾难恢复之后：CA^1《E》，P^1=〉Ep 和 CA^2《E》，P^2=〉Ep。

在这可能性很小的事件里，CA 的主私钥被破坏，灾难恢复包括撤销所有由主私钥签名的证书和重签次证书。在灾难恢复之后，每个确认者应使用CA的次公钥确认次最终实体签发的最终实体证书。

注：本灾难恢复技术仅一次可行。

证书通过集中的服务被间接分发时，本技术有所变化。在这种情况下，CA删除所有的无效主证书并通知最终实体使用新证书。

I.4 用CA的新主密钥对重新签发

当新实体(E)提交其公钥(Ep)给CA，CA产生用CA的主私钥签名的证书CA^1《E》。在灾难恢复之前，信任方仅有主证书和两个CA的公钥，但只使用CA的主密钥来确认主证书。

在灾难恢复之前：CA^1《E》，P^1＝〉Ep 和 CA^2《E》，P^2；

在灾难恢复期间：CA^1《E》，P^1 和 CA^2《 P^3 》，P^2＝〉P^3；

在灾难恢复之后：CA^3《E》，P^3＝〉Ep 和 CA^2《 P^2 》，P^2＝〉P^3。

在这可能性很小的事件里，CA的主私钥被破坏，灾难恢复最初包括撤销所有由主私钥签名的证书。在灾难恢复期间，CA产生一个新的主公钥对(P^3，S^3)，并用CA的次私钥(S^2)签发包含其新主公钥(P^3)的新证书CA^2《 P^3 》。每个用户应使用CA的次公钥确认新的CA证书。通过CA用CA的新的主私钥签发证书来完成灾难恢复。在灾难恢复之后，每个最终实体应确认使用CA的新的主公钥所签发的新最终实体证书。

注：本灾难恢复技术可重复使用。

当证书通过一个集中服务被间接分发时，本技术有所变化。在这种情况下，CA产生其自己的新证书，用新的有效证书替换所有的无效的最终实体证书，并通知最终实体确认新的CA证书并使用新的最终实体证书。

I.5 用CA的下一个密钥对重新签发

当新实体(E)提交其公钥(Ep)给CA，CA产生一个用CA的主私钥签名的证书CA^1《E》。CA不分发它们的次公钥，但它们的主公钥的自签名的证书CA^1《 P^1，HASH(P^2)》中包含其哈希值。在灾难恢复之前，信任方仅有最终实体主证书和CA主证书，但仅使用CA的主密钥来验证主证书，并用CA的主密钥来确认最终实体主证书。

在灾难恢复之前：CA^1《E》，P^1＝〉Ep 和 CA^1《 P^1，HASH(P^2)》；

在灾难恢复期间：CA^1《E》，P^1 和(P^1，HASH(P^2))＝〉 P^2；

在灾难恢复之后：CA^2《E》，P^2＝〉Ep 和 CA^2《 P^2，HASH(P^3)》。

在这可能性很小的事件里，CA的主私钥被破坏，灾难恢复包括撤销所有主证书和分发次CA公钥。分发CA的次公钥在自签名的证书CA^2《 P^2，HASH(P^3)》里，也包含下一公钥——第三方CA公钥的哈希值。用户应通过确认其签名和检查公钥P^2的哈希值与包含在CA主证书CA^1《 P^1，HASH(P^2)》里的哈希值相同来确认新的CA证书。

通过CA重签次最终实体证书完成灾难恢复。在灾难恢复之后，每个最终实体应使用CA的新公钥确认他们的新最终实体证书。

注：本灾难恢复技术可重复使用，且由“未来的”CA密钥产生的最终实体证书，如果必要，可在未来的CA密钥成为活动CA密钥之前分发。

附　录　J
（资料性附录）
证书和证书撤销列表的分发

J.1　介绍

本附录描述了分发证书到证书主体以外的实体和分发证书撤销列表(CRL)的机制。

注：CRL 的分发可通过电子的方法或使用其他媒介，如 CD-ROM 或打印列表。

J.2　证书分发

如果实体拥有多个证书，在签名架构中(或被签名的数据)指明用来确认签名证书是合适的。对已签名的信息，可识别证书序列号和签发方；在证书被拥有多证书的 CA 签名的情况下，信任方使用证书的 **subjectUniqueID** 字段匹配被签名证书的 **issuerUniqueID** 字段。

对被签名的交易，有多种选择，包括：

n)　通过交易传送证书(或认证路径)；

o)　随同交易一起传送证书的指示，该证书为确认签名所要求，例如：

- 签名者的名称(和任意签名者的惟一 ID)；
- 或者，签发方和序列号。

不与交易一起传送的证书可从 X.500 目录或类似服务器里取回。

J.3　CRL 分发

CRL 可分发给其他实体和信任方。例如，CA、其他 CA 或一个或多个集中的“CRL 服务器”所认证的实体。分发机制包括以下：

p)　包含 CRL 的密码服务报文；

q)　包含在报文头里，如证书的情况一样；

r)　实体查询 CA 的 CRL，或单独的条目。在这种情况下，响应应由撤销 CA 进行签名，以防止通过假装有效证书的撤销提供拒绝服务。查询将被指向 X.500 目录或类似的众所周知的服务器。在 CA 中的查询处理违背了 CA 并非实时数据库的假设；

s)　传输单独的 CRL 条目(由撤销 CA 签名)。完整的 CRL 将在预定的下次升级时间发送，该机制用来提供“实时”的撤销通知。当然，证书撤销时，本部分并不排斥发送完整的新 CRL(计划之外的)。

原因代码可以被用来决定是否在 **nextUpdate** 之前分发撤销通知。见 6.3.8。作为选择，基于 **reasonCode**，可保持多个不同升级频率的 CRL。多 CRL 的定义不在 GB/T 27928 本部分范围之内。

参 考 文 献

[1] X9. 55-1997,Public Key Cryptography For The Financial Services Industry:Extensions To Public Key Certificates And Certificate Revocation Lists

[2] X9. 57-1997,Public Key Cryptography For The Financial Services Industry:Certificate Management

[3] ISO/IEC 9594-1 I ITU-T Recommendation X. 500,Information technology—Open Systems Interconnection—The Directory:Overview of concepts,models and services—Part 1

[4] ISO/TR 13569,Banking and related financial services—Information security guidelines

[5] FRANKEL,Y. and DESMEDT,Y. Paralfel reliable threshold mult/signature,TR-92-04-02. U. of Wisconsin,Milwaukee,1992

[6] GENNARO,R. ,JARECKI,S. ,KRAWCZYK,H. and RABIN. T. Robust Threshold DSS Signatures,Proceedings of Eurocrypt'96,1996

[7] GENNARO,R. ,JARECKI,S. ,KRAWCZYK. H. and RABIN. T. Robust and Efficient Sharing of RSA Functions,Proceedings of Crypto '96,1996

[8] FRANKEL. Y. ,GEMMEL,P. ,MACKENZIE. P. and YUNG,M. Proactive RSA,manuscript. 1996

[9] HERZBERG,A. ,JAKOBSSON,M.. JARECKI,S.. KRAWCZYK. H. and YUNG,M. Proactive Public Key and Signature Systems,3rd ACM Conference on Computer and Communications Security,1996

[10] MENEZES. A. ,VAN OORSCHOT. P. and VANSTONE. S. Handbook of Applied Cryptography,CRC Press,New York. 1996

[11] SHAMIR. A. How to Share a Secret,Communications of the ACM. November 1979

[12] Federal Information Processing Standard 140-1,Security Requirements for Cryptographic Modules,1993

[13] ISO/IEC 10118-3:1998,Information technology—Security techniques—Hash-functions—Part 3:Dedicated hash-functions

[14] ANS X9. 79-2000. Public Key Infrastructure—Practices and Policy Framework

[15] TC 68 Web site:http://www. tc68. org

ICS 35.240.40
A 11

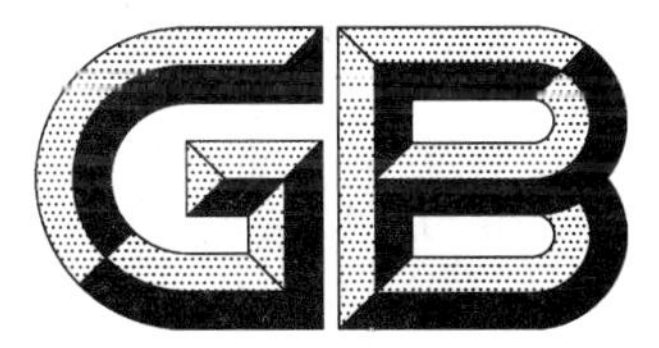

中华人民共和国国家标准

GB/T 27929—2011

银行业务　采用对称加密技术进行报文鉴别的要求

Banking—Requirements for message authentication using symmetric techniques

(ISO 16609:2004,MOD)

2011-12-30 发布　　2012-05-01 实施

中华人民共和国国家质量监督检验检疫总局
中国国家标准化管理委员会　发布

前　言

本标准修改采用 ISO 16609:2004《银行业务　采用对称加密技术进行报文鉴别的要求》(英文版)。

本标准根据 ISO 16609:2004 重新起草,与 ISO 16609:2004 的技术性差异为:

a) 将标准原文中的"T-DEA"按照我国通常习惯修改为"3-DEA";

b) 在 A.4.1 中,将"为加入本标准而提出的可选鉴别算法应由国家标准机构提交给 ISO/TC 68,或征得国家标准机构的同意后提交给 ISO/TC 68"修改为"为加入本标准而提出的可选鉴别算法应由国家标准机构提交给国家密码相关管理部门,或征得国家标准机构的同意后提交给国家密码相关管理部门";

c) 在 A.4.4 提到算法时,将"按照 IEC/ISO 相关程序对其进行评估"修改为"按照国家相关程序对其进行评估";

d) 在 A.4.5 中,将"每个新提案应由 ISO 审查"修改为"每个新提案应由国家相关机构审查",本段中"以及提出的算法是否符合国际标准的条件及要求"修改为"以及提出的算法是否符合国内标准的条件及要求";

e) 在 A.4.7 申诉程序中,将"提案被拒绝时(见 A.4.5),若该提案尚未进行公开审核,发起人可要求 ISO/TC 68 秘书处就该提案进行公开审核(见 A.4.6)。如果已进行公开审核且仍被拒绝,则发起人可要求 TC 68 秘书处将申请连同有关审核报告的备份提交技术委员会的 P 成员进行表决,表决采用多数通过原则。循环审查该提案。其投票的简单多数通过即为最终结果"修改为"提案被拒绝时(见 A.4.5),发起人可要求国内相关机构就该提案进行审核(见 A.4.6),审核结果即为最终结果"。

为便于使用,本标准还做了下列编辑性修改:

a) 将原文中的"本国际标准"改为"本标准";

b) 删除 ISO 16609:2004 的前言,修改了 ISO 16609:2004 的引言。

本标准的附录 A 为规范性附录,附录 B～附录 H 为资料性附录。

本标准由中国人民银行提出。

本标准由全国金融标准化技术委员会(SAC/TC 180)归口。

本标准负责起草单位:中国金融电子化公司。

本标准参加起草单位:中国人民银行、中国工商银行股份有限公司、中国银行股份有限公司、交通银行股份有限公司、中国银联股份有限公司、华北计算技术研究所、北京工商大学、中国人民银行太原中心支行。

本标准主要起草人:王平娃、陆书春、李曙光、吕毅、杨颖莉、刘运、全红、林中、张启瑞、刘先、仲志晖、李彦智、周亦鹏、李劲松、钱湘隆、赵志兰、贾树辉、马小琼、景芸、刘志军、张龙龙。

引　言

报文鉴别码(MAC)是用于验证报文真实性的一个数据域。它由报文的发送方产生且与报文一起传送。通过验证MAC,接收方能够检测报文是否被改变以及改变是由意外还是故意欺诈引起。

本标准适用于与银行业务相关的金融机构希望以安全且有利于双方互操作的方式进行报文鉴别的情况。

本标准与被替代的ISO 8730和ISO 9807中规定的要求相一致。

银行业务 采用对称加密技术 进行报文鉴别的要求

1 范围

本标准规定了用于保护银行业务报文的完整性和验证报文来源的过程，该过程与所使用的传输过程无关。本标准也给出了使用分组密码进行银行业务报文鉴别的方法。此外，由于通信双方有必要采用相同的数据表示形式，因此本标准中定义了几种数据表示方法。本标准给出了已核准的计算报文鉴别码(MAC)的分组密码列表，也给出了核准附加分组密码的方法。本标准中定义的鉴别方法适用于以编码字符集和二进制形式进行格式化及传输的报文。

本标准适用于发送方和接收方采用相同密钥的对称算法，未规定生成共享密钥的方法，也未提供防止报文受到未授权泄漏的加密过程。本标准的使用不能防止发送方和接收方的内部欺诈或者接收方伪造 MAC。

2 规范性引用文件

下列文件对于本文件的应用是必不可少的。凡是注日期的引用文件，仅注日期的版本适用于本文件。凡是不注日期的引用文件，其最新版本(包括所有的修改单)适用于本文件。

ISO 8583 产生报文的金融交易卡 交换报文规范

ISO 8732:1988 银行业务 密钥管理(批发)

ISO/IEC 9797-1:1999 信息技术 安全技术 报文鉴别码 第1部分:分组密码算法的使用

ISO/IEC 9797-2:2002 信息技术 安全技术 报文鉴别码 第2部分:哈希函数的使用

ISO/IEC 10116 信息技术 安全技术 *n* 比特分组密码运算模式

ISO/IEC 10118-3:1998 信息技术 安全技术 哈希函数 第3部分:专用哈希函数

ISO 11568-1 银行业务 密钥管理(零售) 密钥管理介绍

ISO 11568-2:1994 银行业务 密钥管理(零售) 对称密码的密钥管理技术

ISO 11568-3 银行业务 密钥管理(零售) 对称密码的密钥生命周期

ISO 13491(所有部分) 银行业务 安全加密设备(零售)

ANSI X3.92:1981 美国信息技术国家标准 数据加密算法

ANSI X9.52:1998 美国金融服务业国家标准 三重数据加密算法 工作模式

3 术语和定义

下列术语和定义适用于本文件。

3.1

算法 algorithm

用于计算的特定数学过程或规则；遵循该过程或规则，能得到规定的结果。

3.2

鉴别 authentication

在发送方和接收方之间用于保证数据完整性并提供数据源鉴别的过程。

3.3

鉴别算法　authentication algorithm

与一个鉴别密钥和一个或多个鉴别元素共同使用的用于鉴别的算法。

3.4

鉴别元素　authentication element

通过鉴别进行保护的报文元素。

3.5

鉴别密钥　authentication key

用于鉴别的密钥。

3.6

受益人　beneficiary

作为转账的结果而被贷记或被支付的最终方。

3.7

分组密码算法　block cipher

能够将固定长度比特串和保密密钥映射到具有相同固定长度的其他比特串的算法。

3.8

偏差　bias

在产生随机数或伪随机数时,某些数出现的几率大大超过其他数的情况。

3.9

密钥周期　cryptoperiod

给定的时间周期,该周期中特定的密钥被授权使用或者在此周期中给定系统中的密钥有效。

3.10

密码分析　cryptanalysis

破解密码的技术和科学。

3.11

数据完整性　data integrity

数据没有被以未授权的方式更改或破坏的特性。

3.12

计算MAC日期(DMC)　date MAC computed (DMC)

发送方计算报文鉴别码的日期。

注:DMC可用于通过选择合适的密钥来同步鉴别过程。

3.13

数据源鉴别　data origin authentication

确认接收到的数据源与声明一致。

3.14

解密　decipherment decryption

加密的逆过程。

3.15

分隔符　delimiter

用于描绘数据域的开头和结尾的一组字符。

3.16

加密　encipherment encryption

为产生密文(即隐藏数据信息内容),通过密码算法进行的(可逆的)数据变换。

3.17

十六进制数　hexadecimal digit

在0～9、A～F(大写字母)范围内代表一个4比特串的单个字符。

3.18

鉴别密钥标识符(IDA)　identifier for authentication key (IDA)

标识鉴别报文时所用的密钥的域。

3.19

报文鉴别码(MAC)　message authentication code (MAC)

MAC算法输出的比特串。

3.20

报文鉴别码(MAC)算法　MAC algorithm

密码校验函数

用于将比特串和秘密密钥映射到固定长度比特串的函数的算法。

注1：该算法应满足下述两个特性：

——对于任一固定密钥和任一输入比特串，函数能被有效计算；

——对于任一固定密钥，该密钥未知情况下，即使已知使用该固定密钥的函数的若干输入值和相应输出值，甚至可以自己选择输入值的情况下(已知前 i 个输入和输出，自己选择第 $i+1$ 个输入)，计算使用该固定密钥的对应于一个新的输入值(第 $i+1$ 个)的函数输出值(第 $i+1$ 个)，在计算上是不可行的。

注2：计算的可行性取决于用户的特定安全要求及环境。

3.21

报文元素　message element

为特定用途指定的一组连续字符。

3.22

报文标识符(MID)　message identifier (MID)

系统跟踪审计编号(已被替代)

在给定范围(例如DMC)内，用以惟一标识金融报文或交易(例如，发送银行交易参考号)的域。

注：在ISO 8583中，MID为系统跟踪审计编号(STAN)。

3.23

报文正文　message text

在接收方和发送方之间传输的信息，不包括用于传送的头尾信息。

3.24

当前随机数　nonce

仅使用一次的序号。

3.25

接收方　receiver

接收报文的一方。

3.26

发送方　sender

对报文承担责任并被授权发送的一方。

3.27

起息日　value date

资金可由受益人进行支配的日期。

4 保护

重要信息：完整性保护仅适用于被选择的鉴别元素，报文的其他部分可能受到未被察觉的更改。用户保证所提交数据的完整性是很重要的。

4.1 鉴别密钥的保护

鉴别密钥是由发送方和接收方预先约定的用于鉴别算法中的秘密密钥。这些密钥应为确定的方式或伪随机方式产生的（见附录 F 和附录 G）。用于鉴别的任何密钥应予以保护以防止泄露给未授权方。鉴别密钥的使用应仅限于发送方和接收方（或其授权代理）之间，并且仅用于鉴别目的。密钥应按 ISO 11568 或 ISO 8732：1988 的规定进行管理。

如果 MAC 由安全密码设备计算得出，这样鉴别密钥可被很好的保护。该密钥仅在密码设备中为明文形式，且该设备应符合 ISO 13491 中的规定。

4.2 鉴别元素

MAC 计算应包括要求保护以防止欺诈性变更的那些数据元素，这些数据元素由发送方和接收方之间协议规定。MAC 计算中包含所有这些报文元素。

根据双方协议，MAC 计算中也可包括报文中未被传送的数据元素（例如：可由双方通过共享信息计算得到的填充比特或填充数据）。

选择 MAC 中包括的数据取决于其特定应用。下述元素只要出现在报文中均应纳入到 MAC 计算中：

a） 交易金额；

b） 币种；

c） 鉴别密钥标识符（IDA）；

d） 被贷记方或被借记方的标识符；

e） 受益方标识符；

f） 起息日；

g） 报文标识符；

h） 日期和时间；

i） 交易处理标识符。

4.3 重复或丢失文本的检测

应采用适当技术检测重复或丢失。在不进行进一步的报文交换的情况下，如果能惟一标识交易，则接收方仅能检测到先前交易的重放，然后接收方应检测该惟一标识信息并未出现过。此外，为检测丢失文本，应按顺序对交易进行标识。上述条件可通过在 MAC 计算中包含某些元素（即，报文元素或密钥元素）实现，这些元素对于交易是惟一的且将该交易与前一交易惟一关联。可通过下述方式的任一种实现：

a） 在 MAC 计算中包含一个特定的交易参考号，该参考号在系统的生命期中是不重复的。例如该参考号可能包括发送方 ID、接收方 ID、交易号和日期；

b） 在 MAC 计算中包含报文标识符（MID）。在下述两种情况发生之前 MID 是不被重复的：

- 日期变更，即：计算 MAC 的日期（DMC），或；
- 用于鉴别的密钥加密周期的终止。

不论哪种情况先出现。即，不能出现一个以上的具有同一日期和同一报文标识符并使用相同密钥的报文。

MID 可以由固定格式报文中的惟一的发送行交易参考号组成。附录 E 给出了保护的方法。MID 也可以包含 DMC 的日期或为一单独域。

c) 对一个交易使用惟一密钥,该密钥可以是:
 - 从先前的交易密钥导出一个新的交易密钥(见 ISO 11568-2:1994 的示例和附录 G),或;
 - 使用惟一的交易参考号导出密钥,见附录 G。

d) 结合上述所有技术。

5 报文鉴别过程

5.1 准备阶段

实施者应对应用进行风险评估以确定应保护的数据(见第 4 章)、要求的密钥长度和 MAC 算法,并就下述内容达成一致:

——分组密码算法(如果 MAC 算法从 ISO/IEC 9797-1:1999 中选出);

——哈希函数(如果 MAC 算法由 ISO/IEC 9797-2:2002 中选出);

——填充方法(如果 MAC 算法由 ISO/IEC 9797-1:1999 中选出);

——MAC 的比特长度;

——密钥变更频率(该内容应将加密分析技术的当前情况考虑在内);

——通用的密钥的导出方法(如果 MAC 算法要求)。

附录 A 中给出了核准的分组密码算法。

通信双方也应交换秘密的鉴别密钥。

在全面理解潜在风险的管理和评估的基础上(见 ISO 13491),金融服务应用宜仅在很小心的情况下使用长度小于 112 比特的密钥,通常宜使用长度不小于 112 比特的密钥。采用 112 比特 MAC 算法密钥时,推荐使用 ISO/IEC 9797-1:1999 中 MAC 算法 1 和算法 3(见第 6 章)。

发送方应使用选择的数据元计算 MAC。MAC 附加在传送的报文文本后,使其可被接收方识别。接收方应采用本章中给出的鉴别方法重新计算。如果收到的 MAC 和计算得出的 MAC 相等,则报文鉴别通过。

执行者也应考虑 6.3 中给出的性能及效率特性。

5.2 报文格式

发送方应采用接收方同意的方法格式化及编码报文。

5.3 密钥生成

基于与接收方的双方协议,报文的发送方可能会为计算 MAC 而生成新的密钥。这种密钥的导出涉及交易和与报文相关的数据。附录 F 和附录 G 给出了密钥产生和导出的部分示例。

5.4 MAC 生成

报文的发送方应使用按双方约定的顺序排列的传送报文中的鉴别元素来生成(例如,以其在报文中出现的顺序)MAC,这些鉴别元素是那些要受已核准的鉴别算法(见第 6 章)保护的传输报文元素。算法应通过一鉴别密钥激活,该密钥仅由通信双方知晓。该过程产生的 MAC 应被包含在原始报文文本中。

5.5 MAC 的放置

MAC 应放于：

a) 报文中为 MAC 指定的域，或；

b) 如果没有指定 MAC 域，附加在报文数据的尾部。

若为了传输的目的，分配域的长度超过 MAC 长度时，则 MAC 应在该域内左对齐放置。

5.6 MAC 校验

接收方一接收到报文，应使用鉴别元素、同一鉴别密钥以及同一算法计算参考 MAC。当接收方计算的参考 MAC 与在报文中接收到的 MAC 一致时，鉴别元素的内容和报文源的真实性得到确认。

接收的 MAC(及其分隔符)不应包含在算法计算中。

MAC 的计算受鉴别元素处理顺序不同的影响(即，MAC 生成后鉴别元素顺序的变化将导致鉴别的失败)。

6 核准的 MAC 算法

6.1 ISO/IEC 9797-1:1999 概述

6.1.1 算法 1 到算法 6

MAC 算法应为 ISO/IEC 9797-1:1999 中规定的一种方法。本章给出了算法特性的解释以及这些算法与 ISO 8731 和 ISO 9807 替代标准中算法间的对应关系。

ISO/IEC 9797-1:1999 中规定了采用秘密密钥和 n 比特分组密码算法计算 m 比特 MAC 的 6 种 MAC 算法。ISO/IEC 9797-1:1999 中规定的算法是基于分组密码操作模式的密码分组链接(CBC)给出的。

注 1：在 ISO/IEC 9797-1:1999 附录 B 给出的安全分析提供了防止密钥伪造和密钥恢复攻击的实施建议。

注 2：在 ISO/IEC 10116 中给出了标准的 n 比特分组密码操作模式。

——MAC 算法 1：采用单一密钥的 CBC-MAC；

——MAC 算法 2：算法 1 的变种，采用另一个密钥对算法 1 的计算结果进行一次附加的最终变换；

——MAC 算法 3：算法 1 的变种，对算法 1 的计算结果进行两次附加变换，第 1 个变换采用另一个密钥，第 2 个变换采用与算法 1 相同的密钥；

——MAC 算法 4：算法 2 的变种，在使用算法 2 计算前使用另一个密钥对数据进行一次初始变换，用算法 2 计算；

——MAC 算法 5：先用 2 个不同的单一长度密钥分别对数据进行算法 1 计算，再将 2 个计算结果做逐比特异或；

——MAC 算法 6：先用 2 个不同的密钥分别对数据进行算法 4 计算，再将 2 个计算结果做逐比特异或，其中算法 4 的计算采用双倍长度密钥。

MAC 机制的安全强度取决于密钥长度(以位表示)和保密性、分组密码的分组长度 n(以位表示)和分组密码算法强度、MAC 的长度 m(以位表示)以及特定的 MAC 算法。

6.1.2 与替代标准的关系

本条款给出了 ISO/IEC 9797-1:1999 与其他目前已被废止的标准中规定的算法间的关系，见表 1。

表 1 ISO/IEC 9797-1:1999 与替代标准的关系

标准	ISO/IEC 9797-1:1999 算法	分组密码算法	分组大小(n)	填充方法	MAC 大小(m)
IS 8731-1 [ANSI X9.9]	1	DEA(ANSI X3.92:1981)	64	1	32
IS 9807 [ANSI X9.19]	1 或 3	DEA(ANSI X3.92:1981)	64	1	32

6.1.3 最小密钥长度

MAC 应采用至少 112 比特的密钥(如果密钥长度不足 112 比特,可参考 5.1 的相关建议)。

6.1.4 推荐方法

本条给出了 ISO/IEC 9797-1:1999 推荐采用的方法,见表 2。

ISO/IEC 9797-1:1999 中给出了 6 种 MAC 算法,但针对金融服务业本标准推荐两种方法:

——采用 3-DEA 的算法 1;

——采用 DEA 的算法 3。

表 2 推荐方法

ISO/IEC 9797-1:1999 算法	分组密码算法	分组大小(n)	密钥长度	MAC 大小(m)
1	3-DEA(ANSI X9.52:1998)	64	112	$32 \leqslant m \leqslant 64$
3	DEA(ANSI X3.92:1981)	64	112	$32 \leqslant m \leqslant 64$

在 ISO/IEC 9797-1:1999 附录 B 给出的安全分析提供了防止伪造和密钥恢复攻击的实施建议。

如果采用算法 1,则应采纳 ISO 9797-1:1999 附录 B 中规定的步骤来防止 xor 伪造攻击。合适的防范措施是使用填充方法 3。

如果采用算法 3,则应限制用同一密钥产生的 MAC 数量。为保证不对 MAC 产生设备的生命周期构成限制,推荐采用会话密钥(见附录 G)。

直接伪造:如果使用填充方法 1,则对方可直接在数据串增加或删除一系列后缀'0'而不改变 MAC。这意味着填充方法 1 应仅用于数据串长度为双方预先可知的环境,或者具有不同数量后缀'0'的数据串具有相同的语义。

6.2 ISO/IEC 9797-2:2002 概述

ISO/IEC 9797-2:2002 中规定了三种使用密钥和产生 n 比特结果的哈希函数(或其轮函数)计算出 m 比特 MAC 的算法。该哈希函数选自 ISO/IEC 10118-3:1998 标准(通常称为 SHA-1、RIPEMD-160 和 RIPEMD-128)。

报文鉴别机制的安全强度取决于密钥的长度(比特数)和密钥的保密性、哈希函数的长度 n(比特数)及其算法强度、MAC 的长度 m(比特数)以及使用的指定算法。

——哈希函数 1:ISO/IEC 9797-2:2002 中规定的第 1 种算法,通常称为 MDx-MAC。该算法调用一次完整哈希函数,但对轮函数进行了小的修改,即将一个密钥增加到轮函数的附加常量中;

——哈希函数 2:ISO/IEC 9797-2:2002 中规定的第 2 种算法,通常称为 HMAC。它调用二次完整哈希函数;

——哈希函数 3:ISO/IEC 9797-2:2002 中规定的第 3 种算法,是 MDx-MAC 的变种。该算法只允许输入短字符串(最大为 256 比特)。它为只输入短字符串的应用带来了更高效率。

6.3 实施建议

在对 ISO/IEC 9797-1:1999 和 ISO/IEC 9797-2:2002 的机制进行选择时有一个简单的标准,即是否拥有该分组密码算法或哈希函数的实现。其他的标准决定严格的参数选择。例如,当使用 DEA 作为分组密码算法时会出现下述差别:

——ISO/IEC 9797-1:1999 的机制通常比 ISO/IEC 9797-2:2002 的机制慢,特别是软件方面;

——ISO/IEC 9797-1:1999 的机制比 ISO/IEC 9797-2:2002 的机制要求内存少;

——ISO/IEC 9797-2:2002 的机制能提供较长的 MAC(最大 160 比特);

——ISO/IEC 9797-2:2002 的机制 1 和 2 所用的密钥比 ISO/IEC 9797-2:2002 的机制 1 和 2 所用的短(单一 56 比特 DEA 的算法 1 不适用)。

表 3 和表 4 给出了采用 DEA 和 3-DEA 作为基本分组密码算法的 ISO/IEC 9797-1:1999 以及采用 SHA-1/RIPEMD-160 或 RIPEDMD-128 作为基础哈希函数的 ISO/IEC 9797-2:2002 的相关性能特点。

如果以 3-DEA 作为基本分组密码算法使用算法 1(代替 DEA),那么 DEA 计算量应增至 3 倍。

在 ISO/IEC 9797-1:1999 附录 B 中给出了所有 MAC 算法的安全性比较。

表 3 采用 DEA 的 ISO/IEC 9797-1:1999 相关性能

ISO/IEC 9797-1:1999 分组密码算法	分组密码算法	MAC 大小	MAC 算法密钥长度	用于评价报文大小的轮函数/分组密码数量		
				8 字节	64 字节	1 kB
1	DEA	≤64	56	1 到 2	8 到 9	128 到 129
2	3-DEA	≤64	112	2 到 3	9 到 10	129 到 130
3	DEA	≤64	112	3 到 4	10 到 11	130 到 131
4	DEA	≤64	112	4 到 5	10 到 11	130 到 131
5	DEA	≤64	56	2 到 4	16 到 18	256 到 258
6	DEA	≤64	112	8 到 10	20 到 22	260 到 262

注:后三列值的范围取决于所用的填充方法。

表 4 ISO/IEC 9797-2:2002 相关性能

ISO/IEC 9797-2:2002 算法	哈希函数	MAC 大小	密钥长度	用于评价未填充报文大小的轮函数数量		
				8 字节	64 字节	1 kB
1	SHA-1 或 RIPEMD-160	≤160	≤128	8	9	24
1	RIPEMD-128	≤128	≤128	8	9	24
2	SHA-1 或 RIPEMD-160	≤160	160…512	4	5	20
2	RIPEMD-128	≤128	128…512	4	5	20
3	SHA-1 或 RIPEMD-160	≤80	≤128	7	*n/a*	*n/a*
3	RIPEMD-128	≤64	≤128	7	*n/a*	*n/a*

注 1:对于一固定密钥,中算法 1 和 3 的预计算可节省 6 个哈希计算。

注 2:算法 3 的报文长度限制为最大 32 个字节。

附　录　A
（规范性附录）
核准的报文鉴别用分组密码算法

A.1　介绍

ISO/IEC 9797-1:1999 给出了 6 种基于分组密码的 MAC 算法，但对分组密码算法本身未做规定。本附录目的是直接或通过引用来指定给出 ISO/IEC 9797-1:1999 核准的分组密码算法。本标准也规定了将分组密码算法纳入该附录中的程序。

A.2　核准的分组密码算法：DEA

DEA 见 ANSI X3.92:1981。它是一个 64 比特分组密码算法，密钥的有效位为 56 比特。

A.3　核准的分组密码算法：3-DEA

3-DEA 见 ANSI X9.52:1998。它是一个 64 比特分组密码算法，密钥的有效位为 112 或 168 比特。

A.4　可选分组密码算法的审查程序

A.4.1　来源

为加入本标准而提出的可选鉴别算法应由国家标准机构提交给国家密码相关管理部门，或征得国家标准机构的同意后提交给国家密码相关管理部门。

A.4.2　提案理由

提出者应给予以下说明：

a)　希望达到的目的；

b)　该提案比本标准现有算法更好的达到该目的原因；

c)　其他地方未予描述的优点；

d)　使用新算法的经验。

A.4.3　文档

所提算法在提交审查时应具备完备的文档，包括：

a)　提出算法的完整描述；

b)　对算法满足本标准要求或与其一致的明确说明；

c)　用于计算 MAC 的处理过程的逻辑流程图；

d)　任何新术语、参数或引入变量的定义及解释；

e)　鉴别密钥的要求、用法及操作说明；

f)　以一个典型的金融报文为例，逐步描述计算 MAC 的步骤(参见附录 C)；

g)　提交前有关该算法测试情况的详细资料，特别是关系到算法安全、稳定和可靠性的信息。这些信息应包括所使用的试验步骤的概要、试验结果以及进行试验和验证结果的机构或组织的身份(即,应提交充分的信息以使另一机构能够进行相同试验并比较得到的试验结果)。

A.4.4 公开性说明

任何提交批准的算法都不属于任何级别的保密资料。如果已对算法的版权提出申请,则应按照国家相关程序对其进行评估。所有的算法文件对于任何个人、组织或机构应为公开信息,以便进行审阅及测试。

A.4.5 提案的审查

每个新提案均应经国家相关机构审查,并在接到申请后的180天内准备一个有关报告(见A.4.6)。报告应说明是否提案资料已齐全,是否已对其进行适当试验及证明,以及提出的算法是否符合国内标准的条件及要求。也可建议提交该提案进行公开审查(见A.4.6)。

A.4.6 公开审查

当上述报告建议进行公开审查,被认为适合接纳的申请应提交给在该领域权威机构接受公开审查。这些机构和协会在接收到的90天内对提案进行审查并提交报告。

注:公开审查的周期可延至180天以准备提案的报告(见A.4.5)。

A.4.7 申诉程序

提案被拒绝时(见A.4.5),发起人可要求国内相关机构就该提案进行审核(见A.4.6),审核结果即为最终结果。

A.4.8 新鉴别算法的并入

被推荐接受的新鉴别算法连同有关的审核报告一起分发,并对是否并入本标准进行书信投票表决。

A.4.9 维护

对通过本标准描述的步骤而被采纳的算法进行定期复核,间隔不超过5年。

附　录　B
（资料性附录）
编码字符集的报文鉴别

B.1　格式选项

本附录为欲鉴别的数据编码提供了5种选项：

——二进制数据(B.3)；

——编码字符(B.4)整个报文文本，不编辑；

——编码字符(B.5)抽取的报文元，不编辑；

——编码字符(B.6)整个报文文本，编辑；

——编码字符(B.7)抽取的报文元，编辑。

选项1用于二进制字符串数据的鉴别。

选项2和选项3用于当传送介质对于字符集透明时编码字符集中数据的鉴别(例如，根据开放系统互联(OSI)模式设计的系统和网络)。

选项4和选项5用于当传送介质对于使用的字符集不透明时，受限制编码字符集中数据的鉴别(例如，博多机、电传和很多国际记录承运商提供的存储转发服务)。

格式选项的选择由通讯双方决定并符合双方协议。

如ISO/IEC 9797-1:1999附录B指出的，当使用填充方法1(或方法2)的算法1时，防止异或伪造攻击是很重要的。这可以通过接收者获知报文的长度或报文内用分隔符分开的域的数目来实现。

B.2　编码字符集(选项2～5中使用)

B.2.1　已定义的报文元素格式

B.2.1.1　通则

DMC，IDA，MAC和MID的域格式应分别符合本标准中格式的要求。其他报文元的格式未被规定。

域格式应作为鉴别过程的一部分被验证。如果使用的鉴别选项进行了编辑，则域格式应在编辑前进行验证。如果出现格式错误，则报文鉴别失败。域格式定义如下面几节所述。

B.2.1.2　DMC

发送机构发出报文的日期应按照GB/T 7408要求以世纪、年、月、日表示(最好为紧凑形式，即CCYYMMDD)，如19851101为1985年11月1日。

B.2.1.3　IDA

该域为用于鉴别的密钥的标识符且应符合ISO 8732:1988中密钥标识符的要求。

B.2.1.4　MAC

MAC应以十六进制的四组字符表示，每组四个字符中间用一个空格隔开(hhhhbhhhhbhhhhbhhhh)；例如，5A6Fb09C3bCD86b1FA4。

B.2.1.5　MID

报文标识符应用1～16个可打印字符表示(AAAAAAAAAAAAAAAA)。允许字符为0～9、

A～Z(大写字母)、空格(b̲)、逗号(,)、句点(.)、斜线(/)、星号(*)以及连接符(-)。例如,FN-BC/2.5。

B.2.2 隐含分隔符

如果隐含分隔符在报文中位置固定或以标准化格式规则被明白无误的标识,则可以实现报文元素的隐含分隔。为实现鉴别,应对有线服务商规定的作为隐含分隔符的域名称、序号或标识域标签做处理。

B.2.3 显示分隔符

B.2.3.1 通则

显示分隔符可用于标识报文元(包括 MAC)的开始和结束。这些分隔符可用于所有编码字符集选项。显示分隔符规定如下。

B.2.3.2 DMC

示例:QD-和-DQ,例如,QD-YYMMDD-DQ。

B.2.3.3 IDA

QK-和 KQ。例如,QK-1357BANKTOBANKB-KQ。

B.2.3.4 MAC

QM-和-MQ。例如,QM-hhhhb̲hhhh-MQ。

B.2.3.5 MID

QX-和-XQ。例如,QX-aaaaaaaaaaaa-XQ。

B.2.3.6 其他报文元

QT-和-TQ。例如,QT-文本-TQ。
在 QT-文本-TQ 中分隔的“text”可为通讯服务允许的任意长度。

B.2.4 分隔符的使用

分隔符的开始和结束应成对出现,中间不能插入显示分隔符。

注:如果此条件不满足,报文鉴别失败。

报文可能包含若干的分隔“text”域;然而,DMC、MID、IDA 和 MAC 域在每个报文中出现次数不应超过一次。

连接符应出现在所有显示分隔符中。

B.2.5 字符表示

输入算法中的鉴别元素的所有字符应以 8 比特字符表示,它包括 ISO 646 中的 7 比特代码(不包括国家字符分配值),前跟 0 开头(例如,0,b̲7,b̲6……b̲1)组成。当这些鉴别元素需要译码时,此译码仅用于内部计算。如果报文被转换为不同字符集,则在鉴别过程前应进行逆向转换。

B.2.6 头尾信息

为传送而增加的报文头和报文尾信息(例如,由网络增加)应被忽略(即,不应作为报文正文的一部分或被包含在算法计算中)。

B.3 选项1:二进制数据

鉴别算法应用于整个报文正文或部分报文正文中,取决于发送方和接收方间的协议。

B.4 选项2:编码字符;整个报文;不编辑

报文被自动处理且发送方和接收方间报文结构的准确内容均未发生变化,则算法可适用于整个报文。

MAC对整个报文正文进行计算(见附录C示例)。

B.5 选项3:编码字符;抽取的报文元;不编辑

当无法对整个报文进行鉴别时,鉴别算法应仅应用于抽取出的报文元。MAC的计算应根据抽取出的元素并按照其出现的顺序完成(见附录C示例)。

鉴别的报文元应根据下述规则抽取:

a) 除了报文元和其相应分隔符删除所有字符;

b) 在每一隐含分隔报文元后插入一个空格。

B.6 选项4:编码字符;整个报文;编辑

应对按下述规则编辑的报文文本计算MAC(见附录C示例)。

在用鉴别算法处理前应按照给出顺序对所有报文元(隐含和显示分隔)进行编辑。

a) 每个回车符和换行符应用一单个空格代替;

b) 小写字母(a~z)应转换为大写字母(A~Z);

c) 除了字母A~Z、数字0~9、空格、逗号(,)、句点(.)、斜线(/)、星号(*)、开括号和闭括号以及连接符(-)外的所有字符均应被删除;因此,正文结束以及其他格式和控制字符应被删除;

d) 所有前导空格应被删除;

e) 每个连续空格序列(中间和结尾)应由一单个空格代替。

B.7 选项5:编码字符;抽取的报文元;编辑

该选项与选项3的使用方法一致。

根据选项3的规则抽取报文元。

采用选项4的编辑规则。

B.8 "失败的"报文鉴别码(MAC)

B.8.1 无法产生MAC

当MAC自动生成时,即由鉴别元素的自动抽取产生,由于违反规则,处理过程可能失败(例如,由于嵌套分隔符)。在此情况下,至少应要求人工读取(例如,纸制、屏幕或缩微胶片),则应用8个空格,每组四个共两组表示失败。这两组空格以一非十六进制数的字符分隔,最好为星号(*)(例如,当无法使用空格时,应用0代替空格,即0000*0000)。

B.8.2 收到的 MAC 无法鉴别

当接收的 MAC 与鉴别过程中产生的参考 MAC 不相等时(要求 MAC 具有人工可读性),应采用在收到 MAC 空格处插入一非十六进制的可打印字符表示鉴别失败。如果字符集允许,可采用 * 表示(例如,5A6F * 09C3)。

B.9 鉴别密钥

鉴别密钥是发送方和接收方预先交换的用于鉴别算法的秘密密钥。该密钥应随机或伪随机产生(参见附录 F)。用于报文鉴别的密钥不应用于其他目的。任何用于鉴别的密钥不应泄漏给未授权方。

附 录 C
（资料性附录）
编码字符集报文鉴别的示例

C.1 MAC 示例一览

C.1.1 概述

本附录给出了采用 DEA 和 3-DEA 的编码字符集的报文鉴别示例。这些示例说明了表 C.1 所示的 ISO/IEC 9797-1：1999MAC 算法的使用方法。

注：本附录中包含的所有计算应在采用 ECB 和 XOR 选项的单个数据组进行，且结果应采用 CBC 在整个数据组的集合上验证。

表 C.1 MAC 计算示例总表

示例	报文元	ISO/IEC 9797-1：1999 算法	填充方法	分组密码算法	块大小(n)	有效密钥比特	MAC 大小(m)
1	所有	1	1	3-DEA	64	112	32≤m≤64
2	经选择的	1	1	3-DEA	64	112	32≤m≤64
3	所有	3	1	DEA	64	112	32≤m≤64

如 ISO/IEC 9797-1：1999 附录 B 指出的，当使用填充方法 1（或方法 2）的算法 1 时，防止异或伪造攻击是很重要的。这可以通过接收者获知报文的长度或报文内用分隔符分开的域的数目来实现。

示例采用了由 ATM 产生的交易报文，并且包括了一加密 PIN 块。

示例 1 和示例 3 采用整个报文用于 MAC 计算。仅使用报文文本（整体）而不包括协议相关域，如报头。示例 2 说明了仅采用报文选择域的 MAC 计算。

如 5.1 规定，鉴别算法采用密码分组链接（CBC）工作模式。

示例中使用的密钥和数据块的符号应符合 ISO/IEC 9797-1：1999 的要求。

C.1.2 假定预定义协议

以 ASC Ⅱ 字符（每个字符 2 个十六进制数）的十六进制形式表示鉴别元素。产生 MAC 的十六进制数为传送应转换为 ASC Ⅱ 字符形式—MAC 的每个十六进制数应以 ASC Ⅱ 字符的 0～9、A～F 进行传送。

注：在其他条件下，预定义协议对于鉴别元素和 MAC 传送可能规定其他形式。例如，按比特存取协议，二进制数可能用于下述两种情况，减少 MAC 计算时间和 MAC 传送时间。

C.1.3 输入报文示例

下述给出输入报文文本（ASC Ⅱ）的三个示例，示例中的符号¶用于表示域分隔符。

11¶918273645¶¶58143276¶¶;1234567890123456=991210000?¶00012500¶9786534124876923¶

表 C.2、表 C.3 给出示例报文域的简短描述。

表 C.2　输入报文样本

域名称	说　明	值
报文类型	终端表示发送报文类型的代码	11
终端 ID	终端被网络识别的号码	918273645
时间变量数	随着每次交易或报文进行变化的号码或值	58143276
第 2 磁道数据	顾客使用卡片第 2 磁道中编码的信息。该域内容在下文中详细描述	;1234567890123456=991210000?
交易数据	终端告知网络和请求的交易值和类型的域	00012500
加密 PIN Block	客户输入 PIN 被传送到加密网络所在的域	9786534124876923

表 C.3　第 2 磁道数据示例

起始符(SS)	;
主账号	1234567890123456
域分隔符	=
失效日期	9912
自由数据	10 000
结束符(ES)	?

C.2　MAC 计算示例 1

示例 1 使用整个报文文本(可被认为是单一鉴别元素)计算 MAC。对于此示例,预定义协议规定了包含分隔符和从起始符(SS)到结束符(ES)的所有卡编码数据(第 2 磁道)的内容。

加密密钥(十六进制):K=0123 4567 89AB CDEF FEDC BA98 7654 3210

第一数据块(十六进制):31311C3931383237(为 ASC II 代码 11 ¶ 91827 的十六进制形式)。所有数值以十六进制表示。

迭代 (x)	数据块 (Dx)	3-DEA 输入块 (Dx xor Hx-1)	Ⅳ/3-DEA 输出块 (Hx)
0			0000000000000000
1	31311C3931383237	31311C3931383237	827E153B886163D2
2	333634351C1C3538	B148210E947D56EA	00A37ACBAD184184
3	3134333237361C1C	319749F99A2E5D98	1AE4BE256716410E
4	3B31323334353637	21D58C1653237739	2F195D24CD861FA4
5	3839303132333435	17206D15FFB52B91	35B8FF7899281997
6	363D393931323130	0385C641A81A28A7	E156D31014362301
7	3030303F1C303030	D166E32F08061331	49FE9E6E54743E43
8	31323530301C3937	78CCAB5E64680774	4B7E8111049919F3
9	3836353334313234	7348B42230A82BC7	E355B6FF76CFFF03
10	3837363932331C00	DB6280C644FCE303	F7B47FFBD1720C55

注 1:第 1 数据块 D_1 直接输入 3-DEA。可选择的,通过将 CBC 的工作模式设置为Ⅳ可将 H_0 设为 0000000000000000。

注 2：最终数据块包括报文中的 7 个字符以及 00 的填充字节。

注 3：32 比特 MAC 为 F7B47FFB。长型 MAC 可采用附加比特从最终输出模块中抽取出来。

C.3 MAC 计算示例 2

示例 2 为仅采用下述选择报文元的 MAC 计算过程。

——时间变量序号(或值)；

——顾客卡第 2 磁道的账号(PAN)；

——交易数据；

——加密 PIN 块。

对于本示例，预定义协议规定了分隔符内容和鉴别元素的起始点。鉴别计算基于下述输入报文文本(ASC II)进行。"¶"符号用于表示域分隔符。

58143276 ¶;1234567890123456=¶ 00012500 ¶ 9786534124876923 ¶

加密密钥(Hex)K=0123 4567 89AB CDEF FEDC BA98 7654 3210

第 1 数据块(Hex)：3538313433323736(该值为 ASC II 代码 58143276 的十六进制表示形式)。所有数值以十六进制表示。

迭代 (x)	数据块 (Dx)	3-DEA 输入块 ($Dx\ xor\ H_{x-1}$)	Ⅳ/3-DEA 输出块 (Hx)
0			0000000000000000
1	3538313433323736	3538313433323736	46813E6FA5BFB3B0
2	1C3B313233343536	5ABA0F5D968B8686	E3A6673630EF0C1E
3	3738393031323334	D49E5E0601DD3F2A	21644229B112881E
4	35363D1C30303031	14527F358122B82F	84FBC45C0F95DF19
5	323530301C393738	B6CEF46C13ACE821	3F9C8473CDF66468
6	3635333431323438	09A9B747FCC45050	1DBF9E759DF842CD
7	37363932331C0000	2A89A747AEE442CD	6B64A37C973A1548

注 1：第1 数据块 D_1 直接输入 3-DEA。可选择的，通过将 CBC 的工作模式设置为Ⅳ可将 H_0 设为 0000000000000000。

注 2：最终数据块包括报文中的 6 个字符以及 2 个 00 的填充字节。

注 3：32 比特 MAC 为 6B64A37Cf。长型 MAC 可采用附加比特从最终输出模块中抽取出来。

C.4 MAC 计算示例 3

示例 3 采用完整报文文本(可被认为是单一鉴别元素)进行 MAC 计算。对于该示例，预定义协议规定了分隔符的内容以及从起始符(SS)到结束符(ES)的所有卡编码数据(第 2 磁道)。

加密密钥(十六进制)：K=0123 4567 89AB CDEF FEDC BA98 7654 3210

K′=FEDCBA9876543210

第一数据分组(十六进制)：31311C3931383237(为 ASC II 代码 11 ¶ 91827 的十六进制形式)。所有数据以十六进制表示

迭代 (x)	数据分组 (Dx)	3-DEA 输入分组 (Dx xor Hx-1)	Ⅳ/3-DEA 输出分组 (Hx)
0			0000000000000000
1	31311C3931383237	31311C3931383237	356C20A9E60304D9
2	333634351C1C3538	065A149CFA1F31E1	BE3EDA28E5A358EA

迭代 (x)	数据分组 (Dx)	3-DEA 输入分组 (Dx xor Hx-1)	Ⅳ/3-DEA 输出分组 (Hx)
3	3134333237361C1C	8F0AE91AD29544F6	D451B35100C56A84
4	3B31323334353637	EF60816234F05CB3	BCF794DAA6BB0FFE
5	3839303132333435	84CEA4EB94883BCB	3622C2A8A5F73F94
6	363D393931323130	001FFB9194C50EA4	EA776E4F7064C650
7	3030303F1C303030	DA475E706C54F660	2ABFE53C0CA6C57D
8	31323530301C3937	1B8DD00C3CBAFC4A	0EBF212FA1E0EBB2
9	3836353334313234	3689141C95D1D986	65603056F90CA687
10	3837363932331C00	5D57066FCB3FBA87	C156F1B8CDBFB451
		C156F1B8CDBFB451	CCCD3C0841F6C7AB
		CCCD3C0841F6C7AB	C209CCB78EE1B606

注 1：第 1 数据分组 D_1 直接输入 DEA。可选择的，通过将 CBC 的工作模式设置为Ⅳ可将 H_0 设为 0000000000000000。

注 2：最终数据分组包括报文中的 7 个字符以及 1 个 00 的填充字节。

注 3：最终迭代包括附加解密 K′和加密 K。

注 4：32 比特 MAC 为 C209CCB7。可采用附加比特从最终输出分组中抽提出长型 MAC。

附　录　D
（资料性附录）
标准电传格式的报文鉴别框架

D.1　目的

本附录给出了根据本标准定义的格式鉴别电传报文所要求的附加数据的结构框架。

使用示例为 ISO 7746:1988 银行间电传报文格式中的示例 1。

发送方和接收方必须在所选的鉴别格式选项上达成一致，以保证报文被鉴别。

报文鉴别能代替测试密钥计算运用于 ISO 7746 所含的要求或提供测试密钥的任一种格式。当选择符合国际标准的报文鉴别以保护按照本标准结构化的报文的安全时，测试密钥域和相关的内容是可选的。

D.2　报文鉴别数据元

D.2.1　IDA

鉴别密钥标识符为可选数据元。如果出现该域，应放置在报文指示符 YZYZ 开始之后，该域前后应有一空行。

格式：最多 16 个字符。

D.2.2　MAC 计算日期

MAC 计算日期(DMC)等同于所有标准用户电传报文格式中的字段 DATE 中所规定的指令日期。要求提供该数据元素。格式见 GB/T 7408。

D.2.3　20 发送方参考号

报文标识符(MID)等同于所有标准用户电传报文格式中的字段 20 SENDERS REF 所规定的发送银行的交易参考号。要求提供该数据元。

格式：最多 16 个字符。

D.2.4　MAC

报文鉴别码为必选数据元。该域应放置在报文最后域的最后一行之后，前后应各跟一个空行。

格式：8 个十六进制字符(0～9、A～F)每组 4 个字符分成两组出现，中间以空格隔开(hhhhbhhhh)。

结合报文鉴别框架客户转账：标准格式(ISO 7746，例 1B)的报文示例。

45678 LONCOM G

54321 BANFIC CH

YZYZ

:IDA:6666 (鉴别密钥标识符)

FROM:BANQUE FICTITIOUS,GENEVA

TO :LONDON COMMERCIAL BANK, BIRMINGHAM
DATE:19801201 (计算日期的 MAC)

::100 CUSTOMER TRANSFER

PLEASE PAY

:15 TEST KEY:1234
:20 SENDERS REF:A4760 (报文标识符)
:30 VALUE DATE:801 201
:32 AMOUNT:CHF1.000,00
:50 ORIGINATOR:FRANZ HOLZAPFEL
:52 ORIGINATORS BANK:BANQUE DE ZUG, BAHNHOFSTRASSE,ZUG
:53 REIMBURSEMENT:WE HAVE INSTRUCTED BANQUE ANON SA,
CHIASSO TO PAY BANQUE FORTUITOUS
SA, ZUG FOR YOUR LONDON'S ACCOUNT
UNDER TELEGRAPHIC ADVICE TO YOU
:57 PAY TH. RU:NIDWAY BANK LTD, GREEN STREET,WARGRAVE
:59 BENEFICIARY:/1 22689443
H. F. JANSSEN,WALLFLOWER HOTEL WARGRAVE
:70 BENEF INFO: SALARY SEITLEMENT
:72 RECEIVER INFO:PHONE PAY THRU BANK
:82 PAY THRU INFO:PHONE BEN ON WARGRAVE 4725336

:MAC:1773 1044 (报文鉴别码)

45678 LONCOM G
54321 BANFIC CH

附 录 E
（资料性附录）
使用 MID 防重复和丢失保护

E.1 目的

通过使用每一交易特定报文元、时间变量密钥或其他方法并根据预定义协议，可实现防复制和丢失保护。本附录给出了采用 4.3 定义的 MID(报文标识符)检测传送报文的复制和丢失的方法。

也可设计出其他方法，包括本附录描述方法的变种。

E.2 防重复保护

E.2.1 重复报文

在正常状态下，如果来自一指定发送方的 MID 不重复给定的日期和给定的密钥，则重复的报文可被检测到。接收方必须检测 MID 以确保其在以前的报文中未出现过。可采用下述方法中的一种进行检测：

a) 如果 MID 未按预定顺序发送，则接收方可将接收到的 MID 与同日收到的 MID 清单进行比较；

b) 如果用特定密钥鉴别报文的 MID 总是以升序顺序发送的，则接收方只须检测标识符是否严格按照递增顺序。

还可设计出其他方法，包括上述方法的变种。MAC 序列窗口可能是必不可少的，有关窗口管理的技术见 ISO 8732:1988 的附录 D。

E.2.2 多方操作

当 2 方以上的各方共享一个公共的密钥时（“多方操作”）时，如果每一方都使用 MID 的一个互不相同的部分，则可检测出重复。接收方检验 MID 是否在正确的范围内，以及是否从未收到过。

E.2.3 包括身份标识

当发送方和接收方的身份标识均作为鉴别元包含在每个报文中时，接收方仅需检验它就是被期望的接收方，且该 MID 在发送方之前的报文中未出现过。在此情况下，每对发送方和接收方可使用 MID 的整个部分，且在不同双方之间的 MID 可重复。

E.3 丢失检测

如果发送方和接收方均保存有给定时间内使用的 MID 清单，则可检测出传送报文的丢失。一方给需要检测有无丢失的另一方发送该清单(通过一个具有防止重复的已鉴别的报文)。然后进行两个清单的比对。或者，如果按顺序接收 MID，则只要接收到一个乱序的 MID，接收方就可以检测出丢失的报文。当日最后一个 MID 可通过一个具有防止重复的已鉴别报文发送给丢失检测方。也可设计其他方法，包括上述给出方法的变种。

附 录 F
（资料性附录）
伪随机数发生器

F.1 介绍

本附录的目的是通过使用 n 比特分组密码算法，提供伪随机密钥 R 的产生方法。适用的分组密码算法见附录 A。

其他方法见 ISO/IEC 18031。

F.2 算法

$e[X](Y)$ 函数表示采用电子密码本（ECB）中的 n 比特分组密码算法，使用 X 密钥对 Y 加密。K 为仅用于产生其他密钥的密钥。V 为 n 比特种子值，该值也应保密，⊕异或操作符。DT 为日期－时间矢量，该矢量在每个密钥生成时应被更新。I 为中间值。n 比特矢量 R 的产生过程如下：

$I = e[\mathrm{K}](\mathrm{DT})$

$R = e[\mathrm{K}](I \oplus V)$

并根据下述公式生成新的 V：

$V = e[\mathrm{K}](R \oplus I)$

当鉴别算法采用 DEA 密钥时，获得的密钥的产生过程很清楚，其每一第 8 比特位为奇校验位。

对于其他算法，通过重复上述过程多遍（1，2，…，m）即可获得所要求的比特位数（小于或等于 mn）。

附 录 G
（资料性附录）
会话密钥导出

本附录描述了用于报文鉴别的会话密钥导出(SKD)原则。

会话密钥导出的目的是：

——确保每个交易或每个会话具有惟一密钥；

——防止从一个(或多个)会话密钥的信息中测定其他会话密钥(例如，通过导出装置的反转)。

会话密钥的使用能够防止要求采用同一密钥生成多个 MAC 的攻击。

一般情况下，利用发送方和接收方共享的主密钥和应用数据来导出会话密钥，该应用数据对每个交易或会话是惟一的：

Session Key = SKD(Master Key, Application Nonce)

Then

MAC = MACAlgorithm[Session Key](用于鉴别的数据)

应用 Nonce 在明文中与 MAC 进行通讯或已被接收方知晓。由于会话密钥导出是一个密钥管理活动，仅应用数据宜被包含在会话密钥导出中，该数据对于提供会话密钥的惟一性非常必要。MAC 中宜包括鉴别用应用数据。

应用 Nonce 可为发送方控制的交易计数器，并与由发送方或接收方产生的伪随机数任意组合，且被双方知晓。

MAC 算法自身可被用于 SKD 函数。如果其用于 SKD 函数，则 MAC 算法可被多次调用并需要提供足够长度的会话密钥，每次调用的输入应不同。

SKD 函数需要密集计算，通过将会话密钥从缓存的密钥(例如，之前的会话密钥)中导出，可以提高其效率。

附 录 H
（资料性附录）
一般指导信息

报文鉴别的目的是确保接收方收到的交易报文与合法指令人发出的报文完全一致。为满足此要求，报文鉴别应检测到整个伪造交易报文的欺诈插入以及其他合法交易报文的欺诈性修改。

报文鉴别不同于报文加密，因为后者不能从根本上防止修改交易，而前者不仅提供这种保护，而且对于明文报文也提供这种保护，还允许报文在处于保护状态时被解析、处理和记录。报文鉴别用于避免"主动窃取"及相关欺诈性威胁。这些是相对复杂的威胁，因为交易数据可能会通过插入通讯线路的微机系统被实时修改或插入。例如，假定某一罪犯切断了一 ATM 到其主机的通讯线路（ATM 不使用任何形式的报文鉴别），并在该线路中串联插入了一微机系统。该微机系统"看起来"像一个空闲的 ATM。对于 ATM 该系统"看起来"像主机。该欺诈性插入系统被编程以截取并抛弃每个 ATM 发出的现金请求报文，并发送一批准指令作为响应。因此，罪犯可以"提取"走 ATM 的现金，而在该过程中没有账户被借记。

报文鉴别通过对每个交易报文附加"报文鉴别码"而避免"主动窃取"欺诈情况的发生。该代码由几个校验数字组成，这些校验数字类似于奇偶校验或循环冗余校验，但这些校验数字是在加密过程中产生的。

根据发送方和接收方间的预定义协议，报文指令人产生的"报文鉴别码"或"MAC"基于整个报文或者基于报文的重要元素得到（根据预定义协议，报文中未包含的元素除了由指令人和接收方所知，应被包含在 MAC 计算中）。MAC 应包含在传送报文中，并由接收方验证，接收方持有在产生过程中使用的相同密钥。

任何试图在 MAC 产生期间和 MAC 受检测期间内修改受保护报文元的一方，其意图应被检测。由于该方不清楚密钥，因此其无法对修改后的报文产生正确的 MAC。同样的，也没有人可以成功的引入一伪造报文，因其不清楚密钥，则其无法对此报文产生适当的 MAC。

对于有效的报文鉴别，必须确保密钥的保密性。每一对通讯双方最好使用惟一的密钥，这样，密钥的泄漏将只威胁当事双方间的交易且将责任范围缩小到交易双方。

虽然报文鉴别能够检测出伪造和修改的交易报文，但其不能本质的检测出之前有效报文的欺诈性重放以及报文的缺损。附录 E 给出了这些问题的讨论。

报文鉴别不能保护报文处理中的错误和防止报文处理被干扰（报文处理在 MAC 产生前发生或者在 MAC 被验证后进行）。例如，报文鉴别不能防止不诚信商户修改其终端向客户显示交易值，该值将导致客户账户被借记（商户的账户被贷记）一个较高值。

零售 EFT 系统的参与者可有效使用报文鉴别，即使不是全部参与者均使用。不进行报文鉴别的机构可能其后会成为"主动窃取"欺诈行为的受害者，则该机构对欺诈损失负有责任，因为交易记录等将显示交易是否被欺诈性修改。鉴此，参与零售业 EFT 系统的机构能够评估执行报文鉴别的成本以及没有进行报文鉴别的成本，并据此做出决定。

参 考 文 献

[1] ISO 646 信息技术 信息交换用 ISO 7 比特编码字符集

[2] GB/T 7408—2005 数据元和交换格式 信息交换 日期和时间表示法(ISO 8601:2000,IDT)

[3] ISO 7746:1998 银行业务 银行间电传报文格式

[4] ISO 8730:1990 银行业务 报文鉴别要求(批发)

[5] ISO 8731-1:1987 银行业务 报文鉴别的核准算法 第 1 部分:DEA

[6] ISO 9807:1991 银行业务 报文鉴别要求(零售)

[7] ISO/IEC 18031 信息技术 随机数生成

[8] ANSI X9.9—1986 金融机构报文鉴别(批发)1)

[9] ANSI X9.17—1996 金融机构密钥管理(批发)2)

1) 已废止。

2) 已废止。

ICS 29.200
K 81

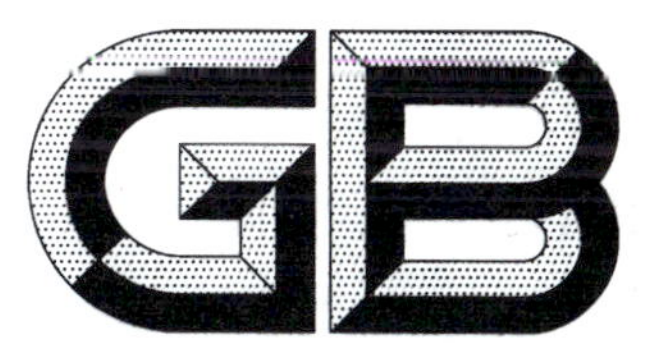

中华人民共和国国家标准

GB/T 27930—2011

电动汽车非车载传导式充电机与电池管理系统之间的通信协议

Communication protocols between off-board conductive charger and battery management system for electric vehicle

2011-12-22 发布　　　　2012-03-01 实施

中华人民共和国国家质量监督检验检疫总局
中国国家标准化管理委员会　发布

前　言

本标准按照 GB/T 1.1—2009 给出的规则起草。

本标准由中华人民共和国国家能源局、工业和信息化部提出。

本标准由能源行业电动汽车充电设施标准化技术委员会归口。

本标准主要起草单位：中国南方电网有限责任公司、广东省电力设计研究院、中国电力科学研究院、国网电力科学研究院、许继集团有限公司、天津清源电动车辆有限责任公司。

本标准主要起草人：李涛、皇甫学真、伍广俭、黄志伟、廖毅、游复生、郭金川、胡玉峰、吴尚洁、严辉、赵明宇、周荣、孟祥峰、赵春明、于文斌。

电动汽车非车载传导式充电机与电池管理系统之间的通信协议

1 范围

本标准规定了电动汽车非车载传导式充电机(以下简称充电机)与电池管理系统(Battery Management System,以下简称BMS)之间基于控制器局域网(CAN)的通信物理层、数据链路层及应用层的定义。

本标准适用于采用传导式充电方式的电动汽车非车载充电机与BMS(或具有充电控制功能的其他车辆控制单元)之间的通信协议。

2 规范性引用文件

下列文件对于本文件的应用是必不可少的。凡是注日期的引用文件,仅注日期的版本适用于本文件。凡是不注日期的引用文件,其最新版本(包括所有的修改单)适用于本文件。

GB/T 19596 电动汽车术语

ISO 11898-1:2003 道路车辆 控制器局域网络 第1部分:数据链路层和物理信令(Road vehicle—Control area network(CAN)—Part 1:Data link layer and physical signaling)

SAE J1939-11:2006 商用车控制系统局域网CAN通信协议 第11部分:物理层—250 K比特/秒,屏蔽双绞线(Recommented practice for serial control and communication vehicle network—Part 11:Physical layer—250K bits/s,twisted shielded pair)

SAE J1939-21:2006 商用车控制系统局域网CAN通信协议 第21部分:数据链路层(Recommented practice for serial control and communication vehicle network—Part 21:Data link layer)

SAE J1939-73:2006 商用车控制系统局域网CAN通信协议 第73部分:应用层—诊断(Recommented practice for serial control and communication vehicle network—Part 73:Application Layer—Diagnostics

3 术语和定义

GB/T 19596界定的以及下列术语和定义适用于本文件。

3.1

帧 frame

组成一个完整信息的一系列数据位。

3.2

CAN数据帧 CAN data frame

组成传输数据的CAN协议所必需的有序位域,以帧起始(SOF)开始,帧结束(EOF)结尾。

3.3

报文 messages

一个或多个具有相同参数组编号的"CAN数据帧"。

3.4

标识符　identifier

CAN 仲裁域的标识部分。

3.5

标准帧　standard frame

CAN 总线中定义的使用 11 位标识符的 CAN 数据帧。

3.6

扩展帧　extended frame

CAN 总线中定义的使用 29 位标识符的 CAN 数据帧。

3.7

优先权　priority

在标识符中一个 3 位的域，设置传输过程的仲裁优先级，最高优先权为 0 级，最低优先权为 7 级。

3.8

参数组　parameter group;PG

在一报文中传送参数的集合。参数组包括：命令、数据、请求、应答和否定应答等。

3.9

参数组编号　parameter group number;PGN

用于唯一标识一个参数组的一个 24 位值。参数组编号包括：保留位、数据页、PDU 格式域(8 位)、组扩展域(8 位)。

3.10

可疑参数编号　suspect parameter number;SPN

应用层通过参数描述信号，给每个参数分配的一个 19 位值。

3.11

协议数据单元　protocol data unit;PDU

一种特定的 CAN 数据帧格式。

3.12

传输协议　transport protocol

数据链路层的一部分，为传送数据在 9 字节或以上的 PGN 提供的一种机制。

3.13

电子控制单元　electronic control unit;ECU

电子控制单元，即车载电脑，由微机和外围电路组成。

3.14

诊断故障代码　diagnostic trouble code;DTC

一种用于识别故障类型、相关故障模式以及发生次数的 4 字节数值。

4　总则

4.1　本标准充电机与 BMS 之间通信网络采用 CAN 通信协议。

4.2　在充电过程中，充电机和 BMS 监测电压、电流和温度等参数，同时 BMS 根据充电控制算法管理整个充电过程。

4.3　充电机与 BMS 之间的 CAN 通信网络应由充电机和 BMS 两个节点组成。

4.4　本标准数据传输采用低位先发送的格式。正的电流值代表放电，负的电流值代表充电。

5 物理层

采用本标准的物理层应符合 ISO 11898-1:2003、SAE J1939-11:2006 中关于物理层的规定。本标准充电机与 BMS 的通信应使用独立于动力总成控制系统之外的 CAN 接口。充电机与 BMS 之间的通信速率可选用 50 kbit/s、125 kbit/s 或 250 kbit/s,本标准推荐采用 250 kbit/s。

6 数据链路层

6.1 帧格式

采用本标准的设备应使用 CAN 扩展帧的 29 位标识符,具体每个位分配的相应定义应符合 SAE J1939-21:2006 的 5.1 中数据帧的规定。

6.2 协议数据单元(PDU)

每个 CAN 数据帧包含一个单一的协议数据单元(PDU),见表 1。协议数据单元由七部分组成,分别是优先权、保留位、数据页、PDU 格式、特定 PDU、源地址和数据域。

表 1 协议数据单元(PDU)

	P	R	DP	PF	PS	SA	DATA
位->	3	1	1	8	8	8	0~64

注 1:P 为优先权:从最高 0 设置到最低 7。本标准充电应答信息、充电状态信息、充电阶段告警信息优先权设为 2,充电控制信息优先权设为 4,其他信息的缺省优先权设为 6。

注 2:R 为保留位:备今后开发使用,本标准设为 0。

注 3:DP 为数据页:用来选择参数组描述的辅助页,本标准设为 0。

注 4:PF 为 PDU 格式:用来确定 PDU 的格式,以及数据域对应的参数组编号。

注 5:PS 为特定 PDU 格式:PS 值取决于 PDU 格式。在本标准中采用 PDU1 格式,PS 值为目标地址。

注 6:SA 为源地址:发送此报文的源地址。

注 7:DATA 为数据域:若给定参数组数据长度≤8 字节,可使用数据域全部的 8 个字节。若给定参数组数据长度为9~1 785字节时,数据传输需多个 CAN 数据帧,通过传输协议功能的连接管理能力来建立和关闭多包参数组的通信,详见本标准 6.5 的规定。

6.3 协议数据单元(PDU)格式

本标准选用 SAE J1939-21:2006 的 5.3 中定义的 PDU1 格式。

6.4 参数组编号(PGN)

本标准 PGN 的第二个字节为 PDU 格式(PF)值,高字节和低字节位均为 00H。

6.5 传输协议功能

本标准中 BMS 与充电机之间传输 9 字节或以上的数据使用传输协议功能。具体连接初始化、数据传输、连接关闭应遵循 SAE J1939-21:2006 的 5.4.7 和 5.10 中消息传输的规定。

6.6 地址的分配

本标准网络地址用于保证信息标识符的唯一性以及表明信息的来源。充电机和BMS定义为不可配置地址，即该地址固定在ECU的程序代码中，包括服务工具在内的任何手段都不能改变其源地址。充电机和BMS分配的地址如表2所示。

表2 充电机和BMS地址分配

装　置	首选地址
充电机	86(56H)
BMS	244(F4H)

6.7 信息类型

CAN总线技术规范支持五种类型的信息，分别为命令、请求、广播/响应、确认和组功能。具体定义应遵循SAE J1939-21:2006的5.4中消息类型的规定。

7 应用层

7.1 本标准应用层采用参数和参数组定义的形式。

7.2 采用PGN对参数组进行编号，各个节点根据PGN来识别数据包的内容。

7.3 使用“请求PGN”来主动获取其他节点的参数组。

7.4 采用周期发送和事件驱动的方式来发送数据。

7.5 如果需发送多个PGN数据来实现一个功能的，需同时收到该定义的多个PGN报文才判断此功能发送成功。

7.6 定义新的参数组时，尽量将相同功能的参数、相同或相近刷新频率的参数和属于同一个子系统内的参数放在同一个参数中；同时，新的参数组既要充分利用8个字节的数据宽度，尽量将相关的参数放在同一个组内，又要考虑扩展性，预留一部分字节或位，以便将来进行修改。

7.7 修改第9章已定义的参数组时，不应对已定义的字节或位的定义进行修改；新增加的参数要与参数组中原有的参数相关，不应为节省PGN的数量而将不相关的参数加入到已定义的PGN中。

7.8 充电过程中充电机和BMS各种故障诊断定义应遵循SAE J1939-73:2006的5.1中CAN总线诊断系统的要求，附录B给出了故障诊断报文定义规范。

7.9 充电阶段的发送报文选项分必须和可选发送项，必须发送项的报文应严格按照报文格式和内容发送；无效信息单元或可选发送项在不需发送时，应对单字节参数设置为0xFF，对双字节参数设置为0xFFFF，对四字节参数设置为0xFFFFFFFF。

7.10 对于多字节的信息单元，无效或预留的字节以0xFF填充，无效或预留的位均置为1。

8 充电总体流程

整个充电过程包括四个阶段：充电握手阶段、充电参数配置阶段、充电阶段和充电结束阶段。在各个阶段，充电机和BMS如果在规定的时间内没有收到对方报文或没有收到正确报文，即判定为超时，超时时间除特殊规定外，均为5 s；当出现超时后，BMS或充电机发送错误报文，并进入错误处理状态。充电总流程具体见图1。

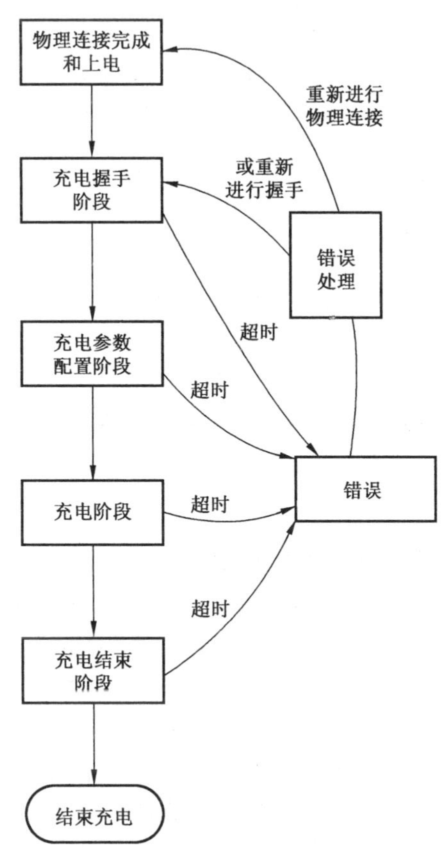

图 1　充电总体流程图

9　报文分类

9.1　充电握手阶段

当充电机和BMS物理连接完成并上电后，BMS首先检测低压辅助电源是否匹配，如果低压辅助电源匹配，双方进入充电握手阶段，确定电池和充电机的必要信息。典型的充电工作状态转换参见图A.1。充电握手阶段报文应符合表3的要求。

表 3　充电握手阶段报文分类

报文代号	报文描述	PGN	PGN (Hex)	优先权	数据长度/byte	报文周期/ms	源地址-目的地址
CRM	充电机辨识报文	256	000100H	6	8	250	充电机-BMS
BRM	BMS和车辆辨识报文	512	000200H	6	41	250	BMS-充电机

9.2　充电参数配置阶段

充电握手阶段完成后，充电机和BMS进入充电参数配置阶段。在此阶段，充电机向BMS发送充电机最大输出能力的报文，BMS根据充电机最大输出能力判断是否能够进行充电。典型的充电工作状态转换参见图A.2。充电参数配置阶段报文应符合表4的要求。

表 4 充电参数配置阶段报文分类

报文代号	报文描述	PGN	PGN (Hex)	优先权	数据长度/byte	报文周期/ms	源地址-目的地址
BCP	动力蓄电池充电参数	1536	000600H	6	13	500	BMS-充电机
CTS	充电机发送时间同步信息	1792	000700H	6	7	500	充电机-BMS
CML	充电机最大输出能力	2048	000800H	6	6	250	充电机-BMS
BRO	电池充电准备就绪状态	2304	000900H	4	1	250	BMS-充电机
CRO	充电机输出准备就绪状态	2560	000A00H	4	1	250	充电机-BMS

9.3 充电阶段

充电配置阶段完成后，充电机和 BMS 进入充电阶段。在整个充电阶段，BMS 实时向充电机发送电池充电需求，充电机根据电池充电需求来调整充电电压和充电电流以保证充电过程正常进行。在充电过程中，充电机和 BMS 相互发送各自的充电状态。除此之外，BMS 根据要求向充电机发送动力蓄电池具体状态信息及电压、温度等信息。

BMS 根据充电过程是否正常、电池状态是否达到 BMS 自身设定的充电结束条件以及是否收到充电机中止充电报文来判断是否结束充电；充电机根据是否收到停止充电指令、充电过程是否正常、是否达到人为设定的充电参数值，或者是否收到 BMS 中止充电报文来判断是否结束充电。典型的充电工作状态转换参见图 A.3。充电阶段报文应符合表 5 的要求。

表 5 充电阶段报文分类

报文代号	报文描述	PGN	PGN (Hex)	优先权	数据字节/byte	报文周期	源地址-目的地址
BCL	电池充电需求	4096	001000H	6	5	50 ms	BMS-充电机
BCS	电池充电总状态	4352	001100H	6	9	250 ms	BMS-充电机
CCS	充电机充电状态	4608	001200H	6	6	50 ms	充电机-BMS
BSM	动力蓄电池状态信息	4864	001300H	6	7	250 ms	BMS-充电机
BMV	单体动力蓄电池电压	5376	001500H	6	不定	1 s	BMS-充电机
BMT	动力蓄电池温度	5632	001600H	6	不定	1 s	BMS-充电机
BSP	动力蓄电池预留报文	5888	001700H	6	不定	1 s	BMS-充电机
BST	BMS 中止充电	6400	001900H	4	4	10 ms	BMS-充电机
CST	充电机中止充电	6656	001A00H	4	4	10 ms	充电机-BMS

9.4 充电结束阶段

当充电机和 BMS 停止充电后，双方进入充电结束阶段。在此阶段 BMS 向充电机发送整个充电过程中的充电统计数据，包括：初始 SOC、终了 SOC、电池最低电压和最高电压；充电机收到 BMS 的充电统计数据后，向 BMS 发送整个充电过程中的输出电量、累计充电时间等信息，最后停止低压辅助电源的输出。典型的充电工作状态转换参见图 A.4。充电结束阶段报文应符合表 6 的要求。

表 6　充电结束阶段报文分类

报文代号	报文描述	PGN	PGN (Hex)	优先权	数据字节/byte	报文周期/ms	源地址-目的地址
BSD	BMS 统计数据	7168	001C00H	6	7	250	BMS-充电机
CSD	充电机统计数据	7424	001D00H	6	5	250	充电机-BMS

9.5　错误报文

整个充电阶段，BMS 和充电机发送的错误信息报文应符合表 7 的要求。

表 7　错误报文分类

报文代号	报文描述	PGN	PGN (Hex)	优先权	数据字节/byte	报文周期/ms	源地址-目的地址
BEM	BMS 错误报文	7680	001E00H	2	4	250	BMS-充电机
CEM	充电机错误报文	7936	001F00H	2	4	250	充电机-BMS

10　报文格式和内容

10.1　握手阶段报文

10.1.1　PGN256 充电机辨识报文(CRM)

报文目的：当充电机和 BMS 完成物理连接并上电后，该报文由充电机向 BMS 每隔 250 ms 发送一次充电机辨识报文，用于确认充电机和 BMS 之间通信链路正确。在收到 BMS 辨识报文前，确认码＝0x00；在收到车载充电机辨识报文后，确认码＝0xAA。PGN256 报文格式见表 8。

表 8　PGN256 报文格式

起始字节或位	长度	SPN	SPN 定义	发送选项
1	1 字节	2560	辨识结果，(〈0x00〉:＝BMS 不能辨识；〈0xAA〉:＝BMS 能辨识)	必须项
2	1 字节	2561	充电机编号，1/位，1 偏移量，数据范围：1～100	必须项
3	6 字节	2562	充电机/充电站所在区域编码，标准 ASCII 码	可选项

10.1.2　PGN512 BMS 和车辆辨识报文(BRM)

报文目的：充电握手阶段向充电机提供 BMS 和车辆辨识信息。当 BMS 收到 SPN2560＝0x00 的充电机辨识报文后向充电机每隔 250 ms 发送一次，数据域长度超出 8 字节时，需使用传输协议功能传输，格式详见 6.5 的规定，发送间隔为 10 ms，直到收到 SPN2560＝0xAA 的充电机辨识报文为止。PGN512 报文格式见表 9。

表 9 PGN512 报文格式

起始字节或位	长度	SPN	SPN 定义	发送选项
1	3 字节	2565	BMS 通信协议版本号，本标准规定当前版本为 V1.0，表示为：byte3，byte2——0001H；byte1——00H	必须项
4	1 字节	2566	电池类型，01H：铅酸电池；02H：镍氢电池；03H：磷酸铁锂电池；04H：锰酸锂电池；05H：钴酸锂电池；06H：三元材料电池；07H：聚合物锂离子电池；08H：钛酸锂电池；FFH：其他电池	必须项
5	2 字节	2567	整车动力蓄电池系统额定容量/A·h，0.1 A·h/位，0 A·h 偏移量，数据范围：0～1 000 A·h	必须项
7	2 字节	2568	整车动力蓄电池系统额定总电压/V，0.1 V/位，0 V 偏移量，数据范围：0～750 V	必须项
9	4 字节	2569	电池生产厂商名称，标准 ASCII 码	可选项
13	4 字节	2570	电池组序号，预留，由厂商自行定义	可选项
17	1 字节	2571	电池组生产日期：年，1 年/位，1985 年偏移量，数据范围：1985～2235 年	可选项
18	1 字节		电池组生产日期：月，1 月/位，0 月偏移量，数据范围：1～12 月	可选项
19	1 字节		电池组生产日期：日，1 日/位，0 日偏移量，数据范围：1～31 日	可选项
20	3 字节	2572	电池组充电次数，1 次/位，0 次偏移量，以 BMS 统计为准	可选项
23	1 字节	2573	电池组产权标识（〈0〉：＝租赁；〈1〉：＝车自有）	可选项
24	1 字节	2574	预留	可选项
25	17 字节	2575	车辆识别码（VIN）	可选项

10.2 参数配置阶段报文

10.2.1 PGN1536 动力蓄电池充电参数报文（BCP）

报文目的：充电参数配置阶段 BMS 发送给充电机的动力蓄电池充电参数。PGN1536 报文格式见表 10。

表 10 PGN1536 报文格式

起始字节或位	长度	SPN	SPN 定义	发送选项
1	2 字节	2816	单体动力蓄电池最高允许充电电压	必须项
3	2 字节	2817	最高允许充电电流	必须项
5	2 字节	2818	动力蓄电池标称总能量	必须项
7	2 字节	2819	最高允许充电总电压	必须项
9	1 字节	2820	最高允许温度	必须项
10	2 字节	2821	整车动力蓄电池荷电状态	必须项
12	2 字节	2822	整车动力蓄电池总电压	必须项

其中：

1） SPN2816 单体动力蓄电池最高允许充电电压

数据分辨率：0.01 V/位，0 V 偏移量；数据范围：0 V～24V；

2） SPN2817 最高允许充电电流

数据分辨率：0.1A/位，－400 A 偏移量；数据范围：－400 A～0 A；

3） SPN2818 动力蓄电池标称总能量

数据分辨率：0.1 kW·h/位，0 kW·h 偏移量；数据范围：0～1 000 kW·h；

4） SPN2819 最高允许充电总电压

数据分辨率：0.1 V/位，0 V 偏移量；数据范围：0 V～750 V；

5） SPN2820 最高允许动力蓄电池温度

数据分辨率：1 ℃/位，－50 ℃偏移量；数据范围：－50 ℃～＋200 ℃；

6） SPN2821 整车动力蓄电池荷电状态（SOC）

数据分辨率：0.1％/位，0％偏移量；数据范围：0～100％；

7） SPN2822 整车动力蓄电池总电压

数据分辨率：0.1 V/位，0 V 偏移量；数据范围：0 V～750 V。

10.2.2 PGN1792 充电机发送时间同步信息报文（CTS）

报文目的：充电参数配置阶段充电机发送给 BMS 的时间同步信息。PGN1792 报文格式见表 11。

表 11 PGN1792 报文格式

起始字节或位	长度	SPN	SPN 定义	发送选项
1	7 字节	2823	年/月/日/时/分/秒	可选项

其中：SPN2823 日期/时间

第 1 字节：秒（压缩 BCD 码）；第 2 字节：分（压缩 BCD 码）；

第 3 字节：时（压缩 BCD 码）；第 4 字节：日（压缩 BCD 码）；

第 5 字节：月（压缩 BCD 码）；第 6～7 字节：年（压缩 BCD 码）。

10.2.3 PGN2048 充电机最大输出能力报文（CML）

报文目的：充电机发送给 BMS 充电机最大输出能力，以便估算剩余充电时间。PGN2048 报文格式见表 12。

表 12 PGN2048 报文格式

起始字节或位	长度	SPN	SPN 定义	发送选项
1	2 字节	2824	最高输出电压（V）	必须项
3	2 字节	2825	最低输出电压（V）	必须项
5	2 字节	2826	最大输出电流（A）	必须项

其中：

1） SPN2824 最高输出电压（V）

数据分辨率：0.1 V/位，0 V 偏移量；数据范网：0 V～＋750 V；

2） SPN2825 最低输出电压（V）

数据分辨率:0.1 V/位,0 V 偏移量;数据范围:0 V～+750 V;

3) SPN2826 最大输出电流(A)

数据分辨率:0.1 A/位,−400 A 偏移量;数据范围:−400 A～0 A。

10.2.4 PGN2304 BMS 充电准备就绪报文(BRO)

报文目的:BMS 发送给充电机电池充电准备就绪报文,让充电机确认 BMS 已经准备充电。PGN2304 报文格式见表 13。

表 13 PGN2304 报文格式

起始字节或位	长度	SPN	SPN 定义	发送选项
1	1 字节	2829	BMS 是否充电准备好(〈0x00〉:=BMS 未做好充电准备;〈0xAA〉:=BMS 完成充电准备;〈0xFF〉:=无效)	必须项

10.2.5 PGN2560 充电机输出准备就绪报文(CRO)

报文目的:充电机发送给 BMS 充电机输出准备就绪报文,让 BMS 确认充电机已经准备输出。PGN2560 报文格式见表 14。

表 14 PGN2560 报文格式

起始字节或位	长度	SPN	SPN 定义	发送选项
1	1 字节	2830	充电机是否充电准备好(〈0x00〉:=充电机未完成充电准备;〈0xAA〉:=充电机完成充电准备;〈0xFF〉:=无效)	必须项

10.3 充电阶段报文

10.3.1 PGN4096 电池充电需求报文(BCL)

报文目的:让充电机根据电池充电需求来调整充电电压和充电电流,确保充电过程正常进行。如果充电机在 100 ms 内没有收到该报文,即为超时错误,充电机应立即结束充电。

在恒压充电模式下,充电机的输出的电压应满足电压需求值,输出的电流不能超过电流需求值;在恒流充电模式下,充电机输出的电流应满足电流需求值,输出的电压不能超过电压需求值。PGN4096 报文格式见表 15。

表 15 PGN4096 报文格式

起始字节或位	长度	SPN	SPN 定义	发送选项
1	2 字节	3072	电压需求(V)	必须项
3	2 字节	3073	电流需求(A)	必须项
5	1 字节	3074	充电模式(0x01:恒压充电;0x02:恒流充电)	必须项

其中:

1) SPN3072 电压需求

数据分辨率:0.1 V/位,0 V 偏移量;数据范围:0 V～750 V;

2) SPN3073 电流需求

数据分辨率:0.1 A/位,-400 A 偏移量;数据范围:-400 A~0 A。

10.3.2 PGN4352 电池充电总状态报文(BCS)

报文目的:让充电机监视充电过程中电池组充电电压、充电电流等充电状态。PGN4352 报文格式见表 16。

表 16 PGN4352 报文格式

起始字节或位	长度	SPN	SPN 定义	发送选项
1	2 字节	3075	充电电压测量值(V)	必须项
3	2 字节	3076	充电电流测量值(A)	必须项
5	2 字节	3077	最高单体动力蓄电池电压及其组号	必须项
7	1 字节	3078	当前荷电状态 SOC(%)	必须项
8	2 字节	3079	估算剩余充电时间(min)	必须项

其中:

1) SPN3075 充电电压测量值

数据分辨率:0.1 V/位,0 V 偏移量;数据范围:0 V~750 V;

2) SPN3076 充电电流测量值

数据分辨率:0.1 A/位,-400 A 偏移量;数据范围:-400 A~0 A;

3) SPN3077 最高单体动力蓄电池电压及其组号

1~12 位:最高单体动力蓄电池电压,数据分辨率:0.01 V/位,0 V 偏移量;数据范围:0 V~24 V;

13~16 位:最高单体动力蓄电池电压所在组号,数据分辨率:1/位,1 偏移量;数据范围:1~16;

4) SPN3078 当前荷电状态 SOC

数据分辨率:1%/位,0% 偏移量;数据范围:0~100%;

5) SPN3079 估算剩余充电时间,当 BMS 以实际电流为准进行测算的剩余时间超过 600 min 时,按 600 min 发送。

数据分辨率:1 min/位,0 min 偏移量;数据范围:0 min~600 min。

10.3.3 PGN4608 充电机充电状态报文(CCS)

报文目的:让 BMS 监视充电机当前输出的充电电流、电压值等信息。如果 BMS 在 100 ms 内没有收到该报文,即为超时错误,BMS 应立即结束充电。PGN4608 报文格式见表 17。

表 17 PGN4608 报文格式

起始字节或位	长度	SPN	SPN 定义	发送选项
1	2 字节	3081	电压输出值(V)	必须项
3	2 字节	3082	电流输出值(A)	必须项
5	2 字节	3083	累计充电时间(min)	必须项

其中:

1) SPN3081 电压输出值(V)

数据分辨率:0.1 V/位,0 V 偏移量;数据范围:0 V~750 V;

2） SPN3082 电流输出值(A)

数据分辨率:0.1 A/位,—400 A 偏移量;数据范围:—400 A～0 A;

3） SPN3083 累计充电时间(min)

数据分辨率:1 min/位,0 min 偏移量;数据范围:0 min～600 min。

10.3.4 PGN4864 BMS 发送动力蓄电池状态信息报文(BSM)

报文目的:充电阶段 BMS 发送给充电机的动力蓄电池状态信息。PGN4864 报文格式见表 18。

表 18 PGN4864 报文格式

起始字节或位	长度	SPN	SPN 定义	发送选项
1	1 字节	3085	最高单体动力蓄电池电压所在编号	必须项
2	1 字节	3086	最高动力蓄电池温度	必须项
3	1 字节	3087	最高温度检测点编号	必须项
4	1 字节	3088	最低动力蓄电池温度	必须项
5	1 字节	3089	最低动力蓄电池温度检测点编号	必须项
6.1	2 位	3090	单体动力蓄电池电压过高/过低(〈00〉:=正常;〈01〉:=过高;〈10〉:=过低)	必须项
6.3	2 位	3091	整车动力蓄电池荷电状态 SOC 过高/过低(〈00〉:=正常;〈01〉:=过高;〈10〉:=过低)	必须项
6.5	2 位	3092	动力蓄电池充电过电流(〈00〉:=正常;〈01〉:=过流;〈10〉:=不可信状态)	必须项
6.7	2 位	3093	动力蓄电池温度过高(〈00〉:=正常;〈01〉:=过高;〈10〉:=不可信状态)	必须项
7.1	2 位	3094	动力蓄电池绝缘状态(〈00〉:=正常;〈01〉:=不正常;〈10〉:=不可信状态)	必须项
7.3	2 位	3095	动力蓄电池组输出连接器连接状态(〈00〉:=正常;〈01〉:=不正常;〈10〉:=不可信状态)	必须项
7.5	2 位	3096	充电允许(〈00〉:=禁止;〈01〉:=允许)	必须项

其中:

1） SPN3085 最高单体动力蓄电池电压所在编号

数据分辨率:1/位,1 偏移量;数据范围:1～256;

2） SPN3086 最高动力蓄电池温度

数据分辨率:1 ℃/位,—50 ℃偏移量;数据范围:—50 ℃～+200 ℃;

3） SPN3087 最高温度检测点编号

数据分辨率:1/位,1 偏移量;数据范围:1～128;

4） SPN3088 最低动力蓄电池温度

数据分辨率:1 ℃/位,—50 ℃偏移量;数据范围:—50 ℃～+200 ℃;

5） SPN3089 最低温度检测点编号

数据分辨率:1/位,1 偏移量:数据范围:1～128。

10.3.5 PGN5376 单体动力蓄电池电压报文(BMV)

报文目的:各个单体动力蓄电池电压值。由于PGN5376的数据域的最大长度超出8字节,需使用传输协议功能传输,详见6.5的规定。PGN5376报文格式见表19。

表19 PGN5376报文格式

起始字节或位	长度	SPN	SPN定义	发送选项
1	2字节	3101	#1单体动力蓄电池电压	可选项
3	2字节	3102	#2单体动力蓄电池电压	可选项
5	2字节	3103	#3单体动力蓄电池电压	可选项
7	2字节	3104	#4单体动力蓄电池电压	可选项
9	2字节	3105	#5单体动力蓄电池电压	可选项
11	2字节	3106	#6单体动力蓄电池电压	可选项
……				
509	2字节	3355	#255单体动力蓄电池电压	可选项
511	2字节	3356	#256单体动力蓄电池电压	可选项

其中:

SPN3101~SPN3356分别对应#1~#256单体动力蓄电池电压

1~12位:单体动力蓄电池电压,数据分辨率:0.01 V/位,0 V偏移量;数据范围:0 V~24 V;

13~16位:单体动力蓄电池的编号,数据分辨率:1/位,1偏移量:数据范围:1~16。

10.3.6 PGN5632 动力蓄电池温度报文(BMT)

报文目的:动力蓄电池温度。数据长度超出8字节时,需使用传输协议功能传输,格式详见6.5的规定。PGN5632报文格式见表20。

表20 PGN5632报文格式

起始字节或位	长度	SPN	SPN定义	发送选项
1	1字节	3361	动力蓄电池温度1	可选项
2	1字节	3362	动力蓄电池温度2	可选项
3	1字节	3363	动力蓄电池温度3	可选项
4	1字节	3364	动力蓄电池温度4	可选项
5	1字节	3365	动力蓄电池温度5	可选项
6	1字节	3366	动力蓄电池温度6	可选项
……				
127	1字节	3487	动力蓄电池温度127	可选项
128	1字节	3488	动力蓄电池温度128	可选项

其中:

SPN3361~SPN3488分别对应动力蓄电池1~128的温度

数据分辨率:1 ℃/位,−50 ℃偏移量;数据范围:−50 ℃~+200 ℃。

10.3.7 PGN5888 动力蓄电池预留报文(BSP)

报文目的:动力蓄电池预留报文。数据域长度超出 8 字节时,需使用传输协议功能传输,格式详见 6.5 的规定。PGN5888 报文格式见表 21。

表 21 PGN5888 报文格式

起始字节或位	长度	SPN	SPN 定义	发送选项
1	1 字节	3491	动力蓄电池预留字段 1	可选项
2	1 字节	3492	动力蓄电池预留字段 2	可选项
3	1 字节	3493	动力蓄电池预留字段 3	可选项
4	1 字节	3494	动力蓄电池预留字段 4	可选项
……				
16	1 字节	3506	动力蓄电池预留字段 16	可选项

10.3.8 PGN6400 BMS 中止充电报文(BST)

报文目的:让充电机确认 BMS 将发送中止充电报文以令充电机结束充电过程以及结束充电原因。PGN6400 报文格式见表 22。

表 22 PGN6400 报文格式

起始字节或位	长度	SPN	SPN 定义	发送选项
1	1 字节	3511	BMS 中止充电原因	必须项
2	2 字节	3512	BMS 中止充电故障原因	必须项
4	1 字节	3513	BMS 中止充电错误原因	必须项

其中:

1) SPN3511 BMS 中止充电原因

第 1~2 位:达到所需求的 SOC 目标值

〈00〉:=未达到所需 SOC 目标值;〈01〉:=达到所需 SOC 目标值;〈10〉:=不可信状态;

第 3~4 位:达到总电压的设定值

〈00〉:=未达到总电压设定值;〈01〉:=达到总电压设定值;〈10〉:=不可信状态;第 5~6 位:达到单体电压的设定值

〈00〉:=未达到单体电压设定值;〈01〉:=达到单体电压设定值;〈10〉:=不可信状态。

2) SPN3512 BMS 中止充电故障原因

第 1~2 位:绝缘故障

〈00〉:=正常;〈01〉:=故障;〈10〉:=不可信状态;

第 3~4 位:输出连接器过温故障

〈00〉:=正常;〈01〉:=故障;〈10〉:=不可信状态;

第 5~6 位:BMS 元件、输出连接器过温

〈00〉:=正常;〈01〉:=故障;〈10〉:=不可信状态;

第 7～8 位:充电连接器故障

〈00〉:=充电连接器正常;〈01〉:=充电连接器故障;〈10〉:=不可信状态;

第 9～10 位:电池组温度过高故障

〈00〉:=电池组温度正常;〈01〉:=电池组温度过高;〈10〉:=不可信状态;

第 11～12 位:其他故障

〈00〉:=正常;〈01〉:=故障;〈10〉:=不可信状态。

3) SPN3513 BMS 中止充电错误原因

第 1～2 位:电流过大

〈00〉:=电流正常;〈01〉:=电流超过需求值;〈10〉:=不可信状态;

第 3～4 位:电压异常

〈00〉:=正常;〈01〉:=电压异常;〈10〉:=不可信状态。

10.3.9 PGN6656 充电机中止充电报文(CST)

报文目的:让 BMS 确认充电机即将结束充电以及结束充电原因。PGN6656 报文格式见表 23。

表 23 PGN6656 报文格式

起始字节或位	长度	SPN	SPN 定义	发送选项
1	1 字节	3521	充电机中止充电原因	必须项
2	2 字节	3522	充电机中止充电故障原因	必须项
4	1 字节	3523	充电机中止充电错误原因	必须项

其中:

1) SPN3521 充电机中止充电原因

第 1～2 位:达到充电机设定的条件中止

〈00〉:=正常;〈01〉:=达到充电机设定条件中止;〈10〉:=不可信状态;

第 3～4 位:人工中止

〈00〉:=正常;〈01〉:=人工中止;〈10〉:=不可信状态;

第 5～6 位:故障中止

〈00〉:=正常;〈01〉:=故障中止;〈10〉:=不可信状态。

2) SPN3522 充电机中止充电故障原因

第 1～2 位:充电机过温故障

〈00〉:=充电机温度正常;〈01〉:=充电机过温;〈10〉:=不可信状态;

第 3～4 位:充电连接器故障

〈00〉:=充电连接器正常;〈01〉:=充电连接器故障;〈10〉:=不可信状态;

第 5～6 位:充电机内部过温故障

〈00〉:=充电机内部温度正常;〈01〉:=充电机内部过温;〈10〉:=不可信状态;

第 7～8 位:所需电量不能传送

〈00〉:=电量传送正常;〈01〉:电量不能传送;〈10〉:=不可信状态;

第 9～10 位:充电机急停故障

〈00〉:=正常;〈01〉:=充电机急停;〈10〉:=不可信状态;

第 11～12 位:其他故障

〈00〉:=正常;〈01〉:=故障;〈10〉:=不可信状态。

3） SPN3523 充电机中止充电错误原因
第 1～2 位：电流不匹配
〈00〉：＝电流匹配；〈01〉：＝电流不匹配；〈10〉：＝不可信状态；
第 3～4 位：电压异常
〈00〉：＝正常；〈01〉：＝电压异常；〈10〉：＝不可信状态。

10.4 充电结束阶段报文

10.4.1 PGN7168 BMS 统计数据报文（BSD）

报文目的：让充电机确认 BMS 对于本次充电过程的充电统计数据。PGN7168 报文格式见表 24。

表 24 PGN7168 报文格式

起始字节或位	长度	SPN	SPN 定义	发送选项
1	1 字节	3601	中止荷电状态 SOC（%）	必须项
2	2 字节	3602	动力蓄电池单体最低电压（V）	必须项
4	2 字节	3603	动力蓄电池单体最高电压（V）	必须项
6	1 字节	3604	动力蓄电池最低温度（℃）	必须项
7	1 字节	3605	动力蓄电池最高温度（℃）	必须项

其中：
1） SPN3601 中止荷电状态 SOC
数据分辨率：1%/位，0%偏移量；数据范围：0～100%；
2） SPN3602 动力蓄电池单体最低电压
数据分辨率：0.01V/位，0 V 偏移量；数据范围：0 V～24 V；
3） SPN3603 动力蓄电池单体最高电压
数据分辨率：0.01V/位，0 V 偏移量；数据范围：0 V～24 V；
4） SPN3604 动力蓄电池最低温度
数据分辨率：1 ℃/位，－50 ℃偏移量；数据范围：－50 ℃～＋200 ℃；
5） SPN3605 动力蓄电池最高温度
数据分辨率：1 ℃/位，－50 ℃偏移量；数据范围：－50 ℃～＋200 ℃。

10.4.2 PGN7424 充电机统计数据报文（CSD）

报文目的：确认充电机本次充电过程的充电统计数据。PGN7424 报文格式见表 25。

表 25 PGN7424 报文格式

起始字节或位	长度	SPN	SPN 定义	发送选项
1	2 字节	3611	累计充电时间（min）	必须项
3	2 字节	3612	输出能量（kW・h）	必须项
5	1 字节	3613	充电机编号，1/位，1 偏移量，数据范围：1～100	必须项

其中：
1） SPN3611 累计充电时间

数据分辨率：1 min/位，0 min 偏移量；数据范围：0 min～600 min；

2） SPN3612 输出能量

数据分辨率：0.1 kW·h/位，0 kW·h 偏移量；数据范围：0 kW·h～1 000 kW·h。

10.5 错误报文

10.5.1 PGN7680 BMS 错误报文（BEM）

报文目的：当 BMS 检测到错误时，发送给充电机充电错误原因报文。PGN7680 报文格式见表 26。

表 26 PGN7680 报文格式

起始字节或位	长度	SPN	SPN 定义
1.1	2 位	3901	接收 SPN2560=0x00 的充电机辨识报文超时（〈00〉：=正常；〈01〉：=超时；〈10〉：=不可信状态）
1.3	2 位	3902	接收 SPN2560=0xAA 的充电机辨识报文超时（〈00〉：=正常；〈01〉：=超时；〈10〉：=不可信状态）
2.1	2 位	3903	接收充电机的时间同步和充电机最大输出能力报文超时（〈00〉：=正常；〈01〉：=超时；〈10〉：=不可信状态）
2.3	2 位	3904	接收充电机完成充电准备报文超时（〈00〉：=正常；〈01〉：=超时；〈10〉：=不可信状态）
3.1	2 位	3905	接收充电机充电状态报文超时（〈00〉：=正常；〈01〉：=超时；〈10〉：=不可信状态）
3.3	2 位	3906	接收充电机中止充电报文超时（〈00〉：=正常；〈01〉：=超时；〈10〉：=不可信状态）
4.1	2 位	3907	接收充电机充电统计报文超时（〈00〉：=正常；〈01〉：=超时；〈10〉：=不可信状态）

10.5.2 PGN7936 充电机错误报文（CEM）

报文目的：当充电机检测到错误时，发送给 BMS 充电错误原因报文。PGN7936 报文格式见表 27。

表 27 PGN7936 报文格式

起始字节或位	长度	SPN	SPN 定义
1.1	2 位	3921	接收 BMS 和车辆的辨识报文超时（〈00〉：=正常；〈01〉：=超时；〈10〉：=不可信状态）
2.1	2 位	3922	接收电池充电参数报文超时（〈00〉：=正常；〈01〉：=超时；〈10〉：=不可信状态）
2.3	2 位	3923	接收 BMS 完成充电准备报文超时（〈00〉：=正常；〈01〉：=超时；〈10〉：=不可信状态）
3.1	2 位	3924	接收电池充电总状态报文超时（〈00〉：=正常；〈01〉：=超时；〈10〉：=不可信状态）
3.3	2 位	3925	接收电池充电要求报文超时（〈00〉：=正常；〈01〉：=超时；〈10〉：=不可信状态）
3.5	2 位	3926	接收 BMS 中止充电报文超时（〈00〉：=正常；〈01〉：=超时；〈10〉：=不可信状态）
4.1	2 位	3927	接收 BMS 充电统计报文超时（〈00〉：=正常；〈01〉：=超时；〈10〉：=不可信状态）

附 录 A
（资料性附录）
充 电 流 程

当BMS和充电机物理连接完成并上电后，BMS和充电机的状态转换，是相互协调工作的互操作约定。典型的充电工作状态转换如图A.1～图A.4所示。

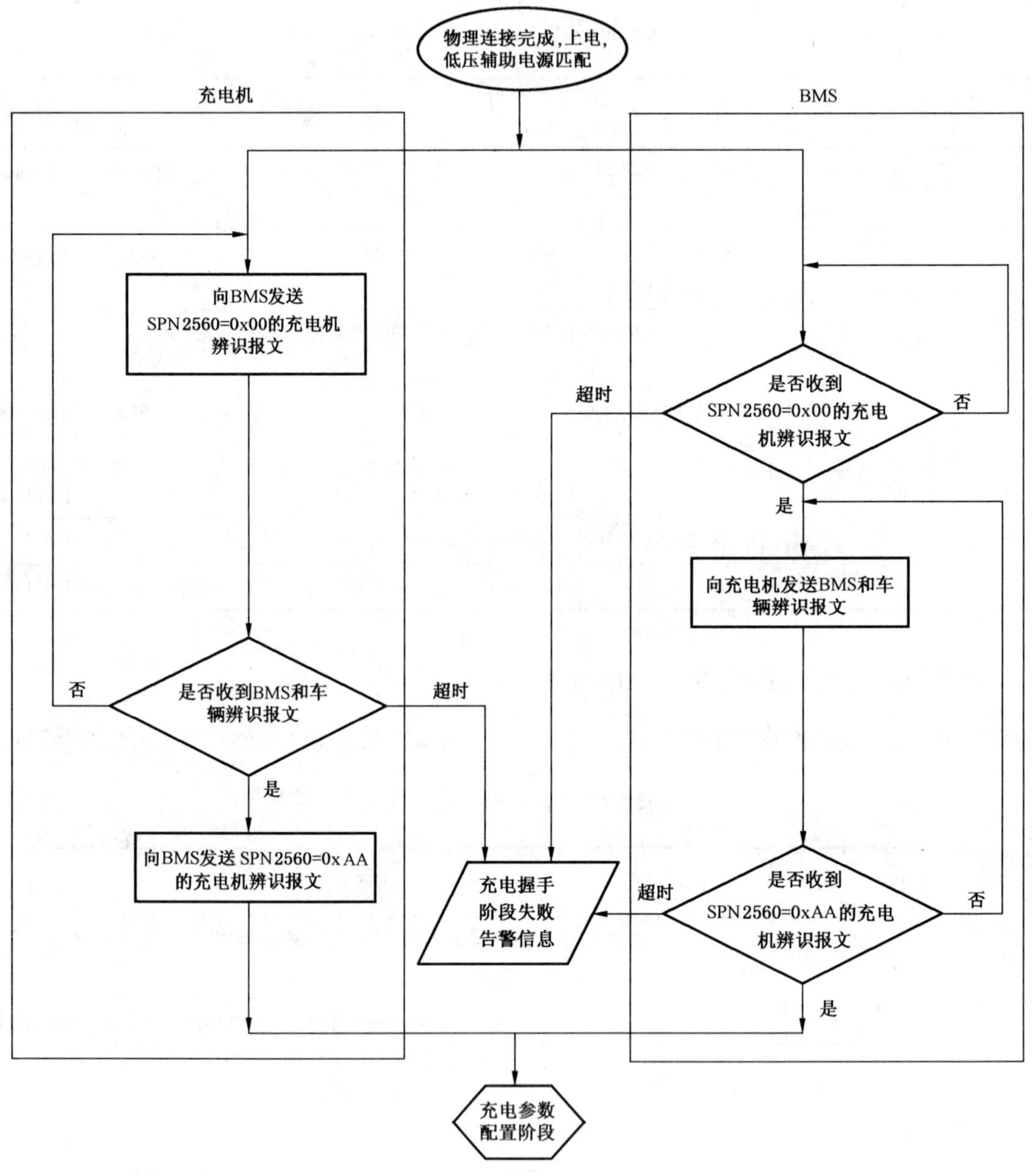

图A.1 充电握手阶段流程图

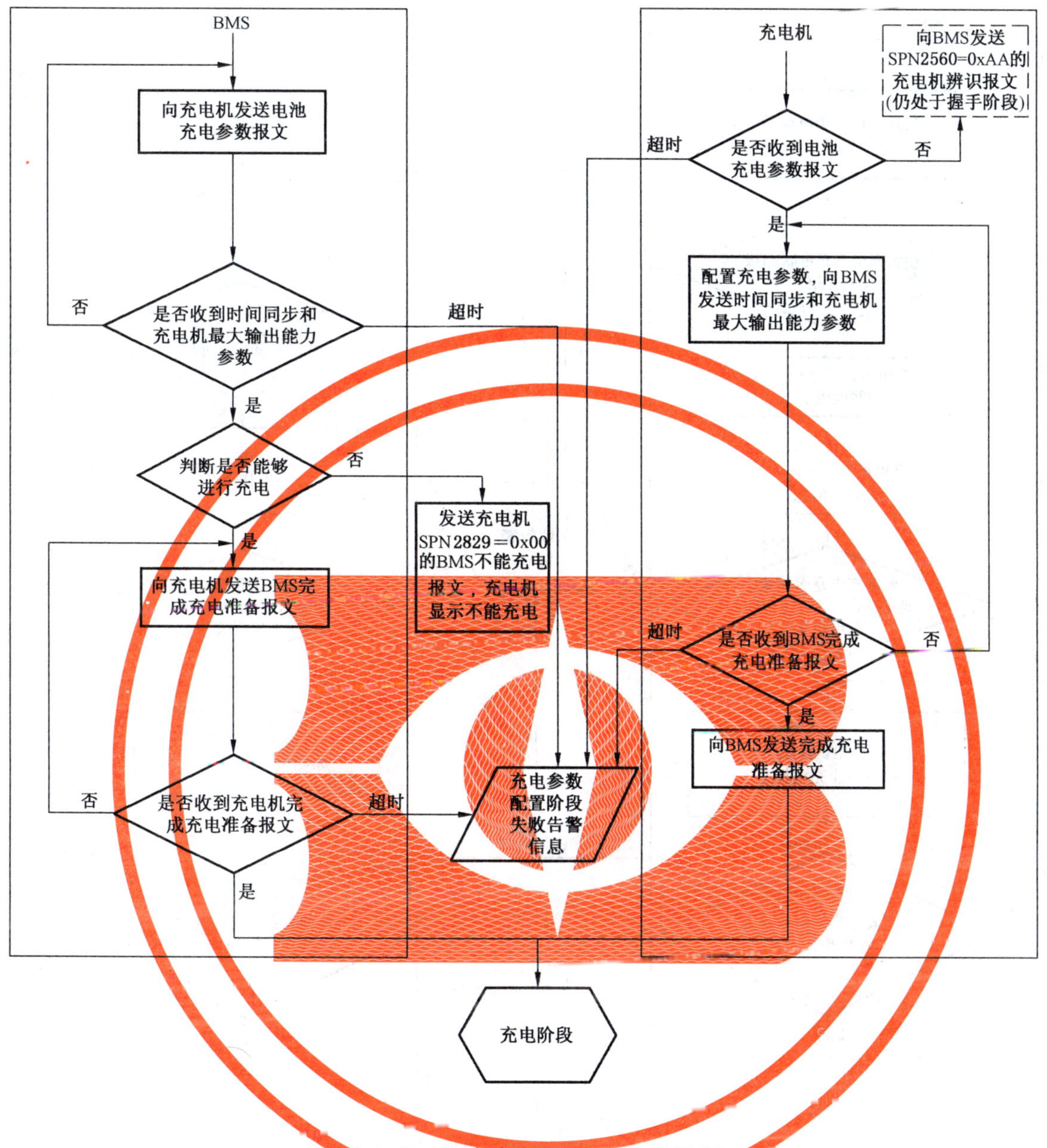

图 A.2 充电参数配置阶段流程图

BMS
向充电机发送电池充电总状态和电池充电需求报文
接收充电机充电状态报文是否超时
是
否
向充电机发送电池充电总状态和蓄电池状态信息
向充电机发送电压、温度、SOC信息
判断充电是否结束，或是否收到充电机中止充电报文
否
是
向充电机发送BMS中止充电报文
是否收到充电机中止充电报文
否
超时
是
充电机
充电机向BMS发送充电机充电准备报文(仍处于配置阶段)
是否收到电池充电总状态报文
超时
否
是
充电机接受电池充电需求报文是否超时
是
否
向BMS发送充电机充电状态
判断充电是否结束，或是否收到BMS中止充电报文
否
是
向BMS发送充电机中止充电报文
是否收到BMS中止充电报文
超时
否
是
充电阶段失败告警信息
充电结束阶段

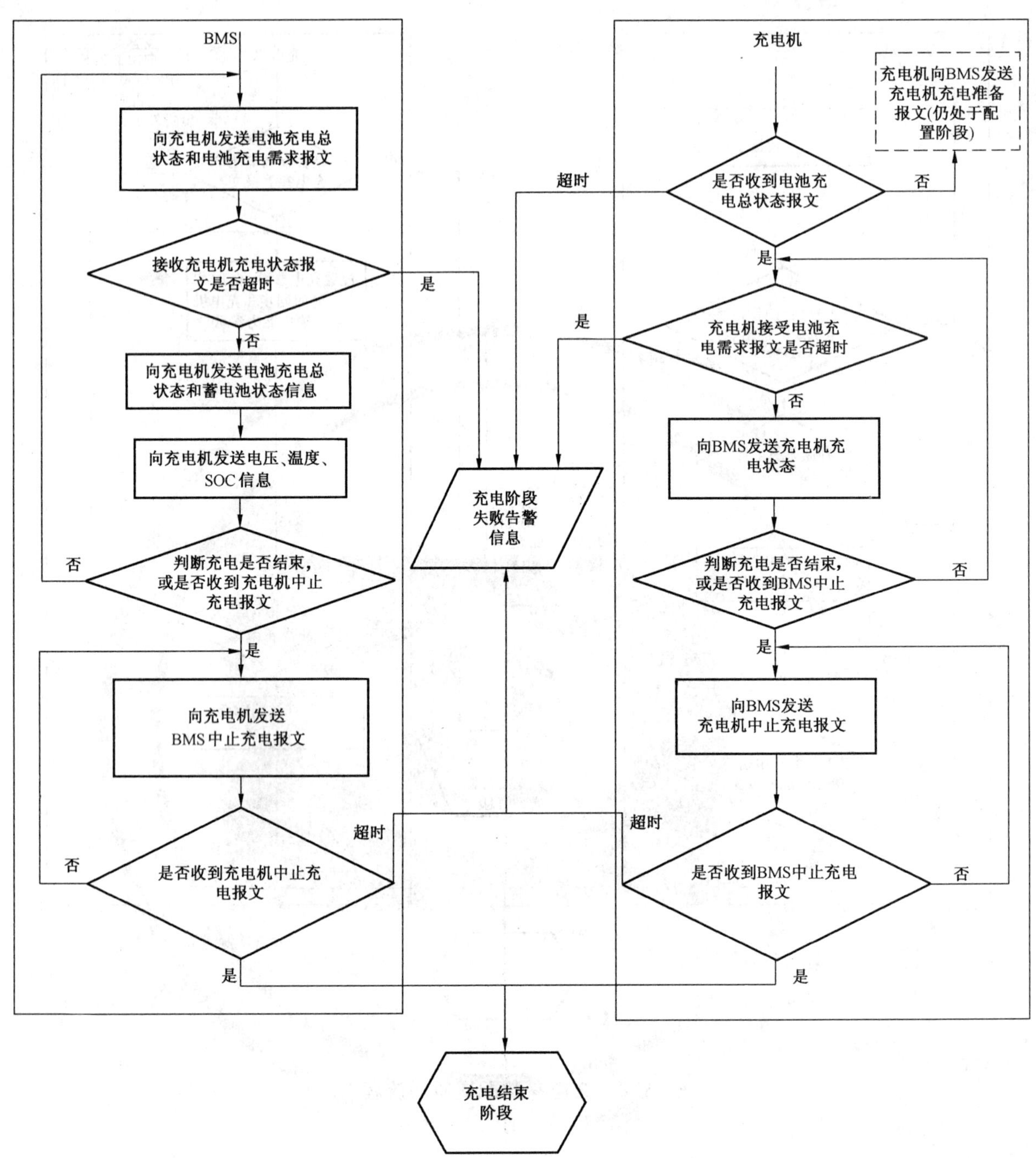

图 A.3 充电阶段流程图

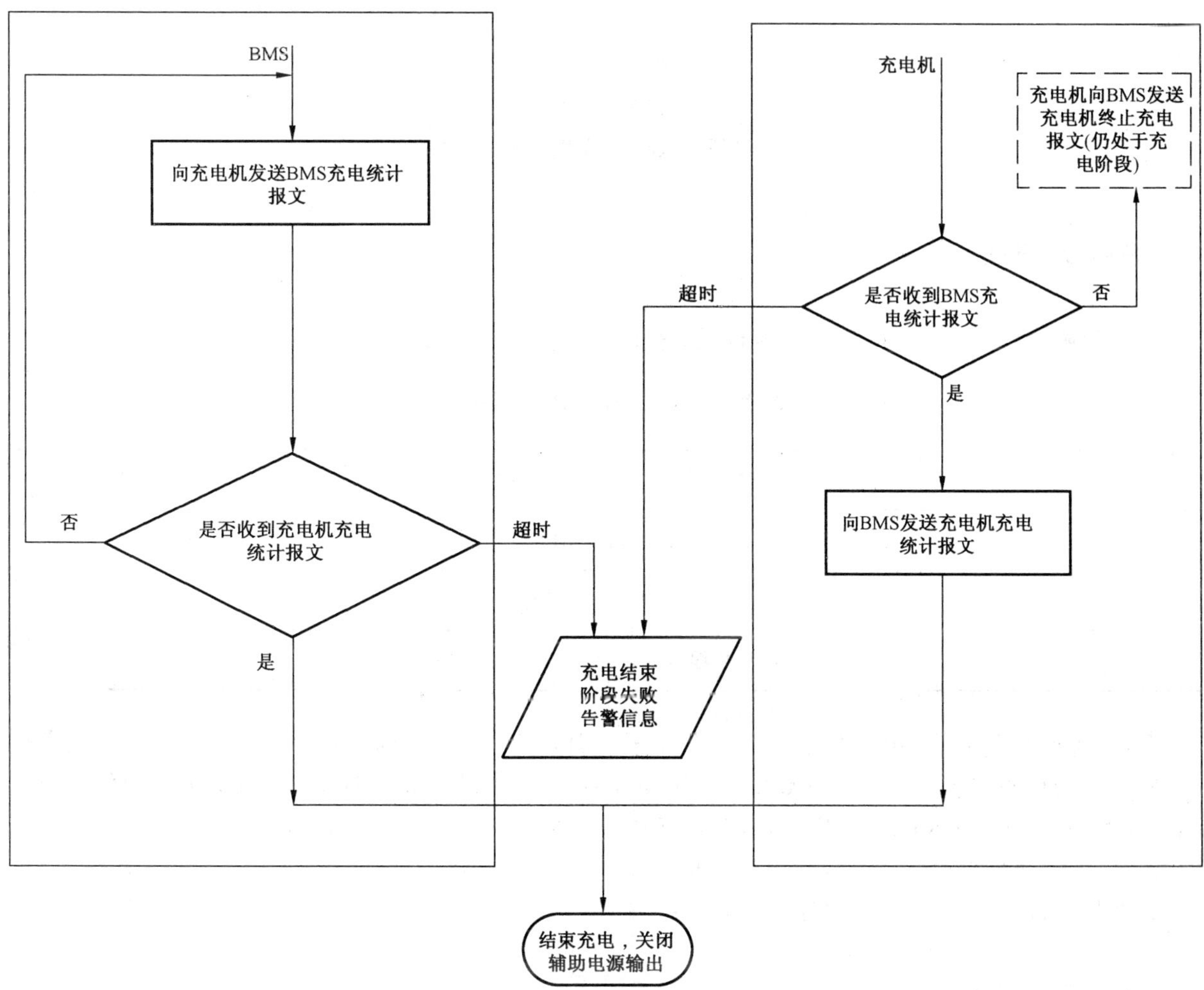

图 A.4　充电结束阶段流程图

附　录　B
（资料性附录）
充电机和 BMS 故障诊断报文

B.1　故障诊断代码

诊断故障代码(DTC)由 4 个独立域构成，这 4 个部分见表 B.1：

表 B.1　诊断故障代码(DTC)

发生故障的可疑参数的编号(SPN)(19 位)
故障模式标志(FMI)(5 位)
发生次数(OC)(7 位)
可疑参数编号的转化方式(CM)(1 位)

其中：可疑参数编号(SPN)19 位的数字是用于识别故障报告的诊断项目。可疑参数编号与发送故障诊断信息的控制模块的地址编码无关。SPN 编号为 10.3 中已定义的 BMS、充电机发生硬件故障的信息，如 SPN3090～SPN3095、SPN3511～SPN3513、SPN3521～SPN3523 等。

故障模式标志(FMI)定义 BMS 和充电机中发现的故障类型。其数据长度 5 位，数据状态为 0～31，共 32 种，目前定义的故障代码标识符如下：

〈0〉：＝动力蓄电池电压故障；

〈1〉：＝动力蓄电池电流故障；

〈2〉：＝动力蓄电池温度故障；

〈3〉：＝动力蓄电池绝缘状态；

〈4〉：＝动力蓄电池输出连接器过温故障；

〈5〉：＝BMS 元件、电池组输出连接器过温；

〈6〉：＝充电机温度故障；

〈7〉：＝充电机连接器故障；

〈8〉：＝充电机内部温度故障；

〈9～31〉：＝预留备用。

发生次数(OC)定义一个故障从先前激活状态到激活状态的变化次数，最大值为 126，计数向上溢出时，该计数器值保留为 126。假如发生次数未知，则该域所有位的数值均设为 1。

可疑参数编号的转化方式(CM)置 0，表示 SPN 位均采用英特尔格式。

B.2　故障诊断报文分类

故障诊断报文分类见表 B.2。

表 B.2 故障诊断报文分类

报文代号	报文描述	PGN	PGN (Hex)	优先权	数据长度	报文周期
DM1	当前故障码	8192	002000H	6	不定	事件响应
DM2	历史故障码	8448	002100H	6	不定	事件响应
DM3	诊断准备就绪	8704	002200H	6	2 字节	事件响应
DM4	当前故障码的清除/复位	8960	002300H	6	0	事件响应
DM5	历史故障码的清除/复位	9216	002400H	6	0	事件响应
DM6	停帧参数	9472	002500H	6	不定	事件响应

B.3 故障诊断报文格式和内容

a) PGN8192 诊断信息 1,当前故障码报文(DM1)

报文目的:发生故障时,发送当前的故障代码。每个故障代码 4 字节。数据段多余 8 字节采用传输协议功能传输,格式详见 6.5 的规定。PGN8192 报文格式见表 B.3。

表 B.3 PGN8192 报文格式

起始字节或位	长度	定 义
1	1 字节	第一个当前故障码 SPN 的低 8 位有效位
2	1 字节	第一个当前故障码 SPN 的第 2 个字节
3.1	3 位	第一个当前故障码 SPN 的高 3 位
3.4	5 位	故障模式标志,定义详见 B.1
4.1	7 位	发生次数
4.8	1 位	可疑参数编号的转化方式,置为 0
……		

b) PGN8448 诊断信息 2,历史故障码报文(DM2)

报文目的:该数据包括了一系列诊断代码以及历史故障码的发生次数。每个故障代码 4 字节。数据段多余 8 字节采用传输协议功能传输,格式详见 6.5 的规定。PGN8448 报文格式见表 B.4。

表 B.4 PGN8448 报文格式

起始字节或位	长度	定 义
1	1 字节	第一个历史故障码 SPN 的低 8 位有效位
2	1 字节	第一个历史故障码 SPN 的第 2 个字节
3.1	3 位	第一个历史故障码 SPN 的高 3 位
3.4	5 位	故障模式标志,定义详见 B.1
4.1	7 位	发生次数
4.8	1 位	可疑参数编号的转化方式,置为 0
……		

c) PGN8704 诊断信息 3,诊断准备就绪报文(DM3)

报文目的:报告有关诊断已准备就绪的诊断信息。PGN8704 报文格式见表 B.5。

表 B.5 PGN8704 报文格式

起始字节或位	长度	定义
1	1 字节	当前故障码个数
2	1 字节	历史故障码个数

d) PGN8960 诊断信息 4,当前故障码的清除/复位报文(DM4)

报文目的:所有关于当前故障码的诊断信息都应该清除。当需要清除当前故障码相关的诊断信息,以及问题得到纠正时发送此请求指令。该操作完成时或被请求控制模块内没有故障码,要求控制模块发送一个肯定应答。如由于某种原因,控制模块不能执行要求的操作,就必须发送否定应答。所有与当前故障码相关的信息包括:当前故障码个数及诊断就绪状态信息和当前故障码。

e) PGN9216 诊断信息 5,历史故障码的清除/复位报文(DM5)

报文目的:当某个控制模块接收到这一参数组的请求指令时,所有有关历史故障码的诊断信息都应该清除,与当前故障码有关的诊断数据将不受影响。若无历史故障码,必须发送肯定应答。如由于某种原因,控制模块不能执行这一参数组的请求指令的要求,那么就必须发送否定应答。所有与历史故障码相关的信息包括:历史故障码个数及诊断就绪状态信息和历史故障码。

f) PGN9472 诊断信息 6,停帧参数报文(DM6)

报文目的:该参数包括了当接收到诊断故障代码时,已记录的一系列参数。每个故障代码 4 字节。数据段多余 8 字节采用传输协议功能传输,格式详见 6.5 的规定。PGN9472 报文格式见表 B.6。

表 B.6 PGN9472 报文格式

起始字节或位	长度	定义
1	1 字节	第一个故障诊断码的停帧长度
2	1 字节	第一个故障诊断码 SPN 的低 8 位有效位
3	1 字节	第一个故障诊断码 SPN 的第 2 个字节
4.1	3 位	第一个故障诊断码 SPN 的高 3 位
4.4	5 位	故障模式标志,定义详见 B.1
5.1	7 位	发生次数
5.8	1 位	可疑参数编号的转化方式,置为 0
……		

ICS 35.240.15
A 11

中华人民共和国国家标准

GB/T 27931—2011/ISO 7341:2005

银行业务　往账对账

Banking—Nostro accounts reconciliation

(ISO 7341:2005,IDT)

2011-12-30 发布　　2012-05-01 实施

中华人民共和国国家质量监督检验检疫总局
中国国家标准化管理委员会　发布

前　　言

本标准等同采用 ISO 7341:2005《银行业务 往账对账》(英文版)。

为便于使用,本标准做了下列编辑性修改:

a) 用"本标准"代替"本国际标准";

b) 删除国际标准前言。

本标准的附录 A 为资料性附录。

本标准由中国人民银行提出。

本标准由全国金融标准化技术委员会(SAC/TC 180)归口。

本标准负责起草单位:中国金融电子化公司。

本标准参加起草单位:中国人民银行、国家开发银行、中国工商银行、中国农业银行、中国建设银行、交通银行。

本标准主要起草人:王平娃、陆书春、李曙光、赵志兰、马小琼、成永德、林松、李迎辉、张砚、龚维萍。

引　言

为开户行提供服务的账户行定期向开户行发送对账单。对账(即,核实分录)可手工完成,但使用自动化手段协助对账正变得日趋普遍。

成功的对账要求账单数据精确完整,而传输数据的标准化有利于自动对账。此外参考号(与交易惟一对应)规则的使用也大大减小了账目不匹配的几率。

本标准为相关金融机构协定对账单提供了基础。

本标准基于 S. W. I. F. T MT950 报文类型。

银行业务 往账对账

1 范围

本标准规定了来账账单中的数据元及其格式。同时规定了账单的编制、传送、核对以及参考号的使用规则。

2 规范性引用文件

下列文件对于本文件的应用是必不可少的。凡是注日期的引用文件，仅注日期的版本适用于本文件。凡是不注日期的引用文件，其最新版本(包括所有的修改单)适用于本文件。

GB/T 7408 数据元和交换格式 信息交换 日期和时间表示法(GB/T 7408—2005,ISO 8601:2000,IDT)

GB/T 12406 表示货币和资金的代码(GB/T 12406—2008,ISO 4217:2001,IDT)

3 术语和定义

下列术语和定义适用于本文件。

3.1

账户标识 account identification

由账户行分配的识别开户行账户的惟一标识。

3.2

开户行 account owner financial institution

在其他银行开户并由该银行提供账户服务的金融机构。

3.3

账户行 account servicing financial institution

存管它行账户的金融机构。

3.4

报单(借记或贷记) advice (debit or credit)

确认资金已经划拨。

注：报单不包含付款指令。

3.5

余额 balances

3.5.1

可用余额 available balance

截止到对账日的可支配余额。

3.5.2

期末余额 closing balance

截止到对账日的账面余额。

3.5.3

结转下页余额　intermediate closing balance

账页或报文(单)结尾处的账面余额。

3.5.4

上页结转余额　intermediate opening balance

前一账页或报文(单)的结转下页余额。

3.5.5

期初余额　opening balance

上期账单的期末余额。

3.6

合计　bulking

数笔交易金额总计到一个分录。

3.7

分录　entry

任何记入账户的借记或贷记。

3.8

记账日期　entry date

借记或贷记账户的日期。

3.9

来账　loro account

为开户行提供账户服务的金融机构的账户。

注：账户行给开户行发送账单。

3.10

往账　nostro account

开户行留存的由账户行代理服务的账户。

注：开户行收到账户行发来的账单。

3.11

参考号　references

3.11.1

账户行参考号　account servicing financial institution's reference

账户行分配的惟一标识该交易的参考号。

注：开户行通过该参考号查询账户行。

3.11.2

开户行参考号　reference for the account owner financial institution

供开户行标识该交易的参考号。

3.11.3

受益人参考号　reference for the beneficiary

供受益人识别该交易的参考号。

3.11.4

发报行交易参考号　sending financial institution's transaction reference

发报行分配的惟一标识该交易的参考号。

3.11.5

备注　supplementary details

提供给开户行的分录附加信息。

3.12

交易金额　transaction amount

交易双方的划拨金额。

3.13

起息日　value date

开户行的起息日期。

3.14

发报行　sending financial institution

发起交易报文的银行。

3.14.1

发报方　sender

授权发送交易报文的一方。

4　账单数据元

4.1　概要

账单中包含下列两类数据元(必选和可选)：

a)　与账单相关的数据元(见 4.2)；

b)　与账单分录相关的数据元(见 4.3)。

必选数据元应包含在发报行账单中，可选数据元由发报行自行决定。

4.2　与账单相关的数据元

4.2.1　数据元列表

4.2.1.1　必选数据元

账单中应包含下列数据元：

a)　账户标识；

b)　开户行标识；

c)　余额：

　1)　期初余额：日期(同上期账单的终止日)，金额和借贷方向；

　2)　期末余额：日期(同本期账单的终止日)，金额和借贷方向。

d)　币种标识(及资金类别，如果需要)；

注：如果使用代码，应遵照 GB/T 12406 的规定。

e)　账单序列号；

注：编号的方式见 4.2.3。

f)　账单发送方标识；

g)　交易参考号。

4.2.1.2　可选数据元

账单中可包含下列数据元：

a)　余额：

　1)　可用余额：日期(可选)、金额和借贷方向；

　2)　结转下页余额：日期(可选)、金额和借贷方向；

3) 上页结转余额:日期(可选)、金额和借贷方向。

b) 分录。

注:分录列示顺序见 4.2.2。

4.2.2 分录列示方式

为便于手工对账,账单中的分录应以记账日期为序列示,日期相同的应以起息日为序列示,每笔交易的借记、贷记应以金额递增顺序分开列示。按照这种列示方式,费用通常不与其本金列在一起。

4.2.3 账单及账页编号方式

账单(和账页,如果账页被使用)应使用下列方式编号:

a) 所有账页使用连续不间断编号;

b) 账单连续编号,每一账单中的账页再连续编号(如:23 期账单中的第 2 页应编号为 23/2)。

4.3 与分录相关的数据元

4.3.1 数据元列表

每个分录应包含如下数据元:

a) 金额(必选),最长 15 位数字;

b) 日期:

  1) 记账日期(可选)(见 5.6):格式应为月-日,例如:07-10;

  2) 起息日(必选)(见 5.7):格式应遵照 GB/T 7408 的规定,即:年-月-日,例如:1999-07-10;

c) 借贷记标识(必选):

  1) 贷记标志(代码 C)或借记冲正标志(代码 RD);

  2) 借记标志(代码 D)或贷记冲正标志(代码 RC);

d) 资金类别(可选),如果有,由币种代码的第 3 个字符表示(见 GB/T 12406);

e) 参考号:

  1) 账户行参考号(可选)(见 5.8.3);

  2) 开户行参考号(必选)(见 5.8.2),最大长度 16 个字符;

  3) 备注(可选)(见 5.8.4);

f) 交易类型码(必选)。

注:代码的解释及列表见 4.3.2。

4.3.2 交易类型码

4.3.2.1 代码解释

交易类型码由四个字符组成:

a) 如果是贷记,第一个字符指出交易通知传送方式;如果是借记,第一个字符指出开户行指令传送方式。目前分配的代码包括:

  F 代码:分录被第一次通知开户行,如:先前未通知的费用(见 4.3.2.3 和 5.3);

  N 代码:通知和资金划拨不通过 S. W. I. F. T. 发送,即使用交易类型码描述(见 4.3.2.4 和表 1);

  S 代码:通知和资金划拨通过 S. W. I. F. T. 发送(见 4.3.2.2)。

b) 后三个字符指出交易类型。如果第一个字符是“F”或“N”,后三个字符可使用数字及字母代码。表 1 为字母编码列表及其详细说明。如果第一个字符是“S”,后三个字符应为 3 位 S. W. I. F. T. 报文类型码。

4.3.2.2 **S代码(可选—由使用的系统决定)**

与S.W.I.F.T.资金划拨指令及其后的费用报文相关的分录,后三个字符应是对应的S.W.I.F.T.三位字符报文类型码。

4.3.2.3 **F代码(可选—由使用的系统决定)**

对于首次由账户行通知的分录(由账户行发起),应使用可标识分录原因的合适代码(见表1列示的代码)。

注:也可使用其他相互协定的代码。

4.3.2.4 **N代码(可选—由使用的系统决定)**

交易类型码见表1。

注:也可使用其他相互协定的代码。

表1 交易类型码

代码	交易名称和描述
BOE	汇票 与汇票相关的分录。
BRF	经纪人佣金 与经纪人手续费相关的分录。
CHG	有关费用 与支付交易中所发生的费用相关的分录。
CHK	支票 与支票付款相关的分录。
CLR	光票信汇/票汇 与从一家金融机构给另一家金融机构付款相关的分录。
CMI	现金管理项目——无细节
CMN	现金管理项目——名义资金池
CMS	现金管理项目——资金划转
CMT	现金管理项目——资金上限
CMZ	现金管理项目——零余额
COL	托收(当记入本金时使用) 与托收款项相关的分录。
COM	佣金 与支付交易佣金相关的分录。
DDT	直接借记项 与直接借记相关的分录。
DIV	股利 与支付股东股利相关的分录。
ECK	欧元支票 与支付欧元支票相关的分录。

表 1（续）

代码	交易名称和描述
EQA	等值金额 与货币转换中的等值金额相关的分录。
FEX	外汇买卖 与外汇买卖结算相关的分录。
INT	利息 与利息支付相关的分录。
LBX	专用信箱 与支付专用信箱服务相关的条目。
LDP	贷款保证金
MSC	杂项 当没有其他代码适用或没有其他代码可用时使用。
RTI	退还款项 与还款或未付款项相关的分录。
SEC	证券(当记入本金时使用) 与证券支付相关的分录。
STO	长期定单 与长期定单相关的分录。
TCK	旅行支票 与支付旅行支票相关的分录。
TRF	资金划拨 与资金划转相关的分录。
VDA	调整起息日 对先前记入的不正确起息日进行纠正的分录。

5 账单的编制及传送规则

5.1 对账频率

当账户发生变动时，建议每天发送账单。

5.2 交易金额

账单上的发生额应与实际划拨金额保持一致。

5.3 费用分录

通过账单通知开户行的与费用结算相关的分录应使用与此分录相关交易的参考号标识。与费用结算分录相关的类别代码应为F代码(见4.3.2.3)。

5.4 分录合计

签发账单时，经开户行同意账户行可将分录合计。

5.5 MSC 代码(杂项)

当其他代码不合适时,应使用 MSC 代码。

5.6 分录日期

账单中的每个分录应有记账日期。但只有当日期不同于前面分录时(隐含的)才需标示。

5.7 起息日

账单中每个分录应指出起息日。但只有当起息日不同于分录日期时才需标示。

5.8 参考号

5.8.1 概要

无论借记、贷记,每个分录应引用参考号。

5.8.2 开户行参考号(定义见 3.11.2)

最大长度:16 个字符

任何情况下,只要可能都应引用参考号。(见 6.2.1.1 和 6.2.1.2)。参考号不应以任何方式加以改变(例如,通过增加额外的数字、只给出参考号的一部分、改变或省略分隔符、只给出支票号码的最后几位等)。当交易需经过几个金融机构完成时,应注意保持原始参考号不变。

由账户行借记的费用也应引用该参考号。借记待付指令应列出待付指令的参考号。利息支出应提及相关的贷款。

5.8.3 账户行的参考号

最大长度:16 个字符

使用方法见 6.1。

5.8.4 备注(定义见 3.11.5)

当没有开户行参考号时(即,NONREF;见 6.2.1.1 和 6.2.1.2),账户行应插入有效的其他信息作为备注(辅助细节),如:发起人名称。当没有提供交易通知或为便于对账需提供其他附加信息时也可给出备注(辅助细节)。

6 参考号应用规则

6.1 交易参考号的分配

每笔交易应包含惟一的标识号(发报行交易参考号),该参考号由发报行分配。

当作为一个相关交易编制时,除包含发报行交易参考号外还应包含相关参考号(受益人参考号)。

6.2 在账单中使用参考号标识交易

账单中的分录可包含几个参考号,在备注中应明确每个参考号的作用(见 5.8.4)。

6.2.1 开户行参考号

6.2.1.1 借记

原始的借记交易发报行或是开户行本身或是它公开的授权代理(如:开户行的附属机构)。该参考号的作用是为开户行标识借记指令。

内容:原始指令发报行的交易参考号。

如果没有提供发报行的参考号,应使用代码 NONREF,账户行应在备注中提供有效的说明信息(见 5.8.4)。

6.2.1.2 贷记

贷记有两种可能的情况:

a) 账户行为开户行标识相关交易所收到的资金并贷记。
   内容:相关交易受益人的参考号。
   如果没有提供受益人参考号,应使用代码 NONREF,账户行应在备注中提供有效的其他信息(见 5.8.4)。
b) 账户行向开户行签发付款指令并由所标明贷记该支付款项,不包含其他相关交易。
   内容:账户行签发的发报行的付款指令交易参考号(见 5.8.4)。

注:当有相互协定的其他参考号时(如:在外汇买卖或拆借交易中),应使用该参考号。

6.2.2 账户行参考号

账户行的交易标识(见 3.11.1)。

内容:账户行对该笔交易的参考号。

当交易由账户行发起时[如:在 6.2.1.2b)中的贷记],账户行的参考号应等同于开户行的参考号。当两个参考号相同时,账户行的参考号可省略。

6.2.3 备注

该域的使用及内容见 5.8.4。

6.2.4 示例

附录 A 列示了参考号应用规则的示例。

附 录 A
(资料性附录)
参考号使用示例

示例 1:

A 银行(佛罗伦萨)给 B 银行(纽约)发送资金划拨指令,要求 B 银行借记 A 银行的米兰总部账户,金额 USD150,000,以支付一笔从 A 银行(佛罗伦萨)到 C 银行(伦敦)的客户资金划拨。

依次,B 银行借记 A 银行的米兰账户,贷记 C 银行的伦敦账户并给 C 银行发送反映该笔贷记的通知。见表 A.1。

表 A.1

	资金划拨	贷记通知
发报行	A 银行(佛罗伦萨)	B 银行(纽约)
收报行	B 银行(纽约)	C 银行(伦敦)
发报行交易参考号	39/C127	B 银行(123)
受益人参考号	66/D346	66/D346
起息日/货币代码/金额	19990710USD150000,	19990710USD150000,
偿付	A 银行(米兰)	
发起人		A 银行(佛罗伦萨)
受益人	C 银行(伦敦)	

其后,B 银行(纽约)应给 A 银行(米兰)和 C 银行(伦敦)发送有关账户借记和贷记情况的账单。本示例的账单分录如表 A.2 列示。

表 A.2

	代码	开户行参考号	账户行参考号	备注	起息日	贷记	借记
		从 B 银行到 A 银行(米兰)的账单					
分录:	S202	30/C127	D 银行 123	B/O A 银行(佛罗伦萨)	19990710		150,000
		从 B 银行到 C 银行(伦敦)的账单					
分录:	S910	66/D346	B 银行—123	B/O A 银行(佛罗伦萨)	19990710	150,000	

示例 2:

A 银行(米兰)给 B 银行(纽约)发送资金划拨指令,要求 B 银行借记 A 银行账户,金额 USD200,000,并以 C 银行(新加坡)为受益人贷记 C 银行(伦敦)账户,以结算 A 银行和 C 银行(新加坡)之间的外汇交易。见表 A.3。

表 A.3

	资金划拨	资金划拨	贷记通知
发报行	A 银行(米兰)	B 银行(纽约)	C 银行(伦敦)
收报行	B 银行(纽约)	C 银行(伦敦)	C 银行(新加坡)
发报行交易参考号	BANKA-1	BANKB-2	BANKC-2
受益人参考号	BANAIT1234BANCSG	BANAIT1234BANCSG	BANAIT1234BANCSG
起息日/币种代码/金额	19990710USD200000,	19990710USD200000,	19990710USD200000,
发起人		A 银行(米兰)	A 银行(米兰)
受益人银行	C 银行(伦敦)		
受益人	C 银行(新加坡)	C 银行(新加坡)	

其后,B 银行应给 A 银行(米兰)和 C 银行(伦敦)发送反映账户借记和贷记情况的账单。另外,C 银行(伦敦)应给 C 银行(新加坡)发送反映贷记的账单。本示例的账单分录如表 A.4 列示。

表 A.4

	代码	开户行参考号	账户行参考号	备注	起息日	贷记	借记
		从 B 银行到 A 银行(米兰)的账单					
分录:	S202	BANKA-1	BANKB-2		19990710		200,000
		从 B 银行到 C 银行(伦敦)的账单					
分录:	S202	BANAIT1234BANCSG	BANKB-2	B/O A 银行(米兰)	19990710	200,000	
		从 C 银行(伦敦)到 C 银行(新加坡)的账单					
分录:	S910	BANAIT1234BANCSG	BANKC-2	B/O A 银行(米兰)	19990710	200,000	

示例 3:

A 银行(布鲁塞尔)代表 ABC 公司给 B 银行(伦敦)发送客户资金划拨指令,要求 B 银行借记 A 银行账户并贷记 C 银行(纽约)账户,金额 GBP50,000,以支付 XYZ 公司款项。见表 A.5。

表 A.5

	客户资金划拨	客户资金划拨
发报行	A 银行(布鲁塞尔)	B 银行(伦敦)
收报行	B 银行(伦敦)	C 银行(纽约)
发报行交易参考号	123-466	456-789
受益人参考号		
起息日/币种代码/金额	19990710GBP50000,	19990710GBP50000,
发起人	ABC 公司	ABC 公司
发起人银行		A 银行(布鲁塞尔)
受益人银行	C 银行(纽约)	
受益人	XYZ 公司	XYZ 公司

其后,B 银行应给 A 银行(布鲁塞尔)和 C 银行(纽约)发送反映账户借记和贷记情况的账单。本示例的账单分录如表 A.6 列示。

表 A.6

	代码	开户行参考号	账户行参考号	备注	起息日	贷记	借记
		从 B 银行到 A 银行(布鲁塞尔)的账单					
分录:	S103	123-466	456-789		19990710		50,000
		从 B 银行到 C 银行(纽约)的账单					
分录:	S103	456-789	456-789	B/O A 银行(布鲁塞尔)	19990710	50,000	

示例 4:

A 银行(柏林)即 B 银行(法兰克福)的附属机构及授权代理,为 John Doe 给 C 银行(旧金山)发送客户资金划拨指令,要求 C 银行借记 B 银行账户并贷记 Jane Smith 的账户,金额 USD20,000。

其后,C 银行借记 B 银行(法兰克福)账户,贷记 Jane Smith 的账户并给 B 银行发送借记通知。见表 A.7。

表 A.7

	客户资金划拨	借记通知
发报行	A 银行(柏林)	C 银行(旧金山)
收报行	C 银行(旧金山)	B 银行(法兰克福)
发报行交易参考号	BANKA-1	BANKC-1
受益人参考号		BANKA-1
起息日/币种代码/金额	19990710USD20000,	19990710USD20000,
发起人	JOHN DOE	
发起人银行		A 银行(柏林)
偿付	B 银行(法兰克福)	
受益人	JANE SMITH	

其后,C 银行应给 B 银行(法兰克福)发送反映借记情况的账单。关于本示例的账单分录如表 A.8 列示。

表 A.8

	代码	开户行参考号	账户行参考号	备注	起息日	贷记	借记
		从 C 银行到 B 银行(法兰克福)的账单					
分录:	S900	BANKA-1	BANKC-1	B/O A 银行(柏林)	19990710		20,000

参 考 文 献

［1］ S.W.I.F.T.用户手册。

ICS 91.120.25
P 15

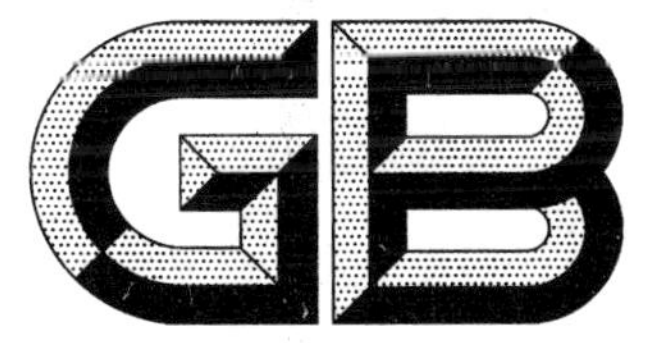

中华人民共和国国家标准

GB/T 27932—2011

地震灾害间接经济损失评估方法

Assessment methods of earthquake-caused indirect economic loss

2011-12-30 发布 2012-03-01 实施

中华人民共和国国家质量监督检验检疫总局
中国国家标准化管理委员会 发布

前　言

本标准按照 GB/T 1.1—2009 给出的规则起草。

本标准由中国地震局提出。

本标准由全国地震标准化技术委员会(SAC/TC 225)归口。

本标准起草单位:中国地震局工程力学研究所。

本标准主要起草人:林均岐、孙柏涛、苗崇刚、钟江荣、郭恩栋、孙景江、张令心、刘如山、戴君武。

引　　言

促成制定本标准的主要原因是：

a） 地震灾害经济损失评估不仅包括地震灾害直接经济损失评估，还包括地震灾害间接经济损失评估和地震救灾直接投入，需要逐渐形成完整的地震灾害经济损失评估体系；

b） 地震灾害间接经济损失评估存在着复杂性和多样性，需要确定地震灾害间接经济损失评估的内容和统一地震灾害间接经济损失评估的方法；

c） 地震灾害间接经济损失评估的结果有着广泛的需求，需要为地震科学研究、地震灾害预防、震后恢复重建等工作提供科学依据。

本标准以我国相关研究中提出的各种地震灾害间接经济损失评估方法为基础，在充分考虑了我国地震灾害经济损失评估的需求和现状的基础上，通过分析、归纳、整理等研究工作后制定的。

地震灾害间接经济损失评估方法

1 范围

本标准规定了地震造成的企业停减产损失、地价损失、产业关联损失以及区域间接经济损失的评估方法。

本标准适用于地震造成的间接经济损失的评估。

2 规范性引用文件

下列文件对于本文件的应用是必不可少的。凡是注日期的引用文件，仅所注日期的版本适用于本文件。凡是不注日期的引用文件，其最新版本(包括所有的修改单)适用于本文件。

GB/T 18208.4 地震现场工作 第4部分：灾害直接损失评估

3 术语和定义

下列术语和定义适用于本文件。

3.1

地震间接经济损失 earthquake-caused indirect economic loss

由于地震灾害间接导致正常的社会经济活动受到影响而产生的经济损失，包括企业停减产损失、产业关联损失、地价损失等。

3.2

企业停减产损失 earthquake-caused production stop and/or reduction loss of enterprise

地震造成企业完全或部分丧失生产能力导致的经济损失。

3.3

地价损失 earthquake-caused land value reduction loss

地震造成的土地价格降低导致的经济损失。

3.4

产业关联损失 production sections-connected loss

地震使各个产业间协调关系遭到破坏，形成局部生产资源(包括生产力资源)的呆滞和积累而造成的经济损失。

3.5

投入产出表 sections input-output table

根据各产业的投入来源和产品的分配使用去向排列而成的一张棋盘式平衡表。

4 基本规定

4.1 地震灾害间接经济损失评估的内容包括：企业停减产损失、地价损失、区域间接经济损失、产业关联损失。可根据不同的评估目标选择相应的评估方法。

4.2 企业停减产损失评估应对地震灾区内各个企业的停减产损失进行评估，最后汇总成整个灾区的企业停减产损失。

4.3 区域间接经济损失评估可根据需要,对地震灾区中的区域、城市,或整个灾区进行地震灾害间接经济损失评估。

4.4 地价损失应对地震灾区因地震影响造成地价降低的所有区域进行评估。

4.5 产业关联损失应对各个产业之间的经济行为受到影响而造成的损失进行评估。

4.6 地震灾害直接经济损失评估应按 GB/T 18208.4 的规定进行。

4.7 国内生产总值(GDP)应采用上一年度的统计数据。

5 企业停减产损失评估方法

5.1 企业停减产损失应按式(1)计算:

$$L=\sum_{i}^{N_s}P_s+\sum_{i}^{N_r}P_r=N_s\times P_s+N_r\times P_r \quad\cdots\cdots(1)$$

式中:

L ——企业停减产损失,单位为万元;

P_s——企业的日均产值,单位为万元;

P_r——企业的日均产值减少额,单位为万元;

N_s——企业停产时间,单位为天(d);

N_r——企业减产时间,单位为天(d)。

5.2 地震灾区总的企业停减产损失应按式(2)计算:

$$L_T=\sum_{i=1}^{n}L_i \quad\cdots\cdots(2)$$

式中:

L_T——总的企业停减产损失,单位为万元;

L_i ——第 i 个企业的停减产损失,单位为万元。

5.3 企业的日均产值应按地震前 30 d 企业日产值的平均值确定。

5.4 企业的日均产值减产额应按实际的减少额确定。

5.5 企业的停产时间应按实际停产天数来计算,或和企业共同确定。

5.6 企业的减产时间应按实际减产天数来计算,或和企业共同确定。

6 地价损失评估方法

6.1 地价损失应按式(3)计算:

$$V_l=S\times P_l \quad\cdots\cdots(3)$$

式中:

V_l——地价损失,单位为万元;

S ——受影响的土地面积,单位为平方米(m^2);

P_l——单位面积地价减少额,单位万元每平方米。

6.2 地震造成地价降低的土地面积应按实际影响面积计算,或与当地土地管理部门共同确定。

6.3 单位面积地价减少额应按实际减少额计算,或与当地土地管理部门共同确定。

7 区域间接经济损失评估方法

7.1 区域间接经济损失,可按附录 A 中的西部和东部地区的农村、城市以及特大城市 5 种分区进行评估(台湾省、香港特别行政区和澳门特别行政区除外)。

7.2 区域间接经济损失应按式(4)计算：

$$L_{A}=C\times L_{D} \qquad (4)$$

式中：

L_A——区域间接经济损失，单位为万元；

L_D——地震直接经济损失，单位为万元；

C——比例系数，根据地震直接经济损失与区域GDP(国内生产总值)之比按表1取值。

表1 比例系数 C 取值

地震直接经济损失与区域GDP之比	西部地区		东部地区		特大城市
	农村	城市	农村	城市	
≤10%	0.5～0.7	0.7～0.9	0.7～0.9	0.9～1.1	1.2～1.6
>10%～50%	0.7～0.9	1.1～1.3	0.9～1.1	1.5～1.7	1.6～2.0
>50%	1.1～1.3	1.5～1.7	1.3～1.5	1.7～1.9	2.0～2.5

8 产业关联损失评估方法

8.1 产业关联损失可通过投入产出表建立模型进行评估。

8.2 投入产出表的基本内容和相互关系应符合附录B的规定。

8.3 投入产出表中，总产品和最终产品之间可按式(5)建立平衡关系：

$$\boldsymbol{X}=(\boldsymbol{I}-\boldsymbol{A})^{-1}\boldsymbol{Y} \qquad (5)$$

式中：

$\boldsymbol{X}$——最终产品矩阵；

$\boldsymbol{I}$——单位矩阵；

$\boldsymbol{A}$——直接消耗系数矩阵(见附录B)；

$\boldsymbol{Y}$——总产品矩阵。

8.4 第 i 产业由于地震造成的停减产损失使该产业受到影响的最终产品 Y'_i 应按式(6)计算：

$$Y'_i=(Y^0_i/X^0_i)\times L_i \qquad (6)$$

式中：

Y'_i——第 i 个产业受到地震影响时的最终产品，单位为万元；

Y^0_i——第 i 个产业未受到地震影响时的最终产品，单位为万元；

X^0_i——第 i 个产业未受到地震影响时的总产品，单位为万元；

L_i——第 i 个产业的停减产损失，单位为万元。

8.5 第 j 产业受第 i 产业停减产损失的影响值应按式(7)计算：

$$Y^i_j=(Y^0_j/Y^0_i)\times Y'_i \qquad (7)$$

式中：

Y^i_j——第 j 产业受第 i 产业停减产损失的影响值，单位为万元；

Y^0_i——第 i 个产业未受到地震影响时的最终产品，单位为万元；

Y^0_j——第 j 个产业未受到地震影响时的最终产品，单位为万元；

Y'_i——第 i 个产业受到地震影响时的最终产品，单位为万元。

8.6 地震灾害对第 i 产业最终产品影响值应按式(8)计算：

$$\overline{Y}_i=\max(Y^1_i,Y^2_i,\cdots,Y^j_i,\cdots,Y^n_i) \qquad (8)$$

式中：

$\overline{Y}_i$ ——地震对第 i 个产业最终产品的影响值，单位为万元；

Y_i^j ——第 i 产业受第 j 产业停减产损失的影响值，单位为万元。

8.7 第 i 产业总的间接经济损失应按式(9)计算：

$$L_{Ti} = \sum_{j=1}^{n} \bar{a}_{ij} \times \overline{Y}_j \quad \cdots\cdots(9)$$

式中：

L_{Ti}——第 i 产业总的间接经济损失，单位为万元；

$\bar{a}_{ij}$ ——$(\boldsymbol{I}-\boldsymbol{A})^{-1}$矩阵第 i 行第 j 列的值；

$\overline{Y}_j$ ——地震对第 j 个产业最终产品的影响值，单位为万元。

8.8 第 i 产业的产业关联损失应按式(10)计算：

$$G_i = L_{Ti} - L_i \quad \cdots\cdots(10)$$

式中：

G_i ——第 i 产业的产业关联损失，单位为万元；

L_{Ti} ——第 i 产业总的间接经济损失，单位为万元；

L_i ——第 i 产业的停减产损失，单位为万元。

8.9 所有产业总的产业关联损失应按式(11)计算：

$$G_T = \sum_{i=1}^{n} G_i \quad \cdots\cdots(11)$$

式中：

G_T——总的产业关联损失，单位为万元；

G_i ——第 i 产业的产业关联损失，单位为万元。

8.10 产业的停减产损失应对产业内所有企业的停减产损失求和来计算，企业的停减产损失应按 5.1 执行。

8.11 投入产出表应采用地震发生上一年度的统计数据。

附 录 A
（规范性附录）
分 区 方 法

A.1 东部地区

东部地区包括：北京市、天津市、河北省、辽宁省、上海市、江苏省、浙江省、福建省、山东省、广东省、广西壮族自治区、海南省、黑龙江省、吉林省、河南省、湖北省、湖南省、安徽省和江西省。

A.2 西部地区

西部地区包括：内蒙古自治区、山西省、宁夏回族自治区、陕西省、甘肃省、青海省、新疆维吾尔族自治区、西藏自治区、四川省、重庆市、云南省和贵州省。

A.3 特大城市

特大城市包括北京市、上海市、天津市和重庆市，以及沈阳市、长春市、哈尔滨市、南京市、济南市、武汉市、广州市、杭州市、成都市、西安市、大连市、宁波市、厦门市、青岛市和深圳市的城区。

A.4 城市和农村

除特大城市外的，设区、市的城区划为城市，其余划为农村。

附 录 B
（规范性附录）
投入产出表的内容和关系

B.1 典型投入产出表见表 B.1。

表 B.1 投入产出表

投入（消耗来源）		产出（分配去向）								
		中间需求					最终产品			总产品
		物质生产产业				中间需求合计	固定资产更新、大修理	消费、积累、调出	合计	
		1	2	…	n					
物质消耗产业	1	B_{11}	B_{12}	…	B_{1n}	U_1			Y_1	X_1
	2	B_{21}	B_{22}	…	B_{2n}	U_2			Y_2	X_2
	…	…	…	…	…	…			…	…
	n	B_{n1}	B_{n2}	…	B_{nn}	U_n			Y_n	X_n
	合计	C_1	C_2	…	C_n	$\boldsymbol{C}$			$\boldsymbol{Y}$	$\boldsymbol{X}$
初始投入	折旧	D_1	D_2	…	D_n	$\boldsymbol{D}$				
	劳动报酬	V_1	V_2	…	V_n	$\boldsymbol{V}$				
	社会纯收入	M_1	M_2	…	M_n	$\boldsymbol{M}$				
	合计	N_1	N_2	…	N_n	$\boldsymbol{N}$				
总投入		X_1	X_2	…	X_n	$\boldsymbol{X}$				

注 1：投入产出表主要由三大部分组成："初始投入"、"中间需求"、"最终产品"。

注 2："中间需求"也称为"中间产品"，表示某一产业为其他产业的生产活动所提供的物资和服务；或称为"中间投入"，表示某一产业在生产过程中所消耗其他产业的物资和服务。

注 3："最终产品"，包括"消费、积累、调出"和"固定资产更新、大修"。体现了国内生产总值经过分配和再分配后的最终使用。

注 4："初始投入"，表明各产业的初始投入的形成过程和构成情况，体现了国内生产总值的初次分配。

B.2 投入产出表中总产品、中间产品和最终产品有式(B.1)的关系：

$$\boldsymbol{AX}+\boldsymbol{Y}=\boldsymbol{X} \qquad \text{(B.1)}$$

式中：

$\boldsymbol{A}$ ——直接消耗系数矩阵；

$\boldsymbol{X}$ ——最终产品矩阵；

$\boldsymbol{Y}$ ——总产品矩阵。

$$\boldsymbol{A}=\begin{bmatrix} a_{11} & a_{12} & \cdots & a_{1n} \\ a_{21} & a_{22} & \cdots & a_{2n} \\ \vdots & \vdots & \ddots & \vdots \\ a_{n1} & a_{n2} & \cdots & a_{nn} \end{bmatrix} \qquad \text{(B.2)}$$

$$\boldsymbol{X}=\begin{bmatrix}X_1\\X_2\\\vdots\\X_n\end{bmatrix} \qquad \cdots\cdots(\text{B.3})$$

$$\boldsymbol{Y}=\begin{bmatrix}Y_1\\Y_2\\\vdots\\Y_n\end{bmatrix} \qquad \cdots\cdots(\text{B.4})$$

a_{ij}——直接消耗系数，可通过式(B.5)表示，表示产业生产单位产品要消耗 i 产业的产品数量。

$$a_{ij}=\frac{B_{ij}}{X_{jj}} \qquad \cdots\cdots(\text{B.5})$$

式(B.1)可以转换为：

$$\boldsymbol{Y}=(\boldsymbol{I}-\boldsymbol{A})\boldsymbol{X} \qquad \cdots\cdots(\text{B.6})$$

或者：

$$\boldsymbol{X}=(\boldsymbol{I}-\boldsymbol{A})^{-1}\boldsymbol{Y} \qquad \cdots\cdots(\text{B.7})$$

式中：

$\boldsymbol{I}$——单位矩阵。

附　录　C
（资料性附录）
产业关联损失评估实例

C.1　某地区的投入产出表见表C.1。

表C.1　投入产出表　　　单位为万元

	第一产业	第二产业	第三产业	中间使用合计	最终使用	总产品
第一产业	248 575.1	356 445.6	53 470.7	658 491.4	2 081 452.6	2 739 944.0
第二产业	643 537.3	6 470 239.8	1 141 747.3	8 255 527.1	2 722 891.9	10 978 419.0
第三产业	243 377.6	1 235 416.6	938 353.3	2 417 257.5	2 657 661.5	5 074 919.0
中间投入合计	1 135 490.0	8 062 102.0	2 133 684.0	11 331 276.0	7 462 006.0	18 793 282.0
初始投入合计	1 604 454.0	2 916 317.0	2 941 235.0	7 462 006.0		
总投入	2 739 944.0	10 978 419.0	5 074 919.0	18 793 282.0		

C.2　假设在地震中各产业的停减产损失值见表C.2。

表C.2　各产业的停减产损失　　　单位为万元

	第一产业	第二产业	第三产业
停减产损失	0	45 000	36 000

C.3　根据表C.1可得到Y_i^0/X_i^0的值，见表C.3。

表C.3　Y_i^0/X_i^0值

	第一产业	第二产业	第三产业
Y_i^0/X_i^0	0.75	0.25	0.52

C.4　根据式(6)，可得到Y_i'的值，见表C.4。

表C.4　Y_i'计算值　　　单位为万元

	第一产业	第二产业	第三产业
Y_i'	0.0	11 250	18 720

C.5　根据表C.1可得到Y_j^0/Y_i^0的值，见表C.5。

表C.5　Y_j^0/Y_i^0计算值

	Y_1^0	Y_2^0	Y_3^0
Y_1^0	1 (Y_1^0/Y_1^0)	0.76 (Y_1^0/Y_2^0)	0.78 (Y_1^0/Y_3^0)

表 C.5（续）

	Y_1^0	Y_2^0	Y_3^0
Y_2^0	1.32 (Y_2^0/Y_1^0)	1 (Y_2^0/Y_2^0)	1.02 (Y_2^0/Y_3^0)
Y_3^0	1.28 (Y_3^0/Y_1^0)	0.98 (Y_3^0/Y_2^0)	1 (Y_3^0/Y_3^0)

C.6　则根据式(7)得到 Y_j^i 的值，见表 C.6。

表 C.6　Y_j^i 计算值　　单位为万元

	第一产业	第二产业	第三产业
第一产业	0.0	8 550	14 601
第二产业	0.0	11 250	19 094
第三产业	0.0	11 025	18 720

C.7　根据式(8)，按每一行取最大值，得到地震灾害对产业最终产品的影响值，见表 C.7。

表 C.7　最终产品影响值最大值 $\overline{Y}_i$　　单位为万元

第一产业	第二产业	第三产业
14 601	19 094	18 720

C.8　根据附录 B 中直接消耗系数的公式 $a_{ij}=B_{ij}/X_j$ 可计算得到直接消耗系数，见表 C.8。

表 C.8　直接消耗系数

	第一产业	第二产业	第三产业
第一产业	0.09	0.13	0.02
第二产业	0.06	0.59	0.10
第三产业	0.05	0.24	0.18

C.9　则由直接消耗系数矩阵 $\boldsymbol{A}=\begin{bmatrix}0.09 & 0.13 & 0.02\\0.06 & 0.59 & 0.10\\0.05 & 0.24 & 0.18\end{bmatrix}$，可以计算得到：

$$(\boldsymbol{I}-\boldsymbol{A})^{-1}=\begin{bmatrix}1.27 & 0.45 & 0.09\\0.22 & 2.71 & 0.34\\0.14 & 0.82 & 1.32\end{bmatrix}$$

由式(9)和式(10)可计算得到各产业的产业关联损失，见表 C.9。

表 C.9　各产业的产业关联损失　　单位为万元

	第一产业	第二产业	第三产业
产业关联损失	28 891	16 163	6 492

ICS 91.120.25
P 15

中华人民共和国国家标准

GB/T 27933—2011

震后恢复重建工程资金初评估

Preliminary cost estimation of post-earthquake rehabilitation of engineering structures

2011-12-30 发布　　2012-03-01 实施

中华人民共和国国家质量监督检验检疫总局
中国国家标准化管理委员会　发布

前　言

本标准按照 GB/T 1.1—2009 给出的规则起草。

本标准由中国地震局提出。

本标准由全国地震标准化技术委员会(SAC/TC 225)归口。

本标准起草单位：中国地震局工程力学研究所、云南省地震局、新疆维吾尔自治区地震局。

本标准起草人：戴君武、孙柏涛、苗崇刚、宋立军、张勇、周光全、袁一凡、郭恩栋、孙景江、张令心、林均岐、王艳茹。

引　言

对震后恢复重建工程所需资金进行初步评估，是完善震后应急救援工作、科学准确地制定震后恢复重建规划与方案的基础，为规范震后恢复重建工程所需资金的初评估方法及程序制定本标准。

本标准以 GB/T 18208.4—2011《地震现场工作　第4部分：灾害直接损失评估》为依据，在考虑国内外震后恢复重建工程所需资金评估研究成果基础上制定的。

震后恢复重建工程资金初评估

1 范围

本标准规定了震后恢复重建工程资金初评估的步骤、要求和方法。

本标准适用于震后恢复重建工程资金初评估。

2 规范性引用文件

下列文件对于本文件的应用是必不可少的。凡是注日期的引用文件，仅所注日期的版本适用于本文件。凡是不注日期的引用文件，其最新版本(包括所有的修改单)适用于本文件。

GB/T 18208.4—2011　地震现场工作　第4部分：灾害直接损失评估

3 术语和定义

下列术语和定义适用于本文件。

3.1

震后恢复重建工程资金　cost of post-earthquake rehabilitation of engineering structures

按当地抗震设防要求对遭受地震破坏的房屋、基础设施和企业进行加固或重建所需要的资金额。

3.2

房屋恢复重建单价　unit cost of rehabilitation

基于震后恢复期价格，建造满足当地抗震设防要求的与原房屋震前规模相同房屋的单位面积造价。

3.3

房屋重置单价　unit cost of recovery

基于当前价格，建造与原房屋震前规格相同房屋的单位面积造价。

3.4

烈度影响系数　intensity-influenced coefficient

统计单元内各区域不同烈度基于人口的加权平均值。按式(1)计算。

$$I_1=\sum_{m=6}^{12}\frac{I(i,m)P(i,m)}{P(i)} \qquad \cdots\cdots(1)$$

式中：

$I(i,m)$ ——i 统计单元处于 m 区的烈度值，$m=6,7,8,9,10,11,12$；

$P(i,m)$——i 统计单元处于烈度值 m 区内的人口数；

$P(i)$　——i 统计单元内总人口数。

4 震后恢复重建工程资金初步评估步骤

4.1　震后恢复重建工程资金初评估的步骤应按附录A进行。

4.2　震后恢复重建工程资金初评估的调查评估区应按GB/T 18208.4—2011中的4.2划分。

4.3　震后恢复重建工程资金初评估调查时，应收集下列资料：

a） 房屋结构类型；

b） 各类房屋总建筑面积；

c） 震前和震后恢复重建规划的人均或户均房屋建筑面积；

d） 各类房屋重置单价；

e） 各类房屋恢复重建单价；

f） 各类基础设施地震直接经济损失；

g） 企业地震直接经济损失；

h） 其他与地震直接经济损失及恢复重建相关的资料（人口、GDP、第一产业国内生产总值、第二产业国内生产总值、第三产业国内生产总值、恢复重建规划政策等）。

4.4 按照第6章、第7章和第8章对房屋、基础设施和企业震后恢复重建工程资金进行初评估。

4.5 整理房屋、基础设施和企业震后恢复重建工程资金初评估结果，给出初评估报告。

5 基本要求

5.1 震后恢复重建评估区

震后恢复重建评估区应包括受本次地震影响须进行地震灾害直接经济损失评估的所有地区。

5.2 震后恢复重建工程资金初评估依据

震后恢复重建工程资金初评估的计算应以各评估调查分区内房屋、基础设施和企业的地震直接经济损失作为依据。

5.3 震后恢复重建单价确定

5.3.1 在震后恢复重建工程资金评估区调查时，应收集并确定被评估的各类房屋结构的恢复重建单价。

5.3.2 恢复重建单价应按被评估房屋结构的类型确定，在调查统计基础上，考虑市场价格变动因素，参考当地工程建设定额，结合建设主管部门以及统计部门所提供的相关数据进行调整。

5.3.3 恢复重建单价应包括土建、水电暖和基本装修费用，以及清理受损、倒塌部分所需费用。

5.3.4 对于不满足当地抗震设防要求的房屋，确定恢复重建单价时应按能够满足当地抗震设防要求的基本结构类型考虑。

5.3.5 恢复重建单价不应包括为提高使用功能以及超出抗震设防要求而增加的投资费用。

6 房屋震后恢复重建工程资金初评估

6.1 房屋的震后恢复重建工程资金应按下列步骤进行初评估：

a） 以县级行政区为单位，按照行业（如城乡住房、教育系统和卫生系统等）分类；

b） 按照行业分别计算房屋震后恢复重建工程资金；

c） 分别输出不同县级行政区各行业房屋震后恢复重建工程资金初步评估的总额。

6.2 第 k 县级行政区所有受损房屋的震后恢复重建工程资金额应按式（2）、式（3）、式（4）进行计算：

$$C_{\mathrm{R}}=\sum_{i=1}^{f}\lambda_{\mathrm{A}}(k,i)\Big\{C_{\mathrm{SUR}}(k,i)\sum_{j=1}^{e}\left[A_{\mathrm{SC}}(j,k,i)+A_{\mathrm{SD}}(j,k,i)\right]+\lambda(k,i)\sum_{j=1}^{e}L_{\mathrm{SG}}(j,k,i)\Big\}+\sum_{m=1}^{g}\Big\{C_{\mathrm{OUR}}(k,m)\sum_{j=1}^{e}\left[A_{\mathrm{OC}}(n,k,m)+A_{\mathrm{OSD}}(n,k,m)\right]+\lambda_{\mathrm{O}}(k,m)\sum_{n=1}^{e}\left[L_{\mathrm{OMD}}(n,k,m)+L_{\mathrm{OLD}}(n,k,m)+L_{\mathrm{OG}}(n,k,m)\right]\Big\} \qquad (2)$$

$$\lambda_{A}(k,i)=A_{MR}(k,i)/A_{MS}(k,i) \qquad \cdots\cdots(3)$$

$$\lambda_{S}(k,i)=C_{SUR}(k,i)/C_{SUO}(k,i) \qquad \cdots\cdots(4)$$

式中：

C_R ——第 k 县级行政区所有受损房屋的震后恢复重建工程资金额；

e ——评估区总数；

f ——简易房类型总数；

g ——其他各类结构房屋类型总数；

$C_{SUR}(k,i)$ ——第 k 县级行政区第 i 类简易房的恢复重建单价；

$A_{SC}(j,k,i)$ ——第 j 评估子区属于第 k 县级行政区毁坏的第 i 类简易房的总面积；

$A_{SD}(j,k,i)$ ——第 j 评估子区属于第 k 县级行政区破坏的第 i 类简易房的总面积；

$L_{SG}(j,k,i)$ ——第 j 评估子区属于第 k 县级行政区基本完好的第 i 类简易房的直接经济损失；

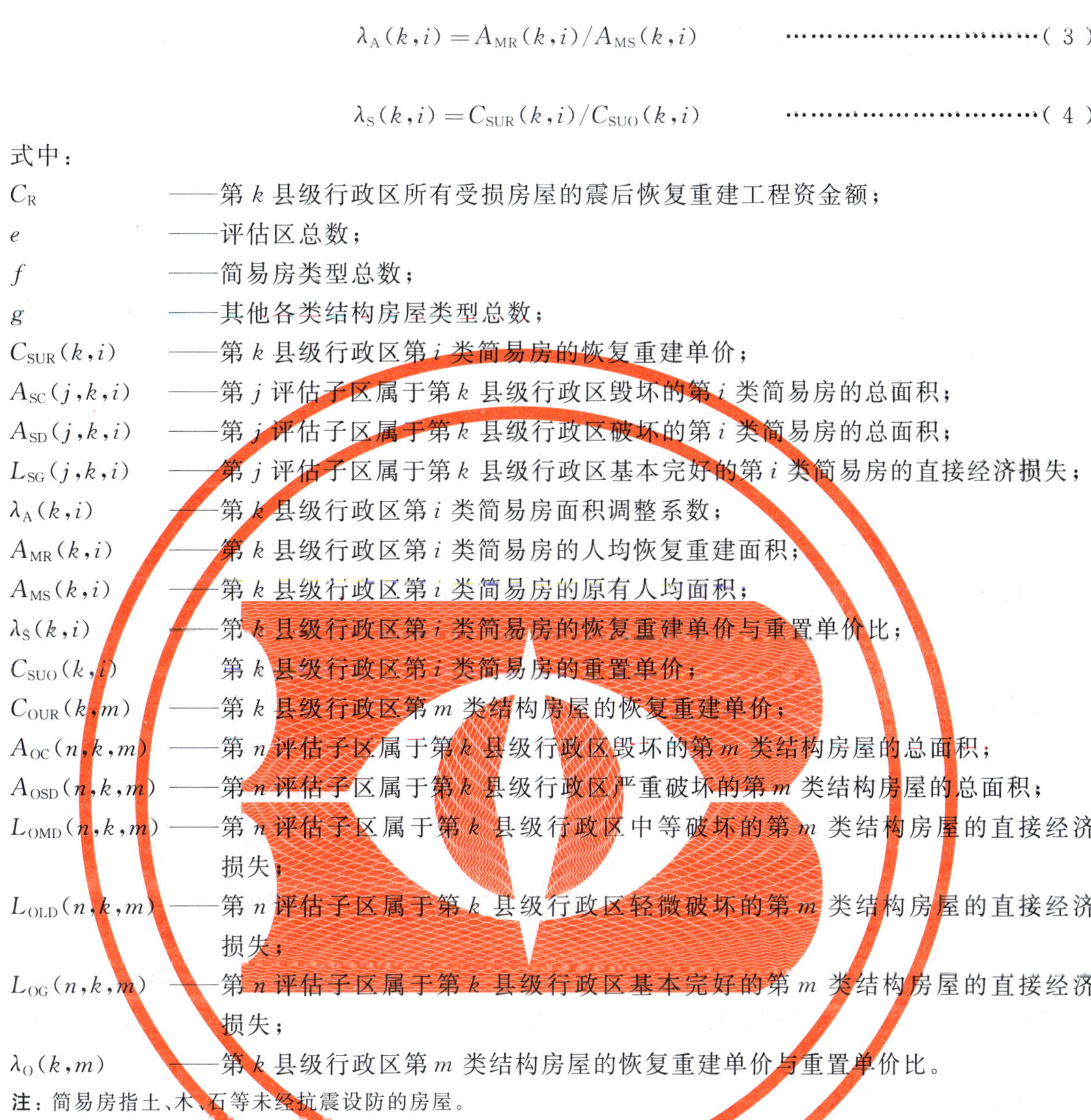

$\lambda_A(k,i)$ ——第 k 县级行政区第 i 类简易房面积调整系数；

$A_{MR}(k,i)$ ——第 k 县级行政区第 i 类简易房的人均恢复重建面积；

$A_{MS}(k,i)$ ——第 k 县级行政区第 i 类简易房的原有人均面积；

$\lambda_S(k,i)$ ——第 k 县级行政区第 i 类简易房的恢复重建单价与重置单价比；

$C_{SUO}(k,i)$ ——第 k 县级行政区第 i 类简易房的重置单价；

$C_{OUR}(k,m)$ ——第 k 县级行政区第 m 类结构房屋的恢复重建单价；

$A_{OC}(n,k,m)$ ——第 n 评估子区属于第 k 县级行政区毁坏的第 m 类结构房屋的总面积；

$A_{OSD}(n,k,m)$ ——第 n 评估子区属于第 k 县级行政区严重破坏的第 m 类结构房屋的总面积；

$L_{OMD}(n,k,m)$ ——第 n 评估子区属于第 k 县级行政区中等破坏的第 m 类结构房屋的直接经济损失；

$L_{OLD}(n,k,m)$ ——第 n 评估子区属于第 k 县级行政区轻微破坏的第 m 类结构房屋的直接经济损失；

$L_{OG}(n,k,m)$ ——第 n 评估子区属于第 k 县级行政区基本完好的第 m 类结构房屋的直接经济损失；

$\lambda_O(k,m)$ ——第 k 县级行政区第 m 类结构房屋的恢复重建单价与重置单价比。

注：简易房指土、木、石等未经抗震设防的房屋。

6.3 将所有县级行政区的房屋震后恢复重建工程资金相加，得出整个地震灾区所有房屋的震后恢复重建工程资金初步评估的总额。

7 基础设施震后恢复重建工程资金初评估

7.1 基础设施震后恢复重建工程资金的确定，应以县级行政区为单位确定各类基础设施（如交通系统、电力系统、通信系统、市政设施和水利工程等）的地震直接经济损失。

7.2 基础设施震后恢复重建工程资金应按式(5)计算县级行政区各类基础设施震后恢复重建工程资金额：

$$C_{RIS}=\lambda_{IS}L_{IS} \qquad \cdots\cdots(5)$$

式中：

C_{RIS}——各县级行政区某类基础设施震后恢复重建工程资金额；

L_{IS} ——按地震现场工作 GB/T 18208.4—2011 确定该县级行政区某类基础设施的地震直接经济损失；

λ_{IS} ——该县级行政区某类基础设施震后恢复重建工程资金初评估分项调整系数，按附录A确定。

7.3 将所有类型基础设施震后恢复重建工程资金相加，得到该县级行政区基础设施的震后恢复重建工程资金额。

7.4 将所有县级行政区各类基础设施震后恢复重建工程资金相加，得出整个地震灾区基础设施震后恢复重建工程资金初步评估的总额。

8 企业震后恢复重建工程资金初评估

8.1 企业震后恢复重建工程资金的确定，应以县级行政区为单位确定各企业的地震直接经济损失。

8.2 企业的震后恢复重建工程资金应按式(6)计算县级行政区企业的震后恢复重建工程资金总额：

$$C_{RI}=\lambda_{B}L_{I} \qquad \cdots\cdots(6)$$

式中：

C_{RI}——各县级行政区企业的震后恢复重建工程资金额；

L_{I} ——各县级行政区企业的地震直接经济损失额；

λ_{B} ——企业震后恢复重建工程资金初评估分项调整系数，按附录B确定。

8.3 将所有县级行政区各企业的震后恢复重建工程资金相加，得出整个地震灾区企业的震后恢复重建工程资金初评估的总额。

9 震后恢复重建工程初评估资金汇总

9.1 灾区震后恢复重建工程资金初步评估总金额应为房屋、基础设施和企业等各种工程结构和设备设施的震后恢复重建工程资金额之和。

9.2 考虑到国家政策、特殊环境和恶劣气候等不确定因素，由于客观原因、损失评估数据不准确时，可采用修正系数予以修正，修正系数的取值可根据实际情况在1.0～1.3内选取。可对震后恢复重建工程初评估资金总额修正，也可对部分项目修正，应根据实际情况确定。

9.3 震后恢复重建工程初评估资金值应按当时价格以人民币计算，同时给出震后恢复重建工程资金占地震灾区所在省、自治区、直辖市上一年国内生产总值的比例。

10 报告内容

震后恢复重建工程资金初评估报告应按照附录C所规定的内容编写。

附 录 A
(规范性附录)
震后恢复重建工程资金初评估步骤

A.1 震后恢复重建工程资金初评估步骤：

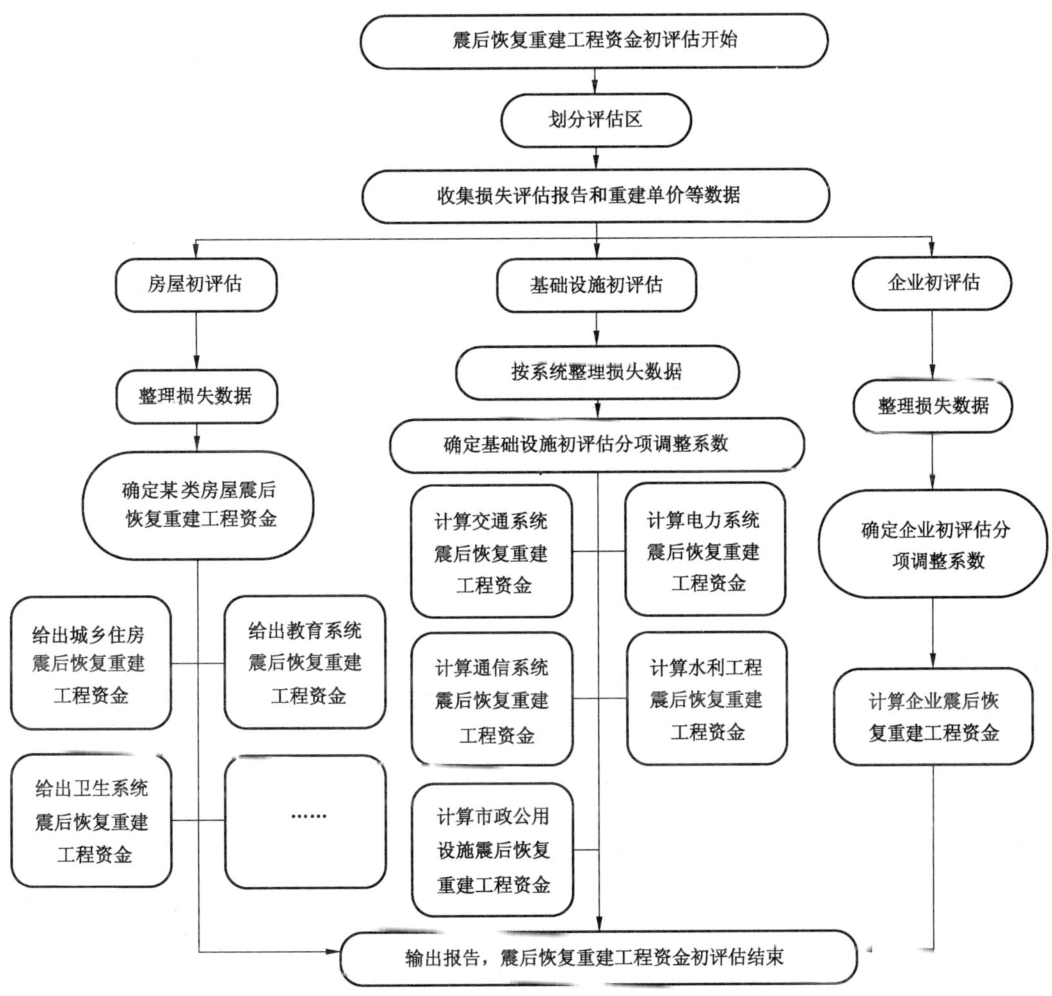

图 A.1 震后恢复重建工程资金初评估步骤

附　录　B
（规范性附录）
各类基础设施系统震后恢复重建工程资金初评估分项调整系数

B.1　各类基础设施分类

B.1.1　交通系统包括内容

交通系统包括高速公路、国省干线公路、农村公路、县乡客运站等相关公路工程；铁路系统；民航系统；水运系统等。

B.1.2　电力系统包括内容

电力系统包括发电厂、变电所、输电线、配电系统等与电力相关设施。

B.1.3　通信系统包括内容

通信系统包括固定通信、移动通信、传输网络、广播电视、村通和农村信息化等设施。

B.1.4　市政设施包括内容

市政设施包括城市道路(含桥梁)、城市轨道交通、供水、排水、燃气、热力、园林绿化、环境卫生、道路照明等设施及附属设施。

B.1.5　水利工程包括内容

水利工程包括防洪减灾、供水保障、农村水利、水土保持与水资源检测等基础设施。

B.2　基础设施震后恢复重建工程资金初评估分项调整系数表

各类基础设施震后恢复重建工程资金初评估分项调整系数按表B.1选择，对于被评估县级行政区的烈度影响系数值介于相应区间内时，可采用线性插值计算确定。

表B.1　基础设施震后恢复重建工程资金初评估分项调整系数

烈度影响系数	各类基础设施震后恢复重建工程资金初评估分项调整系数				
	交通系统	电力系统	通信系统	市政设施	水利工程
6.0	2.91	3.01	3.75	2.79	2.72
6.5	2.60	2.37	3.23	2.34	2.28
7.0	2.31	1.95	2.80	1.98	1.94
7.5	2.05	1.67	2.45	1.71	1.68
8.0	1.81	1.48	2.16	1.49	1.48
8.5	1.58	1.36	1.92	1.32	1.32
9.0	1.37	1.27	1.73	1.19	1.20

表 B.1（续）

烈度影响系数	各类基础设施震后恢复重建工程资金初评估分项调整系数				
	交通系统	电力系统	通信系统	市政设施	水利工程
9.5	1.18	1.22	1.57	1.08	1.11
10.0	1.00	1.18	1.44	1.00	1.04
10.5	1.00	1.16	1.34	1.00	1.00
11.0	1.00	1.14	1.25	1.00	1.00
11.5	1.00	1.13	1.18	1.00	1.00
12.0	1.00	1.13	1.12	1.00	1.00

附　录　C
（规范性附录）
企业震后恢复重建工程资金初评估分项调整系数

企业震后恢复重建工程资金初评估分项调整系数按表C.1选择，对于被评估县级行政区的烈度影响系数值介于相应区间内时，可采用线性插值计算确定。

表C.1　企业震后恢复重建工程资金初评估分项调整系数

烈度影响系数	企业震后恢复重建工程资金初评估分项调整系数
6.0	3.06
6.5	2.68
7.0	2.32
7.5	2.00
8.0	1.70
8.5	1.43
9.0	1.18
9.5	1.03
10.0	1.00
10.5	1.00
11.0	1.00
11.5	1.00
12.0	1.00

附 录 D
（规范性附录）
震后恢复重建工程资金初评估报告内容

D.1 地震基本参数

地震基本参数包括以下要素：

——发震时间；

——震中位置；

——震级；

——震源深度。

D.2 地震灾区概况和自然环境

D.2.1 灾区概况

灾区概况包括：

——灾区面积；

——包括的省、市、县；

——包括的城市街道、乡、镇个数；

——灾区人口、户数；

——户均住宅建筑面积；

——震害特征。

D.2.2 灾区社会经济环境

灾区社会经济环境包括：

——地区总产值，工业总产值，第一产业增加值，第二产业增加值，第三产业增加值；

—— 支柱产业、重大工程设施以及主要基础设施系统状况等；

—— 地震灾区范围。

D.3 震后恢复重建工程资金评估

震后恢复重建工程资金初评估包括：

——评估区划分及附图；

——房屋震后恢复重建工程资金初评估；

——基础设施震后恢复重建工程资金初评估；

——企业的震后恢复重建工程资金初评估。

D.4 震后恢复重建工程初评估资金总额

震后恢复重建工程初评估资金总额包括以下要素：

——房屋震后恢复重建工程初评估资金总额；

——基础设施震后恢复重建工程初评估资金总额；

——企业震后恢复重建工程初评估资金总额。

参 考 文 献

[1] GB/T 17742—2008 中国地震烈度表
[2] GB/T 18208.3 地震现场工作 第3部分:调查规范
[3] 地震灾害区域范围及等级评估工作指南[Z].中国地震局,2009

ICS 37.100.01
A 17

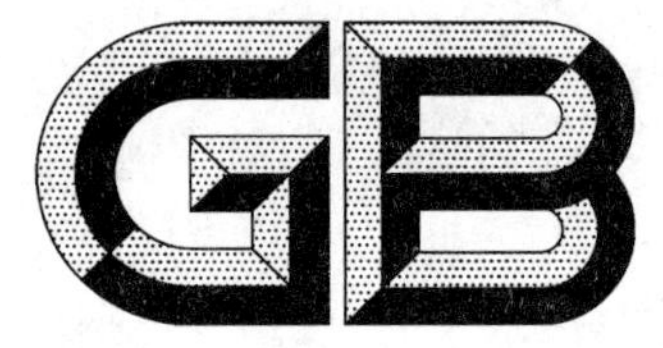

中华人民共和国国家标准

GB 27934.1—2011

纸质印刷品覆膜过程控制及检测方法 第1部分:基本要求

Lamination process control and testing methods for paper prints—
Part 1:General requirements

2011-12-30 发布　　2012-06-01 实施

中华人民共和国国家质量监督检验检疫总局
中国国家标准化管理委员会　发布

前　言

本部分第 4 章的 4.2 为强制性的，其余为推荐性的。

国家标准《纸质印刷品覆膜过程控制及检测方法》为多部分标准，已经或计划发布以下部分：

——第 1 部分：基本要求；

——第 2 部分：乙烯-醋酸乙烯共聚物(EVA)热熔胶预涂覆膜；

——第 3 部分：水基胶黏剂即涂干式覆膜；

——第 4 部分：反应型聚氨酯(PUR)热熔胶即涂覆膜；

——第 5 部分：水基胶黏剂即涂湿式覆膜。

本部分为国家标准《纸质印刷品覆膜过程控制及检测方法》的第 1 部分。

本部分按照 GB/T 1.1—2009 给出的规则起草。

请注意本文件的某些内容可能涉及专利。本文件的发布机构不承担识别这些专利的责任。

本部分由新闻出版总署提出。

本部分由全国印刷标准化技术委员会(SAC/TC 170)归口。

本部分起草单位：北京康得新复合材料股份有限公司、新闻出版总署出版产品质量监督检测中心、东莞市星宇高分子材料有限公司、鹤山雅图仕印刷有限公司、深圳市三上实业有限公司、无锡市力力粘合材料有限公司、恒昌涂料(惠阳)有限公司、东莞市隽思产品检测有限公司、温州金海岸化工有限公司。

本部分主要起草人：徐曙、卢明、涂晓林、王淮珠、赖淦荷、冯庆民、周其平、纪小宾、杨爱军、陈德财、池正毅。

引　言

纸质印刷品覆膜属于印后表面整饰加工工艺的一种，是指在纸质印刷品表面用覆膜机覆合一层塑料薄膜而形成的一种纸塑合一产品的加工技术。

覆膜的作用是提高印刷品的耐磨、耐折、抗拉、耐湿、耐油性能，保护印刷品外观效果和延长使用寿命。

覆膜工艺种类较多，质量差异也较大。《纸质印刷品覆膜过程控制及检测方法》多部分标准是根据我国对环保的要求、适应覆膜新技术的发展、确保覆膜产品质量而制定。

纸质印刷品覆膜过程控制及检测方法 第1部分：基本要求

1 范围

本部分规定了纸质印刷品覆膜的术语和定义及原材料要求、覆膜质量要求、检测方法和成品储存、运输要求。

本部分适用于纸质印刷品的覆膜过程控制及检测。

2 规范性引用文件

下列文件对于本文件的应用是必不可少的。凡是注日期的引用文件，仅注日期的版本适用于本文件。凡是不注日期的引用文件，其最新版本（包括所有的修改单）适用于本文件。

GB/T 1040.3 塑料 拉伸性能的测定 第3部分：薄膜和薄片的试验条件

GB/T 2410 透明塑料透光率和雾度的测定

GB/T 2918 塑料试样状态调节和试验的标准环境

GB/T 10003—2008 普通用途双向拉伸聚丙烯（BOPP）薄膜

GB/T 14216 塑料 膜和片润湿张力试验方法

GB/T 16958—2008 包装用双向拉伸聚酯薄膜

GB/T 18722 印刷技术 反射密度测量和色度测量在印刷过程控制中的应用

CY/T 3 色评价照明和观察条件

HJ/T 220—2005 环境标志产品技术要求 胶粘剂

3 术语和定义

下列术语和定义适用于本文件。

3.1

覆膜 film laminating

将涂有胶黏剂的塑料薄膜覆合到印刷品表面的工艺。

3.2

褶皱 crease

薄膜或覆膜产品出现的重叠或不平整的现象。

3.3

划伤 scratch

薄膜或覆膜产品表面出现的线状痕迹。

3.4

暴筋 gage bands

塑料薄膜卷材沿着圆周方向凸起的条状棱现象。

3.5

雾度　haze

透过试样而偏离入射光方向的散射光通量与透射光通量之比，用百分数表示(对于本方法来说，仅把偏离入射光方向2.5°以上的散射光通量用于计算雾度)。

3.6

粘结强度　adhesive strength

使试样或产品的粘结界面分离所需的力。单位为牛顿每厘米(N/cm)。

3.7

卷曲　curl

在无外力作用的情况下，覆膜产品出现的翘曲现象。

3.8

脱膜　delamination

覆膜后出现的局部或全部的塑料薄膜与印刷品脱离的现象。

3.9

亏膜　short film

指覆膜产品上薄膜的宽度和长度小于要求的现象。

3.10

起泡　bubble

覆膜后塑料薄膜与印刷品之间出现气泡的现象。

3.11

覆膜色差　color variation after lamination

专指纸质印刷品实地部分在覆膜前后颜色上的差异。以CIELAB ΔE_{ab}^{*}表示。

3.12

覆膜温度　laminating temperature

覆膜时加热辊筒表面的温度。单位为摄氏度(℃)。

3.13

覆膜速度　laminating speed

覆膜时，单位时间内印刷品与薄膜覆合的长度。单位为米每分(m/min)。

3.14

覆膜压强　laminating pressure

覆膜机覆合部啮合辊筒间单位面积上的相互作用力，单位为兆帕(MPa)。

3.15

放卷张力　unwinding tension

覆膜过程中薄膜纵向所承受的牵引力。单位为牛顿(N)。

3.16

预涂膜　thermal laminating film

预先将热熔胶涂布在薄膜上形成的复合材料。

4　原材料要求

4.1　薄膜要求

4.1.1　覆膜用薄膜外观应符合表1规定。

表 1　薄膜外观要求

项　　目	外观要求
鱼眼、晶点(白点)	≤1.5 mm^2
褶皱	使用过程中能展平
划伤	允许轻微
暴筋	凸起部位与相临低点的差值≤2 μm
膜卷端面整齐度	≤2.0 mm
膜卷的松紧度	搬动、生产时无膜间滑动
接头数	每 1 000 m 不多于 1 个，且需用有色胶带做标记

4.1.2　即涂薄膜物理机械性能应符合表 2 规定。

表 2　即涂薄膜物理机械性能要求

项　　目		双向拉伸聚丙烯(BOPP)薄膜		双向拉伸聚酯(BOPET)亮光薄膜
		亮光膜	亚光膜	
润湿张力/mN/m	处理面	≥38	≥38	≥48
雾度/%		≤2.0	≥70	≤8.0
拉伸强度/MPa	纵向	≥120	≥100	≥170
	横向	≥200	≥160	≥170
热收缩率/%	纵向	≤4.5	≤4.5	≤3.0
	横向	≤3.0	≤3.0	≤3.0

4.1.3　预涂膜物理机械性能应符合表 3 规定。

表 3　预涂膜物理机械性能要求

项　　目		双向拉伸聚丙烯(BOPP)预涂膜		双向拉伸聚酯(BOPET)亮光预涂膜
		亮光膜	亚光膜	
润湿张力 mN/m	涂膜面	≥38	≥38	≥38
雾度 %		≤5.0	70±10	≤10.0
拉伸强度 MPa	纵向	≥70	≥60	≥70
	横向	≥130	≥100	≥70
热收缩率 %	纵向	≤4.0	≤4.0	≤2.0
	横向	≤2.0	≤2.0	≤1.0

4.2 胶黏剂环保要求

4.2.1 胶黏剂内苯、甲苯、二甲苯的总含量应小于 1 000 mg/kg，其中苯的含量应小于 100 mg/kg。

4.2.2 胶黏剂内卤代烃的含量应小于 1 000 mg/kg。

4.3 纸质印刷品要求

4.3.1 表面清洁、平整。

4.3.2 印刷品含水量与覆膜环境湿度、温度相适应。

4.3.3 印刷品油墨层应充分干燥后再覆膜。

4.3.4 覆膜前印刷品油墨的润湿张力不小于 38 mN/m。

5 覆膜质量要求

5.1 覆膜粘结强度

符合下列条件之一，即认为粘结强度合格：

a) 当薄膜与印刷品剥离时，油墨大部或全部转移到薄膜胶面上。

b) 覆膜产品粘结强度符合后加工要求。

5.2 外观要求

5.2.1 图文清晰、表面干净、平整、无明显卷曲。

5.2.2 无褶皱、划伤、脱膜、亏膜、起泡。

5.3 覆膜色差

覆膜后四色实地油墨的 CIELAB ΔE_{ab}^{*} 色差值应符合表 4 的要求。

表 4 覆膜后四色实地油墨 CIELAB ΔE_{ab}^{*} 色差值

膜类型	黑	品红	青	黄
亮光膜	≤3.0	≤3.0	≤3.0	≤3.0
亚光膜	≤10.0	≤7.0	≤7.0	≤7.0

5.4 稳定性要求

覆膜后在与覆膜环境相匹配的条件下放置 24 h 以上，应符合本部分 5.1、5.2、5.3 的要求。

5.5 工艺要求

如对覆膜产品表面有后加工的要求（如烫印、UV 上光、压纹等），应在覆膜前做样品试验，满足使用要求后方可批量生产。

6 检测方法

6.1 试样状态调节和试验的标准环境

按 GB/T 2918 规定的标准环境和允许偏差范围进行，温度为(23±2)℃，相对湿度为(50±10)%，状态调节时间不少于 4 h,并在此条件试验。

6.2 薄膜物理机械性能的检测

6.2.1 雾度检测方法按照 GB/T 2410 标准执行。

6.2.2 拉伸强度的检测方法按照 GB/T 1040.3 标准执行。试验速度及取样方法,BOPP 薄膜按照 GB/T 10003—2008 中 5.6 执行,BOPET 薄膜按照 GB/T 16958—2008 中 6.5.1 执行。

6.2.3 润湿张力检测方法按照 GB/T 14216 标准执行。

6.2.4 BOPP 薄膜的热收缩率检测方法按照 GB/T 10003—2008 中 5.7 执行,BOPET 薄膜按照 GB/T 16958—2008 中 6.5.2 执行。

6.3 预涂膜的检测

6.3.1 雾度检测方法

按照 GB/T 2410 标准执行前,需对样品进行处理。处理方法是:膜卷的宽度方向为试样的横向,在受检样品上沿横向均匀依次裁取 120 mm×120 mm 的正方形试样 5 片,将裁好的试样有序悬挂在特制的支架上(见图 1)置于 120 ℃～123 ℃(BOPP 预涂膜)、150 ℃～153 ℃(BOPET 预涂膜)烘干箱中,每个样品间隔 25 mm～30 mm,在样品的下面放一块 300 mm×300 mm 的隔热板,防止局部受热。试验时不鼓风,加热 30 s 后立即取出,冷却至试验环境温度检测。试样表面不能污染和粘连。

单位为毫米

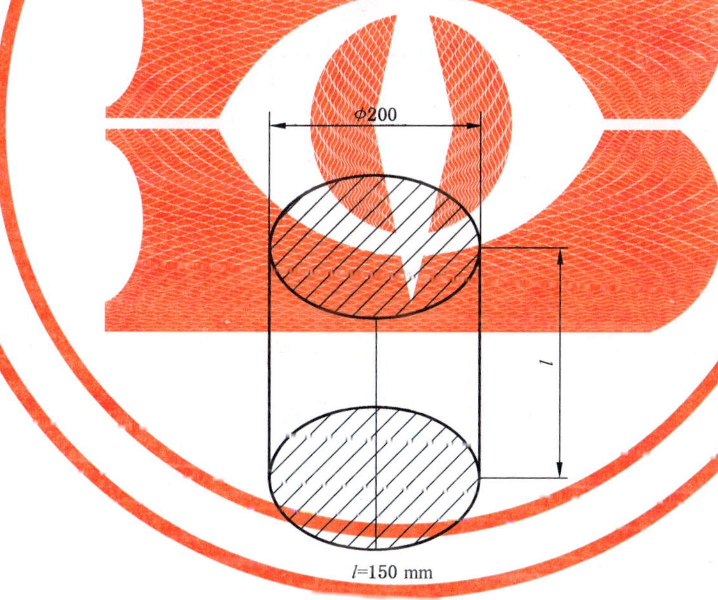

图 1 支架

6.3.2 热收缩率的检测方法

膜卷的长度方向和宽度方向分别为试样的纵向和横向。在受检样品上沿横向均匀依次裁取 120 mm×120 mm 的正方形试样 5 片,取样要正,正方形的边应分别平行、垂直于膜卷的纵向方向,标记纵、横方向,在试样纵横向中间做 100 mm 的标记(见图 2),将试样有序地悬挂在特制的支架上(见图 1),置于 120 ℃～123 ℃(BOPP 预涂膜)、150 ℃～153 ℃(BOPET 预涂膜)烘干箱中,每个样品间隔 25 mm～30 mm,在样品的下面放一块 300 mm×300 mm 的隔热板,防止局部受热。试验时不鼓风,加热 30 s 后立即取出,冷却至试验环境温度后,测量纵横向的标记长度(准确到 0.5 mm)。按照下式分别计算纵横向热收缩率,取 5 个试样的算数平均值。

$$T=(L-L_1)/L\times 100\%$$

式中：

T ——试样的热收缩率，以%表示；

L ——加热前标记直线的长度，单位为毫米(mm)；

L_1——加热后标记直线的长度，单位为毫米(mm)。

单位为毫米

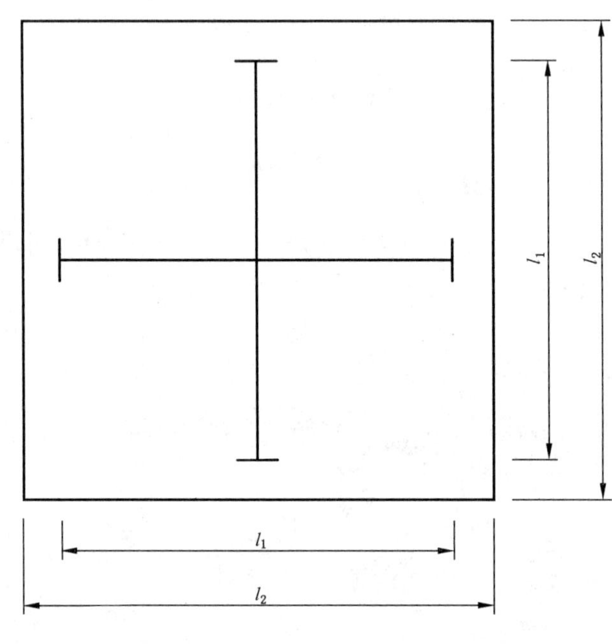

l_1	l_2
100	120

图 2　样品标记示意图

6.3.3　其他的检验项目同 6.2。

6.4　胶黏剂的检测

按照 HJ/T 220—2005 附录 A 的相关内容进行测试。

6.5　纸质印刷品的检测

覆膜前纸质印刷品上油墨层的润湿张力检测按照 GB/T 14216 执行。

6.6　覆膜产品质量的检测

6.6.1　外观检测

按照 CY/T 3 的规定进行检测。

6.6.2　覆膜色差检测

覆膜前后纸质印刷品的色差按照 GB/T 18722 中的要求和方法进行测量。

7 成品储存、运输要求

7.1 储存环境应洁净。

7.2 储存环境温度 5 ℃～40 ℃。

7.3 成品避免阳光直射，与热源保持 2 m 以上间隔，防止潮湿。

7.4 运输时应防止碰撞或接触锐利的物体，轻装轻卸，避免日晒雨淋。

ICS 37.100.01
A 17

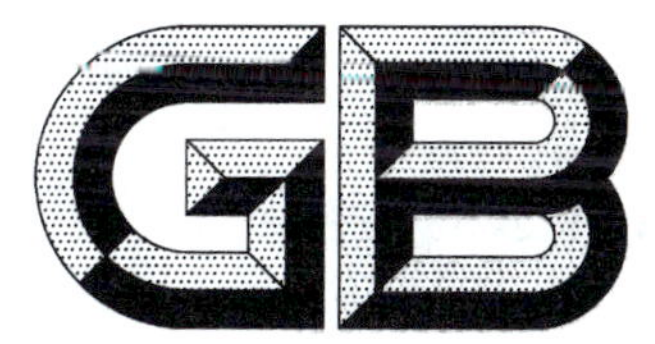

中华人民共和国国家标准

GB/T 27934.2—2011

纸质印刷品覆膜过程控制及检测方法 第2部分：乙烯-醋酸乙烯共聚物(EVA)热熔胶预涂覆膜

Lamination process control and testing methods for paper prints—Part 2: Lamination with EVA adhesive

2011-12-30 发布 2012-06-01 实施

中华人民共和国国家质量监督检验检疫总局
中国国家标准化管理委员会 发布

前言

国家标准《纸质印刷品覆膜过程控制及检测方法》为多部分标准，已经或计划发布以下部分：

——第1部分：基本要求；

——第2部分：乙烯-醋酸乙烯共聚物(EVA)热熔胶预涂覆膜；

——第3部分：水基胶黏剂即涂干式覆膜；

——第4部分：反应型聚氨酯(PUR)热熔胶即涂覆膜；

——第5部分：水基胶黏剂即涂湿式覆膜。

本部分为国家标准《纸质印刷品覆膜过程控制及检测方法》的第2部分。

本部分按照GB/T 1.1—2009给出的规则起草。

请注意本文件的某些内容可能涉及专利。本文件的发布机构不承担识别这些专利的责任。

本部分由新闻出版总署提出。

本部分由全国印刷标准化技术委员会(SAC/TC 170)归口。

本部分起草单位：北京康得新复合材料股份有限公司、北京市印刷技术研究所。

本部分主要起草人：徐曙、王淮珠、王子秋、卢明、赵红霞。

纸质印刷品覆膜过程控制及检测方法 第2部分:乙烯-醋酸乙烯共聚物(EVA) 热熔胶预涂覆膜

1 范围

本部分规定了乙烯-醋酸乙烯共聚物(EVA)热熔胶预涂覆膜的术语和定义及原材料要求、工艺要求、设备要求、环境要求、操作要求、成品质量要求、检测方法和成品储存、运输要求。

本部分适用于乙烯-醋酸乙烯共聚物(EVA)热熔胶预涂覆膜与纸质印刷品覆合的工艺过程控制。

2 规范性引用文件

下列文件对于本文件的应用是必不可少的。凡是注日期的引用文件,仅注日期的版本适用于本文件,凡是不注日期的引用文件,其最新版本(包括所有的修改单)适用于本文件。

GB/T 1227 精密压力表

GB/T 8808—1988 软质复合塑料材料剥离试验方法

GB 27934.1—2011 纸质印刷品覆膜过程控制及检测方法 第1部分:基本要求

HG/T 3949 美纹纸压敏胶粘带

3 术语和定义

GB 27934.1—2011 界定的术语和定义适用于本文件。

4 原材料要求

4.1 预涂膜应符合 GB 27934.1—2011 中 4.1 的表 1、表 3 的规定。

4.2 纸质印刷品应符合 GB 27934.1—2011 中 4.3 的规定。

5 工艺要求

5.1 覆膜准备

覆膜前预涂膜与纸质印刷品在覆膜的环境中至少要放置 4 h,使之与现场环境相适应后再进行覆膜加工。

5.2 覆膜温度

5.2.1 根据覆膜速度及纸质印刷品材质、定量设定覆膜温度,应控制在 95 ℃~120 ℃。

5.2.2 同批次产品覆膜温度应稳定。

5.3 覆膜速度

5.3.1 根据覆膜设备及纸质印刷品材质、定量设定覆膜速度,应控制在 15 m/min~80 m/min。

5.3.2 同批次产品覆膜速度应稳定。

5.4 覆膜压强

5.4.1 覆膜压强应控制在10 MPa～20 MPa。

5.4.2 同批次产品覆膜压强应稳定。

5.5 放卷张力

均匀、适度,薄膜平整和覆膜后成品不卷曲。

6 设备要求

6.1 确保温控传感器的灵敏、准确和稳定。

6.2 加热辊的表面轴向和径向温度应均匀,轴向等分3个点的温度允差均≤5 ℃,径向(同一圆周)等分3个点的温度允差均≤3 ℃。

6.3 确保覆膜压力表灵敏、准确和稳定。

6.4 挤压辊轴向和径向覆膜压强应均匀稳定,啮合处美纹纸压敏胶粘带压痕宽度差均≤1 mm。

6.5 加热辊筒表面状态良好。

7 环境要求

7.1 覆膜现场的温度应控制在(23±7)℃。

7.2 覆膜现场的相对湿度应控制在(60±20)%。

7.3 覆膜环境应洁净。

8 操作要求

8.1 纸质印刷品的宽度应大于使用预涂膜的宽度,两侧应多出2 mm。

8.2 纸质印刷品纵向应有搭口(叠加),搭口部分为3 mm～8 mm。

8.3 输纸正确,避免歪斜。

9 成品质量要求

9.1 覆膜粘结强度不小于2.2 N/cm或符合GB 27934.1—2011中5.1的要求。

9.2 成品其他质量要求符合GB 27934.1中第5章的要求。

10 检测方法

10.1 原材料的检测

按照GB 27934.1—2011中第6章相应条款的要求检测。

10.2 覆膜温度检测

10.2.1 使用检定的温度检测仪,检测覆膜设备加热辊传感器测温点温度,使其与设备控制器显示温度差异恒定。

10.2.2 使用检定的温度检测仪，检测加热辊的温度，在轴向左、中、右 3 个位置沿圆周方向 3 等分点，共测定 9 个点的温度。

10.3 覆膜速度检测

采用单位时间覆膜的张数乘以每张输送长度的方法计算速度。

10.4 覆膜压强检测

10.4.1 压力表稳定性检测

使用符合 GB/T 1227 要求的压力表，检测覆膜设备压力，使其与覆膜设备压力显示数值差异恒定。

10.4.2 轴向压强均匀性的测量

在啮合部位两个辊子之间，轴向左、中、右 3 个位置各放置一条长 150 mm×宽 15 mm 的符合 HG/T 3949 要求的美纹纸压敏胶粘带，两个辊子啮合后泄压，分别测量 3 条胶粘带的压痕，其压痕宽度差均应≤1.0 mm。

10.4.3 径向压强均匀性的测量

在挤压辊轴向左、中、右 3 个位置沿圆周方向 3 等分，共确定 9 个位置。分别对同一轴向上的 3 个等分位置按轴向压强均匀性的测量方法进行测量，共测量 3 次，同一圆周上 3 个美纹纸压敏胶粘带压痕宽度差均应≤1.0 mm。

10.5 环境温湿度检测

使用检定的温湿度计检测。

10.6 粘结强度检测

取覆膜后成品，按照覆膜纵向或横向取长 200 mm×宽 15 mm 样条，用于将薄膜和印刷品剥开 50 mm 长度，按照 GB/T 8808—1988 中第 6 章的 A 法和第 7 章的规定执行。

11 成品储存、运输要求

按照 GB 27934.1—2011 中第 7 章的规定执行。

ICS 37.100.01
A 17

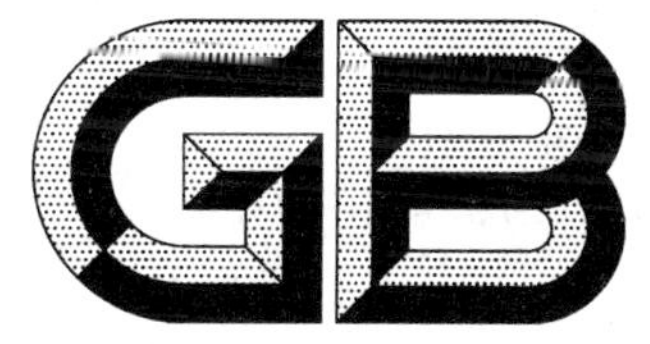

中华人民共和国国家标准

GB/T 27934.3—2011

纸质印刷品覆膜过程控制及检测方法 第3部分:水基胶黏剂即涂干式覆膜

Lamination process control and testing methods for paper prints—Part 3:Drying lamination with water-based adhesive

2011-12-30 发布　　2012-06-01 实施

中华人民共和国国家质量监督检验检疫总局
中国国家标准化管理委员会　发布

前　言

国家标准《纸质印刷品覆膜过程控制及检测方法》为多部分标准，已经或计划发布以下部分：

——第1部分：基本要求；

——第2部分：乙烯-醋酸乙烯共聚物(EVA)热熔胶预涂覆膜；

——第3部分：水基胶黏剂即涂干式覆膜；

——第4部分：反应型聚氨酯(PUR)热熔胶即涂覆膜；

——第5部分：水基胶黏剂即涂湿式覆膜。

本部分为国家标准《纸质印刷品覆膜过程控制及检测方法》的第3部分。

本部分按照GB/T 1.1—2009给出的规则起草。

请注意本文件的某些内容可能涉及专利。本文件的发布机构不承担识别这些专利的责任。

本部分由新闻出版总署提出。

本部分由全国印刷标准化技术委员会(SAC/TC 170)归口。

本部分起草单位：东莞星宇高分子材料有限公司、深圳市三上实业有限公司、鹤山雅图仕印刷有限公司、山东临沂新华印刷物流集团有限责任公司。

本部分主要起草人：赖淦荷、王淮珠、邓国康、孟庆方、冯庆民、郑牧湘、纪小宾、张联聪、杨振翔、孙运飞。

纸质印刷品覆膜过程控制及检测方法 第3部分:水基胶黏剂即涂干式覆膜

1 范围

本部分规定了水基胶黏剂即涂干式覆膜的术语和定义及原材料要求、工艺要求、设备要求、成品质量要求、检测方法和成品储存、运输要求。

本部分适用于水基胶黏剂将薄膜与纸质印刷品复合的工艺过程控制。

2 规范性引用文件

下列文件对于本文件的应用是必不可少的。凡是注日期的引用文件,仅注日期的版本适用于本文件。凡是不注日期的引用文件,其最新版本(包括所有的修改单)适用于本文件。

GB/T 2793 胶黏剂不挥发物含量的测定

GB/T 1723 涂料粘度测定法

GB/T 14518 胶黏剂的 pH 值测定

GB 27934.1—2011 纸质印刷品覆膜过程控制及检测方法 第1部分:基本要求

GB/T 27934.2—2011 纸质印刷品覆膜过程控制及检测方法 第2部分:乙烯-醋酸乙烯共聚物(EVA)热熔胶预涂覆膜

3 术语和定义

GB 27934.1—2011 界定的以及下列术语和定义适用于本文件。

3.1

水基胶黏剂 water-based adhesive

以水为溶剂或分散介质的高分子聚合物作为主要粘结料的胶黏剂。

3.2

即涂干式覆膜 on-site coating type dry lamination

薄膜涂胶后立即进行烘干复合的工艺。

3.3

烘干温度 drying temperature

覆膜过程烘干装置的温度。单位为℃。

4 原材料要求

4.1 水基胶黏剂

4.1.1 环保要求符合 GB 27934.1—2011 中 4.2 的规定。

4.1.2 固含量:≥40.0%。

4.1.3 黏度:≥12.0 s,(25±1)℃。

4.1.4 酸碱度(pH 值):8.0±1.0。

4.2 薄膜应符合 GB 27934.1—2011 中 4.1 的表 1、表 2 的规定。

4.3 纸质印刷品应符合 GB 27934.1—2011 中 4.3 的规定。

5 工艺要求

5.1 覆膜准备

覆膜前，薄膜、水基胶黏剂与纸质印刷品在覆膜环境中至少要放置 4 h，使之与现场温湿度相适应后再进行覆膜。

5.2 覆膜环境

5.2.1 覆膜车间的温度应控制在(23±7)℃。

5.2.2 覆膜车间的相对湿度应控制在(60±20)%。

5.2.3 覆膜环境应洁净。

5.3 覆膜工艺温度

5.3.1 根据纸质印刷品的材质、定量、涂胶量和烘干装置长度及覆膜速度设定烘干温度，应控制在 60 ℃～90 ℃；设定覆膜温度，应控制在 50 ℃～90 ℃。

5.3.2 同批次产品覆膜工艺温度应稳定。

5.4 覆膜速度

5.4.1 根据覆膜设备及纸质印刷品材质、定量设定覆膜速度，应控制在 8 m/min～50 m/min。

5.4.2 同批次产品覆膜速度应稳定。

5.5 覆膜压强

5.5.1 根据纸质印刷品材质与覆膜速度设定覆膜压强，应控制在 5 MPa～20 MPa。

5.5.2 同批次产品覆膜压强应稳定。

5.6 放卷张力

均匀、适度，薄膜平整和覆膜后成品不卷曲。

5.7 涂胶量

5.7.1 根据纸质印刷品材质设定涂胶量，应控制在 12 g/m^2～20 g/m^2。

5.7.2 同批次产品涂胶量应均匀一致。

5.8 操作要求

5.8.1 纸质印刷品应除粉、压平。

5.8.2 纸质印刷品纵向应有搭口(叠加)，搭口部分为 3 mm～8 mm。

5.8.3 输纸正确，避免歪斜。

5.8.4 水基胶黏剂容器应加盖，应有循环过滤、搅拌装置。

6 设备要求

6.1 应确保温控传感器的灵敏、准确和稳定。

6.2 烘干装置状态良好。

6.3 热压辊的表面温度应均匀，温度允差≤5 ℃。

6.4 挤压辊轴向和径向覆膜压强应均匀稳定，啮合处美纹纸压敏胶粘带压痕宽度差均≤1.0 mm。

6.5 确保覆膜压力表灵敏、准确和稳定。

6.6 加热辊筒表面状态良好。

6.7 涂胶装置需密封。

7 成品质量要求

符合 GB 27934.1—2011 中第 5 章的规定。

8 检测方法

8.1 原材料的检测

8.1.1 水基胶黏剂固含量按 GB/T 2793 的要求检测。

8.1.2 水基胶黏剂黏度使用涂-4 杯按 GB/T 1723 中粘度杯法的要求检测。

8.1.3 水基胶黏剂酸碱度(pH 值)按 GB/T 14518 的要求检测。

8.1.4 薄膜性能按 GB 27934.1—2011 中 6.2 的要求检测。

8.1.5 纸质印刷品按 GB 27934.1—2011 中 6.5 的要求检测。

8.2 环境温湿度检测

使用检定的温湿度计检测。

8.3 覆膜工艺温度检测

使用检定的温度测试仪检测烘干装置和热压辊的温度，使其与设备上控制器显示温度差异恒定。

8.4 覆膜压强检测

按照 GB/T 27934.2—2011 中 10.4 的要求检测。

8.5 覆膜速度检测

采用单位时间覆膜的张数乘以每张输送长度的方法计算速度。

8.6 热压辊表面温度允差检测

使用检定的温度检测仪沿轴向左、中、右 3 个位置进行测量。

8.7 涂胶量检测

用定量的水基胶黏剂重量除以覆膜的总面积得出涂胶量，单位为 g/m^2。

9 成品储存、运输要求

按照 GB 27934.1—2011 中第 7 章的规定执行。

ICS 37.100.01
A 17

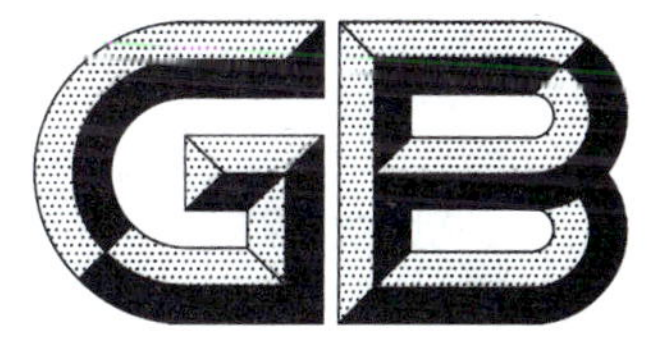

中华人民共和国国家标准

GB/T 27934.4—2011

纸质印刷品覆膜过程控制及检测方法 第4部分:反应型聚氨酯(PUR)热熔胶即涂覆膜

Lamination process control and testing methods for paper prints—Part 4:Lamination with polyurethane reactive hot melt adhesive

2011-12-30 发布　　2012-06-01 实施

中华人民共和国国家质量监督检验检疫总局
中国国家标准化管理委员会　发布

前　言

国家标准《纸质印刷品覆膜过程控制及检测方法》为多部分标准，已经或计划发布以下部分：

——第1部分：基本要求；

——第2部分：乙烯-醋酸乙烯共聚物(EVA)热熔胶预涂覆膜；

——第3部分：水基胶粘剂即涂干式覆膜；

——第4部分：反应型聚氨酯(PUR)热熔胶即涂覆膜；

——第5部分：水基胶黏剂即涂湿式覆膜。

本部分为国家标准《纸质印刷品覆膜过程控制及检测方法》的第4部分。

本部分按照GB/T 1.1—2009给出的规则起草。

请注意本文件的某些内容可能涉及专利。本文件的发布机构不承担识别这些专利的责任。

本部分由新闻出版总署提出。

本部分由全国印刷标准化技术委员会(SAC/TC 170)归口。

本部分起草单位：无锡市万力粘合材料有限公司、史丹利蒙(上海)机械有限公司、汉高股份有限公司、东莞市星宇高分子材料有限公司、东莞市隽思产品检测有限公司、北京尚唐印刷包装有限公司。

本部分主要起草人：周其平、王淮珠、刘小丽、肖忠春、余广强、赖淦荷、陈德财、黄技元、谢世忠、唐穗敏、张振辉。

纸质印刷品覆膜过程控制及检测方法 第4部分:反应型聚氨酯(PUR) 热熔胶即涂覆膜

1 范围

本部分规定了反应型聚氨酯(PUR)热熔胶即涂覆膜的术语和定义及原材料要求、工艺要求、设备要求、环境要求、成品质量要求、检测方法和成品储存、运输要求。

本部分适用于反应型聚氨酯(PUR)热熔胶即涂覆膜与纸质印刷品复合的工艺过程控制。

2 规范性引用文件

下列文件对于本文件的应用是必不可少的。凡是注日期的引用文件,仅注日期的版本适用于本文件。凡是不注日期的引用文件,其最新版本(包括所有的修改单)适用于本文件。

GB/T 1227 精密压力表

GB/T 18446—2009 色漆和清漆用漆基 异氰酸酯树脂中二异氰酸酯单体的测定

GB 27934.1—2011 纸质印刷品覆膜过程控制及检测方法 第1部分:基本要求

3 术语和定义

GB 27934.1—2011 界定的以及下列术语和定义适用于本文件。

3.1

反应型聚氨酯(PUR)热熔胶 polyurethane reactive hot melt adhesive

由异氰酸酯与多元醇反应而生成的一种具有氨基甲酸酯链段重复结构单元的聚合物,能与空气中的湿气反应形成稳定化学结构的热熔胶,简称 PUR 热熔胶。

4 原材料要求

4.1 PUR 热熔胶

4.1.1 无沉淀、均相、有一定光泽。

4.1.2 有害物质限量符合 GB 27934.1—2011 中 4.2 的规定。

4.1.3 游离甲苯二异氰酸酯(TDI)不检出。

4.2 薄膜

符合 GB 27934.1—2011 中 4.1 的规定。

4.3 纸质印刷品

符合 GB 27934.1—2011 中 4.3 的规定。

5 工艺要求

5.1 覆膜准备

应使薄膜、纸质印刷品与现场环境的温湿度相匹配。

5.2 覆膜环境

5.2.1 覆膜现场的温度应控制在(23±5)℃。

5.2.2 覆膜车间的相对湿度应保持在(60±10)%。

5.2.3 覆膜环境应洁净。

5.3 PUR 热熔胶的使用温度

5.3.1 使用温度应为(80±10)℃。

5.3.2 同批次产品覆膜过程的使用温度应稳定。

5.4 覆膜速度

5.4.1 应控制在 12 m/min～80 m/min。

5.4.2 同批次产品的覆膜速度应稳定。

5.5 覆膜压强

5.5.1 应控制在 0.2 MPa～0.6 MPa。

5.5.2 覆膜压强应稳定。

5.6 放卷张力

均匀、适度,薄膜平整和覆膜后成品不卷曲。

5.7 涂胶量

5.7.1 根据纸质印刷品的材质、定量确定涂胶量,应控制在 2.0 g/m^2～5.0 g/m^2。

5.7.2 同批次产品涂胶量应稳定。

5.8 稳定性要求

5.8.1 膜、纸复合后应在温度为(23±5)℃、相对湿度为(60±10)%的环境中继续放置不少于 8 h。

5.8.2 覆膜成品应符合 GB 27934.1—2011 中 5.5 的规定再进行后序加工。

6 设备要求

6.1 应确保温控传感器的灵敏、准确和稳定。

6.2 覆膜速度应连续可调。

6.3 加热辊筒表面状态良好。

6.4 涂胶装置的精度符合使用要求。

6.5 具有自动除粉装置。

6.6 熔胶装置应密封。

7 成品质量要求

符合 GB 27934.1—2011 中第 5 章的要求。

8 检测方法

8.1 原材料的检测

8.1.1 PUR 热熔胶中有害物质含量按照 GB 27934.1—2011 中 6.4 检测。

8.1.2 游离甲苯二异氰酸酯(TDI)含量的测试按照 GB/T 18446—2009 的规定进行。

8.1.3 薄膜按照 GB 27934.1—2011 中 6.2 检测。

8.1.4 纸质印刷品按照 GB 27934.1—2011 中 6.5 检测。

8.2 环境温湿度检测

使用检定的温湿度计检测。

8.3 PUR 热熔胶的使用温度检测

使用检定的温度检测仪检测,使其与设备控制器上显示的温度差异恒定。

8.4 覆膜速度检测

依靠设备速度控制装置进行。

8.5 覆膜压强检测

使用符合 GB/T 1227 要求的压力表,检测覆膜设备压力。

8.6 涂胶量检测

可以采用以下两种方法之一:

a) 用定量的胶黏剂重量除以覆膜的总面积得出涂胶量,单位为克每平方米(g/m^2)。

b) 使用检定的电子天平(精确度为 0.000 1 g,仪器公差应小于±0.000 2 g)分别称取同样面积涂胶和未涂胶薄膜的重量,用所得重量差除以该薄膜的面积得出涂胶量,单位为克每平方米(g/m^2)。

8.7 覆膜成品质量检测

按照 GB 27934.1—2011 中 6.6 的要求检测。

9 成品储存、运输要求

按照 GB 27934.1—2011 中第 7 章的要求检测。

ICS 37.100.01
A 17

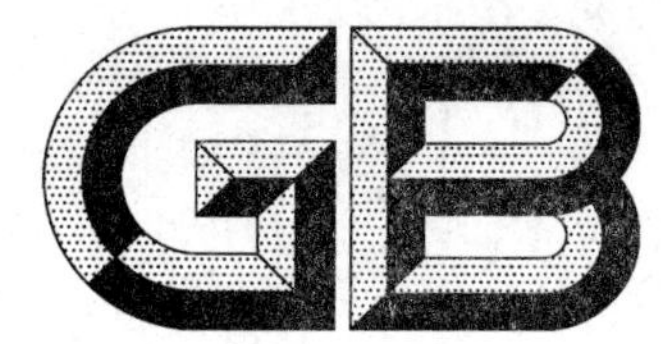

中华人民共和国国家标准

GB/T 27935.3—2011/ISO 15930-3:2002

印刷技术 印前数据交换 PDF的使用 第3部分:颜色管理工作流程中的完整数据交换(PDF/X-3)

Graphic technology—Prepress digital data exchange—Use of PDF—Part 3: Complete exchange suitable for colourmanaged workflows (PDF/X-3)

(ISO 15930-3:2002,IDT)

2011-12-30发布　　2012-03-01实施

中华人民共和国国家质量监督检验检疫总局
中国国家标准化管理委员会　发布

前　言

GB/T 27935《印刷技术　印前数据交换　PDF 的使用》包括以下 8 个部分：

——第 1 部分：使用 CMYK 数据的完整数据交换(PDF/X-1 和 PDF/X-1a)；

——第 2 部分：印刷数据部分交换准则(PDF/X-2)；

——第 3 部分：颜色管理工作流程中的完整数据交换(PDF/X-3)；

——第 4 部分：使用 PDF 1.4(PDF/X-1a)的 CMYK 数据和专色数据的完全交换；

——第 5 部分：使用 PDF 1.4(PDF/X-2)的印刷数据部分交换；

——第 6 部分：使用 PDF 1.4(PDF/X-3)用于颜色管理工作流程的印刷数据完全交换；

——第 7 部分：使用 PDF 1.6(PDF/X-4)的印刷数据完全交换和使用外部参考(PDF/X-4P)印刷数据的部分交换；

——第 8 部分：使用 PDF 1.6(PDF/X-5)的印刷数据的部分交换。

本部分为 GB/T 27935 的第 3 部分。

本部分按照 GB/T 1.1—2009 给出的规则起草。

本部分使用翻译法等同采用 ISO 15930-3:2002《印刷技术　印前数据交换　PDF 的使用　第 3 部分：颜色管理工作流程中的完整数据交换(PDF/X-3)》。

本部分中的文字格式根据 GB/T 1.1 的要求进行编辑性修改。

请注意本文件的某些内容可能涉及专利。本文件的发布机构不承担识别这些专利的责任。

本部分由中华人民共和国新闻出版总署提出。

本部分由全国印刷标准化技术委员会(SAC/TC 170)归口。

本部分起草单位：鹤山雅图仕印刷有限公司、上海理工大学、北大方正电子有限公司。

本部分主要起草人：刘真、杨斌、方君阳、孔玲君、朱明、胡超华。

引　言

GB/T 27935 定义了一种数据交换方式，为印刷行业内部数据交换和印刷企业间的文件交换提供了依据。GB/T 27935 由多个部分组成，其中的每一部分内容适用于不同的工作流程需求。这些工作流程需要的灵活性程度不尽相同，但灵活性程度越高，工作流程的不确定性或错误发生率就越高。GB/T 27935 中各部分内容的目标旨在保持工作流程灵活性的前提下，尽量减小其不确定性。

通常，印刷文件的组成页面可能是在不同的地方创建，也可能由不同的公司创建。这些来源不同的页面将被合并到一个最终的印刷文件，随后可以在不同的地方进行印刷。另外，某些页面元素还可能被发送到多个接收端合并到其他的文件。在 GB/T 27935 中每个页面都被当作一个复合实体。

有多种数据格式和结构可用于上述页面的组织与创建，其中有两种数据结构使用的较为普遍。这两种数据结构分别是用于编码图形和文字信息的矢量数据和编码图像信息的栅格数据，后者也包括经过栅格化处理后的图形和文本信息。上述两种数据结构连同页面描述信息都是一个开放式数字化工作流程所必需的。使用 TIFF/IT 文件格式的栅格数据交换的定义在 GB/T 22113 中。GB/T 27935 则定义了一个基于对象的数据交换格式，其中的各个对象既可以是矢量数据结构也可以是栅格数据结构。

本部分内容作为 GB/T 27935 其他部分的补充，定义了一种数据格式及其使用方法，允许将一个复合实体以单一文件的形式按照预期的要求分发到一个或多个目的地。该文件可以是包含色彩管理信息的预印刷文件，也可以是包含 CMYK 数据的预印刷文件，而且文件中必须包含由发送端设置的与文件处理和渲染相关的所有内容信息，这些信息被编码在一个单独的 PDF 文件中，不需要或不允许使用外部链接文件或内部嵌入文件。这种数据交换不需要预知发送端和接收端的环境，因此有时也称为"盲"交换，该数据交换模式与软件平台和传输方式无关。

上述目标可通过限定开放的 Adobe 便携式文件格式(1.3 版本)的具体使用来实现。为了达到数据交换的目的，避免解释文件时出现含糊不清的问题，该限制方法确定了一套有限的可以使用的 PDF 对象集，并为这些对象及其内部所包含的关键字的使用增加了限制规则。

尽管 PDF/X-3 标准定义了包含所有元素的完整数据交换，但也存在一些不适用的情况。在某些工作流程中，部分或所有的引用元素存放在文件接收端可能会更合乎逻辑，而且这些引用元素也可能会在不同时间进行交换。这些元素包括字体、高分辨率的连续调图像文件、线条稿文件等。通常情况下，这些数据交换需要在发送端和接收端预先达成协议。有关这方面的要求在 GB/T 27935 的其他部分已做了说明。针对 CMYK 数据交换的其他限制要求可能更多，这些信息包含在 GB/T 27935.1 中。

虽然 GB/T 27935 的该项部分内容最初没有考虑到数据的重新使用要求，但已保留了数据的最大灵活性，以便满足日后可能提出的数据再使用需要。

可以预测，今后将会开发一系列基于 PDF/X-1 标准的产品，例如 PDF/X 文件的读(包括阅读器)写软件，以及综合上述读写功能的软件产品。基于应用的需求，产品开发商将开发出不同的软件产品。为了准备、解释和处理基于实际应用且符合规范的文件，这些软件将整合各种不同的功能组件。然而，比较重要的一点是，合乎标准的 PDF 文件阅读软件必须能够读取和适当的处理所有符合指定规范层级的 PDF 文件。

印刷技术　印前数据交换　PDF 的使用　第 3 部分:颜色管理工作流程中的完整数据交换(PDF/X-3)

1　范围

GB/T 27935 的本部分内容详细描述了在单一的数据交换过程中使用 PDF(Portable Document Format)实现完整数字数据分发的方法,这些数据包含了最终印刷复制所必需的所有元素。此类交换方式同时支持颜色管理工作流程和传统 CMYK 工作流程。

2　规范性引用文件

下列文件对于本文件的应用是必不可少的。凡是注日期的引用文件,仅注日期的版本适用于本文件。凡是不注日期的引用文件,其最新版本(包括所有的修改单)适用于本文件。

ICC.1:1998-09,颜色描述文件格式,国际颜色联盟;

Adobe 便携式文件格式,1.3 版本,第 2 版,2000 年,Adobe 公司(ISBN 0-201-61588-6);

Adobe 技术说明 #5413——记录色彩核心工作流程的输出意图,2001.01.22,Adobe 公司。

3　术语和定义

下列术语和定义适用于本文件。

3.1

印刷出血　bleed

超出成品幅面范围而被裁切掉的图像叫做出血。在裁切工艺过程中,合理的设置印刷出血可避免因机械误差而导致成品露出白边或裁切到内容。

注:出血区域包含可被印刷的区域,但不包括任何种类的印刷标记。

3.2

特征化印刷条件　characterized printing condition

定义了各种印刷条件(胶印、凹印、柔印、直接印刷等)的工艺过程控制目标,确定各种印刷状况下的印刷图像的阶调值(一般为 CMYK 值)和色度值之间的转换关系,并将该转换关系以电子文件的方式保存。

注 1:通常将输入数据(印刷阶调值,通常为 CMYK 数据)与印刷图像色度值之间的转换关系称之为特征化。

注 2:印刷过程控制目标和对应的色彩特征化信息一般需经标准认证后公诸于众,也可由工业协会提供。

3.3

完整数据交换　complete exchange

包括复合实体的数据交换和用于处理复合实体的所有信息的交换。复合实体中的所有元素及其资源都可包含在一个 PDF 文件中。用于处理复合实体的信息既可以存在于复合实体中,也可以在 GB/T 27935 标准中的此项部分及其标准引用文件中指明。

3.4

复合实体　compound entity

包含文本、图形和图像元素的，用于最终印刷复制的作业单元；复合实体可以是一个单独的印刷页面，也可以是页面的某一部分，或者是多个页面对象的组合。

3.5

元素　element

在当前处理环境下的一个复合实体的子结构，它可以是文本块、连续调图像或轮廓图形等。元素构成了一个复合实体的最小逻辑单元。

3.6

字体　font

一种可被系统标识的字形或其他图形元素的集合。

3.7

字形　glyph

独立于任何特定设计的可识别的抽象图形符号。

[ISO/IEC 9541-1:1991，3.12]

3.8

字形规格　glyph metrics

字形外观的设置信息，用于定义字体笔画的位置和几何尺寸。

[ISO/IEC 9541-1:1991，3.16]

3.9

国际颜色联盟　ICC

一个致力于开发颜色管理标准化机制的工业协会。

3.10

ICC 特性文件　ICC profile

根据 ICC 标准 1.0 版本创建的色彩转换文件。

3.11

便携式文件格式　PDF;Portable Document Format

Adobe Portable Document Format 中定义的文件格式。

3.12

PDF 词典　PDF dictionary

包含了关键字与值对的查找表。每一对关键字与值对用于指明对象某一属性的名称和值。词典对象通常用于收集和绑定复合对象的所有属性。

3.13

印刷元素　print element

用于最终印刷输出的元素。

3.14

印刷阶调值　printing tone value

承印物表面的相对着墨区域所对应的数据值。

注：参看 3.2 部分：特征化印刷条件。

3.15

阅读器　reader

能够读取和恰当地处理 PDF 文件的软件应用程序。

3.16

专色 spot colour

由名称标识的单色油墨色，专色的印刷阶调值用独立于颜色坐标系统中指定的颜色值表示。

注：专色亦指印刷原色以外的任何一种用于印刷复制的特定颜色。

3.17

补漏白 trapping

用于弥补因印刷套印不准而造成的、两个相邻且不同颜色之间出现的空白颜色区域。

注：补漏白通常又称为"陷印"，"trapping"可以翻译为"陷印"和"油墨叠印(ink trapping)"，这里指"陷印"，不能与"油墨叠印"混淆在一起。

3.18

生成器 writer

能够生成 PDF 文件的软件应用程序。

4 符号和标记

PDF 操作符、PDF 关键字、PDF 词典中关键字的名称，以及其他预定义的名字对象均以粗体的 sans serif 字体书写，例如，"Trapped"关键字。

PDF 操作符的操作数或 PDF 词典中关键字的值均以斜体的 sans serif 字体书写，例如，"Trapped"关键字的值为"*false*"。

在 GB/T 27935 本部分内容中，所涉及到的"PDF 参考手册"是指条款 2 中定义的 Adobe 便携式文件格式。该文件格式由 Adobe 技术说明＃5413 扩展而来。

5 兼容性

GB/T 27935 本部分内容定义了用于复合实体数据交换的 PDF 文件格式的使用规则。

注：有关复合实体的定义可参看 3.4 部分。

PDF/X-3 格式文件是指能够符合 GB/T 27935 规定的用于复合实体交换所需各类特征的 PDF 文件。一个符合 PDF/X-3 标准的 PDF 文件也可以包含其他有效的但不影响复合实体最终印刷输出的 PDF 特征。

位于 PDF 文件第一行的版本号信息和 PDF 文件 Catalog 对象中 Version 关键字的值信息都不能用于确定一个 PDF 文件是否符合 GB/T 27935 本部分的规定。

遵循 PDF/X-3 标准的 PDF 文件生成器是一个可生成符合 GB/T 27935 本部分要求的 PDF 文件的应用软件。

遵循 PDF/X-3 标准的 PDF 文件阅读器是一个能够读取并适当处理符合 GB/T 27935 本部分定义的 PDF/X-3 文件的应用软件。

PDF 参考手册声明，符合 PDF 以前版本的文件也符合 1.3 版本，同时建议不要在一个标准的 PDF/X-3 文件中使用那些在 1.3 版本之前有过描述但没有出现在 PDF 参考手册中的 PDF 特征。此类特征可能会被 PDF/X-3 文件阅读器忽略。参见附录 D。

所有 PDF/X-3 文件阅读器都可以解释各类 PDF 文件，但可能会忽略 GB/T 27935 本部分不强制要求的那些 PDF 特征，且可能忽略注释中的"Print"标记，除非该标记出现在"TrapNet"注释中。

对 PDF/X-3 文件的再现应该按照 PDF 参考手册中定义的方法执行。

6 技术要求

6.1 数据结构

一个 PDF/X-3 文件包含四个组成部分:文件头、文件体、交叉索引表和文件尾。PDF/X-3 文件的文件体包括了一系列已编号的对象,如数值对象、名字对象、字符串对象、词典对象和流对象,这些对象代表文本字符、图形、图像,以及与其相关的资源,这些资源用来描述用于交换的复合实体。附录 A 总结给出了 GB/T 27935 本部分需要的 PDF 特征,6.2～6.16 对这些特征作了详细描述。这些特征的使用应该严格遵循 GB/T 27935 本部分和 PDF 参考手册中的具体规定和说明。

为了满足数据"盲交换"(一种无需求助外部技术信息的数据交换方式)的需要,不允许使用预先分色的 PDF 文件(在一个预先分色的 PDF 文件中,每个 PDF 页面描述为分开的页面对象,每一页面对象为一个分色后的单色页面)。

注:这并不意味着不允许使用前端分色工作流程。在前端分色工作流程中,一个页面的所有分色页面组合成一个 PDF 页面对象。

一个 PDF/X-3 文件可以包括两类元素:用于最终印刷复制的元素(印刷元素)和不用于最终印刷复制的元素(非印刷元素)。非印刷元素包括预览、预视图像和非印刷注释这样的附属元素。一个复合实体的所有组成部分都应该包含在一个单独的 PDF/X-3 文件的文件体内。

数据交换的"完整性"是指交换文件应该包括以下信息:

——PDF 参考手册中列出的文件中需使用的所有 PDF 资源,包括所有的字体、字号、字体编码和颜色空间资源(参见附录 C);

——按照预定的目标输出条件正确准备的所有印刷元素。

6.2 颜色空间

6.2.1 概述

PDF/X-3 文件规定交换数据既可以按输出设备颜色值加以描述,也可用色度值来定义。以色度值方式定义的数据应使用基于 ICC 颜色空间的特性文件进行描述,也可以采用等同的 CalGray, CalRGB 或 Lab 颜色空间。

然而,如果在一个 PDF/X-3 文件中同时出现以上两种类型的数据,那么这两类数据应该使用相同的目标输出条件。这个目标输出条件可以通过一个指定的输出条件或一个 ICC 特性文件来定义。

6.2.2 目标输出条件的确定

印刷文件准备过程中依据的目标输出条件(输出设备的颜色处理模型)应该使用 Adobe 技术说明书#5413 中描述的 Catalog 对象中的一个 OutputIntents 数组来加以定义。准确地说,OutputIntents 数组中应该包含一个 S 关键字的值为/GTS_PDFX 名字对象的 OutputIntent 词典,因此该词典可以称为 PDF/X 输出意图对象。除此,OutputIntents 数组中也可能包含其他的 OutputIntent 词典,但此时 S 关键字的值将不再是/GTS_PDFX 名字对象,而且将被 PDF/X-3 兼容阅读器忽略。

PDF/X 输出意图词典应包含 OutputConditionIdentifier 关键字。

其指定的目标输出条件是一个包含在 ICC 特征化注册表中的特征化印刷条件。OutputConditionIdentifier 关键字的值应该和 ICC 注册表中使用的名称相同。

如果 OutputConditionIdentifier 关键字的值和 ICC 注册表中的特征化名称相匹配,那么 RegistryName 关键字的值也应该与此相同(请查看*http://www.color.org*)。如果 OutputConditionIdentifier 关键字的值和其他注册表中的特征化名称相匹配,则强烈推荐您提供 RegistryName 关键字,并将其值设置为一个特定的 URL 信息,从该 URL 指定的网站上可获得与该注册表相关的更多信息。参看附录 B。

如果所有的颜色数据既可以提供在目标输出条件的颜色处理模型中,也可以提供在使用这些原色或专色的 Separation、DeviceN、Indexed 或 Pattern 颜色空间中。那么 OutputConditionIdentifier 关键字是可选的。但如果部分或所有颜色数据没有提供在目标输出条件的颜色处理模型中,或者 OutputConditionIdentifier 关键字的值与 ICC 注册表中的特征化名称不匹配,那么就必须要使用 DestOutputProfile 关键字。

如果 DestOutputProfile 流对象中含有 Alernate 关键字,那么 PDF/X-3 文件阅读器将忽略该关键字。如果 ICC 特性文件中提供了 ProfileDescriptionTag 标签和 charTargetTag 标签的值,那么 PDF/X-3 兼容阅读器也应该忽略这些标签的值。

PDF/X 输出意图词典应该包含 Info 关键字。如果存在 Info 关键字,那么其值应该是一个描述目标印刷条件的字符串,该字符串信息对于负责接收交换文件的操作员来说是非常有意义的。

特征文件为"DestOutputProfile"关键字对应的值如果存在,那么该特性文件应该是按 ICC1.0 标准定义的输出设备特性文件(设备类型代码值为"prtr")。

注:如果部分或所有的颜色数据并没有提供在目标输出条件的颜色处理模型中,那么输出意图就是 DestOutputProfile 关键字指定的特性文件,这个特性文件可以将提供的颜色数据转换到目标输出条件的颜色处理模型中。

6.2.3 DeviceCMYK

如果 PDF/X-3 文件的颜色信息在 DeviceCMYK 颜色空间中定义,而目标输出设备并不是 CMYK 设备,那么文件中标记内容根对象的 Resources 词典中所包含的 ColorSpace 词典就必须提供 DefaultCMYK 颜色空间,用于提供默认的色度定义信息。

6.2.4 DeviceGray

如果目标输出条件是 CMYK,那么 DeviceGray 将是目标输出条件的黑版分色颜色空间。

如果 PDF/X-3 文件的颜色信息使用 DeviceGray 颜色空间定义,而目标输出设备并不是 CMYK 设备或黑白单色设备,那么文件中标记内容根对象的 Resources 词典中的 ColorSpace 词典必须提供 DefaultGray 颜色空间,用于提供色度定义信息。

6.2.5 DeviceRGB

如果 PDF/X-3 文件按照 DeviceRGB 颜色空间定义颜色数据,而目标输出设备并不是 RGB 设备,那么文件中标记内容根对象的 Resources 词典中的 ColorSpace 词典必须提供 DefaultRGB 颜色空间。这个默认的 RGB 颜色空间应提供色度定义信息。

6.2.6 基于 ICC 的颜色空间

一个 PDF/X-3 兼容阅读器应该使用 ICC 特性文件,而不使用 ICCBased 颜色空间的流词典中的 Alternate 颜色空间或其他默认颜色空间。

6.2.7 Separation 和 DeviceN 颜色空间

专色的印刷色调值必须在 Separation 或 DeviceN 颜色空间中指定。"黑版"的印刷色调值可以使用 DeviceGray 颜色空间或黑版 Separation 颜色空间来确定。6.2.3、6.2.4 和 6.2.5 中所有的限制规则都适用于 Separation 或 DeviceN 颜色空间中的备用颜色空间。

注 1:如果扩展图形状态中的 OPM 关键字的值不为 1,那么使用黑版 Separation 颜色空间可能会产生与 DeviceGray 颜色空间不同的套印结果。

Separation 和 DeviceN 颜色空间均可用来表示原色(包括非 CMYK 颜色)、专色和一些与颜色无关的信息(例如:上光层、模切层和其他层)。

如果发送端和接收端没有达成统一协议,则所有颜色的名称都应该被看成是目标输出设备上与设备无关的颜色。

注 2:PDF/X-3 文件的创建者有责任确保文件中所有对象在专色名称用法上的一致性。在任何情况下,都应该尽可能使用业界公认的专色名称。

6.2.8 Indexed 颜色空间和 Pattern 颜色空间

关于 Indexed 颜色空间和 Pattern 颜色空间的基础颜色空间信息,可以参考 6.2.3~6.2.6 的说明。

6.2.9 注释和非印刷元素

注释(包括印刷和非印刷信息)和所有非印刷元素可以使用任何类型的颜色空间。

注:缩略图是一个非印刷元素实例。

6.3 字库

PDF/X-3 文件中用到的所有字符的字体信息,包括字形、字形规格和字体编码等,都应该嵌入在文件中。文件接收端在再现和显示文件时,应该使用嵌入的字体(而不是其他的当地计算机上使用的字体、替代字体或模拟的字体)。除非字体版权持有者持有特殊的字体嵌入协议,否则只有那些被公开确定为合法可嵌入的字体才可用于文件的显示和再现。

6.4 数据压缩

PDF/X-3 文件中的数据压缩可采用 PDF 参考手册中定义的各种方法,但 LZW 数据压缩方法除外。

6.5 补漏白

文件交换过程中应使用 Info 词典中包含的 Trapped 关键字。Trapped 关键字给出了文件的补漏白状态。如果整个文件没有做补漏白处理,那么 Trapped 关键字的值应该设置为 *False*。如果整个文件已经完成了必要的补漏白处理,那么 Trapped 关键字的值应该设置为 *True*。不允许对文件作局部补漏白处理。另外,在 PDF/X-3 文件中,Trapped 关键字的值不能设置为 *Unknown*。

如果 PDF/X-3 文件中包含 TrapNet 注释,那么 Info 词典中 Trapped 关键字的值应该为 *True*。

注:如果在完成 TrapNet 注释的创建之后对页面内容作了编辑修改,那么 TrapNet 注释将不再有效。

TrapNet 注释中的 FontFauxing 关键字可以不存在,也可以是一个空数组。在一个 PDF/X-3 文件中,TrapNet 注释的表征词典中 PCM 关键字的值应该和目标输出设备的颜色模型匹配。

6.6 PDF 文件标识

PDF/X-3 文件应使用 Info 词典中的 GTS_PDFXVersion 关键字加以标识。该关键字的对应值为字符串对象。

符合 GB/T 27935 本部分要求的 PDF/X-3 文件的 GTS_PDFXVersion 关键字的值应为(*PDF/X-3:2002*)。

所有 PDF/X-3 文件的 Info 词典应该包含以下关键字和值对:CreationDate、ModDate 和 Title,这些关键字的数值应该在文件交换前填写。

Info 词典中的 Creator 和 Produce 关键字的数值应该在文件交换前填写。

Trailer 词典中必须包含 ID 关键字。

6.7 边界框

每个 Page 对象应该包含 TrimBox 对象或 ArtBox 对象,但不能同时包含两者。MediaBox 对象可通过继承机制得到。

如果存在 BleedBox 对象,那么 ArtBox 对象或 TrimBox 对象的边界均不能超过 BleedBox 对象的边界。

如果存在 CropBox 对象,那么 ArtBox 对象或 TrimBox 对象的边界均不能超过 CropBox 对象的边界。

注 1:某些工业应用要求使用 BleedBox 对象,但需遵循特定的行业惯例。

注 2:与 ArtBox 对象相比,推荐使用 TrimBox 对象。

6.8 扩展图形状态

PDF/X-3 文件的 ExtGState 资源中不能包含传递函数关键字(TR 或 TR2)或网目调状态关键字(HTP)。

一个遵循 PDF/X-3 标准的 PDF 阅读器可能会忽略网目调(HT)关键字。(参考附录 C。)

网目调关键字(HT)的使用应该和目标印刷方式一致,并且应该按照 PDF 参考手册中定义的方式在网目调词典中使用 TransferFunction 关键字。

PDF/X-3 文件中所有网目调元素的 HalftoneType 关键字的值应该为 1 或 5。

注:禁止使用阈值加网算法,否则按不同分辨率输出时会产生不同的输出效果。

PDF/X-3 文件中的网目调不能包含 HalftoneName 关键字。

6.9 PostScript XObject 和 PS 操作符

PDF/X-3 文件不应该包含 PostScript XObject 和/或 PS 操作符的实例。

6.10 Encryption 加密词典的使用

PDF/X-3 文件中不能包含 Encrypt 词典。

6.11 替用图像

当 PDF/X-3 文件中的 DefaultForPrinting 对象的值为 *true* 时,Image XObject 对象中不能包含替用图像。

注:这意味着文件阅读时使用的默认图像也将是印刷的默认图像。

包含在 Image XObject 的 Alternate 数组中的所有图像及基础图像,应该代表同一母版图像的相同区域,它们仅仅在颜色空间、位深度、分辨率、图像压缩和编码方面可能有所不同。

6.12 注释

除 PDF 补漏白注释之外的所有注释都应具有位于 BleedBox(如果没有 BleedBox,也可以是 TrimBox 或 ArtBox)之外的扩展部分。PDF/X-3 文件阅读器会完全忽略除 PDF 补漏白注释外的所有其他注释。

注 1:PDF 参考手册的"注释"部分已列出了所有的注释类型。

注 2:这项规定可确保 PDF/X-3 文件页面经 PDF 文件阅读器显示在屏幕上时,实际页面的视觉效果不会受到这些注释的影响。另外,这个规定避免了因使用页面区域内的不可视交互元素而造成 PDF 文件在屏幕上显示时出现的意外结果。

注 3:由于 Acrobat Form 元素是一种注释中的特例,针对其他注释的有关规则也同样适用于该元素。

6.13 动作和 JavaScript 脚本

PDF/X-3 文件不能包含动作或 JavaScript 脚本。

6.14 BX/EX 操作符的使用

PDF/X-3 文件的 Contents 流对象中不能包含 PDF 参考手册中未描述的操作符，即使这些操作符封装在 BX 和 EX 操作符之间。

遵循 PDF/X-3 标准的 PDF 阅读器应该按照 PDF 参考手册中的规定处理每个页面操作符，即使这些操作符封装在 BX 和 EX 操作符之间。

注 1：根据 PDF 参考手册，可由 BX 操作符(不报告的未定义页面操作符的起始部分)和 EX 操作符(不报告的未定义页面操作符的末尾部分)指定页面描述区域，但这些区域可能会被 PDF 阅读器忽略而不显示，其原因在于 PDF 阅读器可能无法解释出现在 BX 和 EX 操作符间的部分或全部页面描述操作符。

注 2：建议 PDF/X-3 文件生成器不要使用 BX/EX 操作符。

6.15 文件路径说明

PDF/X-3 文件不能包含 PDF 参考手册中"文件路径说明"部分描述的文件路径说明。

注：文件路径说明是 PDF OPI 词典中的必需内容，也常用于外部流对象，但这两者在 PDF/X-3 文件中均被禁用。

6.16 数字签名的使用

PDF/X-3 文件可以包含数字签名，其使用方法与 PDF 参考手册的"数字签名"部分的定义相同。一个 PDF/X-3 文件阅读器可能会忽略数字签名信息。

附 录 A
（资料性附录）
PDF 特征概述

表 A.1 列出了 PDF/X-3 标准需要且不同于 PDF 参考手册中要求的 PDF 对象以及存在于这些对象中的关键字。表格中的每一行都记录了对象或关键字的状态，以及它们在 GB/T 27935 本部分中的引用位置。

对象状态分以下几种：

1） 必须：PDF/X-3 文件必须包含该对象或关键字。

2） 禁用：PDF/X-3 文件不能包含该对象或关键字。

3） 限制：要求或禁止一些特定值或特定值组合的使用。有关详细信息请参看引用部分。

4） 推荐：建议所有的 PDF/X-3 文件包含该关键字。

PDF/X-3 文件遵循 PDF 参考手册中的规定，包含 PDF 参考手册中要求的所有对象、关键字和值；同样，不包含 PDF 参考手册中禁用的单独或组合使用的对象、关键字和值。一个遵循 PDF/X-3 标准的 PDF 阅读器也支持由按需指定 PDF 文件结构的标准化参考文件中定义的其他对象，关键字和值。

如果表 A.1 中包含对 PDF 词典对象的引用，但没有明确列出对象内的关键字，那么该对象内的所有关键字及其派生对象都将继承该表中列出的对象的状态。如果一个词典对象内的某些关键字已明确列在表格里，那么遵循 PDF/X-3 标准的 PDF 阅读器不一定要支持此类对象中的任何其他关键字（或派生对象），除非 PDF 参考手册中要求必须使用。

如果出现下列三种情况之一，一个对象就可以从另一个对象（称为父对象）中继承其状态信息：

a） 子对象是父对象中一个关键字的值；

b） 父对象是一个数组，子对象是该数组中的一个元素；

c） 子对象是父对象的二次派生对象。

如果一个关键字或对象被标识为必需，那么从该文件的 Trailer 文件尾对象中访问它的所有父对象也是必需的。例如：Info 对象中的 Trapped 关键字是必需的，因此 Info 对象本身也是必需的。

在标准化参考文件中定义的供 PDF Contents 流对象使用的所有操作符都可以出现在 PDF/X-3 文件中，但以下列出的操作符除外。

PDF/X-3 文件中禁止使用的操作符：

操作符	作用	引用位置
PS	执行内嵌的 PostScript 代码	6.9

PDF/X-3 文件阅读器需要解析内容流中的操作符，但除了将部分对象从操作数堆栈中移除外，并不要求执行其他操作。

操作符	作用
BX	不报告的未定义的页面操作符的起始部分
EX	不报告的未定义的页面操作符的结尾部分
BMC	标记内容的起始部分
BDC	带有属性列表的标记内容的起始部分
EMC	标记内容的结尾部分
MP	标记点
DP	带有属性列表的标记点

表 A.1　PDF/X-3 标准必需且不同于 PDF 参考手册中要求的 PDF 对象

对　　象	关　键　字	状　　态	引用位置
Trailer	ID	必需	6.6
	Encrypt	禁用	6.10
Info	CreationDate	必需	6.6
	Creator	推荐使用	6.6
	GTS_PDFXVersion	必需	6.6
	ModDate	必需	6.6
	Producer	推荐使用	6.6
	Title	必需	6.6
	Trapped	必需	6.5
Page	ArtBox	限制	6.7
	TrimBox	限制	6.7
	BleedBox	限制	6.7
Resources	ColorSpace	限制	6.2
	Fonts	如使用文本则需要	6.3
	PS XObject	禁用	6.9
Alternate image	Image XObject	限制	6.11
ExtGState	HTP(网目调状态)	禁用	6.8
	HT(网目调)	限制	6.8
	TR(传递函数)	禁用	6.8
Font	FontDescriptor	如果文本使用了除 Type3 以外的字体,则需要。	6.3
FontDescriptor	FontFile 或 FontFile2 或 FontFile3	如果文本使用了除 Type3 以外的字体,则需要。	6.3
TrapNet	FontFauxing	限制	6.5
	PCM	限制	6.5
Action	All	禁用	6.13
JavaScript	All	禁用	6.13
Annotations	All	限制	6.12
File specification	All	禁用	6.15
Streams	Filter	限制	6.4

附 录 B
(资料性附录)
输出意图词典的最低要求

国际颜色联盟(ICC)已经为标准化印刷工艺的特征化数据建立了注册表。任何国际公认的印刷行业标准化组织均可以向该注册表中注册特征化印刷工艺数据。国际颜色联盟的秘书处(http://www.color.org/)负责维护该注册表。

ICC(国际颜色联盟)不承诺该注册表引用的任何数据。

每一个印刷工艺都可由一个简短的名称标识(ICC 特征化数据注册表中的引用名称)。注册表提供了印刷生产系统的所有详细信息,并指明了如何和在哪里获得这些印刷色彩测量数据。期望使用 GB/T 20439 中指定的颜色测量色靶及其数据格式。

在可能的情况下,建议将一个特征化印刷方式的简短名称作为 PDF/X 输出意图词典中 OutputConditionIdentifier 关键字的值。

附 录 C
（资料性附录）
说 明

C.1 以二值形式表示的 Copydot 信息

预加网的 Copydot 扫描数据（高分辨率胶片扫描仪扫描数据）或类似的以电子方式生成的位图文件都是二值数据，可作为 Image XObject 对象或外部文件。除非 Copydot 数据的分辨率与成像设备的输出分辨率之间具有整数倍的关系，否则印刷输出时会出现不理想的成像效果。

如果需要，可以提取 PDF 文件中二值图像的分辨率，用于 PDF 预飞或其他文件检验程序。

Copydot 信息的复制特征需要根据 PDF/X-3 文件中的参考印刷条件准备。

C.2 加网参数说明

用于 PDF/X-3 数据交换的一般方法是：文件接收系统负责根据文件中指定的特征化印刷条件对数据作加网处理。然而，在某些工作流程中，需要为特定的印刷元素指定特定的加网参数。正如 GB/T 27935 本部分前面已经指出的那样，某些应用程序可以忽略这些加网参数。但是，如果 PDF/X-3 文件的原始创建者认为这些特定的加网参数对于达到特定的成像需求来说非常重要，并且不能被忽略，应该将这些加网参数作为与特定的广告或印刷作业相关的商业信息的一部分传递给 PDF/X-3 文件的接收端。

C.3 字体

GB/T 27935 本部分要求：为了正确输出 PDF/X-3 文件，必须将字体嵌入到文件中。某些字体因版权问题而无法嵌入，从而妨碍了这些字体在 PDF/X-3 文件中的使用。PDF/X-3 文件的创建者应该确保文件中用到的所有字体遵循相应的许可协议。

附 录 D
（资料性附录）
关于透明度处理的一些建议

D.1 简介

GB/T 27935 本部分基于 PDF 参考手册的 1.3 版本编制。当本部分内容基本完成时，Adobe 公司发布了 PDF1.4 版本。GB/T 27935 本部分的后期修正版将兼容 PDF1.4(或更高的版本)。

PDF1.4 版本说明中增添了许多新的特征，包括对不完全透明度的支持。在 PDF 文件中，有多种对象(尤其是在 ExtGState 对象和 Image XObject 对象中)添加了新的关键字，用于标记对象的透明度。这些关键字的值的组合既可以表示不完全透明度，也可以表示“无效透明度”，“无效透明度”则表示对象完全不透明，这就与 1.3 或更早版本的 PDF 文件中的对象一样。

如果 PDF 文件中的 GTS_PDFXVersion 关键字标识为 PDF/X-3 兼容文件，则 PDF/X-3 兼容阅读器将会忽略那些未在 PDF 1.3 版本说明书或 GB/T 27935 本部分定义的关键字。这些关键字应被当作文件的私有扩展数据，不对文件的最终渲染结果产生任何影响。因此，PDF1.4 版本说明中定义的、用于表示对象透明度的关键字和值的出现并不会影响到该文件与 PDF/X-3 文件之间的兼容性。

在这种情况下，使用遵循 PDF/X-3 标准的应用程序对文件进行渲染的结果可能在很大程度上不同于使用兼容 PDF1.4 版本的应用程序。显然这种情况不是人们所期望的，因此：

——建议 PDF/X-3 文件的生成软件不要包含用于控制 PDF1.4 文件中对象透明度的关键字。

——如果 PDF 文件中存在对 PDF1.4 版本阅读器来说是“有效透明度”的关键字与值对，则建议使用能够验证或修改 PDF/X-3 版本兼容性的工具软件对该文件进行修正。可以接受那些指示无效透明度的键值组合。

——渲染 PDF/X-3 文件的工具软件必须根据 PDF1.3 的说明来执行渲染，并忽略与不完全透明度相关的任何潜在信息，将所有对象渲染为完全不透明的对象。

使用除 PDF1.4 版本说明中透明度关键字之外的其他技术也可以获得不完全透明的图形视觉效果，这些技术包括预渲染数据或展平矢量对象。这些技术的使用并不会影响一个 PDF/X-3 文件的版本特性。

D.2 有效透明度的鉴定

只要表 D.1 中列出的 ExtGState 对象中关键字的值存在但不同于表中给出的值，那么就认为该 PDF/X-3 文件包含有效透明度信息。

表 D.1 用于 ExtGState 对象的关键字及其值

关键字	值
BM	正常或兼容
CA	1.0
ca	1.0

如果 PDF/X-3 文件中的 ExtGState 对象或 Image XObject 对象中包含 SMask 关键字，那么该文件也被认为包含有效透明数据。

参 考 文 献

［1］ ISO PDF/X 标准应用说明，http://www.npes.org/standards/workroom.html

［2］ ISO/IEC 9541-1:1991 信息技术 字体信息交换 第1部分：架构

［3］ GB/T 20439 印刷技术 印前数据交换 用于四色印刷特征描述的输入数据

［4］ ISO/TS 15930-2 印刷技术 印前数据交换 PDF的使用 第2部分：印刷数据的部分交换准则(PDF/X-2)

ICS 01.040.97
A 20

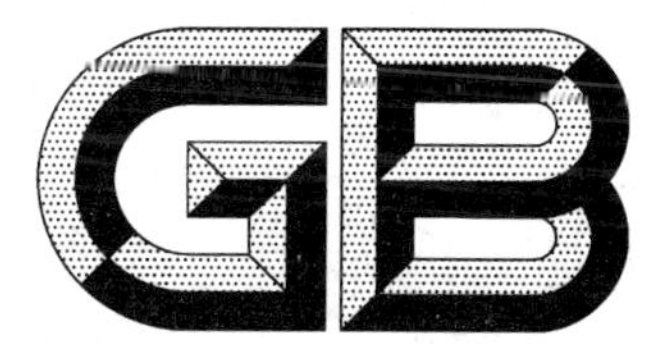

中华人民共和国国家标准

GB/T 27936—2011

出版物发行术语

Publication distribution terminology

2011-12-30 发布　　2012-03-01 实施

中华人民共和国国家质量监督检验检疫总局
中国国家标准化管理委员会　发布

前　言

本标准按照GB/T 1.1—2009给出的规则起草。

本标准由全国出版物发行标准化技术委员会(SAC/TC 505)归口。

本标准起草单位:商务印书馆、中国出版集团公司、人民出版社、人民教育出版社、高等教育出版社、科学出版社、化学工业出版社、外语教学与研究出版社、中国地图出版社、新华书店总店、上海新华传媒连锁有限公司、江苏凤凰新华书业股份有限公司、江西新华发行集团有限公司、山东新华书店集团有限公司、安徽新华传媒股份有限公司、云南新华书店集团有限公司、武汉大学信息管理学院、北京交通大学。

本标准主要起草人:于殿利、罗紫初、范卫平、谭汶、汪季贤、刘国辉、王宏经、周清华、吕晓清、蔡京生、程丽红、肖军华、叶冰、潘少平、张连奇、刘秀丽、向安全、杨建忠、王芳、池涛、李列群、金国华、刘荣、吴忠华、李均强、相兰宪、李薇薇、黄先蓉、汝宜红、徐丽芳、刘美华。

引　言

出版物发行业是我国出版产业链的重要环节，同时也是我国文化产业的重要组成部分。随着我国出版发行行业的迅猛发展，许多传统术语的内涵和外延发生了改变，新的出版物发行术语也不断涌现。因此，我国迫切需要制定符合时代要求的出版物发行术语标准。

本标准借鉴国内外出版发行方面的最新学术研究成果，并紧密结合出版发行业务和管理的具体实践，系统收录我国出版物发行领域的基本概念，并对其进行了科学归类和规范性描述。出版物发行术语标准化是出版物发行标准化的基础和前提，对出版物发行信息的交换与共享，对建设我国现代出版物流通体系，对构建统一开放、竞争有序、健康繁荣的现代出版物市场体系，对提高出版发行企业的经营效率和行业的总体运营效率，对实施我国出版物发行业“走出去”战略与国际接轨等，都将起到重要的基础支撑作用。

出版物发行术语

1 范围

本标准界定了出版物发行活动中的术语及其定义，包括出版物发行基础术语、主体术语、客体术语、交易术语、物流术语、信息术语和财务及管理术语。

本标准适用于出版物发行及相关领域。

2 规范性引用文件

下列文件对于本文件的应用是必不可少的。凡是注日期的引用文件，仅注日期的版本适用于本文件。凡是不注日期的引用文件，其最新版本（包括所有的修改单）适用于本文件。

GB/T 18354—2006 物流术语

GB/T 18811—2002 电子商务基本术语

CY/T 50—2008 出版术语

3 出版物发行基础术语

3.1

出版物 publication

以传承与传播为目的、存储知识信息并具有一定物质形态的文化产品。

注：改写 CY/T 50—2008，定义 2.52。

3.2

正式出版物 formal publication

出版单位按规定程序出版的出版物。

［CY/T 50—2008，定义 2.53］

3.3

非法出版物 illegal publication

出版程序违反相关法律、法规的出版物。

注：改写 CY/T 50—2008，定义 2.55。

3.4

内部发行出版物 internal publication

限定在一定范围内发行的正式出版物。

3.5

内部资料性出版物 in-house material

本系统、本行业、本单位内部用于指导工作、交流信息的非卖性印刷品，不包括机关公文性简报等。

注：改写 CY/T 50—2008，定义 2.54。

3.6

少数民族语言文字出版物 ethnic language publication

用少数民族语言文字出版的出版物。

注：改写 CY/T 50—2008，定义 5.4。

3.7

盲文出版物　braille publication

用盲字符拼写语言文字,供盲人触摸识读的出版物。

[CY/T 50—2008,定义 5.5]

3.8

外文出版物　foreign language publication

用外国文字出版的出版物。

3.9

专题出版物　monographic publication

由出版者将作品或该作品的一部分或几部分作为一个单行本出版,且可以任何产品形式公开发行的出版物。有别于连续性出版物和整合性出版物。

注:改写 GB/T 5795—2006,定义 3.7。

3.10

多卷出版物　multi-volume publication

多集出版物

具有统一名称、以分册形式组合出版的出版物。

3.11

系列出版物　series

一段时间内连续出版、不限定顺序且以统一题名为标识的系列产品。通常具有相似的产品形式,并共享独特的品牌或设计风格。

3.12

连续出版物　serial

具有固定名称,编有序号,无预定结束日期,连续分期、分册或分部分出版的出版物。

注 1:包括期刊、年度出版物、报纸和丛刊等。

注 2:改写 CY/T 50—2008,定义 2.58。

3.13

淫秽出版物　pornographic publication

宣扬传播淫秽色情行为的出版物。

注:改写 CY/T 50—2008,定义 2.56。

3.14

伪书　pseudograph

在出版单位、书名、作者、作品年代及宣传等方面含有虚假信息的图书。

注:改写 CY/T 50—2008,定义 5.12。

3.15

违禁出版物　forbidden publication

内容违反《出版管理条例》有关规定的出版物。

3.16

农家书屋　farmer's reading room

政府为满足农民文化需求,建在行政村且具有一定数量的图书、报刊、音像制品、电子出版物和相应阅读、播放条件,由农民自主管理、自我服务的公益性文化场所。

3.17

发行　distribution

将出版物销售给消费者的经营活动,包括总发行、批发和零售。

注:改写 CY/T 50—2008,定义 2.49。

3.18

发行方式　mode of distribution

在出版物流通过程中采取的交易方法和经营形式。

3.19

总发行　zongfaxing

出版单位或接受委托的发行单位作为某一品种或多个品种出版物的惟一供货商向其他出版物发行者销售出版物的活动。

注：改写 CY/T 50—2008,定义 7.3。

3.20

批发　wholesale

供应商向其他发行者销售出版物的活动。

3.21

零售　retail

发行者直接向消费者销售出版物的活动。

3.22

发行渠道　channel of distribution

出版物从生产领域向消费领域转移过程中所经历的交易路径。

注：改写 CY/T 50—2008,定义 7.7。

3.23

自办发行　publisher distribution

出版单位自己办理本版出版物发行业务。

3.24

系统发行　system distribution

通过行业系统销售出版物的发行方式。

3.25

发行对象　audience

出版者、发行者认定的对出版物具有市场需求的单位和个人。

3.26

发行范围　range of distribution

出版物发行的地区和读者对象。

注：改写 CY/T 50—2008,定义 2.30。

3.27

公开发行　public release

对发行地区和读者对象不做限定的发行方式。

[CY/T 50—2008,定义 2.31]

3.28

内部发行　controlled distribution

对发行地区和读者对象加以限定的发行方式。

注：改写 CY/T 50—2008,定义 2.32。

3.29

禁止销售　sale prohibited

禁售

禁止发行　distribution prohibited

强制性地禁止某种出版物销售的行政或司法行为。

注：改写 CY/T 50—2008,定义 2.34。

3.30

连锁经营　chain operation

经营同类商品或服务，使用统一商号的若干门店，在同一总部的管理下，采取统一采购或特许经营等方式，实现规模效益的组织形式。

注：改写 SB/T 10465—2008，定义 3.1。

3.31

电子商务　e-commerce；EC

以互联网为载体所进行的各种商务活动的总称。

［GB/T 18354—2006，定义 5.27］

3.32

发行体制　system of distribution

出版物发行机构和发行活动的组织管理制度与运作方式。

3.33

社会效益　social benefit

通过出版物发行活动产生的有益于社会进步的影响与作用。

3.34

经济效益　economic benefit

发行者在出版物经营活动中获取的经济收益。

3.35

出版物市场　publication market

围绕出版物商品交换所进行的各种经济活动以及由此而产生的各种经济关系的总和。

3.36

出版物市场细分　publications market segmentation

出版物发行者根据市场需求的差异性，按某种特征将整个市场划分为若干个子市场的过程。

3.37

出版物流通　publication circulation

出版物从生产领域向消费领域转移的过程。

3.38

出版物商流　publication commodity flow

实现出版物商品价值转移的过程。

3.39

出版物物流　publication logistics

出版物从供应地向接收地的实体流动过程。

3.40

出版物资金流　publication fund flow

资金随着出版物商品所有权转移及其相关服务而发生的流动过程。

3.41

出版物信息流　publication information flow

出版物产品信息及相关的流通信息在生产、流通和消费领域之间相互传递的过程。

3.42

流通环节　intermediary in a distribution channel

出版物从生产领域向消费领域转移过程中所经过的中间环节。

3.43

出版物供应链　publication supply chain

出版物流通过程中，涉及将出版物或服务提供给最终客户所形成的网链结构。

3.44

供应链管理　supply chain management

对供应链涉及的全部活动进行计划、组织、协调与控制。

[GB/T 18354—2006，定义 2.6]

4　出版物发行主体术语

4.1

发行者　distributor

发行单位　distribution agency

从事出版物发行活动的机构。

注：改写 CY/T 50—2008，定义 2.20。

4.2

出版单位　publishing house

出版社　press；publishing house

出版机构　publishing agency

出版公司　publishing company

出版者　publisher

从事出版活动的专业机构。

注 1：出版单位包括报社、期刊社、图书出版社、音像出版社、电子出版物出版社、网络出版单位以及不设立报社、期刊社的报纸编辑部和期刊编辑部。

注 2：改写 CY/T 50—2008，定义 2.13。

4.3

发行工作者　distribution staff

从事出版物发行活动的人员。

4.4

发行协会　distribution association

由发行者参与的，为实现发行行业共同目标、维护行业整体利益、加强行业自律的行业社团组织。

4.5

发行企业　distribution corporation

具有独立法人资格，经行政许可从事出版物发行业务的经济实体。

4.6

发行集团　distribution group；distribution company group

以若干出版物发行企业为主联合组成的经营机构。

4.7

总发行单位　zongfaxing agency

拥有出版物总发行经营许可证，从事出版物总发行业务的发行者。

4.8

批发商　wholesaler

从事出版物批发业务的发行者。

4.9

零售商　retailer

从事出版物零售业务的发行者。

4.10

经销商　dealer;distributor

向供应商采购出版物,以自身或他人名义开展经营活动的发行者。

4.11

代理商　agent

在出版物流通过程中,不拥有出版物商品所有权,以出版者的名义开展经营活动的发行者。

4.12

供应商　supplier

供货商

在出版物流通过程中,提供出版物商品的出版者或发行者。

4.13

发行网　distribution network

有组织、有规划、按地域布局,由一定数量的发行网点构成的出版物发行系统。

4.14

发行网点　distribution outlet

构成出版物发行系统的基本单位。

4.15

专业网点　specialist outlet

经营某种或某几种类型出版物的发行网点。

4.16

综合网点　general outlet

经营各种类型出版物的发行网点。

4.17

农村网点　rural outlet

设立在农村,以农村读者为主要服务对象的发行网点。

4.18

供销社发行网点　supply and marketing cooperative's outlet

供销社设置的独立售书门店或在其门市内设立的售书专区。

4.19

书店　bookstore;bookshop

以销售出版物为主营业务的发行机构或销售场所。

注:改写 CY/T 50—2008,定义 7.31。

4.20

国有书店　state-owned bookstore

国家作为惟一投资人并享有所有者权益的书店。

4.21

集体书店　collective-owned bookstore

集体单位作为投资人并享有所有者权益的书店。

4.22

个体书店　individual-owned bookstore

个人作为投资人并享有所有者权益的书店。

4.23

股份制书店　joint-stock bookstore

资本结构多元化、投资人按股份享有相应权益的书店。

4.24

特约经销店　authorized distributor

由出版者授权冠名，使用其名称和商标进行经营活动的书店。

4.25

专业书店　specialist bookstore

以特定读者为对象，经营某类或某几类图书的书店。

4.26

古旧书店　antiquarian bookstore

以收购和出售古旧书刊为主营业务的书店。

4.27

外文书店　foreign language bookstore

以发行外文出版物为主营业务的书店。

4.28

音像书店　audio-visual bookstore

以经营音像制品和电子出版物为主营业务的书店。

4.29

邮购书店　mail-order bookstore

以邮寄为主要销售形式的书店。

4.30

独立书店　independent bookstore

利用单独门店独立开展经营活动的书店。

4.31

连锁书店　chain bookstore

在同一总部的管理下，使用统一标识、采用统一进货或授予特许权等方式开展出版物经营活动、实现规模效益经营的若干书店的统称。

4.32

连锁书店总部　chain bookstore headquarters

负责连锁书店资源的开发、配置、控制和使用等功能的企业核心管理机构。

4.33

直营店　company-owned bookstore

正规连锁书店

由连锁书店总部投资开设并在其统一管理下经营的门店。

4.34

加盟店　franchised bookstore

特许连锁书店

特许连锁中，被特许人获得特许人授权后，使用其商标、商号、经营模式、专利和专有技术等经营资源建立的门店。

4.35

自愿连锁店　voluntary chain bookstore

自由连锁书店

在不改变各自资产所有权关系的情况下，以同一个品牌形象面对消费者，以共同进货为纽带，自愿组合起来开展连锁经营的若干个门店或企业。

4.36

社区书店　community bookstore

设置在居民生活社区内，以该社区居民为主要服务对象的书店。

4.37

网上书店　internet bookstore;online bookstore

主要以互联网为载体进行出版物交易活动的书店。

4.38

读者俱乐部　reader club

图书俱乐部　book club

以会员制的方式介绍、推荐和销售出版物的发行机构。

4.39

高校图书代办站　college book agency

在高校和高等教育领域设置的，主要承担大中专院校(包括成人)教材、学术著作及一般图书发行任务的发行单位。

4.40

读者服务部　service department for reader

由出版社设置，以销售本社出版物为主，为读者提供服务的发行机构。

4.41

邮局发行网　postal distribution network for newspaper and periodical

担负报刊发行任务的邮政企业所形成的经营网络。

4.42

发报刊局　newspaper and periodical distribution post-office

接收报刊社的报刊并向邮政订销局分发报刊的邮政企业分支机构。

4.43

订销局　subscription office of newspaper and periodical

办理报刊订阅和零售等业务的邮政企业分支机构。

4.44

邮政报刊门市部　newspaper and periodical postal outlet

邮政企业设置的、以零售书报刊业务为主的分支机构。

4.45

邮政报刊亭　postal newspaper and periodical kiosk

设置在街边的零售书报刊的亭阁式固定邮政设施。

4.46

书报摊　book and newspaper stand

零售书报刊的固定或流动的摊点。

4.47

代销点 outlet store

以销售其他商品为主，兼营出版物的场所。

5 出版物发行客体术语

5.1

图书 book

用文字或图画、符号记录知识于纸张等载体，并具有相当篇幅的非连续性出版物。

[CY/T 50—2008，定义 2.57]

5.2

大众类图书 mass book

受众面广，内容与大众的日常生活、休闲阅读、知识普及等相关的图书。

5.3

教育类图书 educational book

内容与教学活动相关的图书。

5.4

专业类图书 professional book

内容涉及某一行业、职业和专业学科领域的图书。

5.5

教材 textbook

供教学活动使用的出版物。

注：改写 CY/T 50—2008，定义 5.57。

5.6

一般图书 general-interest book

非教材图书。

5.7

普及读物 popular book

以通俗易懂的文字传播知识的大众类出版物。

注：改写 CY/T 50—2008，定义 5.23。

5.8

学术著作 academic work

围绕某一学科或某一专题，将有关知识归纳成理论，进行系统论述的著作。

[CY/T 50—2008，定义 5.22]

5.9

平装书 paperback

简装本

纸皮书

封面用软质纸的图书。

5.10

精装书 hardback；hardcover book

封面用硬质纸或其他硬质材料的图书。

5.11

豪华本 deluxe edition

专门设计，装帧考究，材料特殊，通常开本较大的精装书。

注：改写 CY/T 50—2008，定义 5.26。

5.12

线装书 Chinese thread sewing book；Chinese style book

用线将书页连封面装订成册，订线露在外面的中国传统方式装订的图书。

5.13

活页出版物 loose-leaf book

以各种夹、扎、穿等方式将散页和封面连接在一起并可分拆装订的图书。

5.14

重点书 key book

列入国家规划并享有资源优先配置权出版的图书。

5.15

畅销书 bestseller

在一定时期内销量大的一般图书。

5.16

常销书 backlist title

较长时间内在出版物市场动销频率较高、保持稳定销量的图书。

5.17

长销书 lasting-selling book

较长时间内在出版物市场动销的图书。

5.18

滞销书 remaindered book

在市场上不动销或基本不动销的图书。

5.19

残破书 damaged book

在出版发行过程中，造成残缺、破损或污损的图书。

5.20

特价书 discount on book

降价书 reduced price book

因滞销、残损或促销需要等原因，低于定价销售的图书。

5.21

常备书 ever-prepared book

书店为满足读者需求而常年备货的图书。

5.22

库存书 inventory book

处于仓库储存、门店在架待销和运输途中等状态的图书。

5.23

样书 sample copy

用以展示、看样订货、检查质量、赠送作者和缴送有关单位收藏的图书样本。

注：改写 CY/T 50—2008，定义 5.8。

5.24

年鉴　yearbook;almanac

汇辑一年内的重要事件、文献、统计或学术观点等资料,按年度连续出版的工具书。

注:改写 CY/T 50—2008,定义 5.66。

5.25

丛书　series

汇集多种单本著作成为一套,并冠以总书名的图书。丛书可以有编号或无编号。

[CY/T 50—2008,定义 5.18]

5.26

分册　fascicule

分卷

出版物的实体单元。为出版、印刷和阅读使用方便,将一部篇幅较大的图书分成若干册。

注:改写 CY/T 50—2008,定义 5.20。

5.27

分辑　section

具有共同题名,各自独立出版的出版物。

[CY/T 50—2008,定义 5.100]

5.28

单行本　offprint

单独刊行和流传的作品。

[CY/T 50—2008,定义 5.24]

5.29

合订本　bound volume

将分册或分期出版的出版物合并装订出版的版本。

注:改写 CY/T 50—2008,定义 5.25。

5.30

报纸　newspaper

连续出版物的一种,以新闻为主要内容的散页定期出版物。

[CY/T 50—2008,定义 5.89]

5.31

副刊　supplement

报纸上刊登文艺作品、学术论文或其他专题的专页或专栏。

[CY/T 50—2008,定义 5.93]

5.32

号外　extra of a newspaper

为刊载突发性重大事件或特别重要的新闻,在连续的出版期号之外临时增加出版的报纸。

[CY/T 50—2008,定义 5.94]

5.33

机关报　house organ

机关刊

由国家机关、政党、群众组织主办的报纸(期刊)。

5.34

期刊　periodical;journal

杂志　magazine

连续出版物的一种，定期出版，一年出版一期以上，通常汇集多篇文章。

[CY/T 50—2008，定义 5.95]

5.35

增刊　supplement

根据特殊需要增加的报纸版面或增出的期刊。

注：改写 CY/T 50—2008，定义 5.101。

5.36

专刊　special issue

特刊

期刊用一期的全部篇幅或报纸用相当篇幅刊载某一学科或某一方面内容的文章，并标有“专刊”、“专号”字样的报刊。

注：改写 CY/T 50—2008，定义 5.102。

5.37

丛刊　series

一组各自独立又相互有关的连续出版物，每种有其自身的题名，还有适用于整组出版物的题名。丛刊可以有编号或无编号。

[CY/T 50—2008，定义 5.97]

5.38

核心期刊　core journal

经专业机构认定，载文量大、被引用率高、影响因子高，反映某一学科现有学术研究和发展水平的期刊。

注：改写 CY/T 50—2008，定义 5.96。

5.39

学报　acta;journal

学刊

由高等院校、研究机构、学术机构、学术团体主办的学术性期刊。

[CY/T 50—2008，定义 5.99]

5.40

创刊号　first issue

报刊开始刊行的一期。

注：改写 CY/T 50—2008，定义 5.105。

5.41

邮发报刊　post-distributed newspaper and periodical

编列邮发代号，通过邮政企业分支机构征订发行的报刊。

5.42

非邮发报刊　non-post-distributed newspaper and periodical

不通过邮局征订发行的报刊。

5.43

特发报刊　special distributed newspaper and periodical

通过邮政企业仅以零售方式发行的报刊。

注：改写 YD/T 725—1994，定义 3.2。

5.44

过刊 back number;back issue

最新一期刊物出版之前的各期期刊。

5.45

期刊合订本 bound periodical

将某种期刊一定时期内已出版的各期合册出版的出版物。

5.46

期刊精华本 selected edition of periodical

精选某刊一定时期内刊登的内容优秀、反响良好的重要文章,汇辑成册、另行出版的出版物。

5.47

杂志书 mook

杂志和书籍的结合体,具有杂志与图书的双重特征。

注:改写 CY/T 50—2008,定义 5.106。

5.48

音像出版物 audio-video publication

音像制品

将声音和(或)图像信息编辑加工后存储在磁、光、电等介质上,可复制发行,通过视听设备播放使用的出版物。

[CY/T 50—2008,定义 2.60]

5.49

录音带 audio tape;AT

盒式音带 recorded audio cassette

以盒式录音磁带为载体,录有音频节目的出版物。

注:改写 CY/T 50—2008,定义 6.3。

5.50

激光唱盘 compact disc;CD

小型光盘

将数字化音频信号记录在光存储介质上的一种光盘,通常直径为 12 cm 和 8 cm。

注 1:CD 物理格式盘片作为一种基本的记录媒体,由于记录不同的信息可制成具有不同功能的制品,有激光唱片(CD-DA)、只读存储光盘(CD-ROM)、交互式光盘(CD-I)、照片光盘(Photo-CD)、数字视频光盘(VCD)和超级视频光盘(SVCD)等。

注 2:改写 CY/T 50—2008,定义 6.8。

5.51

高密度激光唱盘 digital versatile disc-audio;DVD-A

音频多用途数字光盘

以 24 bit 量化比特率、48～192 kHz 频率采样的脉冲数码调制(Pulse Code Modulation,PCM)编码方式,记录数字化的多声道环绕声和(或)双声道立体声音频信息的光盘制品。

注:改写 CY/T 50—2008,定义 6.19。

5.52

录像带 video tape;VT

VHS 像带 VHS recorded program tape

以 VHS 录像磁带为载体,录有视频和音频节目的出版物。

注:改写 CY/T 50—2008,定义 6.4。

5.53

数码激光视盘 compact disc-digital video; VCD

以 MPEG1 编码压缩格式存储音、视频信息的 CD 光盘制品。其单面播放时间约 74 min,图像水平清晰度约 250 线。

[CY/T 50—2008,定义 6.12]

5.54

高密度激光视盘 digital versatile disc-video; DVD-V

视频多用途数字光盘

以 MPEG2 编码压缩方式处理数字音、视频信号,以 Dolby AC-3 和(或)DTS 音频编码压缩方式处理多声道环绕声音频信号的视频节目光盘。

注:改写 CY/T 50—2008,定义 6.18。

5.55

电子出版物 electronic publication

以数字代码方式,将图、文、声、像等信息编辑加工后,存储在磁、光、电等介质上,可复制发行,通过计算机或具备类似功能的设备进行播放使用的大众传播媒介产品。

注:改写 CY/T 50—2008,定义 2.61。

5.56

只读光盘 compact disc-read only memory; CD-ROM

只读存储光盘

用于计算机的只读 CD 格式光盘。

注:改写 CY/T 50—2008,定义 6.16。

5.57

高密度只读光盘 digital versatile disc-read only memory; DVD-ROM

只读存储多用途数字光盘

用于计算机的只读 DVD 格式光盘。

注:改写 CY/T 50—2008,定义 6.20。

5.58

交互式光盘 compact disc interactive; CD-I

具有对音视频信息交互操作功能的 CD 光盘制品。

[CY/T 50—2008,定义 6.10]

5.59

多媒体电子出版物 multimedia electronic publication

综合表现音频、视频、图形、图像、动画和文本等信息组合的电子出版物。

5.60

磁盘 magnetic disk

以磁形式储存并通过电磁脉冲读写信息的一种圆盘形存储介质。

注:磁盘按其盘基制造材料区分,可分为软磁盘、硬磁盘两种。按使用功能分为固定式和可移动式。

[CY/T 50—2008,定义 6.30]

5.61

集成电路卡 integrated circuit card; IC-Card

IC 卡

以半导体存储器为存储介质的出版载体。

注:改写 CY/T 50—2008,定义 6.31。

5.62

照片光盘 photo-compact disc;Photo-CD

用于记录数字化照片信息的CD光盘制品。也可用于存储文字、图形、音频信息。

[CY/T 50—2008,定义6.15]

5.63

网络出版物 network publication;online publication

将文字、声音和(或)图像信息编辑加工成数字信息后,以一定的编排方式存储在网络服务器上,通过计算机或类似功能的联网设备调阅使用的大众传播媒介。

注:改写CY/T 50—2008,定义2.62。

5.64

网络游戏 network game;online game

基于计算机网络(包括互联网和局域网)运行的,具有多重交互功能的游戏出版物。

5.65

有声读物 audio book

广义上指音像制品的一部分;狭义上指采取某种特殊复制技术,借助某种工具,可以发声的纸介质出版物。

6 出版物发行交易术语

6.1

出版物购销合同 publication purchase and sale contract

以出版物为标的的交易合同。

6.2

出版物购销形式 publication purchase and sale form

发行者之间转移出版物所有权的方式,主要有包销、经销和寄销三种。

注:改写CY/T 50—2008,定义7.2。

6.3

包销 exclusive sale

发行者买断出版物所有权,在全国市场范围或特定区域市场内享有专有销售权,且不退货的购销形式。

6.4

经销 sale on commission

发行者根据自己所报订数,向出版物所有者进货销售,且不退货的购销形式。

6.5

寄销 consignment

出版物所有者委托发行企业销售出版物,双方按照协议约定对实际销售的出版物转移所有权,允许退货的购销形式。

6.6

代理 agency

发行者受出版物所有者委托,代表其从事出版物发行活动。

6.7

征订 subscription

出版单位向发行单位征求出版物订数,以及发行单位向消费者征求订数。

注:改写CY/T 50—2008,定义7.9。

6.8

目录征订　subscription via catalogue

寄目征订

通过目录向发行单位或消费者征求出版物订数的方式。

6.9

发样征订　subscription by sample copy

通过样本或样张向发行单位或消费者征求出版物订数的方式。

6.10

逐级征订　stepwise subscription

按照发行组织系统逐级发送订单、汇总订数后，统一向供应商订货的征订方式。

6.11

系统征订　system subscription

通过行业系统协助征订图书的方式。

6.12

报刊邮发　postal distribution

通过邮政网络发行报刊的发行方式。

6.13

订阅　subscription

订户预先付款，邮局按址投递的报刊发行方式。

[YD/T 725—1994，定义 5.1]

6.14

整订　subscription for fixed period

按月、季、半年等邮局规定的预定期限订阅报刊的订阅方式。

[YD/T 725—1994，定义 8.1]

6.15

破订　loosed subscription for the remainder of a fixed period

订户错过邮局规定的整订期限订阅报刊的订阅方式。破订包括破月、破季、破半年等几种方式。

[YD/T 725—1994，定义 8.2]

6.16

续订　subscription for late applicant

邮局在订户订期届满前，通过一定方式，给订户办理继续订阅手续的报刊订阅方式。

[YD/T 725—1994，定义 8.3]

6.17

采购　purchase

进货

为出版物销售组织货源。

6.18

订货　ordering

买方向卖方订购出版物。

6.19

订货审核　ordering verification

发行者内部按照业务操作规程对订货情况进行审查核实。

6.20

报订　subscription order

买方在报订期内向卖方提交订单订购出版物。

6.21

报订期　subscription order deadline

卖方确定的买方报送出版物订单的期限。

6.22

添订　added ordering

买方对已经购进出版物再次订货。

6.23

订数　quantity ordered

买方向卖方订购出版物的数量。

6.24

主发　unsolicited delivery

按出版物购销合同约定，卖方向买方主动配发一定数量出版物的销售方式。

6.25

销售　sale

通过出版物市场，把出版物卖出去的行为。

6.26

门市销售　bookshop sale

通过固定的营业场所向消费者销售出版物的方式。

6.27

团体供应　group supply

向单位用户销售出版物的方式。

6.28

团购　group purchasing

机关、企事业单位或其他组织机构订阅和购买出版物。

6.29

馆配　library supply

向图书馆客户销售出版物并提供相关服务的活动。

6.30

流动销售　mobile sale

发行者选择消费者比较集中的区域设立临时摊位展示销售出版物的零售方式。

6.31

展销　publication exhibition and sale

发行者将出版物在特定时间内集中展示以吸引消费者购买出版物的零售方式。

6.32

直销　direct sale

出版者直接向消费者销售出版物的零售方式。

6.33

开架售书　open-shelf book sale

消费者可自由翻阅、直接选购出版物的开放式销售方式。

6.34

闭架售书　closed-shelf book sale

出版物陈列于封闭货架上，消费者经允许才能翻阅、选购的销售方式。

6.35

签售　book signing

通过著译者等现场签名的形式销售出版物的活动。

6.36

卖场　store;shop

直接面向消费者的出版物销售场所。

6.37

卖场导购　shopping guide

通过人员或设备引导、帮助消费者购买出版物的卖场服务方式。

6.38

卖场咨询　shopping consultation

通过人员或设备为消费者答疑解惑的卖场服务方式。

6.39

卖场促销　sale promotion in bookstore

在卖场内开展的促进出版物销售的各项活动。

6.40

缺货登记　out-of-stock registration

将消费者所需暂无现货的出版物登记,以期满足消费者需求的服务方式。

6.41

订货会　book trade fair

众多出版、发行单位参加,具有一定规模,集中展示出版物,以订货为主的活动。

6.42

书市　book fair

众多出版、发行单位参加,具有一定规模,集中展示出版物,以销售图书为主的活动。

注:改写 CY/T 50—2008,定义 7.30。

6.43

全国图书交易博览会　national book trade fair

全国书市　national book fair

新闻出版行政管理部门和省级人民政府联合举办的全国性图书展销活动。

6.44

国际图书博览会　international book fair

众多国内外出版机构参加,具有一定规模,集中展示图书,以版权贸易为主的活动。

6.45

调剂　allocation

发行者成员单位之间相互调配库存余缺出版物的活动。

6.46

脱销　out of stock;sold out

出版物供不应求而导致的商品缺货状态。

6.47

积压　overstock;backlog

出版物因各种原因造成的商品滞销状态。

6.48

停售封存　suspension and safekeeping

将因各种原因不宜继续流通但又未及时明确处理办法的出版物封存起来听候处理。

6.49

停售报废　suspension and scrap

因故不宜继续发行的出版物停止销售并作报废处理。

6.50

残破书处理　processing damaged book

对残破书进行调换、折价、退款或报废的处理方式。

6.51

召回　recall

出版单位因故将已发行的出版物予以公开回收的行为。

7　出版物发行物流术语

7.1

物流企业　logistics enterprise

从事物流经营活动，具有与自身业务相适应的信息管理系统，实行独立核算、独立承担民事责任的经济组织。

注：改写 GB/T 18354—2006，定义 2.16。

7.2

物流中心　logistics center

从事物流活动的具有完善信息网络的场所或组织。具有下列功能：

a)　为社会或企业自身提供物流服务；

b)　物流功能健全；

c)　集聚辐射范围大；

d)　存储、吞吐能力强。

[GB/T 24358—2009，定义 3.1]

7.3

配送中心　distribution center

从事配送业务且具有完善的信息网络的场所或组织。应基本符合下列要求：

a)　主要为特定客户或末端客户提供服务；

b)　配送功能健全；

c)　辐射范围小；

d)　提供高频率、小批量、多批次配送服务。

[GB/T 18354—2006，定义 2.14]

7.4

物流网络　logistics network

物流过程中相互联系的组织、设施与信息的集合。

[GB/T 18354—2006，定义 2.22]

7.5

物流服务　logistics service

为满足客户需求所实施的一系列物流活动过程及其产生的结果。

[GB/T 18354—2006，定义 2.7]

7.6

物流服务质量　logistics service quality

用精度、时间、费用、顾客满意度等来表示的物流服务的品质。

[GB/T 18354—2006，定义 3.41]

7.7

物流合同　logistics contract

物流企业与客户之间达成的物流服务协议。

[GB/T 18354—2006,定义 2.18]

7.8

第三方物流　the third party logistics;TPL;3PL

独立于供需双方,为客户提供专项或全面的物流系统设计或系统运营的物流服务模式。

[GB/T 18354—2006,定义 2.9]

7.9

物流联盟　logistics alliance

两个或两个以上的经济组织为实现特定的物流目标而采取的长期联合与合作。

[GB/T 18354—2006,定义 2.24]

7.10

托运人　consigner

货物托付承运人按照合同约定的时间运送到指定地点,向承运人支付相应报酬的一方当事人。

[GB/T 18354—2006,定义 3.1]

7.11

承运人　carrier

本人或者委托他人以本人名义与托运人订立货物运输合同的当事人。

[GB/T 18354—2006,定义 3.2]

7.12

物流作业　logistics operation

实现物流功能时所进行的具体操作活动。

7.13

物流业务流程　logistics operation process

完成出版物物流业务的所有相关联的环节及其顺序关系。

7.14

仓储　warehousing

利用仓库及相关设施设备进行出版物的入库、存储、出库的活动。

注:改写 GB/T 18354—2006,定义 3.12。

7.15

仓储管理　storage management

对仓储设施进行布局和设计以及仓储作业实施计划、组织、协调与控制。

[GB/T 18354—2006,定义 6.4]

7.16

收货　receiving

对交付出版物进行验收并办理入库的过程。

注:改写 CY/T 56.1—2009,定义 3.1。

7.17

验收　checking and acceptance

依据收货凭证,对出版物的品种、数量、质量及包装等进行检查和验证,并确认的过程。

注:改写 CY/T 56.1—2009,定义 3.2。

7.18

入库 warehousing

将已验收的出版物放入仓库指定位置,并增加库存的过程。

7.19

理货 tally

在出版物储存、装卸过程中,对货物进行分票、计数、清理残损、签证和交接的作业。

注:改写 GB/T 18354—2006,定义 3.48。

7.20

货位 stock location

储位

用于储存出版物的有编号的位置。

7.21

上架 put on shelf

将出版物按一定规则放置指定货位的过程。

7.22

堆码 stacking

码垛

码盘

将出版物整齐、规则地摆放成货垛的作业。

注:改写 GB/T 18354—2006,定义 3.27。

7.23

货垛 goods stack

按一定要求被分类堆放在一起的一堆出版物。

注:改写 GB/T 18354—2006,定义 3.26。

7.24

储存 storing

保护、管理、贮藏出版物。

注:改写 GB/T 18354—2006,定义 3.13。

7.25

保管 custody

对储存的出版物进行物理性管理的活动。

注:改写 GB/T 18354—2006,定义 3.21。

7.26

发货 delivery

依据出版物订单形成发货指令、制单、拣选、集货、复核、包装、办理发运,直至将出版物交付收货方的过程。

7.27

拣选 order picking

按订单或出库单的要求,从储存场所拣出出版物的作业。

注:改写 GB/T 18354—2006,定义 3.28。

7.28

集货 publication consolidation

将分散的或小批量的出版物集中起来,以便进行运输、配送的作业。

注:改写 GB/T 18354—2006,定义 3.30。

7.29

包装 package;packaging

为在流通过程中保护产品、方便储运、促进销售,按一定技术方法而采用的容器、材料及辅助物等的总体名称。也指为了达到上述目的而采用容器、材料和辅助物的过程中施加一定技术方法等的操作活动。

[GB/T 18354—2006,定义 3.34]

7.30

制签 making label

制作包签的过程。

7.31

核件 verification

按照运输包装基本单元的要求,对同一客户的出版物进行包件核算。

7.32

运输包装 transport package

以满足运输、仓储要求为主要目的的包装。

[GB/T 18354—2006,定义 3.36]

7.33

封 bundle

出厂包

自然包

出版物出厂包装的基本单元。

注:改写 CY/T 55—2009,定义 3.3。

7.34

运输包件 transport package unit

出版物经流通加工而形成的运输包装基本单元。

注:改写 CY/T 55—2009,定义 3.4。

7.35

包件整理 package dispensation

流向分拣

将包件按批次、收货人、流向等集中,分别堆码。

7.36

配发 dispensation

按指令,对批量出库的出版物进行集货、核件、交运的过程。

7.37

复核 re-verification

复点

对单、货一致性的确认。

7.38

出库 warehouse-out

按照指令,将仓储的出版物移出,并减少库存的过程。

7.39

发运 despatch

发货方按一定要求组织出版物运输的活动。

7.40

发运方式 despatch mode

出版物发运所采用的形式,包括自提、送货、交付承运人等。

7.41

自提 self-service

收货人或受托人直接到供应地提取出版物。

7.42

托运 consign for shipment

依据合同,托运人将出版物交付承运人,办理相关手续。

7.43

搬运 handling

在同一场所内,对出版物进行空间移动的作业过程。

注:GB/T 18354—2006,定义3.33。

7.44

装卸 loading and unloading

出版物在指定地点以人力或机械载入或卸出运输工具的作业过程。

注:改写GB/T 18354—2006,定义3.32。

7.45

运输 transport

用专用运输设备将出版物从一个地点向另一地点运送。其中包括集货、分配、搬运、中转、装入、卸下、分散等一系列操作。

注:改写GB/T 18354—2006,定义3.3。

7.46

门到门运输服务 door to door service

承运人由发货人的仓库接受出版物,负责将出版物运到收货人的仓库交付的一种运输服务方式,在这种交付方式下,出版物的交接形态都是整体交接。

注:改写GB/T 18354—2006,定义3.4。

7.47

配送 distribution

在经济合理区域范围内,根据客户要求,对出版物进行拣选、加工、包装、组配等作业,并按时送达指定地点的物流活动。

注:改写GB/T 18354—2006,定义2.13。

7.48

退货 return

买方将出版物退还卖方的过程。

7.49

库存 inventory;stock

为满足销售而储存的出版物商品。

7.50

库存管理 inventory management

存货管理

在保障供应前提下,对库存进行有效管理的技术经济措施。

7.51

盘存　stock-taking

存货盘存

依据库存信息，定期对出版物实际存货状况进行核对、清点、对账、记录的活动。

7.52

盘点　stock count

实地盘存制

在存货所在地对存货进行清点核对的方法。

7.53

仓库　warehouse

保管、储存出版物的建筑物和场所的总称。

7.54

自动化立体仓库　automatic storage and retrieval system；AS/RS

立体仓库

自动存储取货系统

由高层货架、巷道堆垛起重机（有轨堆垛机）、入出库输送系统、自动化控制系统、计算机仓库管理系统及其周边设备组成，可对集装单元物品实现机械化自动存取和控制作业的仓库。

［GB/T 18354—2006，定义 4.29］

7.55

备货库　storage

储存库

栈务库

以出版物备货为主要功能的仓库。

7.56

流转库　entrepot storage

暂存库

以出版物暂存、流通加工为主要功能的仓库。

7.57

收货区　receiving space

到库出版物入库前核对检查及进库准备的地区。

7.58

发货区　shipping space

出版物集中待运地区。

7.59

分拣输送系统　sorting & picking system

采用机械设备与自动控制技术实现物品分类、输送和存取的系统。

［GB/T 18354—2006，定义 4.17］

7.60

集装箱　container

具有足够的强度，可长期反复使用的适于多种运输工具而且容积在 1 m^3 以上（含 1 m^3）的集装单元器具。

［GB/T 18354—2006，定义 4.5］

7.61

周转箱　turnover box

用于存放出版物，可重复、循环使用的小型集装器具。

注：改写 GB/T 18354—2006，定义 4.8。

7.62

托盘　pallet

在运输、搬运和存储过程中，将出版物规整为货物单元时，作为承载面并包括承载面上辅助结构件的装置。

注：GB/T 18354—2006，定义 4.10。

7.63

称量装置　weighing device

针对起重、运输、装卸、包装、配送以及验收过程中的出版物实施重量检测的设备。

注：改写 GB/T 18354—2006，定义 4.38。

7.64

升降台　lift table；LT

能垂直升降和水平移动出版物或货箱等的专用设备。

注：改写 GB/T 18354—2006，定义 4.46。

7.65

输送机　conveyor

按照规定路线连续地或间歇地运送出版物或货箱等的搬运机械。

注：改写 GB/T 18354—2006，定义 4.48。

7.66

拣选车　order picker

配书车

在出版物拣选集货作业过程中使用的水平移动设备。

7.67

捆扎机　strapping machine

用捆扎带捆扎包装件，完成捆扎作业的机器。

7.68

货架　rack

用立柱、隔板或横梁等组成的立体储存出版物的设备。

注：改写 GB/T 18354—2006，定义 4.39。

7.69

重力式货架　live pallet rack

一种密集存储出版物包件或周转箱的货架系统。在货架每层的通道上，都安装有一定坡度的、带有轨道的导轨，入库的出版物包件或货箱在重力的作用下，由入库端流向出库端。

注：改写 GB/T 18354—2006，定义 4.40。

7.70

移动式货架　mobile rack

可在轨道上移动的存储出版物的货架。

注：改写 GB/T 18354—2006，定义 4.41。

7.71

逆向物流 reverse logistics

出版物从供应链下游向上游的运动所引发的物流活动。

注：改写 GB/T 18354—2006,定义 2.32。

8 出版物发行信息术语

8.1

发行信息 distribution information

反映出版物发行各种活动内容的知识、资料、图像、数据、文件的总称,包括出版物产品信息、交易信息、物流信息和资金信息等。

8.2

国际标准书号 international standard book number;ISBN

国际通用的一个出版单位出版的一部作品的一种版本的惟一识别代码。以 ISBN 为标识符,包含一位校验码在内的 13 位数字。

注：改写 CY/T 50—2008,定义 2.21。

8.3

国际标准连续出版物号 international standard serial number;ISSN

国际通用的一种连续性资源的惟一识别代码。以 ISSN 为标识符,包含一位校验码在内的 8 位数字。

注：改写 CY/T 50—2008,定义 2.22。

8.4

国际标准音像制品编码 international standard recording code;ISRC

国际通用的一种音像制品的惟一识别代码。以 ISRC 为标识符的 12 位字符和数字。

注：改写 CY/T 50—2008,定义 2.23。

8.5

中国标准书号 China standard book number

一个中国出版单位出版的一部作品的一种版本的惟一识别代码。即组区号为 7 的国际标准书号。

注：改写 CY/T 50—2008,定义 2.24。

8.6

中国标准连续出版物号 China standard serial number

一种中国连续出版物的惟一识别代码。由国际标准连续出版物号(ISSN)和国内统一连续出版物号(CN)两部分组成。

[CY/T 50—2008,定义 2.25]

8.7

国内统一连续出版物号 CN serial number

国内统一刊号

由国家新闻出版管理部门负责分配给中国连续出版物的惟一代码。以 CN 为标识符,由 2 位地区代码和 4 位地区序号共 6 位数字以及分类号组成。

[CY/T 50—2008,定义 2.26]

8.8

中国标准音像制品编码 China standard recording code

由中国出版单位分配给一种中国音像制品的惟一代码。以 ISRC 标识符,由国家码、出版者码、录制年码、记录码、记录项码五个部分组成。

[CY/T 50—2008,定义 2.27]

8.9

出版物条码　bar code for publication

由一组按 EAN 规则排列的条、空及其对应字符组成的表示一定信息的出版物机读标识。出版物条码包括 ISBN 条码和 ISSN 条码等。

[CY/T 50—2008,定义 2.28]

8.10

(报刊)邮发代号　postal distribution code

邮政部门编制的报刊发行标识代码。

8.11

(报刊)国外代号　code of foreign distribution

邮政部门为向国外发行的报刊编制的标识代码。

8.12

征订代码　subscription code

出版物在征订目录中的标识代码。

注:改写 CY/T 50—2008,定义 7.26。

8.13

出版物营销分类　marketing classification for publication

在出版物营销过程中,按照出版物的主题内容或其他属性,依据特定的分类标引工具(分类表),将出版物分门别类地组织成科学体系的活动。

[CY/T 51—2008,定义 3.4]

8.14

版本　edition

在不同时期内容相同或基本相同的作品在同一出版社或不同出版社形成的各种出版物形态。

注:改写 CY/T 50—2008,定义 3.155。

8.15

版次　edition number

图书版本的次序。

注:改写 CY/T 50—2008,定义 3.157。

8.16

初版　first edition

第一版第一次印刷的图书。

注:改写 CY/T 50—2008,定义 5.37。

8.17

修订版　revised edition

修订本

对原版本内容进行修改订正,改动范围超过三分之一的图书版本。

注:改写 CY/T 50—2008,定义 5.41。

8.18

增订版　revised and enlarged edition

在原有版本基础上进行增补和修订的图书版本。

注:改写 CY/T 50—2008,定义 5.42。

8.19

增补版　augmented edition

在原书以外,按原书内容及体裁进行延伸创作,与原书配套出版的版本。

[CY/T 50—2008,定义 5.43]

8.20

限量版　limited edition

限定发行数量的图书、音像制品和电子出版物等版本。

注:改写 CY/T 50—2008,定义 5.44。

8.21

印次　impression

同一版本的图书印刷的次序。

注:改写 CY/T 50—2008,定义 3.158。

8.22

重印书　reprint

书名不变,内容未做修改或仅做少量修改,重新印制的图书。

注:改写 CY/T 50—2008,定义 5.40。

8.23

幅面尺寸　format size

开本

出版物单页幅面大小的称谓。

[CY/T 50—2008,定义 7.28]

8.24

出版状态　publishing status

出版物在版、绝版等状况。

注:改写 CY/T 50—2008,定义 7.25。

8.25

在版书　book in print

处于出版和发行状态的图书。

注:改写 CY/T 50—2008,定义 7.11。

8.26

绝版书　out of print

书版已毁、不再印制的某版本图书。

注:改写 CY/T 50—2008,定义 5.45。

8.27

影印本　photocopy

用拍照、扫描、复印等方法制版印制的图书。

8.28

书讯　book news

有关图书出版、发行的各种信息,以及相关的宣传资料。

[CY/T 50—2008,定义 7.13]

8.29

新书预告　notification

预先发布新书出版以及相关信息的公告。

注:改写 CY/T 50—2008,定义 7.15。

8.30

书目　catalogue;bibliography

目录

描述一批相关出版物,按照一定次序编排组织而成的揭示和报道出版物信息的工具。

注:改写 CY/T 50—2008,定义 7.14 和定义 3.77。

8.31

图书在版编目数据　cataloguing in publication data;CIP data

在图书出版过程中按照相关标准编制的书目数据。

8.32

机读目录　machine-readable catalogue;MARC

机器可读目录

一种以代码形式和特定格式结构记录在存储载体上,可由某种特定机器及计算机阅读、控制、处理和编辑输出的目录格式。

8.33

中国机读目录　China machine-readable catalogue;CNMARC

用于中国国家书目机构同其他国家书目机构以及中国国内图书馆与情报部门之间,以标准的计算机可读形式交换书目信息。

8.34

征订目录　order catalogue

向发行者及消费者征求订数的出版物目录。

注:改写 CY/T 50—2008,定义 7.10。

8.35

教材征订目录　order catalogue for textbook

用于教材和教学参考书信息发布、征求订数的目录。

8.36

专题目录　subject catalogue

为配合某些专项活动而编制的与此主题相关的出版物目录。

8.37

推荐目录　recommendatory catalogue

针对特定对象编制的出版物目录。

8.38

调剂目录　allocation catalogue

为待调剂出版物编制的目录。

8.39

可供目录　books in print

为在版图书编制的目录。

注:改写 CY/T 50—2008,定义 7.12。

8.40

常备目录　ever-prepared catalogue

为常备书编制的目录。

8.41

现货目录　catalogue for onhand

为现货出版物编制的目录。

8.42

发行单证 distribution document

在出版物流通过程中形成的可阅读并带有数据记录的业务单据和记账凭证。

8.43

订单 order

记录出版物订货相关信息的单证。

注：改写 CY/T 50—2008，定义 7.22。

8.44

拖欠订单 backorder

含已承诺将保证全部或部分订数供应的订单。

8.45

发货单 despatch advice document

记录出版物发货相关信息的单证，是发货、收货、结算的依据。

[CY/T 52—2009，定义 3.2]

8.46

装箱单 packing list

发货方记录运输包装单元内出版物细目的单证。

8.47

收货通知单 receiving advice document

收货方记录出版物收货相关信息并回告发货方的单证。

8.48

提货凭证 delivery order

提货人提取出版物的单证。

8.49

运单 way bill

承运人与托运人之间为运输出版物而签订的一种运输凭证。

8.50

退货单 return document

退货方记录出版物退货相关信息的单证。

8.51

结算单 balance document

用于出版物交易双方收付款项的单证。

8.52

封签 sealing label

出厂包标签

自然包标签

记录出版物出厂包相关信息的物流标签。

注：改写 CY/T 55—2009，定义 3.5。

8.53

包签 shipping label

记录出版物运输包件相关信息的物流标签。

注：改写 CY/T 55—2009，定义 3.6。

8.54

电子数据交换　electronic data interchange；EDI

采用标准化的格式，利用计算机网络进行业务数据的传输和处理。

［GB/T 18354—2006，定义 5.22］

8.55

报文　message

采用电子数据交换（EDI）方式交换数据时，其数据的载体。

8.56

电子订货系统　electronic order system；EOS

不同组织间利用通信网络和终端设备进行订货作业与订货信息交换的系统。

［GB/T 18354—2006，定义 5.34］

8.57

仓库管理系统　warehouse management system；WMS

对仓库实施全面管理的计算机信息系统。

［GB/T 18354—2006，定义 5.32］

8.58

销售时点系统　point of sale；POS

利用光学式自动读取设备，按照商品的最小类别读取实时销售信息以及采购、配送等阶段发生的各种信息，并通过通讯网络将其传送给计算机系统进行加工、处理和传送的系统。

［GB/T 18354—2006，定义 5.33］

8.59

射频识别　radio frequency identification；RFID

通过射频信号识别目标对象并获取相关数据信息的一种非接触式的自动识别技术。

［GB/T 18354—2006，定义 5.20］

8.60

射频识别系统　radio frequency identification system

由射频标签、识读器、计算机网络和应用程序及数据库组成的自动识别和数据采集系统。

［GB/T 18354—2006，定义 5.21］

8.61

物流管理信息系统　logistics management information system

由计算机软硬件、网络通信设备及其他办公设备组成的，服务于物流作业、管理、决策等方面的应用系统。

［GB/T 18354—2006，定义 5.36］

8.62

物流公共信息平台　logistics information platform

基于计算机通信网络技术，提供物流信息、技术、设备等资源共享服务的信息平台。

［GB/T 18354—2006，定义 5.37］

8.63

企业资源计划　enterprise resource planning；ERP

在制造资源计划的基础上，通过前馈的物流和反馈的信息流、资金流，把客户需求和企业内部的生产经营活动以及供应商的资源整合在一起，体现完全按用户需求进行经营管理的一种全新的管理方式。

［GB/T 18811—2002，定义 3.35］

9 出版物发行财务及管理术语

9.1

定价 fixed retail price

由出版者印制在出版物上的统一零售价格。

注：改写 CY/T 50—2008，定义 7.17。

9.2

码洋 mayang

码价 list price

出版物数量与单价之积。

注：改写 CY/T 50—2008，定义 7.20。

9.3

折扣 discount

在出版物销售过程中卖方给予买方的折让，用以定价为基准减价的比率或金额表示。

9.4

实洋 shiyang

实价 net price

在出版物销售过程中买方支付的实际金额。

实洋(实价)＝码洋(码价)－折扣，其中折扣用金额表示。

注：改写 CY/T 50—2008，定义 7.21。

9.5

码价核算制 accounting system in marked price

发行企业对出版物进、销、存业务进行管理与会计核算，按照定价进行计价、核算和记账的一种核算方法。

9.6

发行成本 distribution cost

出版物发行活动中所消耗的物化劳动和活劳动的货币表现。

9.7

发行费用 distribution fee

出版物流通过程中各项费用支出的货币表现。

9.8

发行佣金 distribution commission

在出版物发行代理业务活动中，委托方按照合同约定向代理方支付的劳务酬金。

9.9

报刊发行费 fee for distribution of newspaper and periodical

邮政报刊发行部门向相关报刊社收取的、为其发行报刊的费用。

[YD/T 725—1994，定义 9.1]

9.10

报刊发行起点费 minimal charging of postal circulation

邮政报刊发行部门按规定的最低发行份数收取的报刊发行费。

[YD/T 725—1994，定义 9.3]

9.11

报刊变动手续费 **procedures fee for newspaper and periodical changing**

报刊在出版年度内中途变动出版发行情况，邮局按规定向报刊社收取的费用。

[YD/T 725—1994，定义 9.6]

9.12

存货成本 **inventory cost**

因存货而发生的各种费用的总和，由出版物购入成本、订货成本、库存持有成本等构成。

注：GB/T 18354—2006，定义 3.20。

9.13

仓储费用 **storage fee**

出版物存储过程中发生的费用总和。

9.14

盘存表 **inventory sheet**

用于出版物盘存并记录其结果的表单。

9.15

报损单 **underflow report bill**

记录出版物盘亏信息并进行财务处理的单证。

9.16

报溢单 **overflow report bill**

记录出版物盘盈信息并进行财务处理的单证。

9.17

损溢单 **underflow and overflow report bill**

记录出版物盘亏或盘盈信息并进行财务处理的单证。

9.18

库存提成差价 **stock devaluation differential**

库存分年核价

对库存出版物按照出版年限和一定比率逐年核减其价值的一种计提减值准备金的核算方法。

9.19

库存出版物资金 **commodity stocks capital**

发行单位库存出版物的实际成本(进价)或计划成本(售价或码价)。采取计划成本核算的企业，期末库存出版物资金应剔除出版物进销差价金额和进项税额。

9.20

账期 **account period**

买卖双方按照购销合同约定结算货款的期限。

9.21

对账 **reconciliation**

在出版物交易活动中，买卖双方对交易数据进行核对和确认的行为。

9.22

结算 **settlement**

在出版物交易活动中，交易双方发生的款项收付行为。

9.23

实销实结 **payment on net sale**

买卖双方按照出版物实际销售数量收付货款的一种结算方式。

9.24

承转结算 commitment to clearance

买卖双方通过契约方式达成合作协议，发货方通过收货方的上级单位统一向收货方收取货款的结算方式。

9.25

订货周期 order cycle

从发出订单到收到出版物的时间间隔。

9.26

订货处理周期 order processing cycle

从收到订单到将所订出版物发运出去的时间间隔。

9.27

发货周期 distribution cycle

从接收发货指令开始到将出版物交付收货方的时间间隔。

注：改写 SB/T 10465—2008，定义 6.2.22。

9.28

发运周期 shipment cycle

运输周期

出版物从出库到送到收货方的时间间隔。

9.29

库存周期 inventory cycle

在一定范围内，库存出版物从入库到出库的平均时间。

9.30

订单满足率 fulfillment rate

统计期内实际供货品种、数量与订单需求的比率。

注：改写 GB/T 18354—2006，定义 3.43。

9.31

报刊发行费率 circulation rate of postal distribution

邮政报刊发行部门向报刊社收取的报刊发行费用占报刊定价的比率。

[YD/T 725—1994，定义 9.2]

9.32

缺货率 stock-out rate

缺货次数与客户订货次数的比率，是衡量缺货程度及其影响的指标。

注：改写 GB/T 18354—2006，定义 3.44。

9.33

退货率 rate of return to supplier

一定时期内出版物退货量占出版物进(发)货总量的比率。

9.34

运价率 rate of tariff

每吨出版物每运输一千米所需费用，是计算运费的依据。

9.35

回款率 cash collection rate

一定时期内已收出版物销售款占应收销售款的比率。

9.36

新增存货率　rate of new stock

一定时期内出版物收货量多于销出量的部分占存货总量的比率。

9.37

库存周转率　stock turnover rate

一定时期内出库量与平均库存量的比率。

9.38

仓库空间利用率　warehouse space utilization rate

一定时点上，存货占用的空间与可利用的存货空间的比率。

[GB/T 18354—2006，定义 3.14]

9.39

仓库面积利用率　warehouse ground area utilization rate

一定时点上，存货占用的场地面积与仓库可利用面积的比率。

[GB/T 18354—2006，定义 3.15]

9.40

账货相符率　rate of goods according with account

经盘存，库存出版物账货相符的笔数与储存出版物总笔数的比率。

9.41

出库差错率　warehouse-out error rate

统计期内发货累计差错件数(或金额)占发货总件数(或总金额)的比率。

9.42

货损率　cargo damages rate

收货时失损的出版物数量与应交付的出版物数量的比率。

注：改写 GB/T 18354—2006，定义 3.45。

9.43

市场占有率　market share

发行者经营的出版物在一定时期内市场销售量占该市场出版物销售总量的比重。

9.44

人均购书额　the purchase amount of book per person

一定时期内某地区图书销售总额除以该地区人口数量的平均值。

9.45

图书阅读率　reading rate

一年内具有阅读行为的读者在全体国民中所占比例。

9.46

发行量核查　circulation audit

发行量认证　circulation certification

对期刊、报纸、图书、音像制品、电子出版物、网络出版物等印刷数量和发行数量以及点击、浏览、下载数量进行的审计和认证工作。

9.47

供应商关系管理　supplier relationship management；SRM

一种致力于实现与供应商建立和维持长久、紧密合作伙伴关系，旨在改善企业与供应商之间关系的管理模式。

[GB/T 18354—2006，定义 6.14]

9.48

客户关系管理　customer relationship management;CRM

一种致力于实现与客户建立和维持长久、紧密合作伙伴关系,旨在改善企业与客户之间关系的管理模式。

［GB/T 18354—2006,定义 6.15］

参 考 文 献

[1] GB/T 5795—2006 中国标准书号

[2] GB/T 10112—1999 术语工作 原则与方法

[3] GB/T 15237.1—2000 术语工作 词汇 第1部分:理论与应用

[4] GB/T 16785—1997 术语工作 概念与术语的协调

[5] GB/T 19099—2003 术语标准化项目管理指南

[6] GB/T 20001.1—2001 标准编写规则 第1部分:术语

[7] GB/T 24358—2009 物流中心分类与基本要求

[8] CY/T 51—2008 图书、音像制品、电子出版物营销分类法

[9] CY/T 52—2009 出版物发货单

[10] CY/T 55—2009 出版物物流标签

[11] CY/T 56.1—2009 出版物物流作业规范 第1部分:收货验收

[12] SB/T 10465—2008 连锁经营术语

[13] YD/T 725—1994 邮政业务术语 报刊发行部分

[14] ONIX for Books Product Information Message Product Record Format Release2.1, revision 03 January 2006

[15] ONIX for Book3.0 ONIX Code Lists Issue 9, April 2009

[16] 中华人民共和国国务院令(第343号).出版管理条例,1997

[17] 新闻出版总署.出版物市场管理规定.2004.

[18] 牛津高阶英汉双解词典(第四版增补本).北京:商务印书馆,2009.

[19] 徐万丽.英汉编辑出版词汇.北京:北京大学出版社,1996.

[20] 罗紫初.图书发行教程(修订本).沈阳:辽海出版社,2001.

[21] 刘拥军. 图书营销学.苏州:苏州大学出版社,2003.

[22] 方卿.图书营销管理.上海:复旦大学出版社,2004.

[23] 彭斐章.目录学教程.北京:高等教育出版社.2004.

[24] 电子商务标准化指南.北京:中国标准出版社,2004.

[25] 现代汉语词典.北京:商务印书馆,2005.

[26] 杨玉麟.信息描述.北京:高等教育出版社,2005.

[27] E4books the Road to Universal e-commerce for the Book Industry.

索　引

汉语拼音索引

D

F

G

H

J

K

L

英文对应词索引

A

B

C

D

E

F

N

O

Q

R

T

U

ICS 01.140.40
A 14

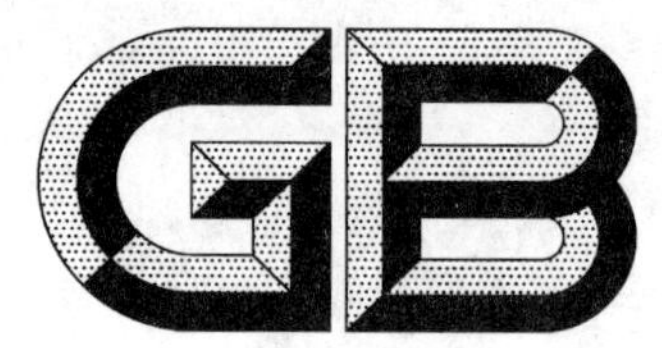

中华人民共和国国家标准

GB/T 27937.1—2011

MPR 出版物
第1部分:MPR码编码规则

MPR publication—Part 1:Enconding rule of MPR code

2011-12-30 发布　　　　2012-03-01 实施

中华人民共和国国家质量监督检验检疫总局
中国国家标准化管理委员会　发布

前　言

GB/T 27937《MPR 出版物》包括以下部分：

——第 1 部分：MPR 码编码规则；

——第 2 部分：MPR 码符号规范；

——第 3 部分：通用制作规范；

——第 4 部分：MPR 码符号印制质量要求及检验方法；

——第 5 部分：基本管理规范。

本部分是 GB/T 27937 的第 1 部分。

本部分按照 GB/T 1.1—2009 给出的规则起草。

本部分由中华人民共和国新闻出版总署提出并归口。

本部分主要起草单位：深圳市天朗时代科技有限公司、中国新闻出版研究院、中国电子技术标准化研究所。

本部分主要起草人：吕迎丰、蔡逊、魏玉山、刘颖丽、王文峰、刘玉柱、周芷旭。

引　言

MPR(Multimedia Print Reader)出版物是一种以唯一性关联编码为基础，以特定的矩阵式MPR二维码为机读符号，对多种出版载体和表现形式进行整合和精确关联，形成以纸质印刷载体为基础的多媒体复合数字出版形态的一种出版物。

MPR出版物由MPR书报刊、MPR数字媒体文件和使二者精确关联的MPR码三个基本要素构成。

MPR书报刊是MPR出版物的主体，是MPR出版物中唯一固定的物质载体形态，它是以常规印刷方式将图文和MPR码符号印制于页面上。由于MPR码符号设计独特，视觉感官几乎不可察觉，只可通过阅读设备进行光电识读，所以MPR书报刊的页面与普通书报刊无明显差异。

MPR数字媒体文件是经过与MPR书报刊内容关联处理的声音、图形、图像等数字媒体内容的集合文件，该文件通常通过互联网发布，读者可以下载该文件，通过相关设备，在点读MPR书报刊时播放该数字媒体文件中与MPR码符号相关联的声音、图形、图像等内容。

MPR码由一组十进制的16位数字组成的一种将两种或两种以上不同表现形式的内容建立关联关系的编码，由可供机读的特定的二维码符号(按GB/T 27937第2部分的规范生成)以二进制编码方式携载，并可通过印刷方式近似隐形地将其固定于MPR书报刊页面上的相关位置。MPR码为两段式编码结构，分为前置码和后置码。其前置码是整体关联码段，它将一种MPR出版物中的各种不同表现形式内容集合之间确定一种唯一关联关系。后置码是内容关联码段，它是以不同表现形式共同呈现为目的，完全按照MPR出版物内容需要进行设置的码段。MPR码的容量可确保在全世界范围内长期出版MPR出版物唯一性编码需求。MPR码的前置码由MPR编码管理机构分配，后置码由出版物制作者(出版者)根据内容关联需要按照本标准规定的相关规则自行设定。

MPR 出版物
第 1 部分:MPR 码编码规则

1 范围

GB/T 27937 的本部分规定了 MPR 出版物 MPR 码的编码规则。

本部分适用于 MPR 码的编制。

2 规范性引用文件

下列文件对于本文件的应用是必不可少的。凡是注日期的引用文件,仅注日期的版本适用于本文件。凡是不注日期的引用文件,其最新版本(包括所有的修改单)适用于本文件。

CY/T 50 出版术语

3 术语和定义

CY/T 50 界定的以及下列术语和定义适用于本文件。

3.1

多媒体印刷出版物 multimedia print reader;MPR

MPR 出版物

以 MPR 码将音视频等数字媒体文件与印刷图文关联,实现同步呈现,满足读者视听需求的一种复合形态出版物。由 MPR 书报刊等印刷品、音视频等数字媒体文件和使二者建立精确关联的 MPR 码组成。

3.2

MPR 码 MPR code

用于唯一性关联 MPR 出版物(3.1)中印刷图文和与之相关的音视频等数字媒体文件,使其建立以共同呈现为目的的精确关联关系的编码。

3.3

MPR 码符号 MPR code symbol

符合 GB/T 27937 第 2 部分所阐述的规范,用于携载 MPR 码(3.2)并以印刷方式固定于印刷品页面上,供光电设备识别读取的矩阵式二维码符号。

3.4

前置码 preceding code

MPR 码(3.2)中用于在需要同步呈现的不同表现形式之间建立整体唯一关联关系的一组编码。

3.5

后置码 subsequent code

MPR 码(3.2)中用于在需要同步呈现的不同表现形式之间建立以内容为基础的点到点的唯一关联关系的一组编码,由页序号和文序号组成。

3.6

页序号　page serial number

后置码(3.5)中用于标识MPR书报刊页码或内容章节的顺序编码。

3.7

文序号　text serial number

后置码(3.5)中用于标识MPR书报刊某一页上或某章节中部分内容的顺序编码。

3.8

总领属码　whole leading code

MPR码(3.2)中用于关联MPR出版物正文中全部图文内容和与之对应的数字媒体文件,并可使其连续播放或演示的编码。

3.9

单元领属码　chapter leading code

MPR码(3.2)中用于关联MPR出版物中一个单元(或章、节)中全部图文内容和与之对应的数字媒体文件,并可使其连续播放或演示的编码。

3.10

正文码　text code

MPR码(3.2)中按照MPR书报刊页码顺序和该页面内容顺序排列,用于链接本页中该部分图文与相关数字媒体文件的编码。

3.11

辅文码　complementarity code

MPR码(3.2)中根据MPR书报刊非正文部分需要,用于链接本部分图文与相关数字媒体文件的编码。

3.12

版本切换码　version-switch code

MPR码(3.2)中用于切换MPR数字媒体文件版本的编码。

3.13

功能切换码　function-switch code

MPR码(3.2)中用于切换MPR阅读工具功能状态的编码。

4　MPR码的编码结构

4.1　MPR码的组成

MPR码是16位十进制数字,自左至右由以下三个部分组成。

a)　前置码(见4.2)

b)　后置码(见4.3)

　　1)　页序号(见4.3.1)

　　2)　文序号(见4.3.2)

c)　校验码(见4.4)

MPR码的组成见示例。

示例:MPR码的结构

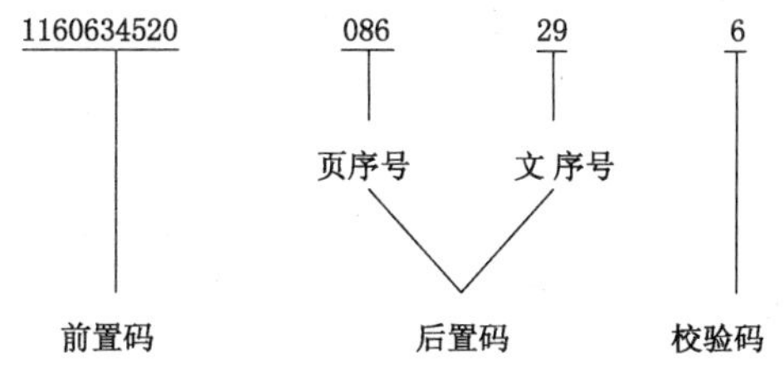

4.2 前置码

前置码共 10 位数字，自左至右位于 16 位十进制数字 MPR 码的第 1～10 位。

4.3 后置码

后置码共 5 位数字，自左至右位于 16 位十进制数字 MPR 码的第 11～15 位，后置码由页序号和文序号组成。

a) 页序号共 3 位数字，自左至右位于 16 位十进制数字 MPR 码的第 11～13 位，即后置码的前 3 位。页序号对应标识使用页面的页码，每个 MPR 码中的页序号在 001～998 之间取值。页序号位数必须占满 3 位，不足 3 位的首位须补“0”。当超过 998 页时，需另外给出 MPR 前置码。

b) 文序号共 2 位数字，自左至右位于 16 位十进制数字 MPR 码的第 14～15 位，即后置码的后 2 位。文序号应按顺序编排，从数字 01 开始编制流水号，在 01～99 之间取值。文序号位数必须占满 2 位，不足 2 位的首位须补“0”，文序号的编排见示例。

示例：某 MPR 出版物第 8 页只有一个 MPR 码，此时后置码表示为“00801”。

4.4 校验码

校验码共 1 位数字，自左至右位于 16 位十进制数字 MPR 码的最末位，用以校验 MPR 码传输过程中是否出现误码。校验码的计算方法见附录 A。

5 MPR 码使用分类

5.1 总领属码

总领属码即后置码数码全部为零的编码（页序号为 000，文序号为 00）。总领属码可链接该出版物的全部媒体文件，当需要连续播放该出版物的全部媒体文件时，可使用总领属码。是否使用该码，由出版者根据需要确定。

5.2 单元领属码

单元领属码即后置码页序号数码不全部为零，而文序号数码全部为零的编码（文序号为 00）。单元领属码可链接该出版物页序号对应页（或章节）的全部媒体文件，当需要连续播放该页（或章节）的全部媒体文件时，可使用单元领属码。是否使用该码，由出版者根据需要确定。

5.3 正文码

正文码页序号为 001～998，文序号为 01～99。正文码用于 MPR 出版物的正文。一个前置码电子文件所能给出的正文用码为每页最多 99 个，每册书最多 998 个。正文超过 998 页的书，则应另增加前置码。

5.4 辅文码

辅文码页序号为 000，文序号为 01～99。辅文码用于 MPR 出版物的辅文，如序言、前言、目录、编后等。一种 MPR 出版物的辅文码用量总计不能超过 99 个。

5.5 版本切换码

版本切换码页序号为 999,文序号为 79～98。版本切换码用于切换 MPR 数字媒体文件版本。一种 MPR 出版物的版本切换码用量不能超过 20 个。

5.6 功能切换码

功能切换码用于切换 MPR 阅读工具的功能状态。功能切换码的页序号、文序号分配分两种情况，一种是定义了特定功能的专用功能切换码,另一种是将除总领属码、单元领属码和版本切换码外的普通 MPR 码赋予切换功能使用。专用于功能切换码的 MPR 码数量为 29 个,其页序号为 999,文序号为 50～78。

5.7 其他码

如需要赋予版本记录页(版权页)内容以声音,或者就该书以声音形式发表有关声明,可选择使用“其他码”。其他码可以是正文中任意一页的未使用的文序号,如该页实际使用编码只有 20 个,可在 21～99 之间任选一个或几个码作为其他码。

附 录 A
（规范性附录）
MPR 码校验码的计算方法

MPR 码校验码的计算方法如下：

1） 取 MPR 码的前 15 个数字为基数；

2） 以“1”和“2”为加权因子，与所取基数对应相乘；

3） 求各项乘积的单位数字之和；

4） 当各项乘积之和小于 10 时，用模数 10 减去此和，差即为校验码。

当各项乘积之和大于或等于 10 时，用和数除以模数 10，再以模数 10 减去余数，差即为校验码。

注：校验码只能是 1～10 中的任何一个整数，当校验码为 10 时，用“0”表示。

计算举例：

第一步： 1 1 6 0 6 3 4 5 2 0 0 8 6 2 9 （6）

第二步： 1 2 1 2 1 2 1 2 1 2 1 2 1 2 1

乘积： 1 2 6 0 6 6 4 10 2 0 0 16 6 4 9

第三步：1＋2＋6＋0＋6＋6＋4＋（1＋0）＋2＋0＋0＋（1＋6）＋6＋4＋9＝54

第四步：54÷10＝5……4

10－4＝6，所得校验码为 6

验算：1＋2＋6＋0＋6＋6＋4＋（1＋0）＋2＋0＋0＋（1＋6）＋6＋4＋9＋6＝60

60÷10＝6

注：当校验码与前 15 个乘积所得单位数字之和相加，正好被模数整除时，表明编码正确，编码 1160634520086296 是一个正确的 MPR 出版物编码。

参 考 文 献

[1] GB/T 1988—1998 信息技术 信息交换用七位编码字符集
[2] CY/T 8—1993 图书征订代码

ICS 01.140.40
A 14

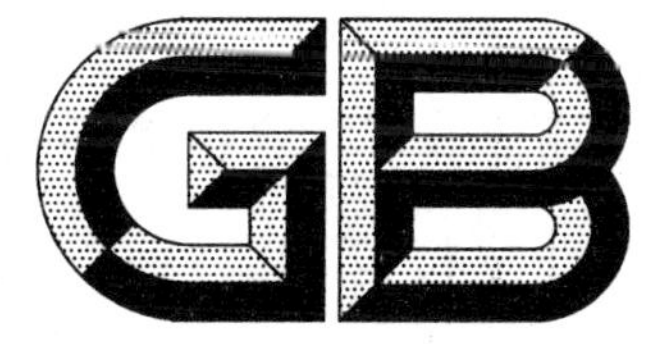

中华人民共和国国家标准

GB/T 27937.2—2011

MPR出版物　第2部分:MPR码符号规范

MPR publication—Part 2:Specification of MPR code symbols

2011-12-30 发布　　2012-03-01 实施

中华人民共和国国家质量监督检验检疫总局
中国国家标准化管理委员会　发布

前　　言

GB/T 27937《MPR 出版物》包括以下部分：

——第 1 部分：MPR 码编码规则；

——第 2 部分：MPR 码符号规范；

——第 3 部分：通用制作规范；

——第 4 部分：MPR 码符号印制质量要求及检验方法；

——第 5 部分：基本管理规范。

本部分是 GB/T 27937 的第 2 部分。

本部分按照 GB/T 1.1—2009 给出的规则起草。

本部分由中华人民共和国新闻出版总署提出并归口。

本部分主要起草单位：深圳市天朗时代科技有限公司、中国新闻出版研究院、中国电子技术标准化研究所。

本部分主要起草人：吕迎丰、蔡逊、魏玉山、刘颖丽、王文峰、刘玉柱、周芷旭。

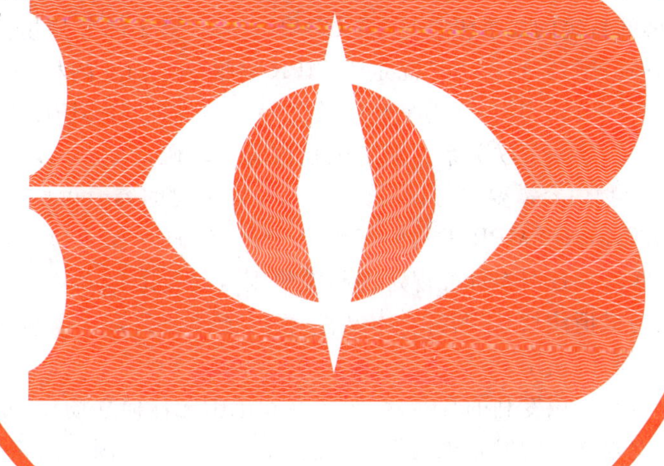

引　言

MPR(Multimedia Print Reader)出版物是一种以唯一性关联编码为基础,以特定的矩阵式MPR二维码为机读符号,对多种出版载体和表现形式进行整合和精确关联,形成以纸质印刷载体为基础的多媒体复合数字出版形态的一种出版物。

MPR出版物由MPR书报刊、MPR数字媒体文件和使二者精确关联的MPR码三个基本要素构成。

MPR书报刊是MPR出版物的主体,是MPR出版物中唯一固定的物质载体形态,它是以常规印刷方式将图文和MPR码符号印制于页面上。由于MPR码符号设计独特,视觉感官几乎不可察觉,只可通过阅读设备进行光电识读,所以MPR书报刊的页面与普通书报刊无明显差异。

MPR数字媒体文件是经过与MPR书报刊内容关联处理的声音、图形、图像等数字媒体内容的集合文件,该文件通常通过互联网发布,读者可以下载该文件,通过相关设备,在点读MPR书报刊时播放该数字媒体文件中与MPR码符号相关联的声音、图形、图像等内容。

MPR码由一组十进制的16位数字组成的一种将两种或两种以上不同表现形式的内容建立关联关系的编码,由可供机读的特定的二维码符号(按GB/T 27937第2部分的规范生成)以二进制编码方式携载,并可通过印刷方式近似隐形地将其固定于MPR书报刊页面上的相关位置。MPR码为两段式编码结构,分为前置码和后置码。其前置码是整体关联码段,它将一种MPR出版物中的各种不同表现形式内容集合之间确定一种唯一关联关系。后置码是内容关联码段,它是以不同表现形式共同呈现为目的,完全按照MPR出版物内容需要进行设置的码段。MPR码的容量可确保在全世界范围内长期出版MPR出版物唯一性编码需求。MPR码的前置码由MPR编码管理机构分配,后置码由出版物制作者(出版者)根据内容关联需要按照本标准规定的相关规则自行设定。

本文件的发布机构提请注意,声明符合本文件时,可能涉及到第5章、第6章与符号图形、码字布局和译码算法等相关的专利的使用。

本文件的发布机构对于该专利的真实性、有效性和范围无任何立场。

该专利持有人已向本文件的发布机构保证,凡在中华人民共和国境内相关机构注册,具有书报刊经营业务的出版者出版MPR出版物,无需向专利持有人获得专利使用授权和永久无需向专利持有人支付MPR码符号专利使用费。同时他愿意同任何除中国国内注册具有书报刊经营业务的出版机构以外的申请人在合理且无歧视的条款和条件下,就专利授权许可进行谈判。该专利持有人的声明已在本文件的发布机构备案。相关信息可以通过以下联系方式获得:

专利持有人姓名:深圳市天朗时代科技有限公司。

地址:深圳市福田区梅华路105号多丽工业园科技楼7层。

请注意除上述专利外,本文件的某些内容仍可能涉及专利。本文件的发布机构不承担识别这些专利的责任。

MPR 出版物　第 2 部分:MPR 码符号规范

1　范围

GB/T 27937 的本部分规定了 MPR 出版物使用的 MPR 码符号的结构、数据编码、符号生成方法和符号的质量等级。

本部分适用于 MPR 码符号的生成、识别和质量等级判定。

2　规范性引用文件

下列文件对于本文件的应用是必不可少的。凡是注日期的引用文件，仅注日期的版本适用于本文件。凡是不注日期的引用文件，其最新版本(包括所有的修改单)适用于本文件。

GB/T 1988—1998　信息技术　信息交换用七位编码字符集(eqv ISO/IEC 646:1991)

GB/T 12905—2000　条码术语

GB/T 27937.1　MPR 出版物　第 1 部分:MPR 码编码规则

3　术语和定义

GB/T 12905—2000、GB/T 27937.1 界定的以及下列术语和定义适用于本文件。为了便于使用，以下重复列出了 GB/T 12905—2000、GB/T 27937.1 中的一些术语和定义。

3.1

多媒体印刷出版物　multimedia print reader;MPR

MPR 出版物

以 MPR 码将音视频等数字媒体文件与印刷图文关联，实现同步呈现，满足读者视听需求的一种复合形态出版物。由 MPR 书报刊等印刷品、音视频等数字媒体文件和使二者建立精确关联的 MPR 码组成。

[GB/T 27937.1—2011，定义 3.1]

3.2

MPR 码　MPR code

用于唯一性关联 MPR 出版物(3.1)中印刷图文和与之相关的音视频等数字媒体文件，使其建立以共同呈现为目的的精确关联关系的编码。

[GB/T 27937.1—2011，定义 3.2]

3.3

MPR 码符号　MPR code symbol

符合本部分所阐述的规范，用于携载 MPR 码(3.2)并以印刷方式固定于印刷品页面上，供光电设备识别读取的矩阵式二维码符号。

[GB/T 27937.1—2011，定义 3.3]

3.4

定位点　positioning dot

MPR 码符号中表示起止位置的标记。定位点的形状为圆形或正多边形。

3.5

码点 code dot

MPR 码符号中表示有效数据信息的标记。码点的形状为圆形或正多边形。

3.6

边长占空比 length duty cycle

码点的水平或垂直方向上的最大长度与相邻码点位中心间距的比值。

3.7

模块 module

组成 MPR 码符号的基本单位，包括定位点(3.4)和码点(3.5)。

3.8

模块尺寸 module dimension

表示 MPR 码符号中码点或定位点大小的参数。它是在水平或垂直方向上，位于模块内的通过模块图形中心点的最长线段长度。

3.9

掩模 masking

为了使符号中深色模块与浅色模块的分布均衡，减少干扰图像识别的图形模式出现，在编码区域用掩模图形模式与编码区域的图形进行异或处理。

3.10

符号联结 symbol assemble

将多个 MPR 码符号有规律地排列，使其相邻符号的定位点共用，组成大面积的 MPR 码符号的平铺排列。

3.11

符号对比度 symbol's contrast

MPR 码符号中光学反射率分布最大反射率和最小反射率之差。

3.12

印制增量 printed increment

在 MPR 码符号印制过程中，由于油墨扩散或着墨不足等原因产生的模块(3.7)尺寸变化量。

3.13

轴向不一致性 axial direction discordance

MPR 码符号模块印刷(或采样)后产生的，符号中各模块的中心点在水平方向和垂直方向上的平均间隔尺寸差异。

4 约定

本部分采用 0x 开头的数字表示十六进制数。

本部分采用 1 字节(8 位)作为码字的位长宽度，用 W 表示码字，W_1 表示第一个码字，W_n 表示第 n 个码字。

本部分采用 $|a|$ 表示数字 a 的绝对值。

5 符号结构

5.1 基本特性

5.1.1 功能

MPR 码符号是一种矩阵式二维码，具有可供自动识别的独立定位功能。

5.1.2 编码字符数据类型

编码字符数据类型为 GB/T 1988 中的数字。

5.1.3 符号结构图

MPR 码的符号结构如图 1 所示。

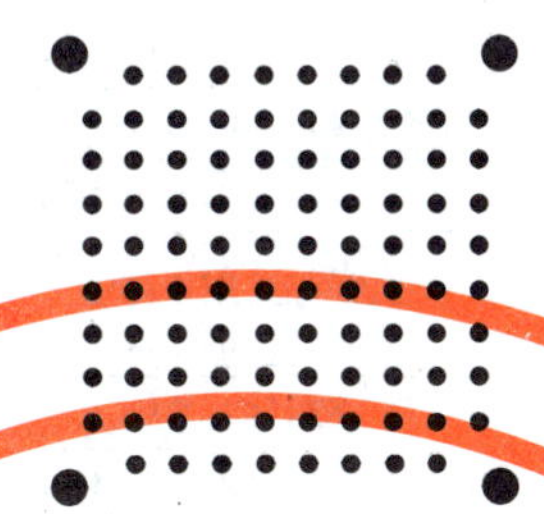

图 1 MPR 码符号结构图

MPR 码的符号由均匀排列的 96 个码点或空和 4 个定位点组成，定位点的模块尺寸为码点模块尺寸的 2 倍。

MPR 码符号的边长占空比为 1∶4～1∶3。

MPR 码符号的码幅边长应为 1.63 mm，联结后 MPR 码符号的平均边长应为 1.52 mm。

码点模块尺寸的标称值推荐为 0.05 mm。

印制后的 MPR 码符号码点的模块尺寸允许的最大值为 0.07 mm，最小值为 0.03 mm。

5.1.4 数据表示方法

码点表示二进制数 1，空表示二进制数 0。MPR 码的符号可表示 96 位二进制数，对应 12 个 8 位二进制数码字。12 个码字中，W_1～W_7 为 MPR 码的有效数据编码，W_8～W_{12} 为 MPR 码的纠错码字。

5.1.5 掩模

MPR 码符号的掩模图见图 2。

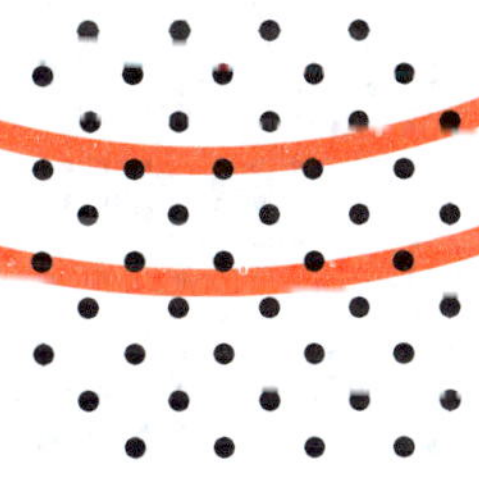

图 2 MPR 码符号的掩模图

MPR 码符号采用如图 2（有深色点表示 1，无深色点表示 0）所示的掩模图对 96 位二进制数在每个相同位置处进行异或处理。

5.1.6 码字布局

MPR 码符号对应的 96 位二进制数按表 1 的码字布局构成 12 个码字。码字在符号中的坐标原点为左上角。

表 1　MPR 码符号的码字布局

码字序号	码字在符号中的坐标 (x, y)，其排列顺序为从高位到低位(bit7 ～ bit0)
1	(1,0)，(2,0)，(0,1)，(1,1)，(2,1)，(0,2)，(1,2)，(2,2)
2	(3,0)，(4,0)，(5,0)，(6,0)，(3,1)，(4,1)，(5,1)，(6,1)
3	(7,0)，(8,0)，(7,1)，(8,1)，(9,1)，(7,2)，(8,2)，(9,2)
4	(3,2)，(4,2)，(2,3)，(3,3)，(4,3)，(2,4)，(3,4)，(4,4)
5	(5,2)，(6,2)，(5,3)，(6,3)，(7,3)，(5,4)，(6,4)，(7,4)
6	(0,3)，(1,3)，(0,4)，(1,4)，(0,5)，(1,5)，(0,6)，(1,6)
7	(8,3)，(9,3)，(8,4)，(9,4)，(8,5)，(9,5)，(8,6)，(9,6)
8	(2,5)，(3,5)，(4,5)，(2,6)，(3,6)，(4,6)，(3,7)，(4,7)
9	(5,5)，(6,5)，(7,5)，(5,6)，(6,6)，(7,6)，(5,7)，(6,7)
10	(0,7)，(1,7)，(2,7)，(0,8)，(1,8)，(2,8)，(1,9)，(2,9)
11	(3,8)，(4,8)，(5,8)，(6,8)，(3,9)，(4,9)，(5,9)，(6,9)
12	(7,7)，(8,7)，(9,7)，(7,8)，(8,8)，(9,8)，(7,9)，(8,9)

5.1.7　编码容量

MPR 码符号不需进行多字符集编码处理，编码字符数据可直接转换为二进制数据进行图形编码，7 个有效编码字符数据码字共有 56 个二进制位，MPR 码的容量为 2^{56}＝72 057 594 037 927 936(数据表示范围：0～72 057 594 037 927 935)。

5.1.8　纠错方式

MPR 码符号采用伽罗华域 GF(256)的 Reed-Solomon 纠错(简称 RS 纠错)算法，码字的位长为 8 位。MPR 码符号固定使用 5 字节纠错码、7 字节编码字符数据，可以纠正 2 字节的错误和检测到 3 字节的错误。MPR 码符号纠错算法用来构造 GF(256)域的本原多项式是 $x^8+x^5+x^3+x^2+1$；RS 纠错码的生成多项式为 $x^5-62x^4+111x^3-15x^2+48x-228$。

5.2　符号图

MPR 码符号图示例如图 3 所示。

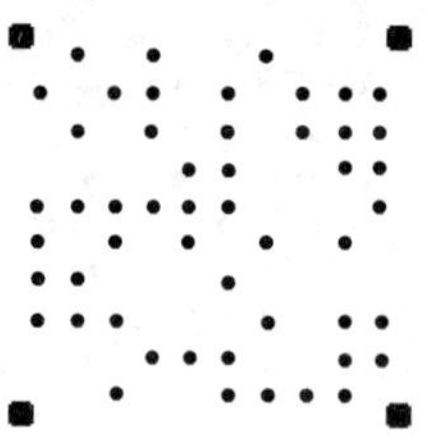

图 3　MPR 码符号图示例

5.3　符号联结

当需要增大 MPR 码符号面积时，可将多个相同的 MPR 码符号进行符号联结。MPR 码的符号联结图示例如图 4 所示。

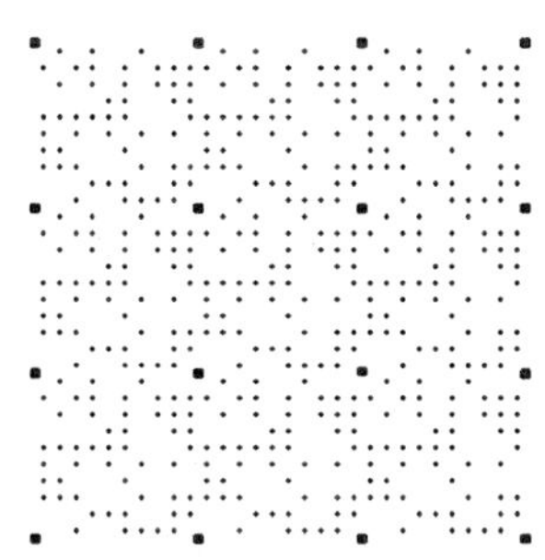

图 4 MPR 码的符号联结图示例

6 数据编码与符号生成

数据编码和生成 MPR 码符号的步骤如下。

a) 输入数字编码数据，并将数据分割成 7 字节的字节序列。例如，输入信息码数据为 0x123456789ABCDE，分割后的字节序列为 0x12、0x34、0x56、0x78、0x9A、0xBC、0xDE。
b) 对该 7 字节序列进行 RS 纠错编码运算，生成 5 字节的纠错码字。
c) 把纠错码字依次拼接在 7 字节信息码字的序列之后，形成 12 字节的 MPR 码符号的码字序列。
d) 根据 12 个码字生成基本位图。按照 5.1.4 的数据表示方法和表 1 中的码字布局，将 12 个码字的 96 位流对应生成基本位图。
e) 掩模：对基本位图用图 2 所示的掩模图对应进行位异或运算，结果为 1 则在输出位图中的对应位置处放置一个码点，否则该位就无码点(即空位)。
f) 最后在输出位图的四个角上加上定位点。

7 MPR 码符号的质量

7.1 符号质量分级

在给定的光照和观测条件下，获取一个 MPR 码符号的高分辨率的灰阶图像，然后对存储图像的译码、符号对比度、印制增量、轴向不一致性等参数进行分析，确定符号质量等级，用于评估 MPR 码符号的印制质量。符号的质量分级见表 2。

表 2 符号的质量分级

等级	译码	符号对比度	印制增量	轴向不一致性	质量判定
4(A)	成功	>70%	$-0.50\leqslant D'\leqslant 0.50$	$AN\leqslant 0.06$	合格
3(B)	—	$70\%\geqslant SC>55\%$	$-0.70\leqslant D'\leqslant 0.70$	$AN\leqslant 0.08$	
2(C)	—	$55\%\geqslant SC>40\%$	$-0.85\leqslant D'\leqslant 0.85$	$AN\leqslant 0.10$	
1(D)	—	$40\%\geqslant SC>20\%$	$-1.00\leqslant D'\leqslant 1.00$	$AN\leqslant 0.12$	
0(E)	失败	≤20%	$D'<-1.00$ 或 $D'>1.00$	$AN>0.12$	不合格

整个符号的质量等级的判定为上述各参数能够达到的最低等级。

7.2 符号参数的评估

7.2.1 译码

按照本部分附录A的方法译码。当译码成功时,译码等级为“4”,否则为“0”。

7.2.2 符号对比度

在测试灰阶图像中,统计MPR码符号区域内像素值的灰阶分布,选出像素中最暗的5%和最亮的5%,计算出最暗5%的反射率的算术平均值和最亮5%的反射率的算术平均值,这两个平均值的差就是符号对比度SC。

符号对比度等级确定如下:

$SC>70\%$　　4(A)

$70\%\geqslant SC>55\%$　　3(B)

$55\%\geqslant SC>40\%$　　2(C)

$40\%\geqslant SC>20\%$　　1(D)

$SC\leqslant 20\%$　　0(E不合格)

符号对比度参数用来衡量符号内深色模块和浅色模块的反射状态是否在整个符号中一直有足够差别。

7.2.3 印制增量

按7.2.2计算5%亮、暗灰阶算术平均值的中值,以结果作为阈值作用于灰阶图像,产生一个二值图像。

印制增量是符号中深色模块边缘因油墨扩散而侵占到浅色模块区域的程度,或浅色模块侵占到深色模块区域的程度,在MPR码符号采用铺底方式印制时,印制增量是影响MPR码码阵底纹灰度视觉效果的重要指标。以码点的模块尺寸作为参考评价目标参数,分别计算水平和垂直两个方向模块尺寸的等级,取两者中较低的等级作为该码点的印制增量等级;MPR码符号的印制增量等级为组成该符号的所有码点印制增量等级的最低等级。规定码点模块尺寸的标称值为D_{NOM},容许的最大值为D_{MAX}和最小值为D_{MIN}。将测量值D归一化到其标称值和极限值:

如果$D>D_{NOM}$　　$D'=(D-D_{NOM})/(D_{MAX}-D_{MIN})$

否则　　$D'=(D-D_{NOM})/(D_{NOM}-D_{MIN})$

印制增量的等级确定如下:

$-0.50\leqslant D'\leqslant 0.50$　　4(A)

$-0.70\leqslant D'\leqslant 0.70$　　3(B)

$-0.85\leqslant D'\leqslant 0.85$　　2(C)

$-1.00\leqslant D'\leqslant 1.00$　　1(D)

$D'<-1.00$或$D'>1.00$　　0(E不合格)

7.2.4 轴向不一致性

MPR码符号包含由码点组成的数据区,这些码点的中心点位于正多边形的网格中,译码方法必须映像这些模块的中心位置以取得数据。轴向不一致性指的是对映像中心的距离,即取样点在网格的水平和垂直轴向上的间隔的度量和分级。对符号中的每个码点,取其中心点,然后在水平X方向与垂直Y方向上分别统计相邻码点位上的码点中心点的间距的平均值X_{AVG}和Y_{AVG},轴向不一致性参数如下:

$$AN=|(X_{AVG}-Y_{AVG})/((X_{AVG}+Y_{AVG})/2)|$$

轴向不一致性等级的确定：

当 $AN \leqslant 0.06$　　4(A)

当 $AN \leqslant 0.08$　　3(B)

当 $AN \leqslant 0.10$　　2(C)

当 $AN \leqslant 0.12$　　1(D)

当 $AN > 0.12$　　0(E)

附　录　A
（资料性附录）
参考译码方法

A.1　MPR码译码流程

MPR码的译码流程见图A.1。

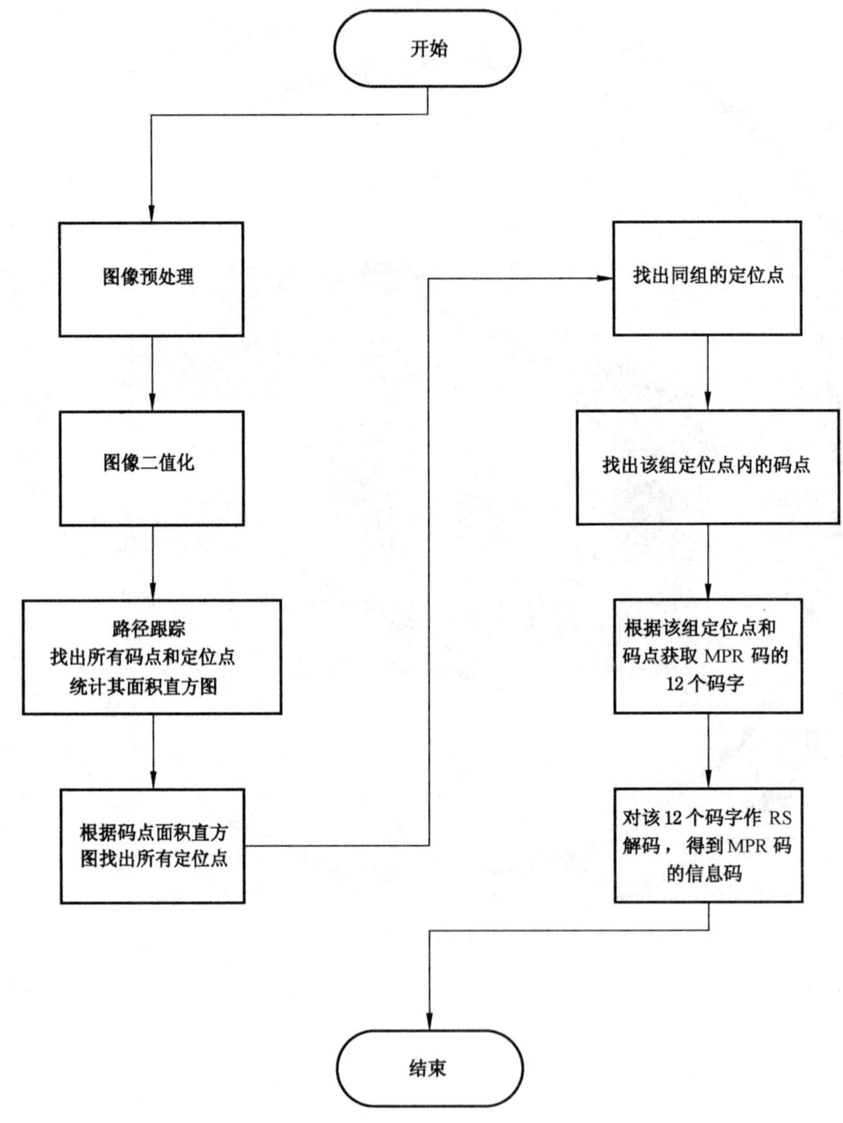

图 A.1　MPR码译码流程图

注：图A.1中所说同组是指同处于一个MPR码图样中。

A.2　找出同组的定位点

判定依据为4个同组的定位点须构成一个正方形。方法如下：

a) 先找到最居中的定位点 A1;
b) 找一个离 A1 最近的定位点 A2;
c) 找出下一个定位点 A3,满足线段 A3A2 垂直于线段 A2A1 且它们的长度相等;
d) 找出下一个定位点 A4,满足线段 A4A3 垂直于线段 A3A2 且它们的长度相等,线段 A4A3 垂直于线段 A4A1,且它们的长度相等。

注:长度相等是指在误差允许范围内相等,垂直也是指在误差允许范围内垂直。

A.3 找出同组的定位点内的码点

判定依据为码点须位于 4 个同组的定位点构成的正方形内。

A.4 根据该组定位点和码点获取 MPR 码的 12 个码字

a) 找出离图像中心最近的定位点 A1;
b) 找出离 A1 最近的定位点 A2;
c) 找出离 A1 最远的定位点 A3,剩下的一个定位点命名为 A4;
d) 令 $D=A/10$,其中 A 为 A1、A2 之间的距离;
e) 建立以 A1 为原点、A1 到 A2 的方向为 X 方向、A1 到 A4 的方向为 Y 方向、单位为 D 的相对坐标系,再把该坐标系的原点向 X 方向和 Y 方向移动 $D/2$;
f) 计算各码点的相对坐标;
g) 对照 MPR 码的码字布局,从各码点的相对坐标获取 12 个码字;
h) 用 MPR 码的掩模图样对该 12 个码字进行异或处理。

A.5 对该 12 个码字作 RS 解码,得到 MPR 码的信息码

对该 12 个码字进行 RS 解码运算,码字 1～7 就是 MPR 码的信息码。

注:若解码失败,可把步骤 A.4 f)得到的各码点的相对坐标旋转 90°再继续 A.4 g)、A.4 h)的步骤;若旋转 3 次后解码均失败,该 MPR 码图不能被解码。

参 考 文 献

[1] GB/T 18284—2000 快速响应矩阵码
[2] SJ/T 11349—2006 二维条码 网格矩阵码
[3] SJ/T 11350—2006 二维条码 紧密矩阵码

ICS 01.140.40
A 14

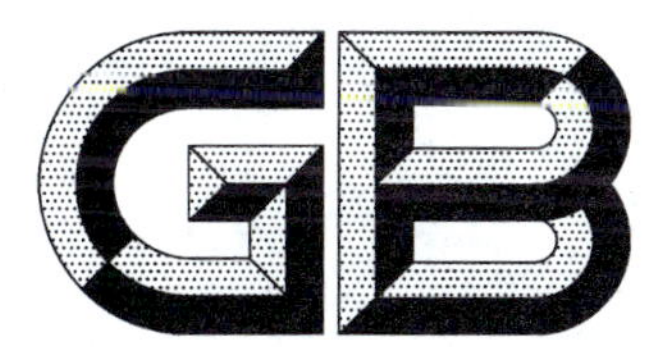

中华人民共和国国家标准

GB/T 27937.3—2011

MPR 出版物 第3部分:通用制作规范

MPR publication—Part 3:General rules of production

2011-12-30 发布 2012-03-01 实施

中华人民共和国国家质量监督检验检疫总局
中国国家标准化管理委员会 发布

前　　言

GB/T 27937《MPR 出版物》包括以下部分：

——第 1 部分：MPR 码编码规则；

——第 2 部分：MPR 码符号规范；

——第 3 部分：通用制作规范；

——第 4 部分：MPR 码符号印制质量要求及检验方法；

——第 5 部分：基本管理规范。

本部分是 GB/T 27937 的第 3 部分。

本部分按照 GB/T 1.1—2009 给出的规则起草。

本部分由中华人民共和国新闻出版总署提出并归口。

本部分主要起草单位：深圳市天朗时代科技有限公司、中国新闻出版研究院、中国电子技术标准化研究所。

本部分主要起草人：吕迎丰、蔡逊、魏玉山、刘颖丽、王文峰、刘玉柱、周芷旭。

引　言

MPR(Multimedia Print Reader)出版物是一种以唯一性关联编码为基础，以特定的矩阵式MPR二维码为机读符号，对多种出版载体和表现形式进行整合和精确关联，形成以纸质印刷载体为基础的多媒体复合数字出版形态的一种出版物。

MPR出版物由MPR书报刊、MPR数字媒体文件和使二者精确关联的MPR码三个基本要素构成。

MPR书报刊是MPR出版物的主体，是MPR出版物中唯一固定的物质载体形态，它是以常规印刷方式将图文和MPR码符号印制于页面上。由于MPR码符号设计独特，视觉感官几乎不可察觉，只可通过阅读设备进行光电识读，所以MPR书报刊的页面与普通书报刊无明显差异。

MPR数字媒体文件是经过与MPR书报刊内容关联处理的声音、图形、图像等数字媒体内容的集合文件，该文件通常通过互联网发布，读者可以下载该文件，通过相关设备，在点读MPR书报刊时播放该数字媒体文件中与MPR码符号相关联的声音、图形、图像等内容。

MPR码由一组十进制的16位数字组成的一种将两种或两种以上不同表现形式的内容建立关联关系的编码，由可供机读的特定的二维码符号(按GB/T 27937第2部分的规范生成)以二进制编码方式携载，并可通过印刷方式近似隐形地将其固定于MPR书报刊页面上的相关位置。MPR码为两段式编码结构，分为前置码和后置码。其前置码是整体关联码段，它将一种MPR出版物中的各种不同表现形式内容集合之间确定一种唯一关联关系。后置码是内容关联码段，它是以不同表现形式共同呈现为目的，完全按照MPR出版物内容需要进行设置的码段。MPR码的容量可确保在全世界范围内长期出版MPR出版物唯一性编码需求。MPR码的前置码由MPR编码管理机构分配，后置码由出版物制作者(出版者)根据内容关联需要按照本标准规定的相关规则自行设定。

MPR 出版物　第 3 部分：通用制作规范

1　范围

GB/T 27937 的本部分规定了 MPR 出版物的制作规范，对 MPR 出版物的制作和出版具有规范和指导作用。

本部分适用于 MPR 出版物的制作和出版。

2　规范性引用文件

下列文件对于本文件的应用是必不可少的。凡是注日期的引用文件，仅注日期的版本适用于本文件。凡是不注日期的引用文件，其最新版本（包括所有的修改单）适用于本文件。

GB/T 9851.2　印刷技术术语　第 2 部分：印前术语

GB/T 12905—2000　条码术语

GB/T 27937.1—2011　MPR 出版物　第 1 部分：MPR 码编码规则

GB/T 27937.2　MPR 出版物　第 2 部分：MPR 码符号规范

CY/T 48.2—2008　音像制品质量技术要求　第 2 部分：数字音频光盘（CD-DA）

CY/T 50　出版术语

3　术语和定义

GB/T 9851.2、GB/T 12905—2000、CY/T 50、GB/T 27937.1、GB/T 27937.2 界定的以及下列术语和定义适用于本文件。为了便于使用，以下重复列出了 GB/T 27937.1 中的一些术语和定义。

3.1

多媒体印刷出版物　multimedia print reader；MPR

MPR 出版物

以 MPR 码将音视频等数字媒体文件与印刷图文关联，实现同步呈现，满足读者视听需求的一种复合形态出版物。由 MPR 书报刊等印刷品、音视频等数字媒体文件和使二者建立精确关联的 MPR 码组成。

[GB/T 27937.1—2011，定义 3.1]

3.2

MPR 码　MPR code

用于唯一性关联 MPR 出版物（3.1）中印刷图文和与之相关的音视频等数字媒体文件，使其建立以共同呈现为目的的精确关联关系的编码。

[GB/T 27937.1—2011，定义 3.2]

3.3

MPR 码符号　MPR code symbol

符合 GB/T 27937 第 2 部分所阐述的规范，用于携载 MPR 码（3.2）并以印刷方式固定于印刷品页面上，供光电设备识别读取的矩阵式二维码符号。

[GB/T 27937.1—2011，定义 3.3]

3.4

铺底方式　underlaying mode

MPR码符号以联结方式组成的底纹码阵，与相应图文叠印的排版方式。

3.5

嵌入方式　inserting mode

数个MPR码符号联结成为一个与印刷字符大小相当的码阵，单独置于相应图文旁，不与图文重叠的排版方式。

3.6

铺码　laying code symbol

在MPR书报刊排版制作中，根据设计脚本将MPR码符号以铺底方式(3.4)和(或)嵌入方式(3.5)排入页面的过程。

3.7

总领属码　whole leading code

MPR码(3.2)中用于关联MPR出版物正文中全部图文内容和与之对应的数字媒体文件，并可使其连续播放或演示的编码。

[GB/T 27937.1—2011，定义3.8]

3.8

单元领属码　chapter leading code

MPR码(3.2)中用于关联MPR出版物中一个单元(或章、节)中全部图文内容和与之对应的数字媒体文件，并可使其连续播放或演示的编码。

[GB/T 27937.1—2011，定义3.9]

3.9

正文码　text code

MPR码(3.2)中按照MPR书报刊页码顺序和该页面内容顺序排列，用于链接本页中该部分图文与相关数字媒体文件的编码。

[GB/T 27937.1—2011，定义3.10]

3.10

辅文码　complementarity code

MPR码(3.2)中根据MPR书报刊非正文部分需要，用于链接本部分图文与相关数字媒体文件的编码。

[GB/T 27937.1—2011，定义3.11]

4　MPR出版物的构成

4.1　MPR出版物的基本构成要素

MPR出版物的基本构成要素为：MPR书报刊、MPR数字媒体文件和使二者精确关联的MPR码。

4.2　MPR书报刊

MPR书报刊是MPR出版物的主体，它是以常规印刷方式将图文和MPR码符号印制于页面上的书报刊。

4.3　MPR数字媒体文件

MPR数字媒体文件是经过与MPR书报刊内容关联处理的声音、图形、图像等数字媒体内容的集合文件，该文件通常通过互联网发布，读者可以下载该文件，通过相关设备，在点读 MPR 书报刊时播放该数字媒体文件中与点读 MPR 码符相关联的声音、图形、图像等内容。

4.4 MPR 码

符合 GB/T 27937.1 的规定，可在 MPR 书报刊和 MPR 数字媒体文件之间建立唯一关联关系，并由符合 GB/T 27937.2 规定的 MPR 码符号携载的编码。

5 MPR 出版物的标识

MPR 出版物应使用统一的出版物标识，以区别 MPR 出版物和其他出版物。MPR 出版物图形标识和字符标识如图 1、图 2 所示。

图 1 MPR 出版物图形标识

MPR

图 2 MPR 出版物字符标识

MPR 出版物标识以图形标识为主，字符标识为辅。

MPR 出版物封面上须印有图形标识，其他位置由出版者视具体情况自行确定。

MPR 出版物图形标识和字符标识在出版物的封面、书背、封底上的印刷位置见附录 A。

6 MPR 书报刊制作规范

6.1 MPR 书报刊的页面设计和铺码

MPR 出版物是印有 MPR 码符号的书报刊和相关媒体文件组成的，在设计 MPR 书报刊页面时，要对关联 MPR 数字媒体文件的点读位置进行设计，编制脚本，并使用相关排版工具进行铺码制作。

6.2 MPR 码符号的排印方式

6.2.1 MPR 码符号的排版方式

MPR 码符号的排版方式分为铺底方式和嵌入方式两种。

a) 铺底方式排版

对于彩色印刷(四色或四色以上)的 MPR 书报刊版面，MPR 码符号宜采用铺底方式排版。

采用四色印刷时，图文采用青—品红—黄(C-M-Y)版印刷，MPR码版采用黑(K)版印刷。

采用五色印刷时，五色为C-M-Y-专色-K，其中图文采用C-M-Y-专色版印刷，MPR码版采用K版印刷。专色版采用专色黑(不含碳)油墨印刷。

b) 嵌入方式排版

对于单色(黑色)印刷和有特殊要求的彩色印刷MPR书报刊的版面，必须使用含有黑(原)色彩色印刷图文的MPR书报刊，MPR码符号应采用嵌入方式排版。

在同一版面中，两种MPR码符号排版方式可以混合使用。

6.2.2 MPR码符号的印制

MPR码点和定位点必须使用阶调值为100%的黑色含碳油墨(K版)印制。

6.2.3 灰底

采用MPR码符号采用铺底方式排版时，可在未铺MPR码符号的版面区域铺设阶调值为3%～8%的灰底，使版面底色协调一致。

6.3 MPR码符号的排印位置

总领属码应排印在封面、封二、书名页等位置。

单元领属码应排印在单元(章、节)首页位置。

辅文码、正文码应排印在该段图文所在的位置。

版本切换码、功能切换码宜排印在设置有此排码需求的版面的明显位置(页面的上部等)。

其他码应排印在使用该码的相应位置(如版权页等)。

7 MPR数字媒体文件制作规范

7.1 MPR数字媒体文件格式

MPR数字媒体文件是MPR出版物专用的数字媒体文件格式，该格式的文件内容由索引信息数据段和音视频内容单元数据段组成。使用阅读工具点读MPR码符号并有效识别MPR码后，可打开该MPR码前置码对应的MPR数字媒体文件，阅读工具依据MPR数字媒体文件的索引信息数据段和该MPR码后置码，播放该MPR码关联的音视频单元内容。

音视频内容单元文件格式应采用各种通用数字媒体文件格式。音频内容单元应优先采用OGG、MP3、WAVE等文件格式；视频内容单元应优先采用AVS、RMVB、MPEG-4等文件格式。

MPR数字媒体文件中的音视频内容单元可以采用加密和不加密两种方式处理，可以为著作权所有者提供数字媒体文件著作权技术保护。

7.2 媒体文件的质量要求

MPR出版物数字媒体文件中的内容单元为声音文件时，文件的质量要求应符合CY/T 48.2—2008中4.2的规定。

7.3 媒体文件的制作和命名

7.3.1 过程媒体文件的制作和命名

将相关音视频文件剪裁为对应后置码的独立单元，生成过程媒体文件。该过程媒体文件即为制作完成的MPR数字媒体文件中的音视频内容单元文件。

过程媒体文件的命名规则见表1。总领属码和单元领属码是其他单元过程媒体文件的集合，无独立对应的过程媒体文件。

表1 MPR码后置码的类型及过程媒体文件命名一览表

MPR码后置码类型	媒体文件命名	说明
总领属码	无	页序号为000，文序号为00
单元领属码	无	页序号不为000，文序号为00
辅文码	000+流水号	页序号为000，文序号不为00。如，按照顺序编排下来的第3个发声部分后置码为：000—03；过程媒体文件命名为：00003
正文码	页序号+文序号	如，第1页的第2个码，后置码为：001—02；过程媒体文件命名为：00102
版本切换码	L+版本号(L01～L20)	如某页面中设有版本切换码，该版本切换码输入的版本号为"01"，该版本切换码的过程媒体文件命名即为L01
功能切换码	页序号+文序号	如第2页的第5个码被设置为"游戏进入码"，这个功能切换码的后置码为：游戏进入码002—05；过程媒体文件命名为：00205
	Fn	Fn为MPR出版服务机构统一分配的专用功能切换码类型名称，如"游戏退出码"为"GS"，其过程媒体文件命名为：GS
其他码	页序号+文序号	如第1页中正文码使用了26个码，即从00101～00126，可将本页不使用的00127、00128等剩余码源用于其他位置

7.3.2 完成媒体文件的制作和命名

完成媒体文件即为与一种MPR书报刊对应的、可提供给读者的一个完整、独立的MPR数字媒体文件。

MPR出版者将制作完成的一种MPR出版物的全部过程媒体文件完整上传至MPR出版服务组织机构后，由该组织将文件处理为完成媒体文件，完成媒体文件以分配给该出版物的MPR码前置码的前10位数字的三十二进制格式值+扩展名".mpr"命名。

7.3.3 MPR出版物媒体文件命名示例

MPR出版物媒体文件的命名见示例1和示例2。

示例1：

过程媒体文件的命名：

MPR出版物《英语脱口说》的第22页第5个MPR码，MPR码后置码为：02205

该MPR码所对应的MP3文件格式的声音文件应命名为02205.mp3

该 MPR 码所对应的 WAVE 文件格式的声音文件应命名为 02205.wav

示例 2：

完成媒体文件的命名：

MPR 出版物《语文》一年级上册的 MPR 前置码为 0070000001

该 MPR 出版物所对应的完成文件格式的 MPR 数字媒体文件应命名为 022O7C1.mpr

附 录 A
(规范性附录)
MPR 出版物标识的印刷位置

MPR 出版物封面(或头版)应有 MPR 出版物图形标识,宜印在封面的右上角,见图 A.1、图 A.4。

图 A.1 MPR 出版物图形标识封面印刷位置示例

书背和封底可印有 MPR 出版物字符标识。当书背宽度<2 cm 时,字符标识宜采用竖排;当书背宽度≥2 cm 时,字符标识宜采用横排。书背和封底 MPR 出版物字符标识通常印刷位置见图 A.2、图 A.3 和图 A.4。

MPR

义务教育课程标准实验教科书

语文

一年级 上册

长春出版社

图 A.2　MPR 出版物字符标识书背印刷位置示例

图 A.3　MPR 出版物字符标识封底印刷位置示例

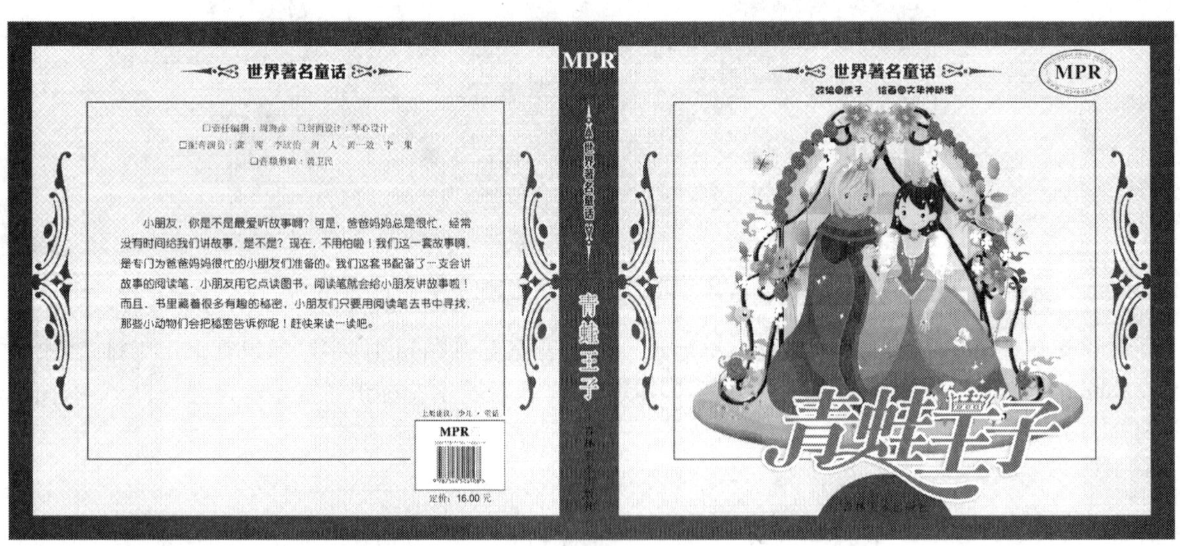

图 A.4　MPR 出版物图形标识和字符标识封面、书背、封底印刷位置示例

ICS 37.100.01
A 17

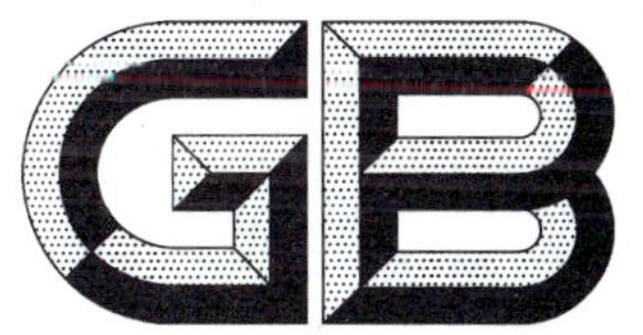

中华人民共和国国家标准

GB/T 27937.4—2011

MPR 出版物 第4部分:MPR 码符号印制质量要求及检验方法

MPR publication—Part 4:Requirements and inspecting methods for MPR code symbol printing quality

2011-12-30 发布 2012-03-01 实施

中华人民共和国国家质量监督检验检疫总局
中国国家标准化管理委员会 发布

前　言

GB/T 27937《MPR出版物》包括以下部分：

——第1部分：MPR码编码规则；

——第2部分：MPR码符号规范；

——第3部分：通用制作规范；

——第4部分：MPR码符号印制质量要求及检验方法；

——第5部分：基本管理规范。

本部分是GB/T 27937的第4部分。

本部分按照GB/T 1.1—2009给出的规则起草。

本部分由中华人民共和国新闻出版总署提出并归口。

本部分主要起草单位：深圳市天朗时代科技有限公司、中国新闻出版研究院。

本部分主要起草人：吕迎丰、蔡逊、魏玉山、刘颖丽、王文峰、刘玉柱、周芷旭。

引　言

MPR(Multimedia Print Reader)出版物是一种以唯一性关联编码为基础，以特定的矩阵式 MPR 二维码为机读符号，对多种出版载体和表现形式进行整合和精确关联，形成以纸质印刷载体为基础的多媒体复合数字出版形态的一种出版物。

MPR 出版物由 MPR 书报刊、MPR 数字媒体文件和使二者精确关联的 MPR 码三个基本要素构成。

MPR 书报刊是 MPR 出版物的主体，是 MPR 出版物中唯一固定的物质载体形态，它是以常规印刷方式将图文和 MPR 码符号印制于页面上。由于 MPR 码符号设计独特，视觉感官几乎不可察觉，只可通过阅读设备进行光电识读，所以 MPR 书报刊的页面与普通书报刊无明显差异。

MPR 数字媒体文件是经过与 MPR 书报刊内容关联处理的声音、图形、图像等数字媒体内容的集合文件，该文件通常通过互联网发布，读者可以下载该文件，通过相关设备，在点读 MPR 书报刊时播放该数字媒体文件中与 MPR 码符号相关联的声音、图形、图像等内容。

MPR 码由一组十进制的 16 位数字组成的一种将两种或两种以上不同表现形式的内容建立关联关系的编码，由可供机读的特定的二维码符号(按 GB/T 27937 第 2 部分的规范生成)以二进制编码方式携载，并可通过印刷方式近似隐形地将其固定于 MPR 书报刊页面上的相关位置。MPR 码为两段式编码结构，分为前置码和后置码。其前置码是整体关联码段，它将一种 MPR 出版物中的各种不同表现形式内容集合之间确定一种唯一关联关系。后置码是内容关联码段，它是以不同表现形式共同呈现为目的，完全按照 MPR 出版物内容需要进行设置的码段。MPR 码的容量可确保在全世界范围内长期出版 MPR 出版物唯一性编码需求。MPR 码的前置码由 MPR 编码管理机构分配，后置码由出版物制作者(出版者)根据内容关联需要按照本标准规定的相关规则自行设定。

MPR 出版物　第 4 部分:MPR 码符号印制质量要求及检验方法

1　范围

GB/T 27937 的本部分规定了 MPR 出版物中 MPR 码符号印制质量要求及检验方法,为 MPR 出版物的印制生产和质量检验提供依据。

本部分适用于 MPR 码符号的印制与质量检验。

2　规范性引用文件

下列文件对于本文件的应用是必不可少的。凡是注日期的引用文件,仅注日期的版本适用于本文件。凡是不注日期的引用文件,其最新版本(包括所有的修改单)适用于本文件。

GB/T 7973　纸、纸板和纸浆　漫反射因数的测定(漫射/垂直法)

GB/T 9851.2　印刷技术术语　第 2 部分:印前术语

GB/T 15962　油墨术语

GB/T 17934.2　印刷技术　网目调分色片、样张和印刷成品的加工过程控制　第 2 部分:胶印

GB/T 18720—2002　印刷技术　印刷测控条的应用

GB/T 27937.1—2011　MPR 出版物　第 1 部分:MPR 码编码规则

GB/T 27937.2—2011　MPR 出版物　第 2 部分:MPR 码符号规范

GB/T 27937.3—2011　MPR 出版物　第 3 部分:通用制作规范

CY/T 5—1999　平版印刷品质量要求及检验方法

CY/T 12　书刊印刷品检验抽样规则

CY/T 30—1999　印刷技术　胶印　印版制作

CY/T 50　出版术语

QB/T 1865　胶版卷筒纸冷固型油墨(黑)

QB/T 2624　胶版单张纸油墨

QB/T 3598　胶印亮光油墨

3　术语和定义

GB/T 9851.2、GB/T 15962、GB/T 27937.1—2011、GB/T 27937.2—2011、CY/T 50 界定的术语和定义适用于本文件。为了便于使用,以下重复列出了 GB/T 9851.2、GB/T 15962、GB/T 27937.1、GB/T 27937.2、CY/T 50 中的一些术语。

3.1

多媒体印刷出版物　multimedia print reader;MPR

MPR 出版物

以 MPR 码将音视频等数字媒体文件与印刷图文关联,实现同步呈现,满足读者视听需求的一种复合形态出版物。由 MPR 书报刊等印刷品、音视频等数字媒体文件和使二者建立精确关联的 MPR 码组成。

［GB/T 27937.1—2011，定义 3.1］

3.2

MPR 码　MPR code

用于唯一性关联 MPR 出版物(3.1)中印刷图文和与之相关的音视频等数字媒体文件，使其建立以共同呈现为目的的精确关联关系的编码。

［GB/T 27937.1—2011，定义 3.2］

3.3

MPR 码符号　MPR code symbol

符合 GB/T 27937 第 2 部分所阐述的规范，用于携载 MPR 码(3.2)并以印刷方式固定于印刷品页面上，供光电设备识别读取的矩阵式二维码符号。

［GB/T 27937.1—2011，定义 3.3］

3.4

MPR 码版　MPR code printing form

用于印刷 MPR 码符号的印版。

3.5

符号对比度　symbol's contrast

MPR 码符号中光学反射率分布最大反射率和最小反射率之差。

［GB/T 27937.2—2011，定义 3.11］

3.6

印制增量　printed increment

在 MPR 码符号印制过程中，由于油墨扩散或着墨不足等原因产生的模块尺寸变化。

［GB/T 27937.2—2011，定义 3.12］

3.7

轴向不一致性　axial direction discordance

MPR 码符号模块印刷(或采样)后产生的，符号中各模块的中心点在水平方向和垂直方向上的平均间隔尺寸差异。

［GB/T 27937.2—2011，定义 3.13］

4　MPR 码符号印制质量要求

4.1　设备条件

MPR 书报刊须使用平板印刷工艺印刷，对平板印刷设备无特殊要求。

4.2　印刷用材料

4.2.1　分色片

应符合 GB/T 17934.2 中对分色片的质量要求。

4.2.2　纸张

MPR 出版物纸张选择除满足选题要求外，还应符合下列要求：

——实地密度：0.04～0.1；

——透射率：<0.06；

——表面粗糙度：3.2 μm～5.6 μm；表面粗糙度的测试应符合 GB/T 7973 的要求。

4.2.3 油墨

MPR 码版印刷使用的胶印油墨应符合 QB/T 1865、QB/T 2624、QB/T 3598 中黑色油墨的性能要求，见附录 A。

MPR 码版印刷时，不得在油墨中添加调墨油、冲淡剂、白油、去粘剂等辅助剂。

4.3 工艺要求

4.3.1 排版

MPR 码版的排版应符合 GB/T 27937.3—2011 中 6.2.1 的要求。

4.3.2 制版

应符合 CY/T 30 的要求。

4.3.3 印刷

为保证 MPR 码的印刷质量，彩色印刷时应将 MPR 码版调整为最后色序。

单色印刷时，应对试印样检查合格后，方可进行批量印刷。

彩色印刷时，应先单独使用黑(K)版(含碳黑版)试印校机，检查合格后再与其他颜色叠印。

4.4 制版质量要求

MPR 码分色片中所有 MPR 码符号的码点均应清晰无缺失。

4.5 印刷质量要求

MPR 码符号印刷应达到以下质量要求：

——码点形状：近似圆形，无明显的空心、重影和变形；

——码点大小：直径 50 μm±20 μm，饱满，无缺失；

——含碳黑色实地密度：应符合 CY/T 5—1999 中 4.1.1 精细印刷品的质量要求；

——实地密度允许误差：应符合 CY/T 5—1999 中 4.6.1 的要求；

——印张版面无明显杂色和污染。

印制质量应达到 GB/T 27937.2—2011 表 2 中的 4(A)级，符号对比度、印制增量和轴向不一致性应不低于 1(D)级。

5 MPR 码符号质量检测

5.1 制版码点质量检测

在分色片制作完成时，应对分色片 MPR 码符号的码点进行检测，质量应达到 4.4 的要求。

5.2 印刷码点质量检测

在生产过程中，应分别对印刷大页和成品进行检验。

对印刷大页检验每千印张抽样不少于 1 张；对成品批次检验按照 CY/T 12 的规定进行抽样。检测质量均应达到 4.5 的要求。

6 检测仪器和检测方法

6.1 检测仪器

6.1.1 MPR码符号印刷质量检测仪

——MPR码符号采样要求

单次采样面积：≥6 mm×6 mm。

——测量范围

符号对比度：0%～100%；

印制增量：−1.5～+1.5；

轴向不一致性：−0.2～+0.2。

——测量允差

符号对比度：不超出±10%；

印制增量：不超出±0.15；

轴向不一致性：不超出±0.005。

6.1.2 放大镜

——类型和功能

手持接触式，自带光源、带刻度，可调焦。

——性能要求

放大倍率：≥100倍；

视野范围：直径≥1.6 mm；

刻度尺精度：不劣于0.01 mm/DIV。

6.2 检测方法

6.2.1 测控条法

按照GB/T 18720—2002第4章的检测方法测量测控条标准实地着墨量、叠印率以及变形/重影。

6.2.2 点读法

使用MPR码符号印刷质量检测仪检测分色片或印刷品，在受检样品页面上、下、左、右、中5个区域中，每个区域的不同点检测3次，取3次检测所得符号质量参数的算术平均值，并根据GB/T 27937.2—2011中表2确定质量等级。

6.2.3 目测法

使用符合6.1.2要求的放大镜，目视检测MPR码符号的印刷质量。

附　录　A
（规范性附录）
MPR 码符号印刷用黑色油墨性能要求

MPR 码符号印刷用黑色油墨性能应符合表 A.1 的要求。

表 A.1　MPR 码符号印刷用黑色油墨性能要求

项目名称	单位	性能要求	
		胶印黑墨	胶印亮光黑墨
颜色		近视标样	近视标样
着色力	%	95～110	90～110
细度	μm	≤50	≤15
粘性(IR)		8～14	8～14
流动度	mm	28～38	28～38
流动值	mm	34～42	
结膜干燥时间	h	≥10	
固着速度	min	≤50	≥55
光泽度	%	≤50	≥55

参 考 文 献

[1] GB/T 9851.1—2008 印刷技术术语 第1部分:基本术语
[2] GB/T 9851.4—2008 印刷技术术语 第4部分:平版印刷术语
[3] GB/T 17934.1—1999 印刷技术 网目调分色片、样张和印刷成品的加工过程控制 第1部分:参数与测试方法
[4] GB/T 18359—2009 中小学教科书用纸、印制质量标准和检验方法
[5] QB/T 3597—1999 印刷油墨产品分类、命名和型号

ICS 01.140.40
A 14

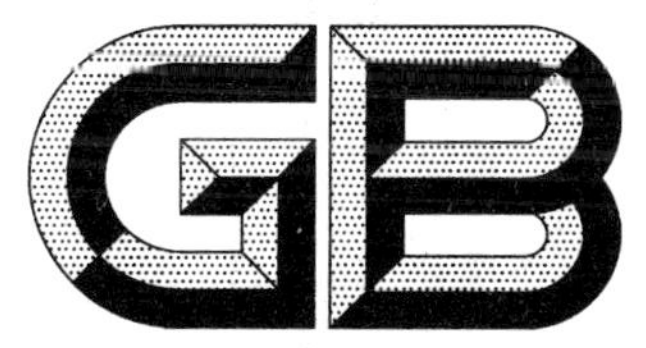

中华人民共和国国家标准

GB/T 27937.5—2011

MPR 出版物
第 5 部分:基本管理规范

MPR publication—Part 5:Basic management rules

2011-12-30 发布 2012-03-01 实施

中华人民共和国国家质量监督检验检疫总局
中国国家标准化管理委员会 发布

前　言

GB/T 27937《MPR 出版物》包括以下部分：

——第 1 部分：MPR 码编码规则；

——第 2 部分：MPR 码符号规范；

——第 3 部分：通用制作规范；

——第 4 部分：MPR 码符号印制质量要求及检验方法；

——第 5 部分：基本管理规范。

本部分是 GB/T 27937 的第 5 部分。

本部分按照 GB/T 1.1—2009 给出的规则起草。

本部分由中华人民共和国新闻出版总署提出并归口。

本部分主要起草单位：深圳市天朗时代科技有限公司、中国新闻出版研究院、中国电子技术标准化研究所。

本部分主要起草人：吕迎丰、蔡逊、魏玉山、刘颖丽、王文峰、刘玉柱、周芒旭。

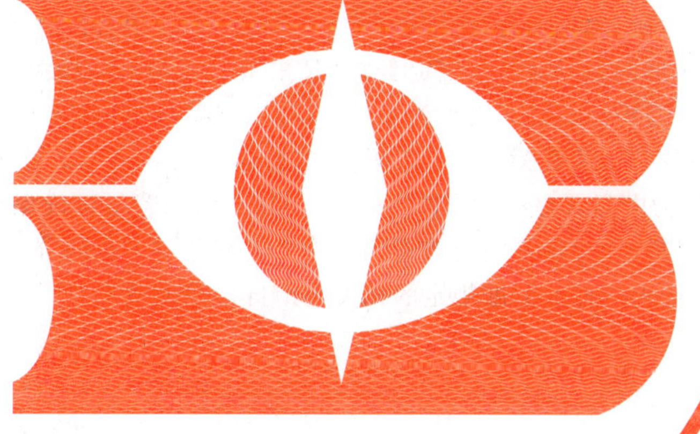

引　　言

MPR(Multimedia Print Reader)出版物是一种以唯一性关联编码为基础,以特定的矩阵式MPR二维码为机读符号,对多种出版载体和表现形式进行整合和精确关联,形成以纸质印刷载体为基础的多媒体复合数字出版形态的一种出版物。

MPR出版物由MPR书报刊、MPR数字媒体文件和使二者精确关联的MPR码三个基本要素构成。

MPR书报刊是MPR出版物的主体,是MPR出版物中唯一固定的物质载体形态,它是以常规印刷方式将图文和MPR码符号印制于页面上。由于MPR码符号设计独特,视觉感官几乎不可察觉,只可通过阅读设备进行光电识读,所以MPR书报刊的页面与普通书报刊无明显差异。

MPR数字媒体文件是经过与MPR书报刊内容关联处理的声音、图形、图像等数字媒体内容的集合文件,该文件通常通过互联网发布,读者可以下载该文件,通过相关设备,在点读MPR书报刊时播放该数字媒体文件中与MPR码符号相关联的声音、图形、图像等内容。

MPR码由一组十进制的16位数字组成的一种将两种或两种以上不同表现形式的内容建立关联关系的编码,由可供机读的特定的二维码符号(按GB/T 27937第2部分的规范生成)以二进制编码方式携载,并可通过印刷方式近似隐形地将其固定于MPR书报刊页面上的相关位置。MPR码为两段式编码结构,分为前置码和后置码。其前置码是整体关联码段,它将一种MPR出版物中的各种不同表现形式内容集合之间确定一种唯一关联关系。后置码是内容关联码段,它是以不同表现形式共同呈现为目的,完全按照MPR出版物内容需要进行设置的码段。MPR码的容量可确保在全世界范围内长期出版MPR出版物唯一性编码需求。MPR码的前置码由MPR编码管理机构分配,后置码由出版物制作者(出版者)根据内容关联需要按照本标准规定的相关规则自行设定。

MPR 出版物
第 5 部分:基本管理规范

1 范围

GB/T 27937 的本部分规定了 MPR 出版物编码和数字媒体文件的基本管理规范。

本部分适用于 MPR 出版物的出版管理。

2 规范性引用文件

下列文件对于本文件的应用是必不可少的。凡是注日期的引用文件,仅注日期的版本适用于本文件。凡是不注日期的引用文件,其最新版本(包括所有的修改单)适用于本文件。

GB/T 9851.2 印刷技术术语 第 2 部分:印前术语

GB/T 27937.1—2011 MPR 出版物 第 1 部分:MPR 码编码规则

GB/T 27937.2 MPR 出版物 第 2 部分:MPR 码符号规范

GB/T 27937.3 MPR 出版物 第 3 部分:通用制作规范

CY/T 50 出版术语

3 术语和定义

GB/T 9851.2、CY/T 50、GB/T 27937.1—2011、GB/T 27937.2、GB/T 27937.3 界定的以及下列术语和定义适用于本文件。为了便于使用,以下重复列出了 GB/T 27937.1—2011 中的一些术语和定义。

3.1

多媒体印刷出版物 multimedia print reader;MPR

MPR 出版物

以 MPR 码将音视频等数字媒体文件与印刷图文关联,实现同步呈现,满足读者视听需求的一种复合形态出版物。由 MPR 书报刊等印刷品、音视频等数字媒体文件和使二者建立精确关联的 MPR 码组成。

[GB/T 27937.1—2011,定义 3.1]

3.2

MPR 码 MPR code

用于唯一性关联 MPR 出版物(3.1)中印刷图文和与之相关的音视频等数字媒体文件,使其建立以共同呈现为目的的精确关联关系的编码。

[GB/T 27937.1—2011,定义 3.2]

3.3

MPR 出版者 MPR publisher

从事 MPR 出版物出版的机构。

3.4

前置码　preceding code

MPR 码(3.2)中用于在需要同步呈现的不同表现形式之间建立整体唯一关联关系的一组编码。

[GB/T 27937.1—2011,定义 3.4]

3.5

后置码　subsequest code

MPR 码(3.2)中用于在需要同步呈现的不同表现形式之间建立以内容为基础的点到点的唯一关联关系的一组编码,由页序号和文序号组成。

[GB/T 27937.1—2011,定义 3.5]

4　MPR 出版物的出版服务机构设置

MPR 出版服务机构的设立须经国家出版行政管理机构核准,其职责参见附录 A。

5　MPR 码前置码的管理

5.1　前置码的申请

MPR 码前置码的申请者须是正式出版单位。

每一个独立发行的 MPR 出版物均应申请前置码。

MPR 出版者申请 MPR 码前置码时,应向 MPR 出版服务机构提供以下有效出版物登记数据和内容信息:

——出版单位;

——出版物名称;

——ISBN 或 ISSN 和刊期等;

——预计分卷和页数;

——预计出版时间;

——关联的媒体形式;

——其他应包含的事项。

5.2　前置码的分配

MPR 出版服务机构确认申请有效后,即受理此项申请,并将分配给该出版物的 MPR 前置码通知申请者。

5.3　前置码的使用

出版者在获得 MPR 码前置码后,应按照 GB/T 27937.3 的要求完成该出版物的制作。该出版物的制作完成日期以上传数字媒体文件日期为准,出版者应将该 MPR 出版物的数字媒体文件上传至 MPR 出版服务机构。

出版者申请的 MPR 码前置码,必须用于申请的出版物,不得挪用于其他的出版物,否则无效。

在 MPR 出版物制作完成并出版发行后,该编码即永久固定为该出版物的 MPR 前置码。

出版者在获得 MPR 码前置码后,若因变更出版计划等原因需要放弃该项出版时,应及时通知 MPR 出版服务机构,以便回收该前置码另行分配。

5.4 前置码的有效期和延期

为保证 MPR 码前置码资源的有效利用，MPR 码前置码自发放之日起至该出版物正式出版期限为 4 个月。出版者在获取 MPR 码前置码后，应在有效期内完成 MPR 出版物的出版。若 4 个月内不能完成出版，可向 MPR 出版服务机构申请延期或声明放弃，申请延期一般为 4 个月，特殊情况可增加延期时间。如未能按期出版该出版物，按自动放弃处理，该 MPR 码前置码将回收并发放给其他出版物使用。

出版者如果仍需出版已声明放弃或自动放弃 MPR 码前置码的出版物，可向 MPR 出版服务机构申请新的 MPR 码前置码。

6 MPR 码后置码的管理

后置码的页序号和文序号由 MPR 出版者按照 GB/T 27937.1—2011 中 4.3 的规则自行设定。

7 MPR 数字媒体文件管理

7.1 管理要求

与 MPR 出版物配套的数字媒体文件属 MPR 出版物不可分割的组成部分，是 MPR 出版者必须向读者提供的出版内容。为保证 MPR 出版物读者权益，出版者发布的 MPR 数字媒体文件，只可根据出版者需要进行修改或更换，但不可以消失。

对于 MPR 数字媒体文件原始录制者和表演者的权益，由出版者承担责任。出版者必须保证提供给 MPR 读者的媒体文件内容符合相关法律、法规。

7.2 MPR 媒体文件上传和发布

MPR 出版者在 MPR 出版物的数字媒体文件制作完成后应将该数字媒体文件包上传到数字媒体文件数据库，由 MPR 出版服务机构按照出版者的要求进行加密或不加密处理。

出版者须邮寄两本 MPR 样本至 MPR 出版服务机构，以供版本核对等管理事务使用。对上传的数字媒体文件确定符合要求并作相应技术处理后，将 MPR 数字媒体文件连同 MPR 书报刊展示资料安排在指定的网站发布，供 MPR 读者下载。同时出版者可在自己的网站上为读者提供数字媒体文件下载服务。

7.3 MPR 数字媒体文件修订

MPR 数字媒体文件上传发布后，如果出版者要求修订该数字媒体文件，须向 MPR 出版服务机构申报，提供修订后的数字媒体文件包和标明修订的位置。MPR 出版服务机构重新生成 MPR 数字媒体文件上传至指定网站。并将修订信息在指定的网站页面显要位置发布。

8 MPR 书报刊的管理

8.1 管理要求

MPR 出版物应使用统一的出版物标识，以区别 MPR 出版物和其他出版物。MPR 出版物的标识应符合 GB/T 27937.3 的规定。

某种 MPR 出版物和相同内容和题名的传统图书出版物同时存在时，应分别使用不同的 ISBN。

8.2 MPR 书报刊的发行

出版发行单位应对 MPR 书报刊单独进行征订，并在供货、进货、发货、存储等环节中与其他出版物加以区别。

门市书店或图书销售场所，可为 MPR 书报刊设立专柜专架或单独区域，将 MPR 书报刊同其他的纸质出版物区分销售，为读者提供方便。

8.3 MPR 图书的修订再版和重印

8.3.1 修订再版

8.3.1.1 修订再版的申报

MPR 图书印刷品修订再版时，须向 MPR 出版服务机构申报。MPR 出版服务机构视情况进行相应的修订信息发布。

8.3.1.2 不同修订再版情况的处理

8.3.1.2.1 MPR 图书修订后未改变后置码的设置，也未改变数字媒体文件的，MPR 出版服务机构只在指定的网站页面中该数字媒体文件的关联图书信息位置增加该图书的再版信息；

8.3.1.2.2 MPR 图书修订后未改变原版本的已分配后置码的设置，只删减或增加个别后置码，或只更换部分后置码对应的数字媒体文件，视为修订，不需申请新的前置码。需对数字媒体文件标识“修订”字样。如果多次修订，应在“修订”后加修订版次，例如第 3 次修订应表示为“修订 3”，并在相应的网站页面位置标示相关联的 MPR 图书再版版本；

8.3.1.2.3 如果修订后的 MPR 图书的数字媒体文件与旧版本兼容，可以删除旧版本数字媒体文件，只发布最新版本的数字媒体文件；

8.3.1.2.4 MPR 图书再版需重新设置后置码、更换数字媒体文件时，按新出版物处理，须申请新的前置码。

8.3.2 重印

重印的 MPR 出版物不得变更 MPR 码的前置码和后置码。

附　录　A
（资料性附录）
MPR 出版物的出版服务机构

A.1　MPR 出版服务机构的职责

MPR 出版服务机构的主要职责是：

——设立 MPR 网络平台(见 A.2),通过 MPR 网络平台实施 MPR 出版物出版业务服务和 MPR 出版物的读者服务,并对该网络平台进行管理；

——受理出版者的前置码申请,及时编排并发放前置码；

——对 MPR 码的编码和使用进行管理；

——对按照本标准从事 MPR 出版业务的出版单位进行业务指导。

MPR 出版服务机构的其他职责是：

——开展 MPR 出版物的国内外推广工作；

——组织 MPR 出版者进行 MPR 出版业务经验交流,促进多媒体印刷出版物的健康发展；

——承担 MPR 出版业务培训。

A.2　MPR 网络平台

MPR 网络平台包括 MPR 出版业务平台(www.mpreader.org)和 MPR 出版物读者服务平台(www.mpreader.com),承担 MPR 出版服务机构的服务和管理职责。MPR 出版业务平台是面向 MPR 出版者提供 MPR 出版物出版的网络服务平台,是 MPR 书报刊及其数字媒体文件的数据中心；MPR 出版物读者服务网络平台是衔接 MPR 出版物与 MPR 阅读器的专用网络平台,是以音视频阅读与语言学习为主导,兼有 MPR 出版物服务与发布等综合性服务网站。

参 考 文 献

[1] GB/T 5795—2006 中国标准书号

[2] 中国出版工作者协会MPR出版物国际事务中心.MPR出版物出版工作实务手册[M].北京:中国书籍出版社出版,2009.

ICS 21.100.10
J 12

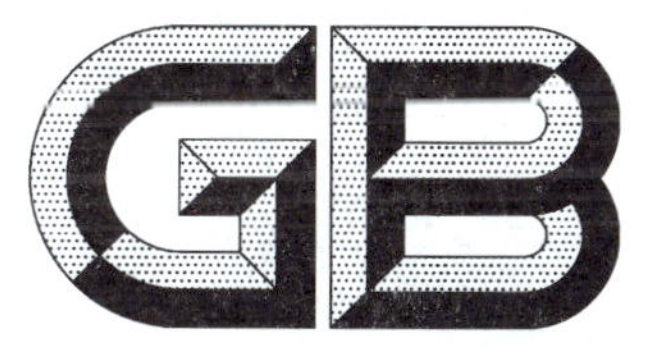

中华人民共和国国家标准

GB/T 27938—2011

滑动轴承 止推垫圈 失效损坏术语、外观特征及原因

Plain bearings—Thrust washers—
Terms, appearance of damage and cause of failure

2011-12-30 发布 2012-10-01 实施

中华人民共和国国家质量监督检验检疫总局
中国国家标准化管理委员会 发布

前　言

本标准按照 GB/T 1.1—2009 给出的规则起草。

本标准由中国机械工业联合会提出。

本标准由全国滑动轴承标准化技术委员会(SAC/TC 236)归口。

本标准负责起草单位:临安东方滑动轴承有限公司、中机生产力促进中心。

本标准参加起草单位:上海交通大学。

引 言

本标准对承受轴向载荷,起定位作用的滑动轴承止推垫圈在使用过程中发生的损坏和外观变化的特征及失效原因进行了定义、描述和分类,有助于分析发生的各种形式的失效和损坏。

本标准中规定的"止推垫圈损坏",包括了止推垫圈在运转期间发生的外观变化和损坏,无论它们对滑动轴承的性能是否有不利影响。

本标准仅考虑那些损坏形式有明确的表面外观,且能非常确定的归因于某一特定原因的破坏类型,描述了滑动轴承止推垫圈变化和损坏的特征,各种损坏形式用照片说明,给出了最常见的失效原因。

滑动轴承 止推垫圈
失效损坏术语、外观特征及原因

1 范围

本标准规定了滑动轴承止推垫圈失效损坏的术语、定义和外观特征及原因。

本标准适用于滑动轴承止推垫圈的失效分析。

2 规范性引用文件

下列文件对于本文件的使用是必不可少的。凡是注日期的引用文件,仅注日期的版本适用于本文件。凡是不注日期的引用文件,其最新版本(包括所有的修改单)适用于本文件。

GB/T 2889.1 滑动轴承 术语、定义和分类 第1部分:设计、轴承材料及其性能

ISO 4378-2 滑动轴承 术语、定义和分类 第2部分:摩擦与磨损(Plain bearings—Terms, definitions, classification and symbols—Part 2: Friction and wear)

3 术语和定义

GB/T 2889.1、ISO 4378-2中界定的以及下列术语和定义适用于本文件。

3.1

止推垫圈 thrust washer

起止推、定位作用的垫圈。

3.2

止推垫圈失效 failure of thrust washer

止推垫圈已失去规定的止推、定位作用。

3.3

疲劳剥落 fatigue spalling

因疲劳应力超过许用应力而导致的合金材料脱离。

3.4

合金脱落 loss of bond between the lining and the steel backing

由于合金层与钢垫层局部结合不良而导致的合金材料脱离。

3.5

磨损 wear

止推垫圈工作表面合金材料被轴的止推面或止推环面磨掉的过程和结果。

3.6

正常磨损 normal wear

止推垫圈失效前,工作表面的微磨损过程及结果。

3.7

适应性磨损 adaptive wear

初期磨合阶段,止推垫圈工作表面发生的顺应性适应变化的微磨损。

3.8

偏磨　localized wear

止推垫圈工作表面局部区域磨损。

3.9

严重磨损　excessive wear

止推垫圈工作表面较大面积、较严重程度的磨损，接近失效或已失效。

3.10

划伤　polishing；scoring

止推垫圈工作表面被硬质颗粒或硬凸体拉、划表面损伤。

3.11

材料迁移　transfer of material

止推垫圈工作表面材料沿运动方向移动形成的微舌状凸起。

3.12

黏着　seizure

因温度高，合金材料过热软化迁移，甚至止推垫圈变形，挠曲。

3.13

腐蚀　corrosion

由于化学作用止推垫圈表面合金材料无规则，较大面积微凹陷脱落。

3.14

杂质污染　contamination

外来污染物或磨粒、杂质嵌入止推垫圈工作表面内。

3.15

碰伤　collision damage

安装前或安装过程中止推垫圈工作表面被硬物撞击损伤。

4　失效外观特征及原因

4.1　概述

止推垫圈的损坏外观特征及其原因是多方面的，通常应从设计、制造、安装、使用几个方面逐一综合分析，可能是单一原因，也可能是几方面原因的结果。损坏程度不同，损坏表面的外观变化也不同。损坏程度和外观特征相互之间是有联系的。

4.2　疲劳剥落

4.2.1　外观

疲劳剥落失效外观表现为合金层剥落，留下与基体相连的薄而不规则的合金残余物。典型疲劳剥落失效图片见图1。

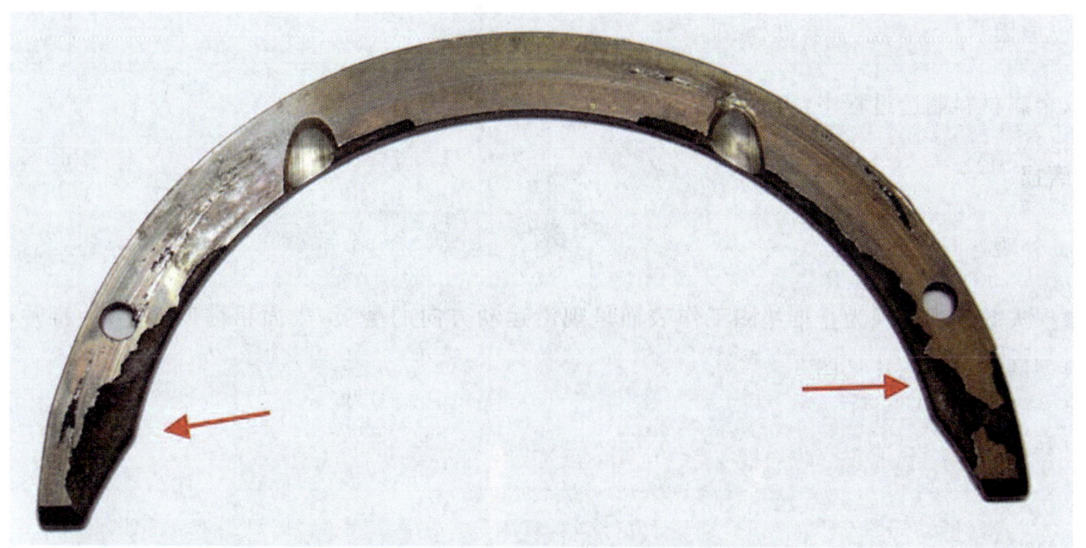

材料:钢/铜铅合金,止推垫圈表面合金局部剥落

图1 典型疲劳剥落失效图片

4.2.2 原因

制造、安装、使用不当,导致止推垫圈表面局部比压值超过合金材料的许用比压值。

4.3 合金脱落

4.3.1 外观

合金脱落失效外观表现为合金脱落部位边界清晰,而且底部呈现出钢层表面。典型合金脱落失效图片见图2。

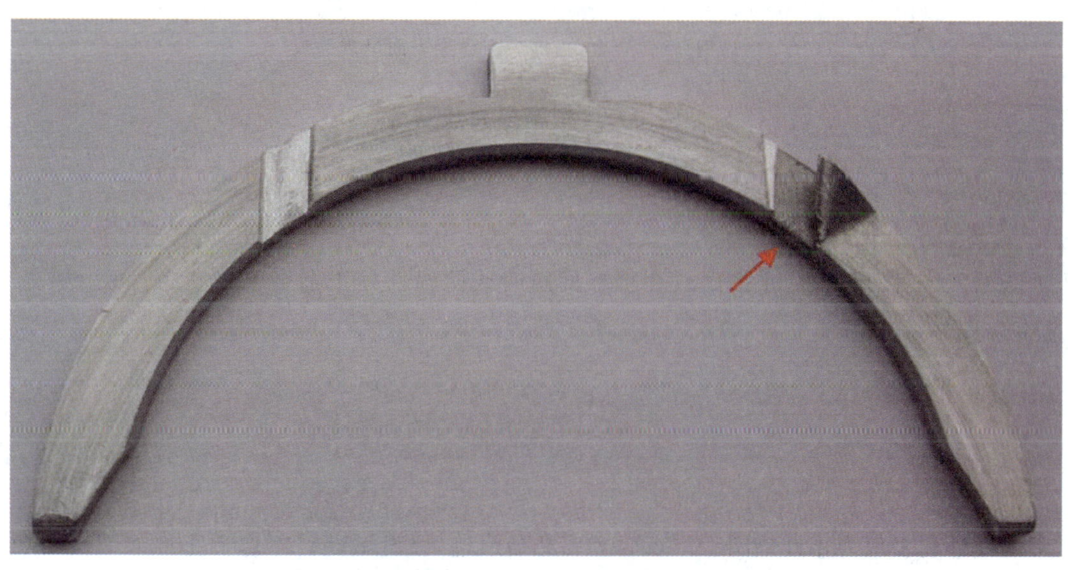

材料:钢/铝锡合金,止推垫圈油槽边缘合金分离

图2 典型合金脱落失效图片

4.3.2 原因

双金属材料制造过程中,由于工艺不良导致结合强度不符合要求。

4.4 磨损

4.4.1 外观

磨损失效外观表现为止推垫圈工作表面呈现沿运动方向的磨痕,表面粗糙度变化,止推片厚度变薄。典型磨损失效图片见图 3。

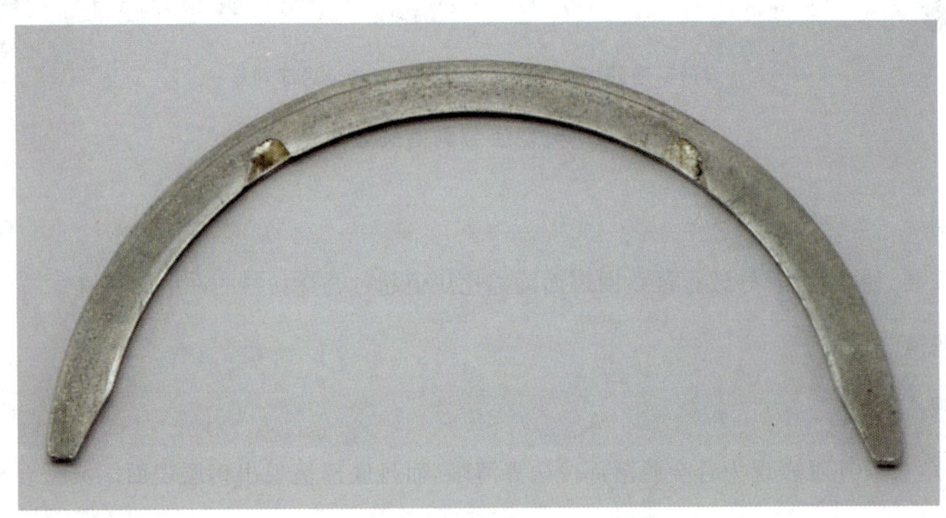

材料:钢/铝锡合金,止推垫圈合金表面呈现磨痕

图 3 典型磨损失效图片

4.4.2 原因

止推垫圈工作表面与轴的止推面或止推环面瞬时或阶段性处于混合摩擦状态,润滑失效,油膜破裂,或油中含有杂质颗粒。

4.5 正常磨损

4.5.1 外观

正常磨损外观表现为止推垫圈工作表面呈现磨损痕迹,厚度减薄。不影响止推垫圈使用功能。典型正常磨损图片见图 4。

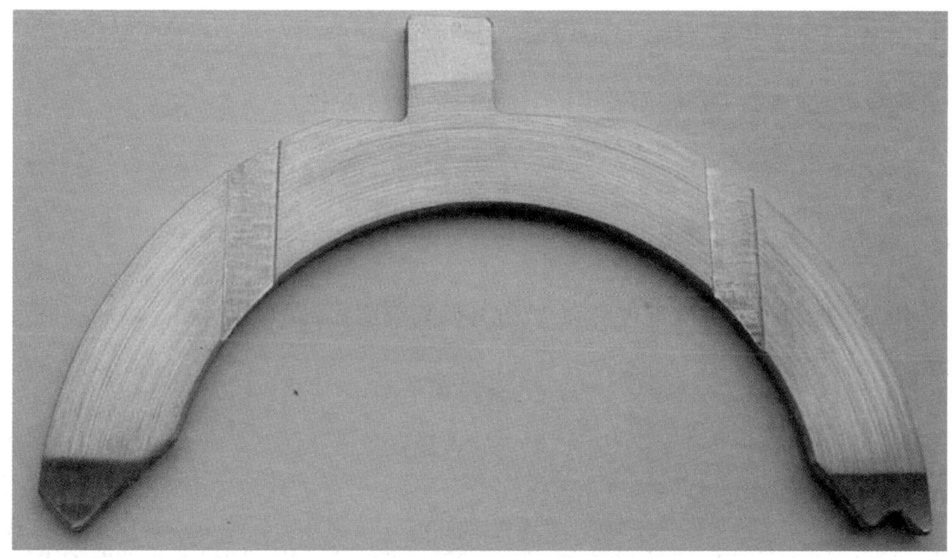

材料：钢/铝锡合金，止推垫圈止推面呈现微磨损痕迹

图 4　典型正常磨损图片

4.5.2　原因

工作中轴的止推面由于轴向微移动而与止推垫圈工作表面产生瞬时轻微接触。

4.6　适应性磨损

4.6.1　外观

适应性磨损外观表现为在止推垫圈合金表面呈现光反射磨痕，厚度减薄几乎不可察觉。典型适应性磨损图片见图 5。

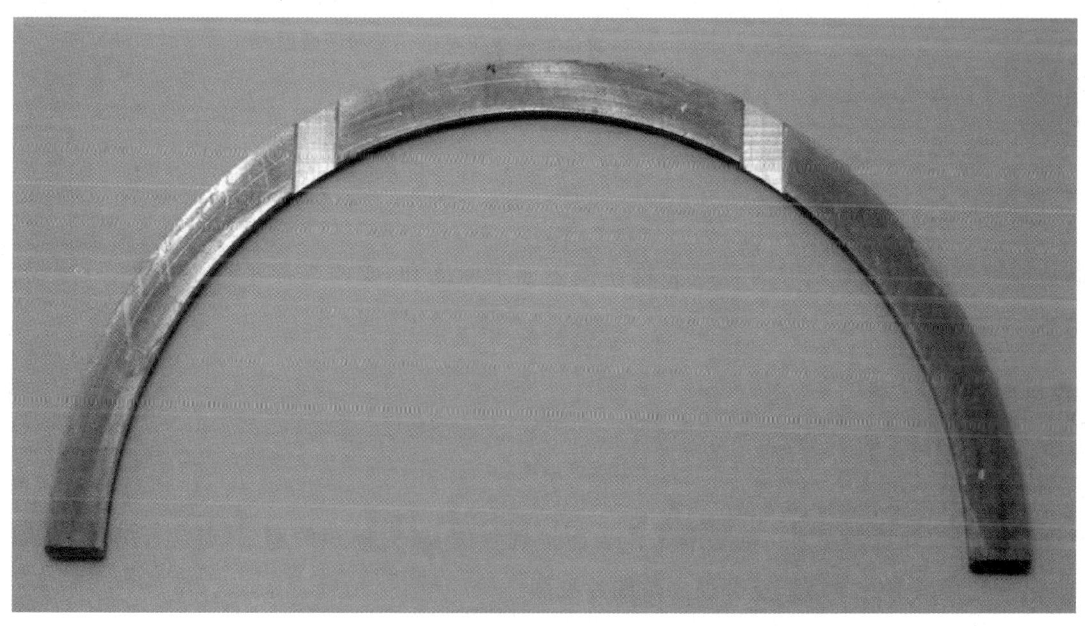

材料：钢/铝锡合金，止推垫圈止推面呈现抛光现象

图 5　典型适应性磨损图片

4.6.2 原因

初期磨合阶段，止推垫圈工作表面发生的顺应性、适应性变化。

4.7 偏磨

4.7.1 外观

磨损失效外观表现为止推垫圈近内圆和/或近外圆局部磨损，以及近两端处局部磨损。典型偏磨失效图片见图6。

材料：钢/铝锡合金，止推垫圈一端定位孔处局部磨损

图6 典型偏磨失效图片

4.7.2 原因

制造或安装使用中，轴的止推面或止推垫圈表面平面度和/或两表面平行度超差，形成局部接触偏磨。

4.8 严重磨损

4.8.1 外观

严重磨损失效外观表现为止推垫圈工作表面呈现较深、较大面积的磨痕，甚至呈现犁沟状凹凸不平，止推垫圈明显减薄。典型严重磨损失效图片见图7。

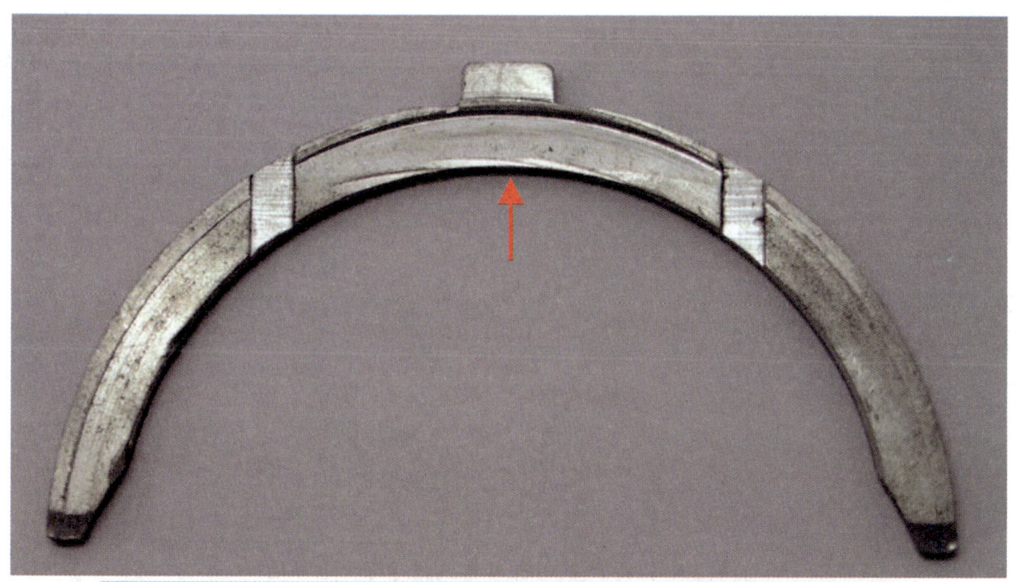

材料：钢/铝锡合金，止推垫圈表面合金严重磨痕厚度变薄，甚至出现台阶或脱落

图 7 典型严重磨损失效图片

4.8.2 原因

止推垫圈工作表面承受异常载荷或润滑油严重污染劣化或润滑不良等因素，导致轴的止推面与止推垫圈工作面之间经常处于混合摩擦状态。

4.9 材料迁移

4.9.1 外观

材料迁移失效外观表现为止推垫圈表面合金沿运动方向有舌状凸起移动。典型材料迁移失效图片见图 8。

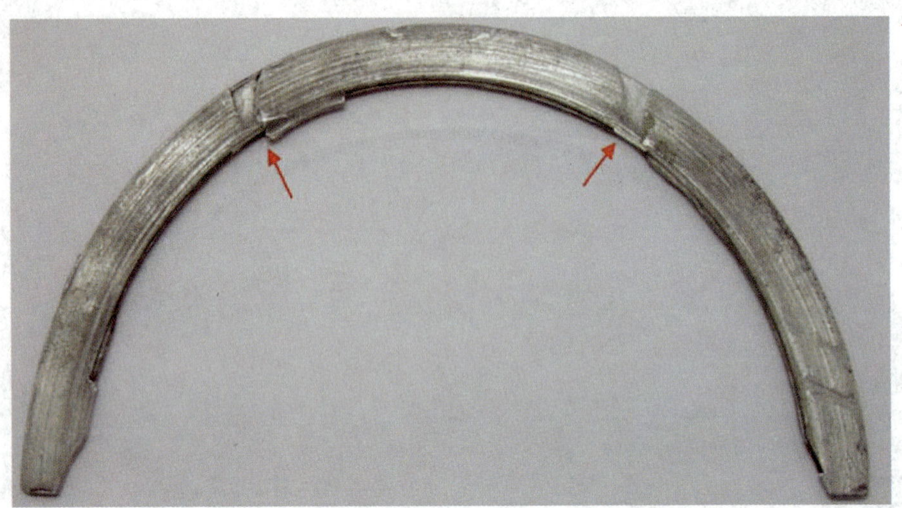

材料:钢/铝锡合金,止推垫圈油槽边缘合金移动

图8 典型材料迁移失效图片

4.9.2 原因

各种原因引起的严重磨损或工作温度过高,导致止推垫圈局部过热,表面合金软化,甚至熔融,致使止推垫圈合金材料被轴的止推面带动迁移。

4.10 划伤

4.10.1 外观

划伤失效外观表现为止推垫圈表面沿运动方向呈现被硬质颗粒拉划的犁沟条状划痕。典型划伤失效图片见图9。

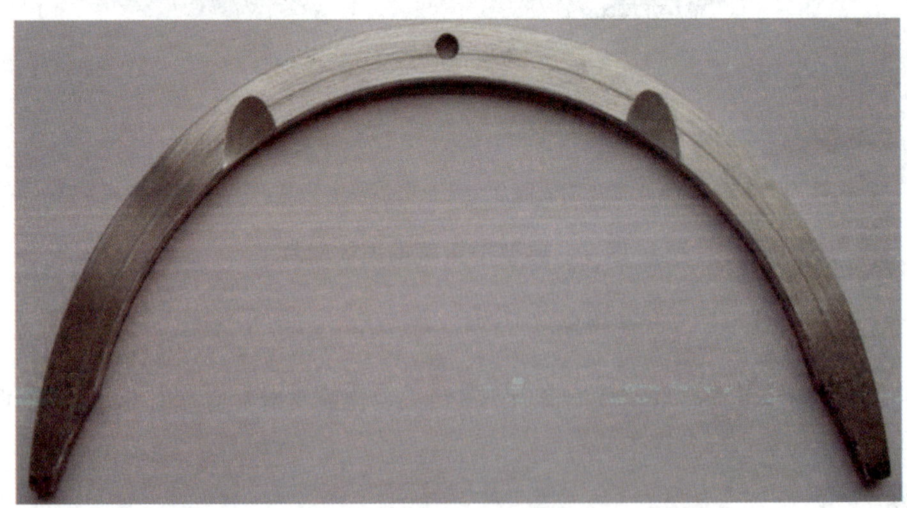

材料:钢/铝锡合金,止推垫圈止推面呈现圆周方向划痕

图9 典型划伤图片

4.10.2 原因

润滑剂中存在硬质颗粒和/或轴的止推面表面粗糙或存在凸起，发生三体或二体机械磨损。

4.11 黏着

4.11.1 外观

黏着失效外观表现为止推垫圈合金表面已软化，材料迁移，表面异常粗糙，严重时止推垫圈已变形、挠曲。典型黏着失效图片见图10。

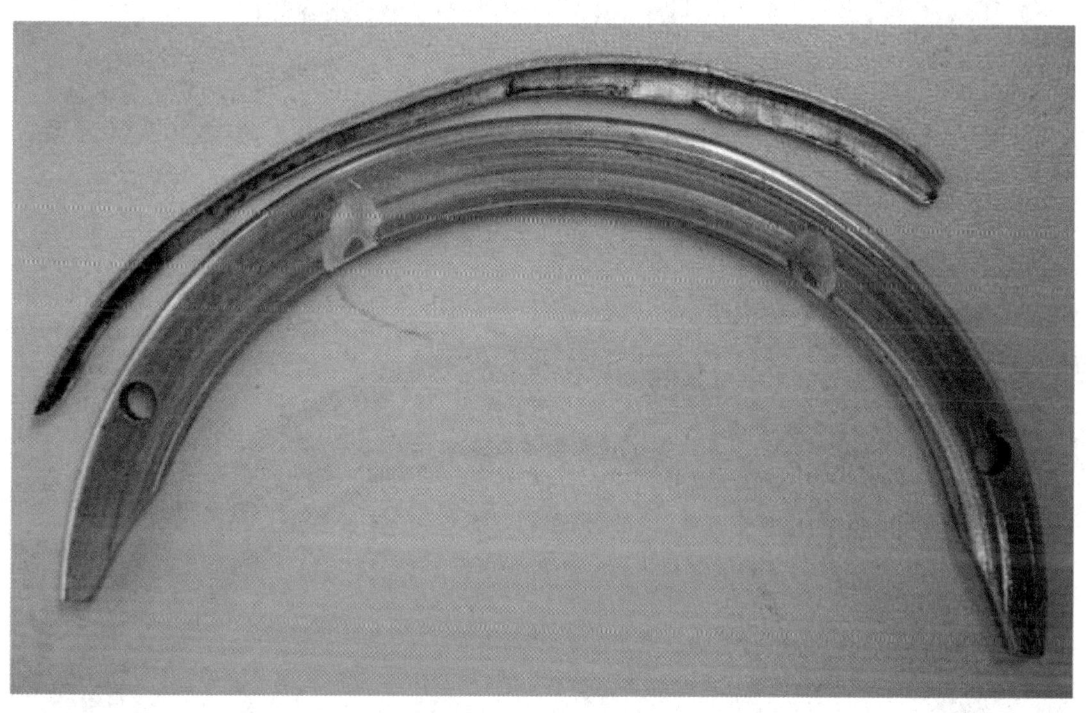

材料：钢/铝锡合金

a）止推垫圈中部合金已严重磨损，呈现脱落

图10 典型黏着失效图片

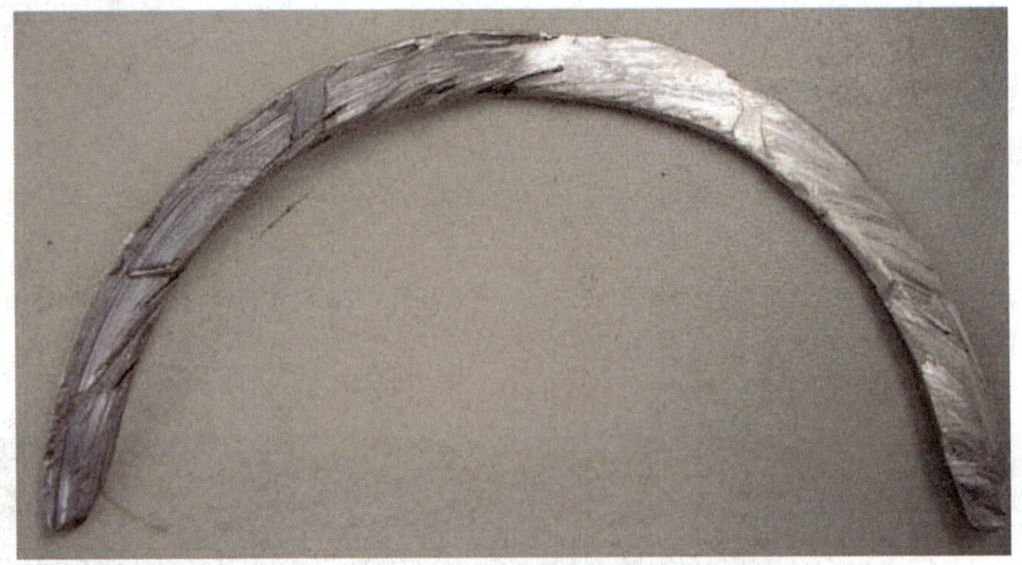

材料:钢/铝锡合金

b) 止推垫圈部分合金已严重磨损,有少许脱落

材料:钢/铜铅合金

c) 止推垫圈严重磨损,导致扭曲

图 10(续)

4.11.2 原因

轴的止推面和止推垫圈工作面发生大面积直接接触,导致合金过热软化咬粘,各种损坏发展至最终结果。

4.12 腐蚀

4.12.1 外观

腐蚀失效外观表现为合金表面呈现较大区域的麻点或粗糙面。典型腐蚀失效图片见图11。

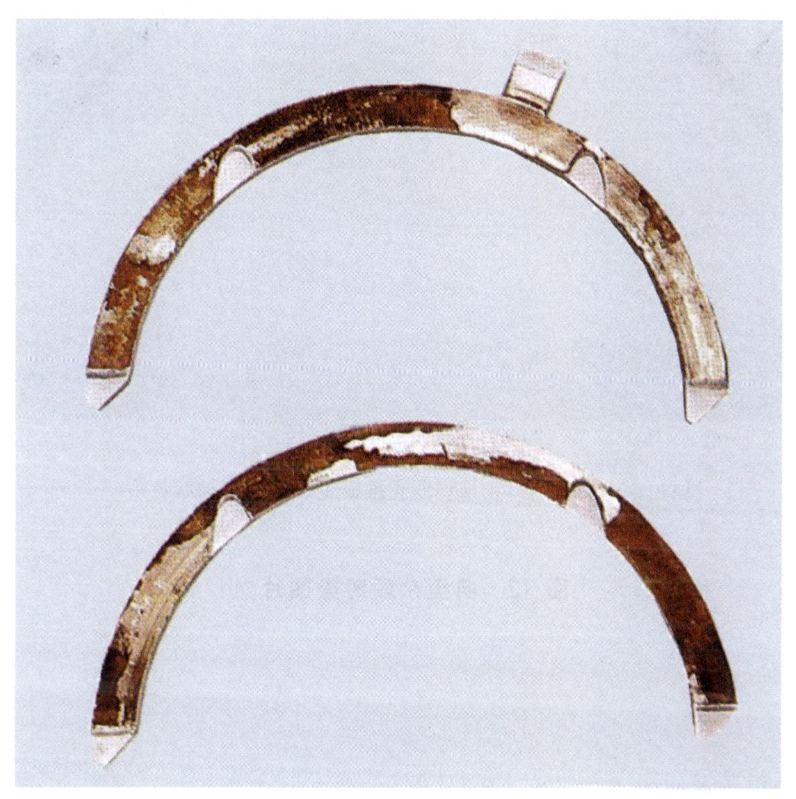

材料：钢/铜铅合金，止推垫圈表面呈现腐蚀痕迹

图 11 典型腐蚀失效图片

4.12.2 原因

润滑剂中的腐蚀性元素与止推垫圈合金中个别元素成分间发生摩擦化学作用。

4.13 杂质污染

4.13.1 外观

杂质污染失效外观表现为止推垫圈合金表面有杂质嵌入，嵌入部位周边光亮。典型杂质污染失效图片见图12。

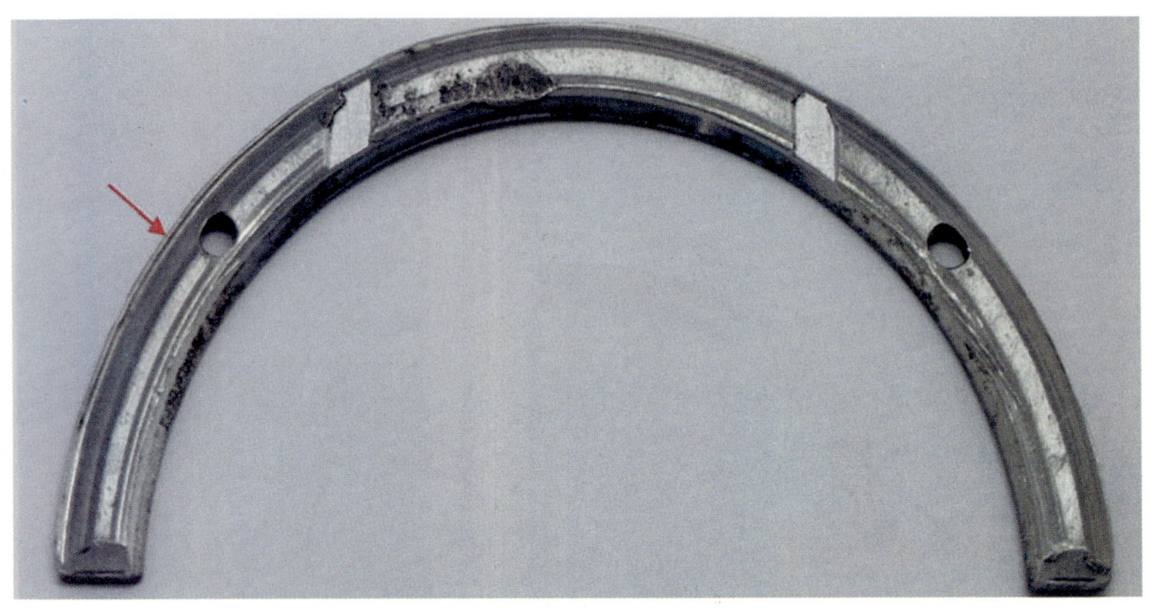

材料:钢/铝锡合金,止推垫圈止推面呈现周向犁沟状拉痕

图 12 典型杂质污染图片

4.13.2 原因

润滑剂中存在磨粒及杂质。

4.14 碰伤

4.14.1 外观

碰伤外观表现为安装前止推垫圈外表面已形成伤痕。典型碰伤图片见图 13。

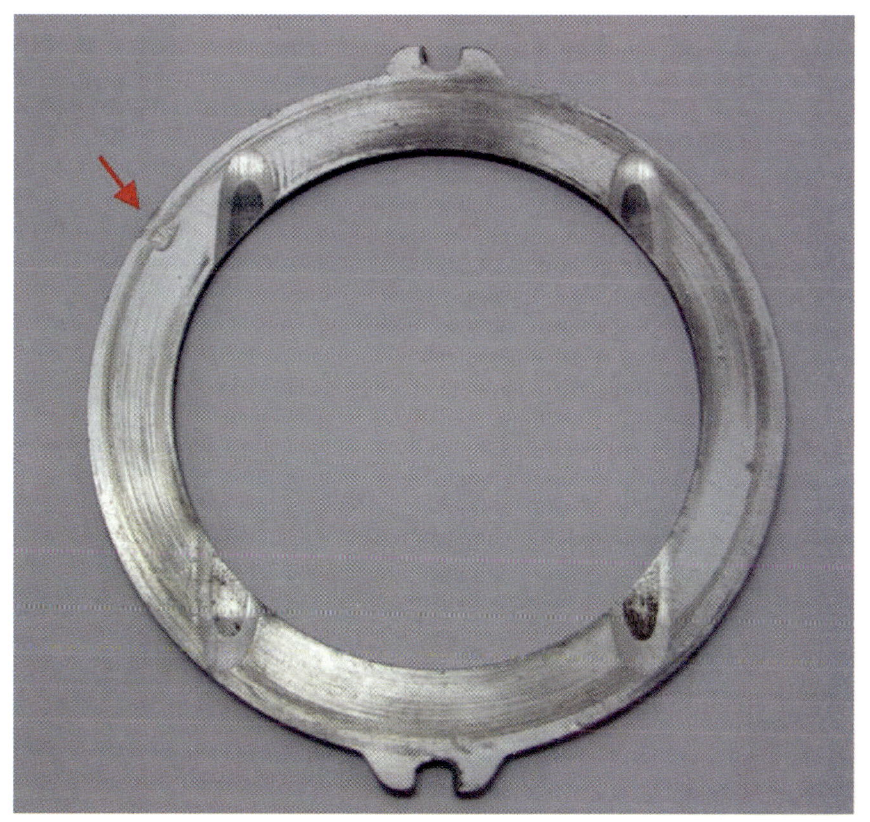

材料:钢/铝锡合金,止推垫圈外表面呈现被硬物碰撞痕迹

图 13 典型碰伤图片

4.14.2 原因

物流或装配操作不慎,硬物碰撞止推垫圈外表面所致。

ICS 21.100.10
J 12

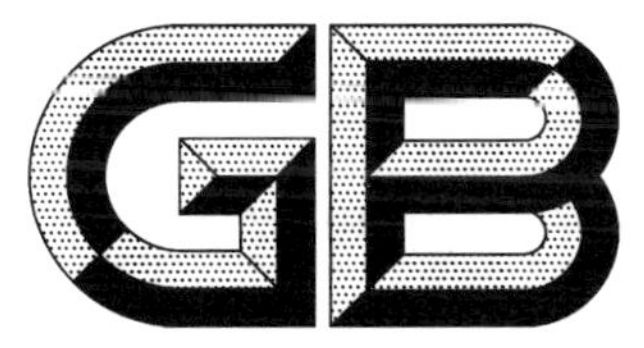

中华人民共和国国家标准

GB/T 27939—2011/ISO 12301:2007

滑动轴承　几何和材料质量特性的质量控制技术和检验

Plain bearings—Quality control techniques and inspection of geometrical and material quality characteristics

(ISO 12301:2007,IDT)

2011-12-30 发布　　　　2012-10-01 实施

中华人民共和国国家质量监督检验检疫总局
中国国家标准化管理委员会　发布

前　　言

本标准按照 GB/T 1.1—2009 给出的规则起草。

本标准使用翻译法等同采用国际标准 ISO 12301:2007《滑动轴承　几何和材料质量特性的质量控制技术和检验》。

与本标准中规范性引用的国际文件有一致性对应关系的我国文件见附录 NA。

与 ISO 12301:2007 相比，本标准作了如下编辑性修改：

——将国际标准正文中规范性引用的，但未列入规范性引用文件的标准(ISO 2178、ISO 3543)列入本标准规范性引用文件中；

——增加附录 NA"与规范性引用的国际文件有一致性对应关系的我国文件"。

本标准由中国机械工业联合会提出。

本标准由全国滑动轴承标准化技术委员会(SAC/TC 236)归口。

本标准负责起草单位：中机生产力促进中心。

本标准参加起草单位：浙江显峰汽车配件有限公司、成都圣三强铁路配件有限公司、临安东方滑动轴承有限公司。

滑动轴承　几何和材料质量特性的质量控制技术和检验

1　范围

本标准规定了下列几种滑动轴承的几何和材料质量特性的质量控制技术和检验：

——符合 ISO 3548 中规定的金属薄壁有法兰及无法兰轴瓦；

——分半制造并且需要互换的总厚度与外径之比 $s_3 : D_o > 0.11$ 的有法兰及无法兰金属厚壁轴瓦；

——符合 ISO 3547 系列标准中规定的卷制轴套；

——由单层或多层材料制造的、外径 D_o 不大于 230 mm 的有法兰及无法兰整体金属轴套；

——内径 $D_i \leqslant 200$ mm 的有法兰及无法兰整体热塑性塑料轴套；

——符合 ISO 6525 及 ISO 6526 中规定的整圆及半圆止推垫圈；

——符合 ISO 2795 的烧结轴套。

2　规范性引用文件

下列文件对于本文件的使用是必不可少的。凡是注日期的引用文件，仅注日期的版本适用于本文件。凡是不注日期的引用文件，其最新版本(包括所有的修改单)适用于本文件。

ISO 2178　磁性基体上非磁性覆盖层　覆盖层厚度测量　磁性法(Non-Magnetic coatings on magnetic substrates—Measurement of coating thickness—Magnetic method)

ISO 2795　滑动轴承　烧结轴套的尺寸和公差(Plain bearings—Sintered bushes—Dimensions and tolerances)

ISO 3274　产品几何技术规范(GPS)　表面结构　轮廓法　接触(触针)式仪器的标称特性(Geometrical Product Specifications (GPS)—Surface texture:Profile method—Nominal characteristics of contace (stylus) instruments)

ISO 3543　金属与非金属覆盖层　覆盖层厚度测量　β射线背散射法(Metallic and non-metallic coatings—Measurement of thickness—Beta backscatter method)

ISO 3547-1　滑动轴承　卷制轴套　第1部分:尺寸(Plain bearings—Wrapped bushes—Part 1: Dimensions)

ISO 3547-2　滑动轴承　卷制轴套　第2部分:外径和内径的检测数据(Plain bearings—Wrapped bushes—Part 2:Test data for outside and inside diameters)

ISO 3547-3　滑动轴承　卷制轴套　第3部分:润滑油孔、油槽和油穴(Plain bearings—Wrapped bushes—Part 3:Lubrication holes,grooves and indentations)

ISO 3547-4　滑动轴承　卷制轴套　第4部分:材料(Plain bearings—Wrapped bushes—Part 4: Materials)

ISO 3547-5　滑动轴承　卷制轴套　第5部分:外径检验(Plain bearings—Wrapped bushes—Part 5: Checking the outside diameter)

ISO 3547-6　滑动轴承　卷制轴套　第6部分:内径检验(Plain bearings—Wrapped bushes—Part 6: Checking the inside diameter)

ISO 3547-7　滑动轴承　卷制轴套　第7部分:薄壁轴套壁厚测量(Plain Bearings—Wrapped

bushes—Part 7:Measurement of wall thickness of thin-walled bushes)

ISO 3548 滑动轴承 有法兰或无法兰薄壁轴瓦 公差、结构要素和检验方法(Plain bearings—Thin-walled half bearings with or without flange—Tolerances, design features and methods of test)

ISO 4287 产品几何技术规范(GPS) 表面结构 轮廓法 术语、定义及表面结构参数(Geometrical Product Specifications (GPS)—Surface texture: Profile method—Terms, definitions and surface texture parameters)

ISO 4288 产品几何技术规范(GPS) 表面结构 轮廓法 评定表面结构的规则和方法(Geometrical Product Specifications (GPS)—Surface texture: Profile method—Rules and procedures for the assessment of surface texture)

ISO 4378-1 滑动轴承 术语、定义、分类及标志 第1部分:设计、轴瓦材料及其性能(Plain bearings—Terms, definitions, classification and symbols—Part 1: Design, bearing materials and their properties)

ISO 4384-1 滑动轴承 轴承合金的硬度检测 第1部分:多层材料(Plain bearings—Hardness testing of bearing metals—Part 1: Compound materials)

ISO 4384-2 滑动轴承 轴承合金的硬度检测 第2部分:单层材料(Plain bearings—Hardness testing of bearing metals—Part 2: Solid materials)

ISO 4386-1 滑动轴承 金属多层滑动轴承 第1部分:结合强度的超声波无损检验(Plain bearings—Metallic multilayer plain bearings—Part 1: Non-destructive ultrasonic testing of bond)

ISO 4386-2 滑动轴承 金属多层滑动轴承 第2部分:厚度大于或等于2 mm的轴承金属层的结合强度破坏性试验(Plain bearings—Metallic multilayer plain bearings—Part 2: Destructive testing of bond for bearing metal layer thicknesses greater than or equal to 2 mm)

ISO 4386-3 滑动轴承 金属多层滑动轴承 第3部分:渗透无损检测(Plain bearings—Metallic multilayer plain bearings—Part 3: Non-destructive penetrant testing)

ISO 6524:1992 滑动轴承 薄壁轴瓦 半圆周长检验(Plain bearings—Thin-walled half bearings—Checking of peripheral length)

ISO 6525 滑动轴承 双金属带材制造的整圆止推垫圈 尺寸和公差(Plain bearings—Ring type thrust washers made from strip—Dimensions and tolerances)

ISO 6526 滑动轴承 半圆止推垫圈 要素和公差(Plain bearings—Pressed bimetallic half thrust washers—Features and tolerances)

ISO 6691 滑动轴承用热塑性聚合物 分类和标记(Thermoplastic polymers for plain bearings—Classification and designation)

3 术语和定义

ISO 4378-1 中界定的以及下列术语和定义适用于本文件。

3.1

滑动轴承质量 quality of plain bearings

滑动轴承满足给定的装配要求的状态。

注:这些要求一般是根据预期的用途而给定的。

3.2

质量控制技术 quality control techniques

用以评价滑动轴承质量的方法、装置和工艺。

3.3

质量特性　quality characteristic

用以评价滑动轴承质量的特征。

3.4

检验　inspection

采用适当的装置对滑动轴承的一项或多项质量特性进行检测。

3.5

测量不确定度　uncertainty of measurement

与测量结果相关的一个参数，用以描述被测物理量测量值的离散度。

[指南 99]

注：测量不确定度 u 应使用统计方法，如重复性和再现性研究法来估算或者用公式(1)进行估算：

$$u=\pm t\cdot\sigma \tag{1}$$

式中：

t——符合学生分布-t 分布的随机变量。$t=2$，相当于测量值的随机误差不超出极限误差的概率为 $P=95\%$，超出该极限误差的概率为 $(1-P)=0.05$ 或 5%。

σ——标准偏差。

注 1：测量不确定度通常为规定公差的 $\pm10\%$。

3.6

测量点　measurement points

为了简化检验协议而协商确立的测量点。

注：测量点的确立不排除轴瓦其他区域符合尺寸规格的必要性。

3.7

测量线　measurement lines

为了简化检验协议而协商确立的测量线。

注：测量线的确立不排除轴瓦其他区域符合尺寸规格的必要性。

3.8

公差　tolerance

在规定的上、下极限之间容许的测量值范围。

4　符号及单位

本标准所规定的符号和单位如表 1 所示。

表 1

符号	参数说明	单位	符号	参数说明	单位
a	测量高出度(紧余量)	mm	B_{Δ}	对口面错移	mm
Δa	高出度测量值增量	mm	d_{ch}	检验模孔直径	mm
a_{ch}	测量线间距	mm	D_{H}	轴承座孔直径	mm
a_{E}	量规面间距	mm	D_{fl}	法兰直径	mm
a_{fl}	法兰间距	mm	D_{fs}	自由状态下在对口平面处测得的直径，即自由弹张直径	mm
A_{eff}	有效截面积	mm^2	h_{ch}	法兰厚度测量半径	mm
B	宽度	mm	h_{Δ}	对口面平行度	mm

表 1（续）

符号	参数说明	单位	符号	参数说明	单位
H	高度	mm	D_o	外径	mm
M	测量线	—	ν	周长检验时的弹性压缩量	mm
s_1	钢背厚度	mm	F_{ch}	检验载荷	N
s_2	衬层厚度	mm	F_{pin}	测头的测量力	N
$s_{2,red}$	衬层等效厚度	mm	F_{tan}	轴承装配切向载荷	N
s_{fl}	法兰厚度	mm	y	平面度量规间隙	mm
s_3	总厚度	mm	ε_{max}	最大径向压缩量	mm
T	公差	mm	ε_{min}	最小径向压缩量	mm
t	随机变量	—	σ_{tan}	切向应力	N/mm^2
x_1、x_2、……、x_i	单个测量值	mm	σ	标准偏差	—
D_i	内径	mm	Φ	当量弹性模量	N/mm^2

5 质量特性说明

为了便于本标准的应用，表 2 给出了质量特性解释的汇总作为指南，其中说明了与对应轴承相关的质量特性。

质量特性在表 2 中的排列顺序并不决定其重要程度。制造者与用户应从保证产品质量的可靠性和寿命的观点出发，对需要优先考虑的质量特性进行协商。

表 2

有关条/款序号	质量特性	轴承类别						
		薄壁轴瓦	厚壁轴瓦	卷制轴套	整体金属轴套	整体塑料轴套	烧结轴套	止推垫圈（整圆及半圆）
6	几何质量特性							
6.1	壁厚 s_3							
6.1.1	线测量	+	+	+	+	+	—	—
6.1.2	点测量	+	+	+	+	+	+	+
6.2	外径 D_o	—	+	+	+	+	+	+
6.3	内径 D_i	—	+	+	+	+	+	+
6.4	宽度 B	+	+	+	+	+	+	—
6.5	定位要素	+	+	+	+	+	—	+
6.6	润滑油供给及分布要素	+	+	+	+	+	—	+
6.7	表面质量	+	+	+	+	+	—	+

表 2（续）

有关条/款序号	质量特性	轴承类别						
		薄壁轴瓦	厚壁轴瓦	卷制轴套	整体金属轴套	整体塑料轴套	烧结轴套	止推垫圈（整圆及半圆）
6.8	测量高出度 a	+	—	—	—	—	—	—
6.9	自由弹张量 D_{fs}	+	+	—	—	—	—	—
6.10	滑动表面直线度	+	—	—	—	—	—	—
6.11	对口面平行度 h_{Δ}	+	—	—	—	—	—	—
6.12	瓦背贴合度	+	—	—	—	—	—	—
6.13	对口面错移 B_{Δ}	—	+	—	—	—	—	—
6.14	半圆止推垫圈高度 H	—	—	—	—	—	(+)	+
6.15	平面度	—	—	—	—	—	(+)	+
6.16	法兰直径 D_{fl}	+	+	+	+	+	+	—
6.17	法兰间距 a_{fl}	+	+	+	+	+	—	—
6.18	法兰厚度 s_{fl}	+	+	+	+	+	+	—
6.19	法兰端面垂直度	+	+	+	+	+	(+)	—
6.20	形位公差							
6.20.1	圆柱度	—	(+)	—	+	—	(+)	—
6.20.2	止推面圆跳动	—	(+)	—	+	+	(+)	—
6.20.3	同轴度和同心度	—	+	—	+	+	+	—
7	材料质量特性							
7.1	金属单层材料							
7.1.1	硬度	—	+	—	+	—	—	—
7.1.2	材料成分	—	+	—	+		—	—
7.1.3	材料结构	—	+	—	+	—	—	—
7.2	金属多层材料							
7.2.1	镀覆层特性	+	+	+	—	—	—	+
7.2.2	衬层特性	+	+	+	—	—	—	+
7.2.3	背层特性	+	+	+	—	—	—	+
7.2.4	相邻层结合强度	+	+	+	—	—	—	+
7.3	塑料层材料							
7.3.1	镀覆层特性	—	—	+	—	—	—	(+)
7.3.2	衬层特性	—	—	+	—	—	—	(+)
7.3.3	背层特性	—	—	+	—	—	—	(+)
7.3.4	相邻层结合强度	—	—	+	—	—	—	(+)

表 2（续）

有关条/款序号	质量特性	轴承类别						
		薄壁轴瓦	厚壁轴瓦	卷制轴套	整体金属轴套	整体塑料轴套	烧结轴套	止推垫圈（整圆及半圆）
7.4	单层聚合物材料							
7.4.1	材料成分	—	—	—	—	+	—	—
7.4.2	材料结构	—	—	—	—	+	—	—
7.5	烧结材料							
7.5.1	材料成分	—	—	—	—	—	+	—
7.5.2	材料结构	—	—	—	—	—	+	—

注：符号代表的含义：
"＋"指该项特性对所对应的轴承类型完全适用。
"(＋)"指该项特性对所对应的轴承类型不完全适用。
"－"指该项特性同所对应的轴承无关。

6 几何质量特性

为了评价滑动轴承质量，在本章中对重要的尺寸质量特性作了规定。

除非另有注明，表和图中的尺寸均为毫米。

6.1 壁厚，s_3

见表 3。

表 3

适用范围	被测几何特性定义	检测方法/测量原理	检测器具
金属薄壁轴瓦	见图 1 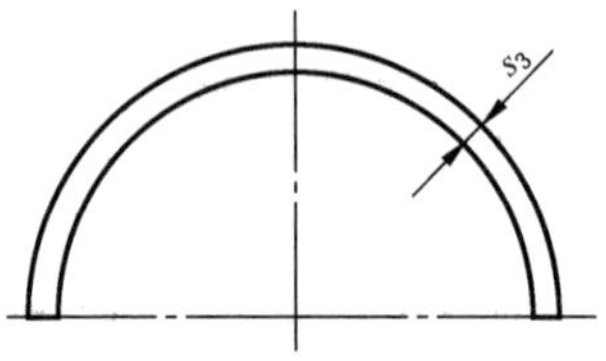 s_3 图 1	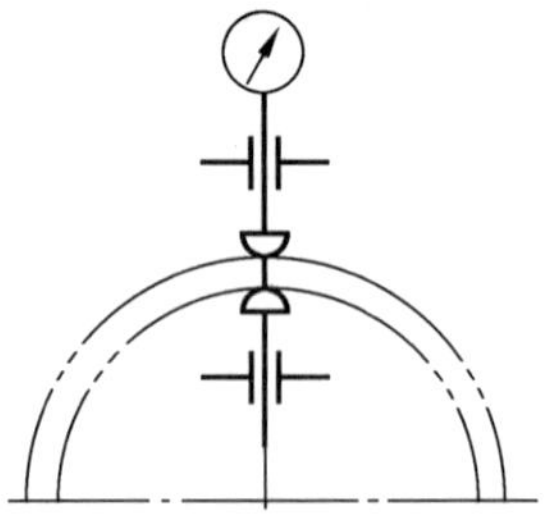 图 2 注：这种方法也适用于测量对口面处内孔削薄量	壁厚测量装置
金属厚壁轴瓦	见图 1	一般使测头球面在瓦背表面上沿半径方向测量	壁厚测量装置

表 3（续）

适用范围	被测几何特性定义	检测方法/测量原理	检测器具
卷制轴套	见图 3 及 ISO 3547-7 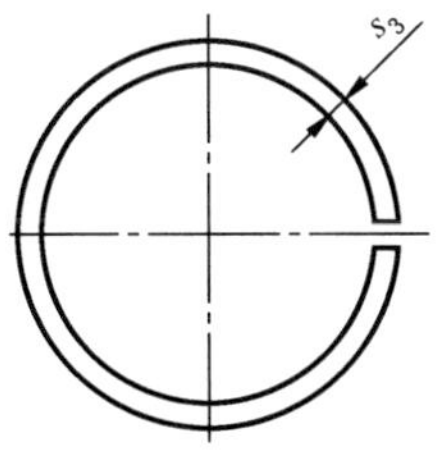 图 3	按 ISO 3547-7 中的规定测量。 在制造过程中可能引起卷制轴套的背面有局部的轻微凹陷，因此壁厚测量应避开这些凹陷，在承载部位测量（见 ISO 3547-7）。当 $D_i<8$ 或 $D_i>150$ 时，检测方法由制造者与用户协商	壁厚测量装置（见 ISO 3547-7）
整体金属轴套	见图 4 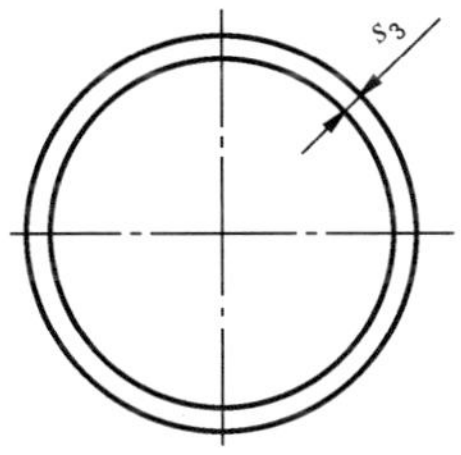 图 4	类似于图 2	壁厚测量装置
热塑性塑料轴套	见图 4	类似于图 2。 使测头球面在瓦背表面上沿半径方向测量	壁厚测量装置
烧结轴套	见图 4	类似于图 2	壁厚测量装置
止推垫圈	两端面之间的轴向距离（见图 5） 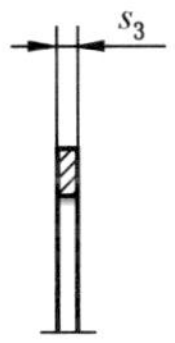 图 5	采用球面测头在平行于轴线的方向进行测量（见图 6） 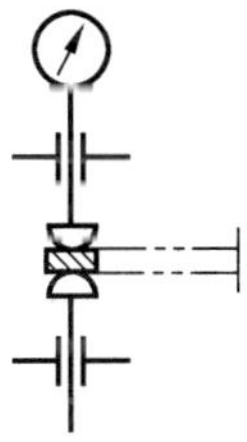 图 6	壁厚测量装置

6.1.1 线测量（壁厚）

见表 4。

表 4

<table>
<tr><th>适用范围</th><th>被测几何特性
定义</th><th>检测方法/
测量原理</th><th>检测器具</th></tr>
<tr>
<td>金属薄壁轴瓦、卷制轴套、整体金属轴套</td>
<td>见图 7 及 ISO 3547-7。
每条测量位置线间距 a_{ch} 自滑动表面开始的位置规定或者从端面起始，加上倒角宽度。本方法也可用于整体轴套的测量

说明：
1——测量线。
$a_{ch}=1.5$
<table>
<tr><th>宽度</th><th>距测量位置的距离</th><th>测量线条数</th></tr>
<tr><td>B</td><td>a_{ch}</td><td>M</td></tr>
<tr><td>≤15</td><td>$B/2$</td><td>1</td></tr>
<tr><td>>15≤50</td><td>4</td><td>2</td></tr>
<tr><td>>50</td><td>6</td><td>2</td></tr>
</table>
图 7</td>
<td>轴瓦或轴套壁厚在预先确定的 1 条、2 条或 3 条测量线或双方协商确认的测量线上进行连续测量(见图 7)。
如在规定的测量线上有油槽之类设计要素时，可对测量线的位置进行修正</td>
<td>壁厚测量装置</td>
</tr>
<tr>
<td>金属厚壁轴瓦</td>
<td>见图 7。
每条测量位置线间距 a_{ch} 自滑动表面开始的位置规定或者从端面起始，加上倒角宽度</td>
<td>轴瓦壁厚在预先规定或双方协商确认的 2 条测量线上作连续测量(见图 7)
$s_3>25$ 时，测量方法由制造者与用户协商。
如在规定的测量线上有油槽之类设计要素时，可对测量线的位置进行修正</td>
<td>壁厚测量装置；详细规定见下表
<table>
<tr><th>壁厚</th><th>测头的测量力
/N</th><th>测量不确定度</th><th>测头半径</th></tr>
<tr><td>$s_3\leqslant 10$</td><td>$0.8\leqslant F_{pin}\leqslant 1.5$</td><td>±0.001 5</td><td rowspan="2">3±0.2</td></tr>
<tr><td>$10<s_3\leqslant 25$</td><td>$1.5<F_{pin}\leqslant 2.5$</td><td>±0.002</td></tr>
</table>
</td>
</tr>
<tr>
<td>热塑性塑料轴套</td>
<td>见图 7。
每条测量位置线间距 a_{ch} 自滑动表面开始的位置规定或者从端面起始，加上倒角宽度</td>
<td>轴套壁厚在预先确定的 1 条、2 条或 3 条测量线或双方协商确认的测量线上进行连续测量(见图 7)。
如在规定的测量线上有油槽之类设计要素时，可对测量线的位置进行修正</td>
<td>壁厚测量装置；详细规定见下表
<table>
<tr><th>外径
D_o</th><th>测头的测量力
/N</th><th>测头半径</th><th>测量不确定度</th></tr>
<tr><td>$D_o\leqslant 150$</td><td>$0.8\leqslant F_{pin}\leqslant 1.5$</td><td>3±0.2</td><td rowspan="2">±0.005</td></tr>
<tr><td>$150<D_o\leqslant 300$</td><td>$1.5<F_{pin}\leqslant 2.5$</td><td>5±0.2</td></tr>
</table>
</td>
</tr>
</table>

6.1.2 点测量(壁厚)

见表 5。

表 5

<table>
<tr><th>适用范围</th><th>被测几何特性
定义</th><th>检测方法/
测量原理</th><th>检测器具</th></tr>
<tr><td>金属薄壁轴瓦</td><td></td><td>见图 2</td><td></td></tr>
<tr><td>卷制轴套、整体金属轴套</td><td>在规定的测量点上测量的壁厚。见 ISO 3547-7</td><td>根据 ISO 3547-7,如在规定的测量点上有油槽之类设计要素时,可对测量点的位置进行修正。本方法也可用于整体轴套的测量</td><td>壁厚测量装置</td></tr>
<tr><td>金属厚壁轴瓦</td><td>在经制造者与用户协商的测量点上测量的壁厚</td><td>如在规定的测量点上有油槽之类设计要素时,可对测量点的位置进行修正</td><td>外径千分尺</td></tr>
<tr><td>热塑性塑料轴套、烧结轴套</td><td>在规定的测量点上测量的壁厚(见图 8)

<table><tr><th>宽度</th><th>距测量位置的距离</th><th>测量线条数</th></tr><tr><td>B</td><td>a_{ch}</td><td>M</td></tr><tr><td>≤15</td><td>B/2</td><td>1</td></tr><tr><td>>15≤50</td><td>4</td><td>2</td></tr><tr><td>>50</td><td>6</td><td>2</td></tr></table>
图 8</td><td>注:如在规定的测量点上有油槽之类设计要素时,可对测量点的位置进行修正</td><td>壁厚测量装置;
外径千分尺</td></tr>
</table>

表 5（续）

适用范围	被测几何特性 定义	检测方法/ 测量原理	检测器具
止推垫圈	在规定测量线上的测量点（图中所示 P 点）上测量的厚度。测量线距离 a_c 自垫圈内圆量起，如图 9 所示 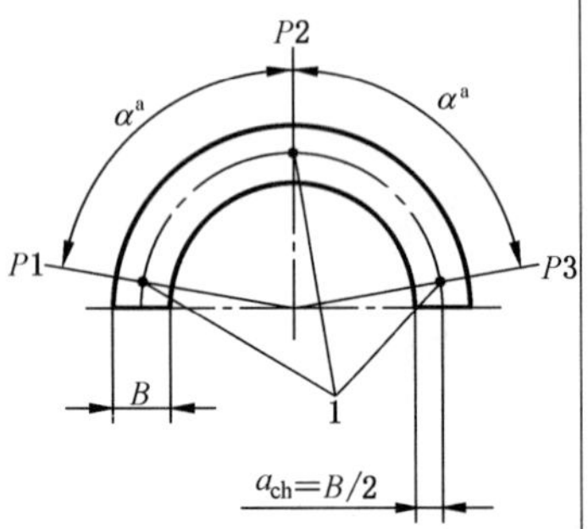 P2 α[a] α[a] P1 P3 B 1 $a_{ch}=B/2$ 说明： 1——测量点。 [a] 对半圆止推垫圈：$\alpha=80°$；对整圆止推垫圈：$\alpha=120°$。 **图 9**	止推垫圈在图 9 所示的测量点上进行测量。 如在规定的测量点上有油槽之类设计要素时，可对测量点的位置进行修正	外径千分尺； 壁厚测量装置，详细要求见下表： <table><tr><td>测头的测量力 F_{pin}/N</td><td>测头半径</td></tr><tr><td>$0.8\leqslant F_{pin}\leqslant1.5$</td><td>$3\pm0.2$</td></tr></table>

6.2 外径，D_o

见表 6。

表 6

单位为毫米

适用范围	被测几何特性 定义	检测方法/ 测量原理	检测器具
金属厚壁轴瓦	厚壁轴瓦外径在自由状态下成对测量并由式（2）决定（见图 10） $D_o=\dfrac{x_3+0.5(x_1+x_2)}{2}$ ……（2） 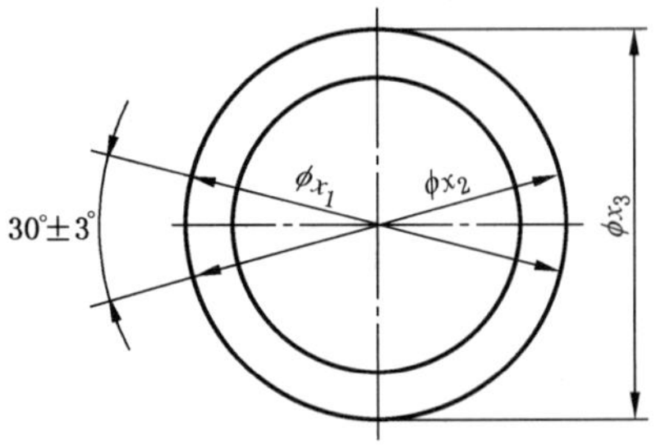 30°±3° ϕx_1 ϕx_2 ϕx_3 **图 10**	在测量装置的两平面之间沿轴瓦径向进行测量（见图 11） 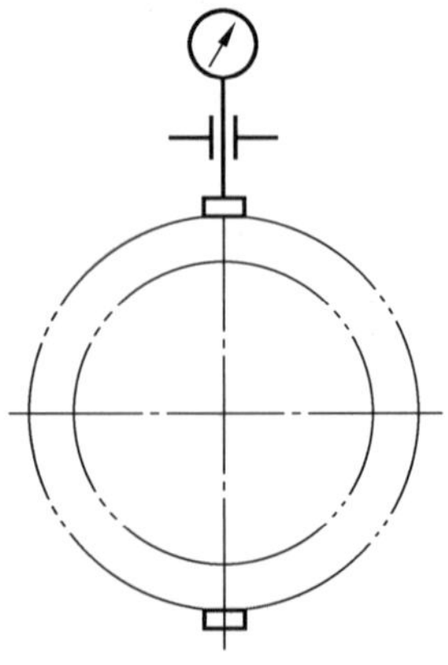 **图 11**	测量装置； 定位装置

表 6（续）

单位为毫米

适用范围	被测几何特性 定义	检测方法/ 测量原理	检测器具
卷制轴套	见 ISO 3547-2 和 ISO 3547-5	根据 ISO 3547-5	根据 ISO 3547-5
整体金属轴套、热塑性塑料轴套、烧结轴套	轴套在自由状态下测量的外径，至少测量两次，取各次测量值的算术平均值（见图 12） 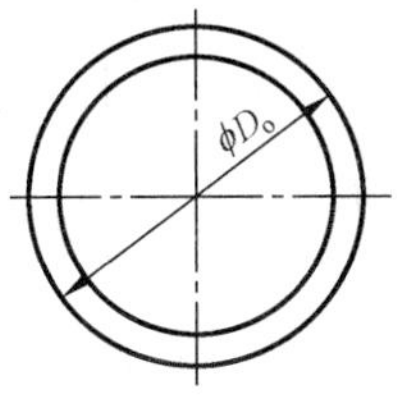 ϕD_o 图 12	在测量装置的两平面之间沿轴瓦径向进行测量（见图 11）。 在壁厚与外径之比属于弹性轴套范围时，外径 D_o 可按照 ISO 3547-5 中关于卷制轴套外径测量所规定的方法 A 进行测量	测量装置： 外径千分尺； 定位装置
止推垫圈	止推垫圈外圆直径，应在自由状态下进行测量（见图 13） 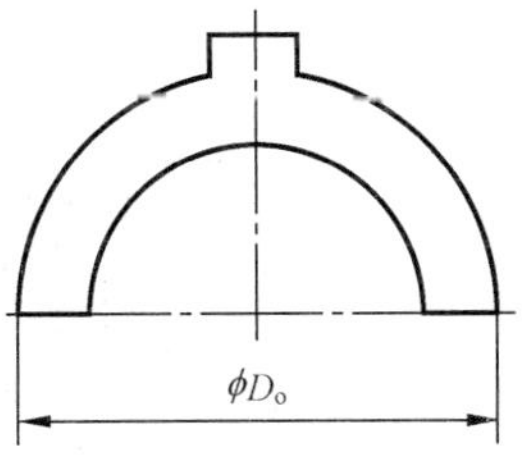 ϕD_o 图 13	在测量装置两平行平面之间沿径向进行测量。 测量方法应把倒角之类设计要素考虑在内	标准检测器具

6.3 内径，D_i

见表 7。

表 7

适用范围	被测几何特性 定义	检测方法/ 测量原理	检测器具
金属厚壁轴瓦	具有圆柱形孔的金属厚壁轴瓦内径，在自由状态下成对测量，并由式（3）确定。见图 14 $D_i = \frac{x_3 + 0.5(x_1 + x_2)}{2}$ ………（3） 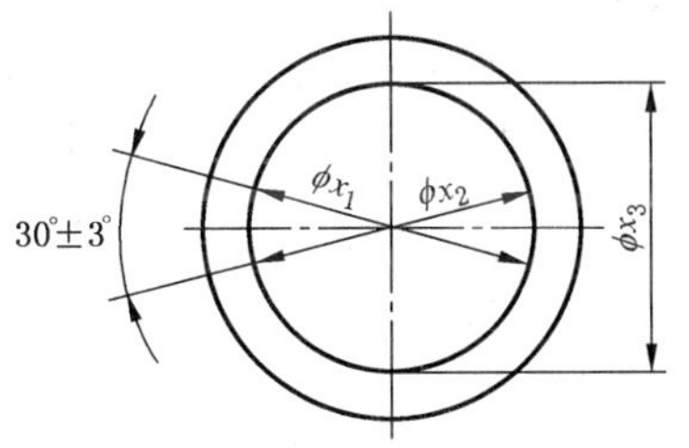 $30° \pm 3°$　ϕx_1　ϕx_2　ϕx_3 图 14	用球面测头在轴瓦径向测量（见图 15）。 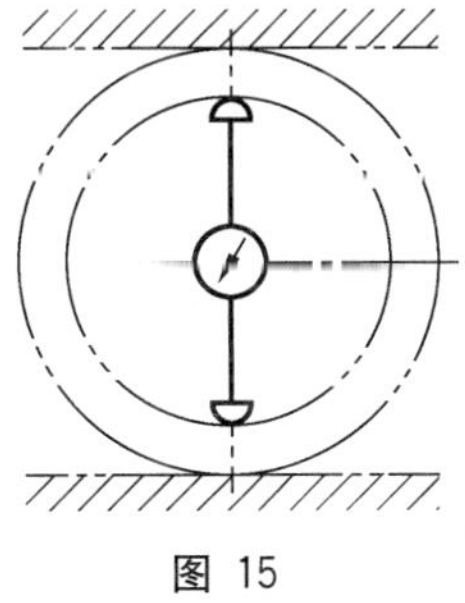 图 15 内径也可以通过计算外径和壁厚之差（$D_o - 2s_3$）而确定（见 6.1 及 6.2）。 如在规定的测量位置有油穴之类设计要素时，可对测量位置进行修正	测量装置：如具有接触半径 3±0.2 的两点接触式内径测量装置； 定位装置

表 7（续）

适用范围	被测几何特性 定义	检测方法/ 测量原理	检测器具
卷制轴套	卷制轴套内径，应在压紧状态下测量（见图 16 和 ISO 3547-2） 图 16	用球面测头在径向测量（见图 17）或用量规测量。 测量方法按 ISO 3547-6 规定。内径也可通过计算外径与壁厚之差（D_o-2s_3）而确定（见 6.1 及 6.2） 图 17	内径量仪（2 点或3 点接触），带校对量规； 带校对量规的气动量仪； 符合 ISO 3547-6 规定的测量装置
整体金属轴套、烧结轴套	轴套内径在自由状态下测量，至少测量两次，取各次测量值的算术平均值（见图 18） 图 18	用球面测头在径向测量（见图 17）	内径量仪（2 点或 3 点接触），带校对量规； 带校对量规的气动量仪； 圆柱塞规
热塑性塑料轴套	轴套内径在压紧状态下测量，至少测量两次，取各次测量值的算术平均值（见图 16）	a) 用球面测头在径向测量（见图 17）。 b) 用一个环规测量轴套内径将轴套依次压入两个环规，一个环规对应轴承座孔公差等级 H7 的最大极限尺寸，另一个对应最小尺寸。 c) 用一个环规测量轴套内径按 ISO 3547-2，卷制轴套检验方法 C。轴套压入环规，环规尺寸为轴套名义外径尺寸 D_o 加上公差等级 H7 平均值的圆整值或者制造者与用户协商的值。 ——压紧状态下的轴套内径 $D_{i,ch}$ 应采用 3 点接触测量仪器测量或者使用通规和止规测量。 ——内径也可通过计算外径与壁厚之差（D_o-2s_3）而确定（见 6.1 及 6.2）。 ——为使制造者与用户能够比较不同测量方法下测量结果，双方应就如何获得测量结果协商一致。 注：当轴套具有两个法兰时，测量通过分半环规进行	内径量仪（2 点或3 点接触），带校对量规。 带校对量规的气动量仪。 环规。 符合 ISO 3547-6 规定的测量装置。 推荐使用能同时测量轴套内孔的圆柱度的测量装置。环规直径应大于轴承直径；环规总允许偏差为 ISO 286-1 规定的±1/2 IT3

表 7（续）

适用范围	被测几何特性定义	检测方法/测量原理	检测器具
止推垫圈	止推垫圈内径，应在自由状态下在内侧面进行测量（见图 19） ϕD_i 图 19	在径向测量。 测量方法应把倒角之类的设计要素考虑在内	标准检验装置

6.4 **宽度，*B***

见表 8。

表 8

适用范围	被测几何特性定义	检测方法/测量原理	检测器具
薄壁轴瓦、厚壁轴瓦、卷制轴套、整体金属轴套、热塑性塑料轴套、烧结轴套	在两端面之间任意点上测量的轴向宽度（见图 20） B　B 图 20	在测量装置的两平行面之间进行测量。 法兰轴承也可由径向滑动轴承和止推垫圈制成，这时应由制造者与用户协商适当的检测方法	测量装置； 标准检验装置

6.5 **定位要素**

见表 9。

表 9

适用范围	被测几何特性 定义	检测方法/ 测量原理	检测器具
薄壁轴瓦、厚壁轴瓦、卷制轴套、整体金属轴套、热塑性塑料轴套、止推垫圈	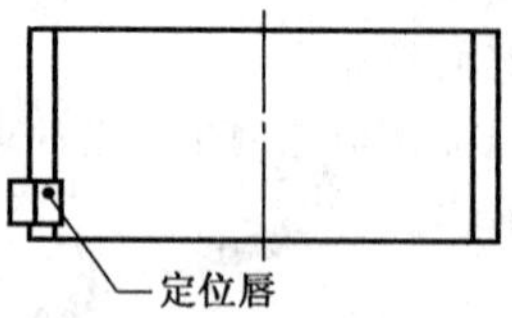 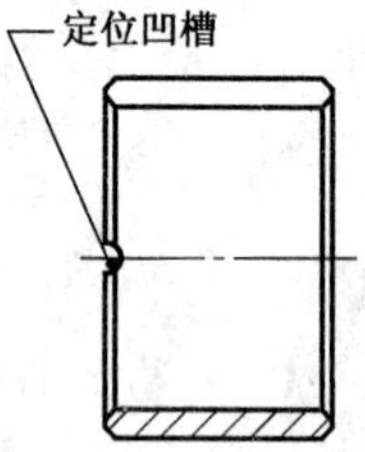 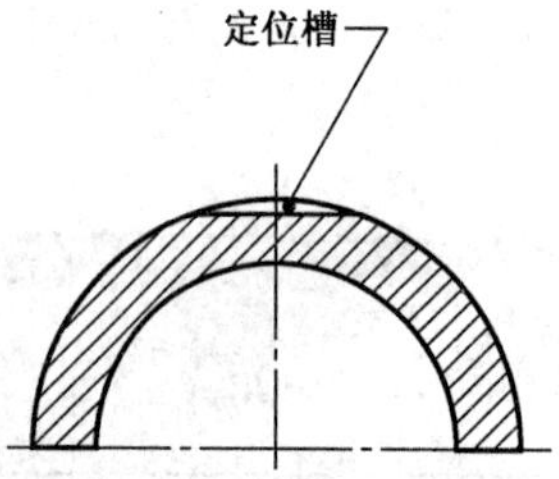 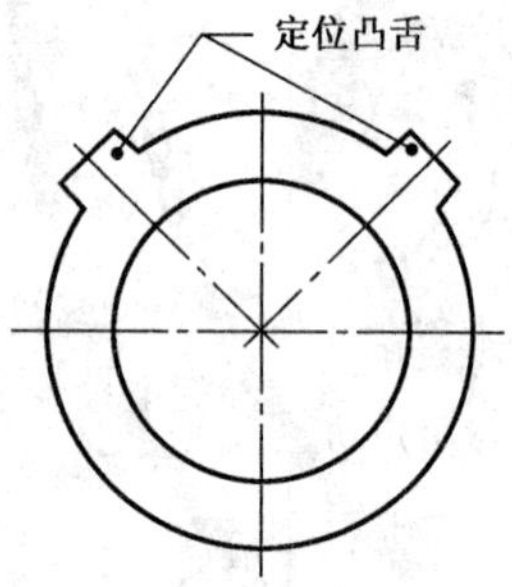 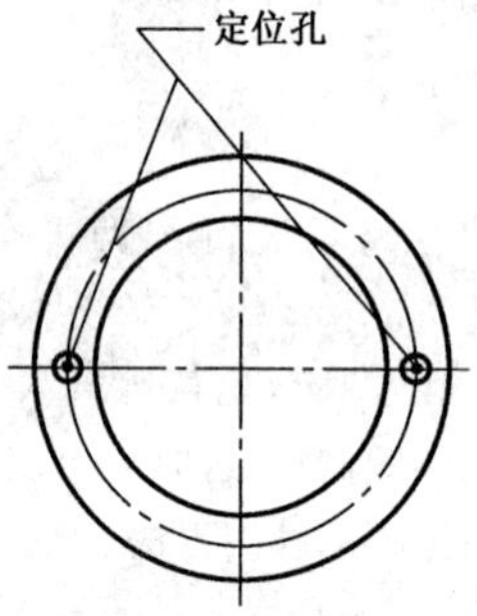 使轴瓦、轴套和止推垫圈定位的要素(见图21～图26举例)  定位凹槽 图 21 定位唇 图 22 定位凹槽 图 23 定位槽 图 24 定位凸舌 图 25 定位孔 图 26	标准测量方法	测量装置； 标准检验装置； 量规

6.6 润滑油供给及分布要素

见表10。

表 10

适用范围	被测几何特性 定义	检测方法/ 测量原理	检测器具
薄壁轴瓦、厚壁轴瓦、卷制轴套、整体金属轴套、热塑性塑料轴套、止推垫圈	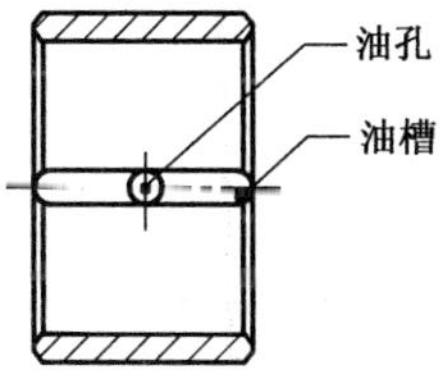 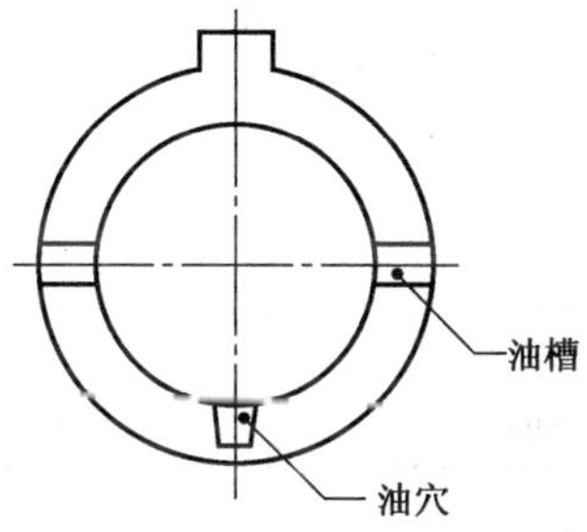 轴瓦、轴套、止推垫圈的润滑油通入及分布要素(见图 27～图 29 举例,详细情况见 ISO 3547-3、ISO 3548、ISO 6525 及 ISO 6526) 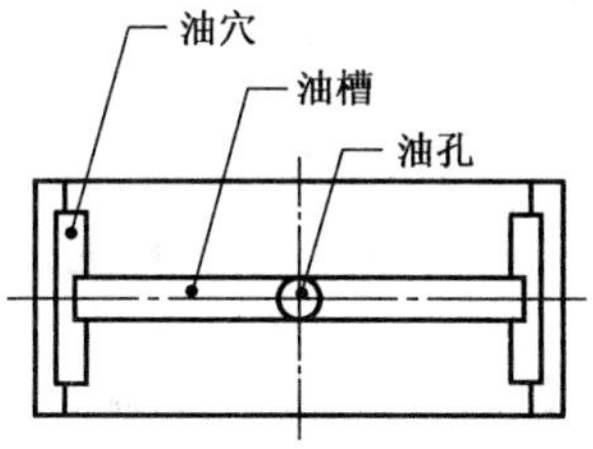 油穴 油槽 油孔 图 27 油孔 油槽 图 28 油槽 油穴 图 29	标准检测方法	测量装置; 标准检验装置; 量规

6.7 表面质量

见表 11。

表 11

适用范围	被测几何特性 定义	检测方法/ 测量原理	检测器具
薄壁轴瓦、厚壁轴瓦、卷制轴套、整体金属轴套、热塑性塑料轴套、止推垫圈	按照 ISO 4287 所规定的表面粗糙度	检测方法按照 ISO 4288	标准检验装置。 测量针曲面半径为 0.005(按 ISO 3274 的规定); 截止波长为 0.8。 注:在重要场合下,应使用标准参考面进行检验

表 11（续）

适用范围	被测几何特性 定义	检测方法/ 测量原理	检测器具
薄壁轴瓦、厚壁轴瓦、卷制轴套、整体金属轴套、热塑性塑料轴套、止推垫圈	由加工以及后续处理工序中造成的表面缺陷。 根据缺陷程度，这些缺陷可以被看作是对性能有害或无害的。 有害缺陷： ——裂缝； ——毛刺； ——金属淤积； ——凸起，等等。 无害缺陷： ——色斑； ——测量印痕； ——擦伤划痕，等等	目视检查	肉眼； 放大镜； 双筒观察镜； 显微镜； 粗糙度测试仪； 轮廓仪

6.8 测量高出度，*a*（周长）

见表 12。

表 12

适用范围	被测几何特性 定义	检测方法/ 测量原理	检测器具
薄壁轴瓦	a) 周长：从一个对口平面到另一个对口平面的圆周长度。 b) 高出度：轴瓦在预定的检验载荷下压入内孔直径为 d_{ch} 的检验模之中，其超出检验模孔标定周长的尺寸（见图 30）。 **注**：实际上是把检验模基准面作为测量的基准（见图 30）	检测方法应符合 ISO 6524。 a) 方法 A 适用于外径 $D_o \leqslant 200$。 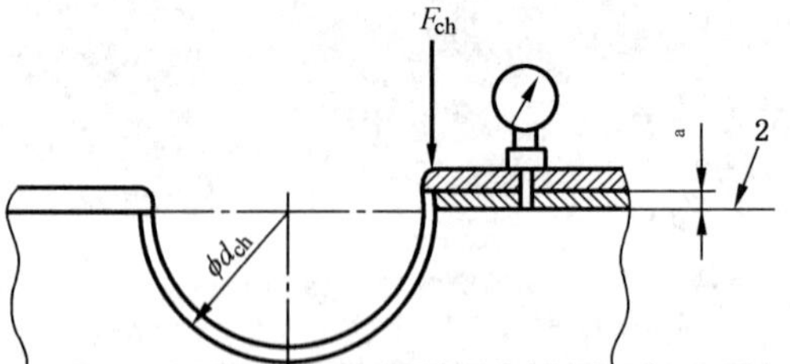 说明： 1——检验模； 2——基准面。 a 测量高出度。 图 30 b) 方法 B 适用于外径 $D_o > 200$。 c) 当 $D_o > 500$ 时，检测方法应由制造者与用户协商	与高出度测量装置有关的细节见 ISO 6524

表 12（续）

适用 范围	被测几何特性 定义	检测方法/ 测量原理	检测器具
薄壁轴瓦		F_{ch}[b] F_{ch} a_1[a] a_2[a] ϕd_{ch} 1 说明： 1——检验模。 [a] 测量高出度等于 a_1+a_2。 [b] 测量载荷 F_{ch} 应施加于每一对口面。 图 31	

6.9 自由弹张量，D_{fs}

见表 13。

表 13

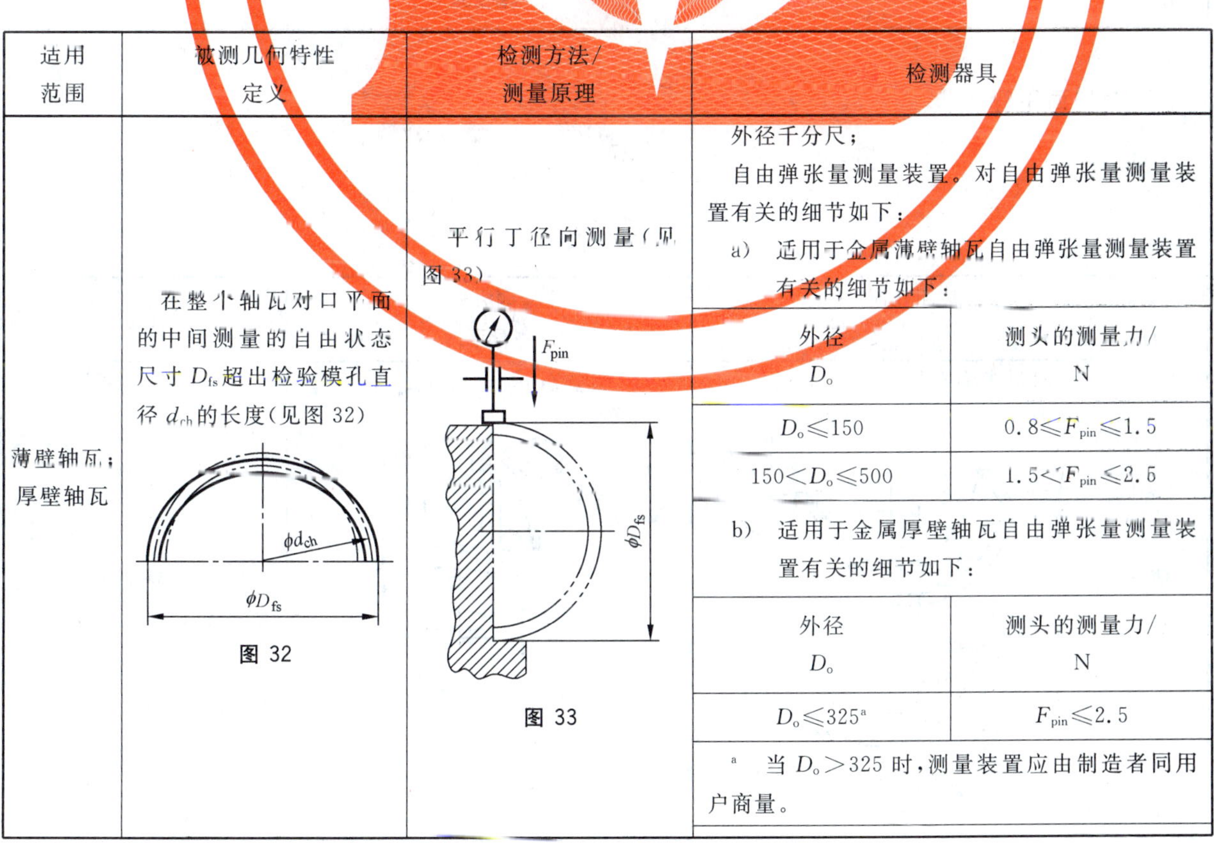

适用 范围	被测几何特性 定义	检测方法/ 测量原理	检测器具
薄壁轴瓦； 厚壁轴瓦	在整个轴瓦对口平面的中间测量的自由状态尺寸 D_{fs} 超出检验模孔直径 d_{ch} 的长度（见图 32） ϕd_{ch} ϕD_{fs} 图 32	平行于径向测量（见图 33） F_{pin} ϕD_{fs} 图 33	外径千分尺； 自由弹张量测量装置。对自由弹张量测量装置有关的细节如下： a) 适用于金属薄壁轴瓦自由弹张量测量装置有关的细节如下： 外径 D_o — 测头的测量力/N $D_o \leqslant 150$ — $0.8 \leqslant F_{pin} \leqslant 1.5$ $150 < D_o \leqslant 500$ — $1.5 < F_{pin} \leqslant 2.5$ b) 适用于金属厚壁轴瓦自由弹张量测量装置有关的细节如下： 外径 D_o — 测头的测量力/N $D_o \leqslant 325$[a] — $F_{pin} \leqslant 2.5$ [a] 当 $D_o > 325$ 时，测量装置应由制造者同用户商量。

6.10 滑动表面直线度

见表 14。

表 14

适用范围	被测几何特性 定义	检测方法/ 测量原理	检测器具
薄壁轴瓦	沿轴线方向测量的滑动表面直线度(见图 34) 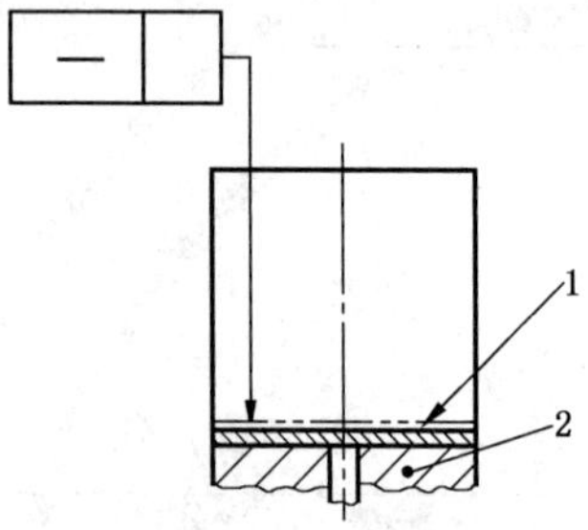 说明: 1——测量线; 2——带顶出装置的检验模。 图 34	基本的测量方法(见图 35) 这种方法用于 $D_o \leqslant 150$;在 $D_o > 150$ 时,测量方法应由制造者同用户协商。 如果使用顶杆,测量线应距离顶杆边缘 3 mm~5 mm。 测量时,施加模拟轴瓦使用状态下的切向载荷。 **注**:关于切向载荷 F_{tan} 的计算,见附录 A。 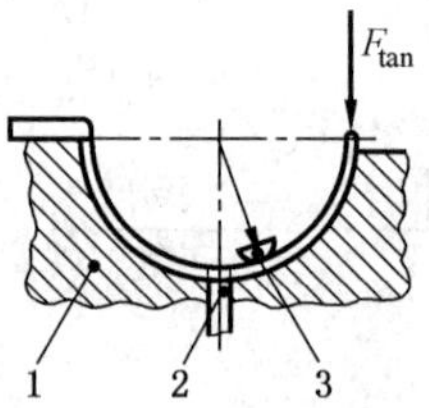 说明: 1——检验模; 2——顶出装置; 3——测量线。 图 35	高出度测量装置; 检验模; 直线度测量装置

6.11 对口面平行度,h_Δ

见表 15。

表 15

适用范围	被测几何特性 定义	检测方法/ 测量原理	检测器具
薄壁轴瓦	对口平面在轴向的斜差(见图 36 及图 37) 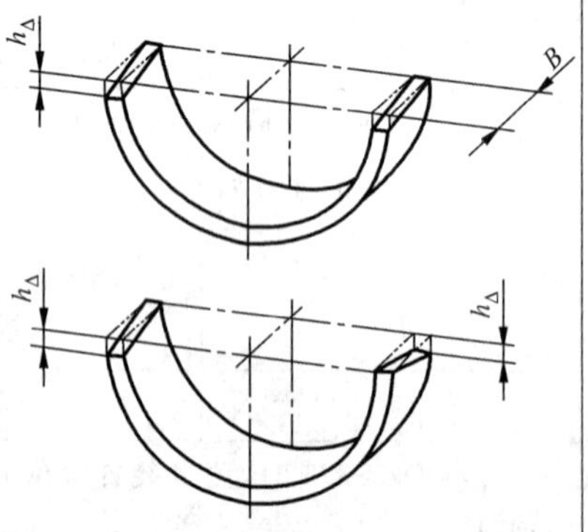 图 36	在检验载荷 F_{ch} 下进行检验(见图 37) 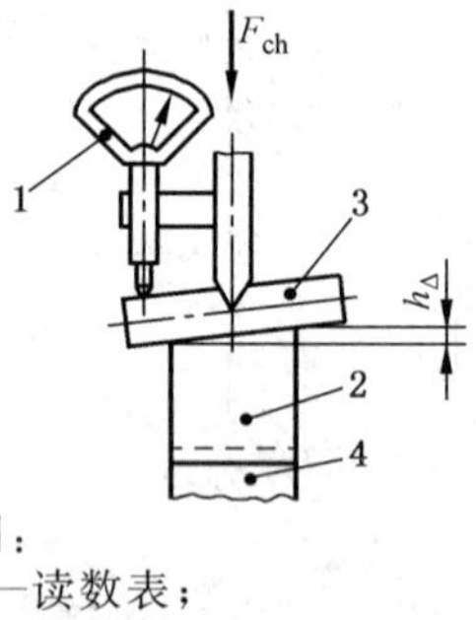 说明: 1——读数表; 2——轴瓦; 3——测量头; 4——检验模。 图 37	带可调测量头的高出度测量装置(见图 37)

6.12 瓦背贴合度

见表 16。

表 16

适用范围	被测几何特性 定义	检测方法/ 测量原理	检测器具
薄壁轴瓦	在检验载荷 F_{ch} 压紧下瓦背与检验模之间的接触面状况	目测评价:例如,检验时在轴瓦和检验模之间使用蓝墨水	高出度测量装置; 检验模; 着色(转移着色)

6.13 对口面错移,B_{Δ}

见表 17。

表 17

适用范围	被测几何特性 定义	检测方法/ 测量原理	检测器具
卷制轴套	对口面端部沿轴向的错移(见图 38) 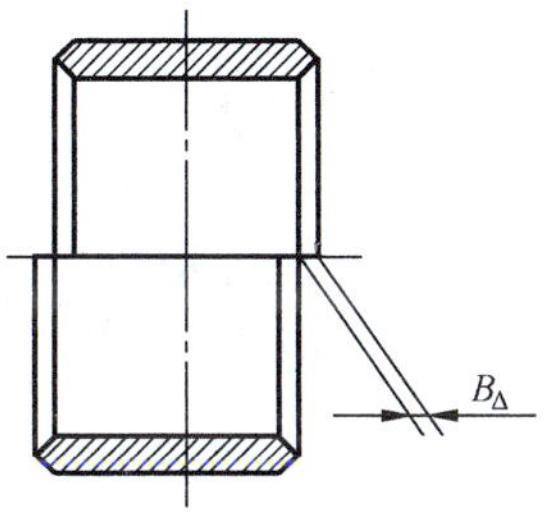 B_{Δ} 图 38	检测方法由制造者与用户协商	标准检具

6.14 半圆止推垫圈高度,H

见表 18。

表 18

适用范围	被测几何特性 定义	检测方法/ 测量原理	检测器具
止推垫圈	在自由状态下半圆止推垫圈分离面以上的高度(见图 39) 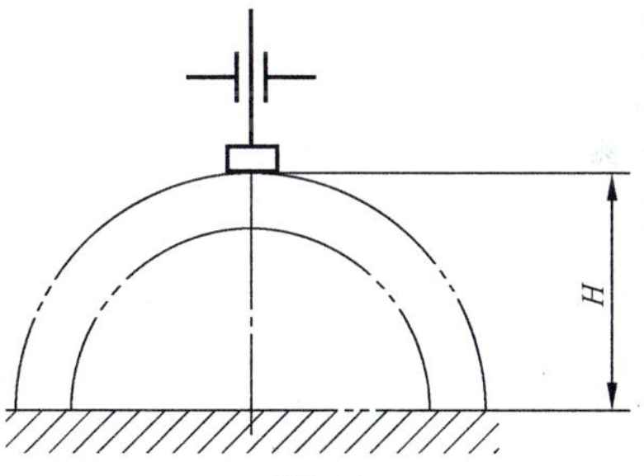 H 图 39	在测量装置的两平行平面之间垂直于分离面进行测量	测量装置

6.15 平面度

见表19。

表 19

适用范围	被测几何特性定义	检测方法/测量原理	检测器具
止推垫圈	两面互为基准相互检查的平面度	在量规的两平行平面之间进行测量。量规两平面之间的距离 y 为规定值(见图40)。 止推垫圈不施加另外的载荷在其自重下应能完全通过量规。 **注**:这种方法受到垫圈质量 m、外径及厚度的限制 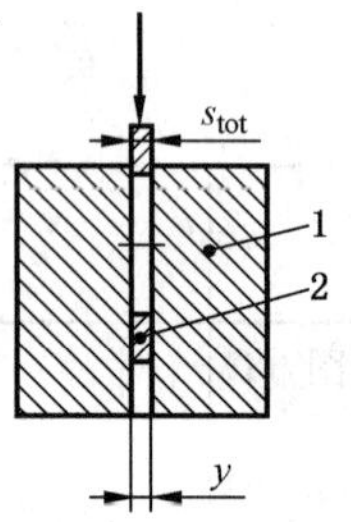 s_{tot} 1 2 y 说明: 1——量规; 2——止推垫圈。 图 40	符合图40的量规。 准则:$y=s_{3max}+0.1$

6.16 法兰直径,D_{fl}

见表20。

表 20

适用范围	被测几何特性定义	检测方法/测量原理	检测器具
金属薄壁轴瓦	轴瓦在无自由弹张量的方向的法兰直径(见图41及图42) 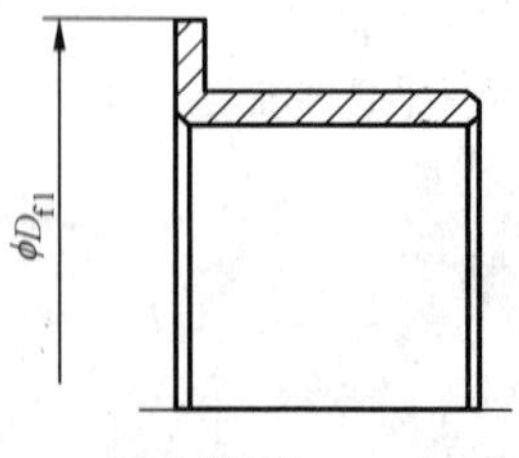 ϕD_{f1} 图 41	在测量仪器的两平行平面之间垂直于分离面进行测量	标准检验设备

表 20（续）

适用范围	被测几何特性定义	检测方法/测量原理	检测器具
金属厚壁轴瓦	在自由状态下成对测量的法兰直径，它由式(4)确定： $$D_{fl}=\frac{x_3+0.5(x_1+x_2)}{2} \quad \cdots\cdots\cdots(4)$$ 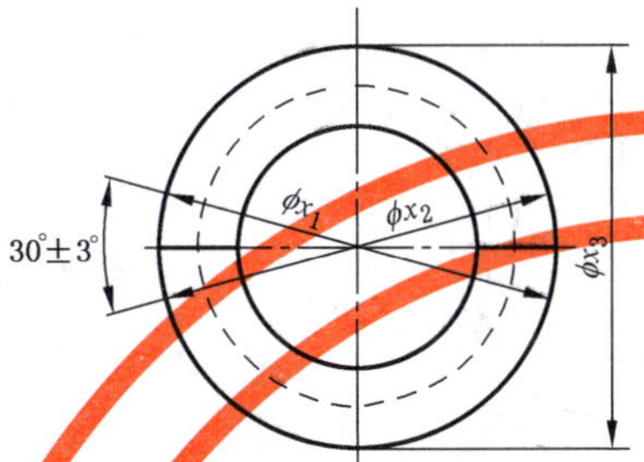 30°±3° φx1 φx2 φx3 图 42	在测量仪器的两平行平面之间作径向测量	标准检验设备
卷制轴套、整体轴套、热塑性塑料轴套、烧结轴套	在轴套法兰上测量的直径(见图 43) 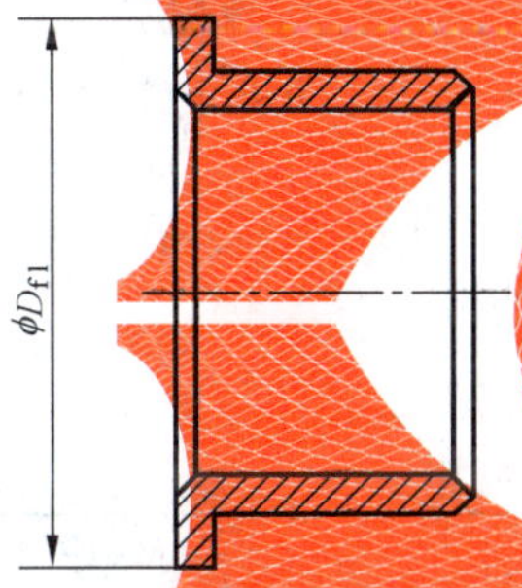 φDf1 图 43	在测量仪器的两平行平面之间作径向测量	标准检验设备

6.17 法兰间距，a_{fl}

见表 21。

表 21

适用范围	被测几何特性定义	检测方法/测量原理	检验器具
金属薄壁及厚壁轴瓦	在法兰之间的轴向距离(见图 44) 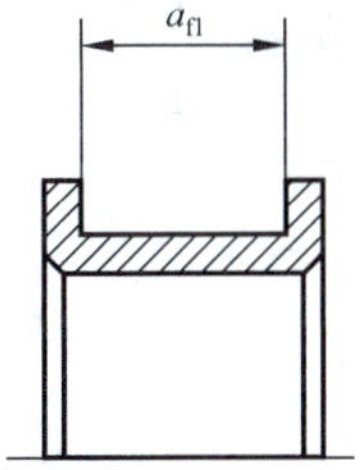 a_{fl} 图 44	在两平行平面之间作轴向测量。 也可由制造者同用户协商其他方法，但是，应在图 45 所示的测量点上进行 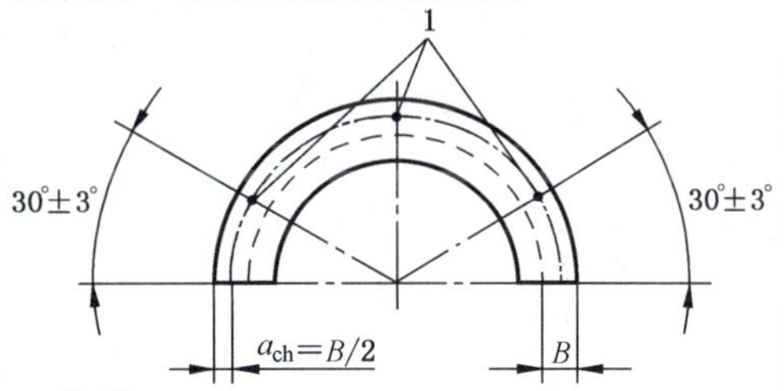 1 30°±3° 30°±3° $a_{ch}=B/2$ B 说明： 1——测量点。 图 45	间距量规； 双触点内径千分尺； 标准检验设备

表 21（续）

适用范围	被测几何特性定义	检测方法/测量原理	检验器具
卷制轴套、整体金属轴套、热塑性塑料轴套	在法兰之间的轴向距离（见图 46） 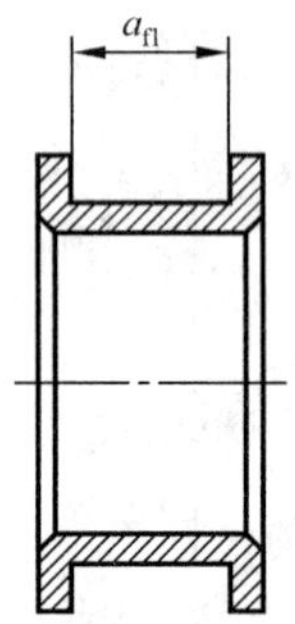 图 46	在两平行平面之间作轴向测量。 也可由制造者同用户协商其他方法，但是，应在图 47 所示的测量点上进行 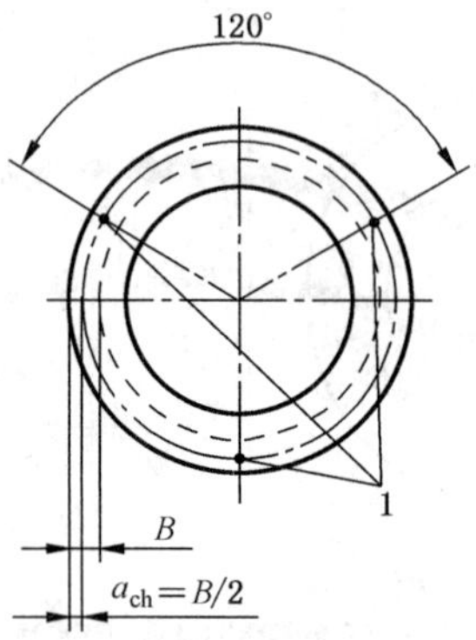 120° 1 B $a_{ch}=B/2$ 图 47	间距量规； 双触点内径千分尺； 标准检验设备

6.18 法兰厚度，S_{fl}

见表 22。

表 22

适用范围	被测几何特性定义	检测方法/测量原理	检测器具
薄壁轴瓦、厚壁轴瓦、卷制轴套、整体金属轴套及热塑性塑料轴套	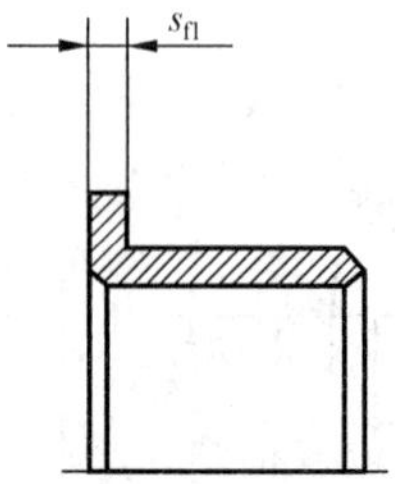 在法兰内、外端面之间的轴向厚度（见图 48、图 49 和图 50） 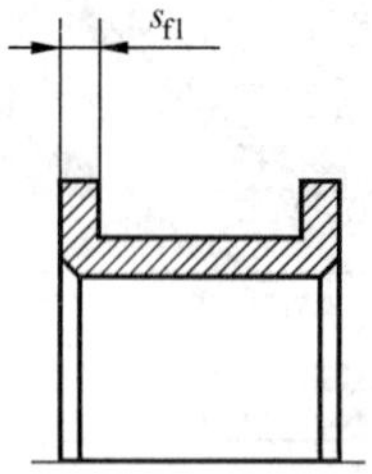 s_{fl} 图 48 s_{fl} 图 49	标准测量方法。 测量点按照图 45（轴瓦）及图 47（轴套）所示。 如果油槽、油穴位于规定的三测量点部位，应协商选择另外的测量点	测量装置； 具有球面测头接触半径为 3±0.2 的外径千分表

表 22（续）

适用范围	被测几何特性 定义	检测方法/ 测量原理	检测器具
卷制轴套	法兰表面和环规支撑面之间的距离 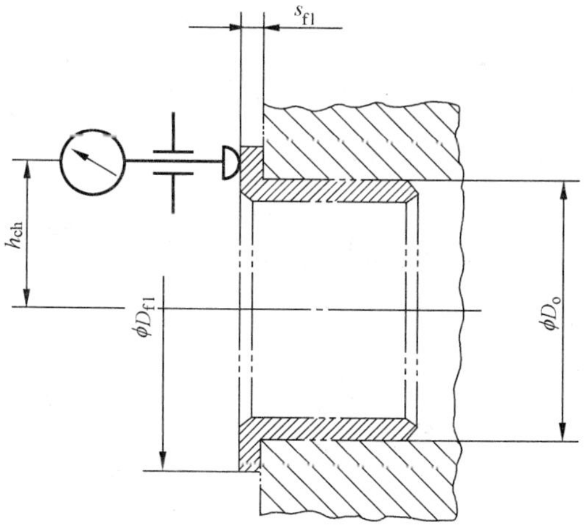 s_{f1} h_{ch} ϕD_{f1} ϕD_o $h_{ch}=(D_{f1}+D_o)/4$ 图 50	如图 47 和图 50 所示的三个测量点上，测量法兰表面和环规支撑面之间的距离。 轴套应压入环规直至和环规支撑面接触	具有球面测头接触半径为 1.5±0.2 的外径千分表。经制造者与用户协商同意的，符合 ISO 3547-2：2006 表 6 中公差等级 H7 的环规

6.19 法兰端面垂直度

见表 23。

表 23

适用范围	被测几何特性 定义	检测方法/ 测量原理	检测器具
薄壁轴瓦、厚壁轴瓦、整体金属轴套、热塑性塑料轴套、烧结轴套	法兰端面对轴瓦或轴套外径之轴线（基准轴线）的垂直度（见图 51 及图 52）。 **注**：烧结轴套的基准一般是滑动表面 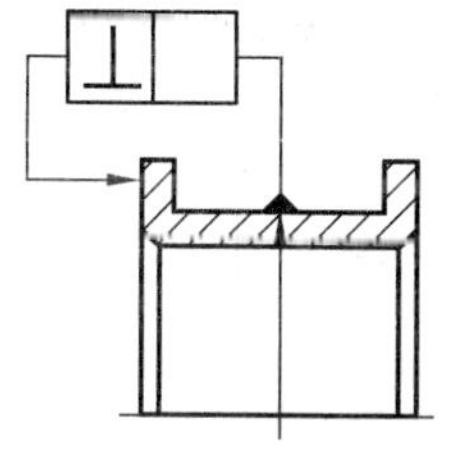 图 51 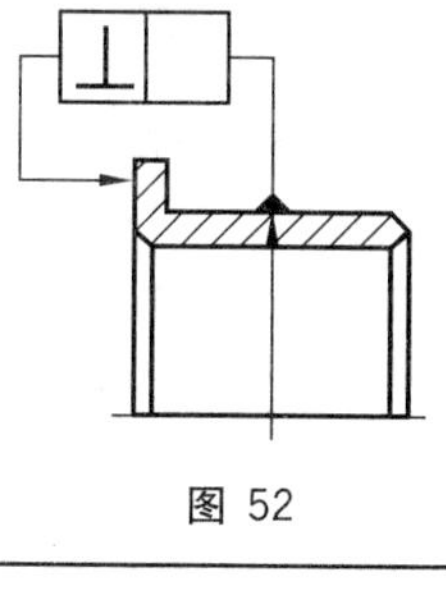 图 52	检测方法由制造者与用户协商	检测设备应由制造者同用户协商

6.20 形位公差

6.20.1 圆柱度

见表 24。

表 24

适用范围	被测几何特性定义	检测方法/测量原理	检测器具
整体金属轴套	整体轴套外表面圆柱度(见图 53) 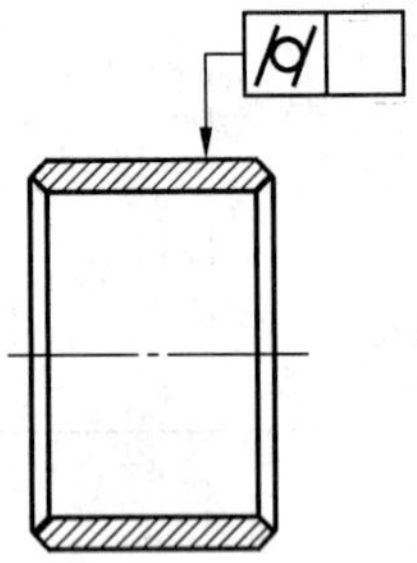 图 53	圆柱度通过旋转轴套进行测量(见图 54)。 **注 1**:测量时,在评定圆柱度中,锥形、鼓形等全部包括在内。总指示读数等于圆柱度公差的 2 倍。 **注 2**:除非另外协商,测量点的位置应与整体金属轴套的线测量法相同(见 6.1.1) 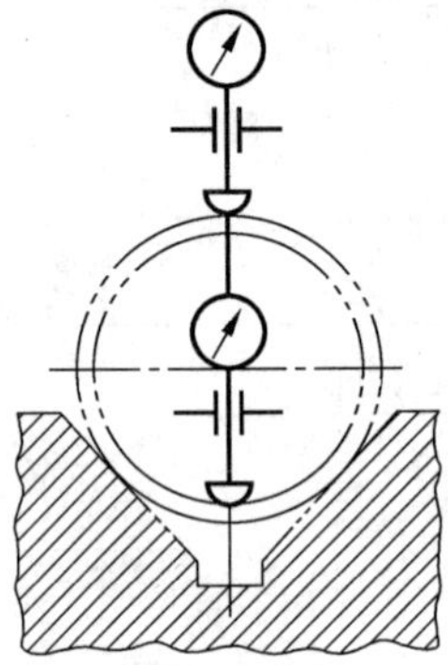 图 54	测量装置; 测量仪表及 V 形铁; 测头球面半径见表 4 中与热塑性塑料轴套有关的表格

6.20.2 止推面圆跳动

见表 25。

表 25

适用范围	被测几何特性定义	检测方法/测量原理	检测器具
整体金属轴套、热塑性塑料轴套、烧结轴套	轴套止推面对外径轴线(基准轴线)的跳动(见图 55)。 **注**:烧结轴套的基准一般为其滑动表面 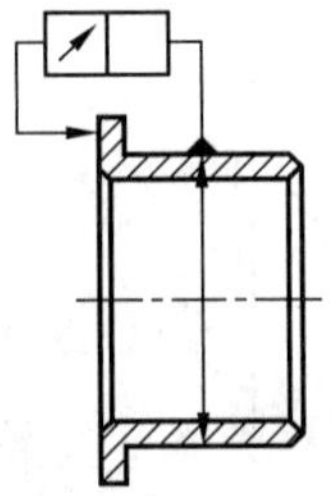 图 55	止推面圆跳动在距中心轴线 h 处进行测量(见图 56) 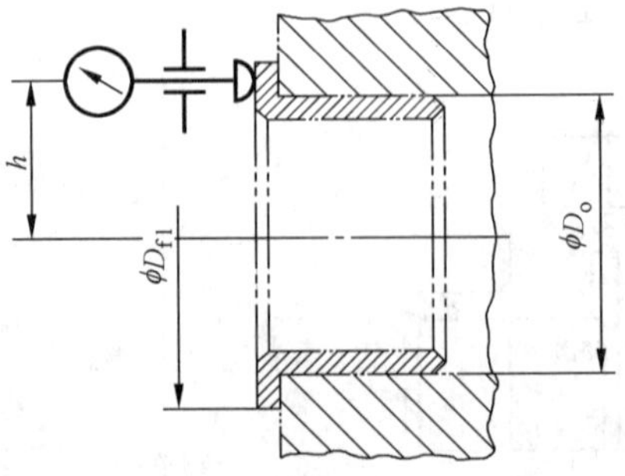 h　ϕD_{f1}　ϕD_o 图 56	测量装置; 标准检验设备

6.20.3 同轴度和同心度

见表26。

表26

适用范围	被测几何特性定义	检测方法/测量原理	检测器具
厚壁轴瓦	轴瓦内孔轴线与外圆轴线的重合性(见图57) 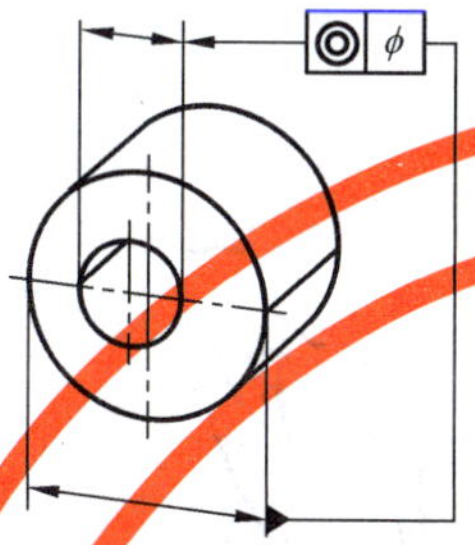 图57	检测方法由制造者与用户协商。 同轴度和同心度的偏差都应保持在壁厚公差范围之内	测量装置由制造者与用户协商
整体金属轴套、烧结轴套	轴套内径轴线与外径轴线的重合性(见图58)。 注:内径与外径均可当作可供选择的基准轴线 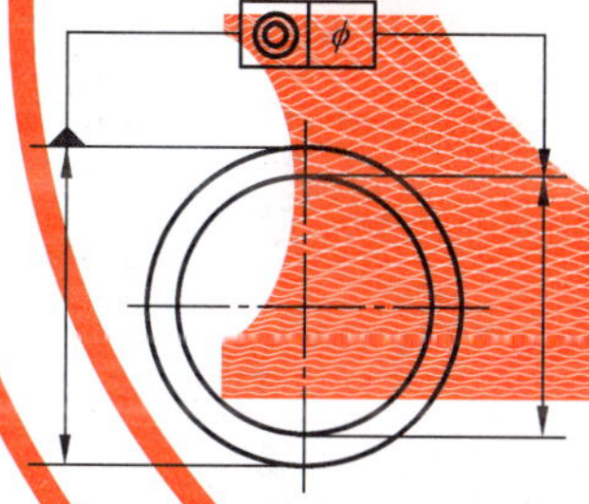 图58	除非制造者与用户另行协商,在表面上作连续测量的位置应为6.1.1关于整体金属轴套的线测量中所描述的圆周线上规定的测量点(见图59) 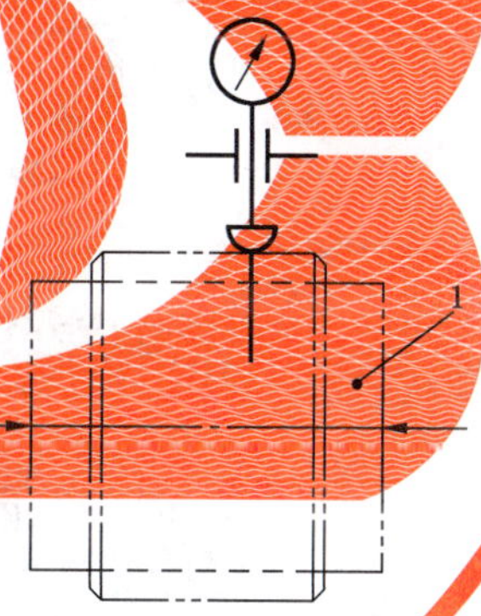 说明: 1——检验规。 图59	测量装置; 检验芯轴的同轴度应小于轴套同轴度公差的10%
热塑性塑料轴套	轴套内径轴线与外径轴线的重合性(见图60) 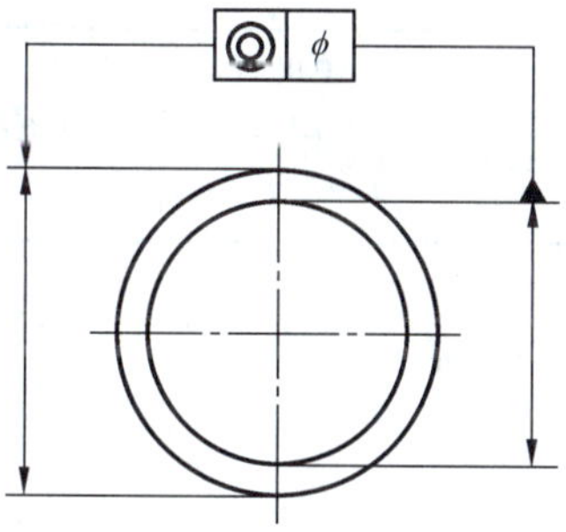 图60	除非制造者与用户另行协商,在表面上作连续测量的位置应为6.1.1关于热塑性塑料轴套的线测量中所描述的圆周线上规定的测量点(见图61) 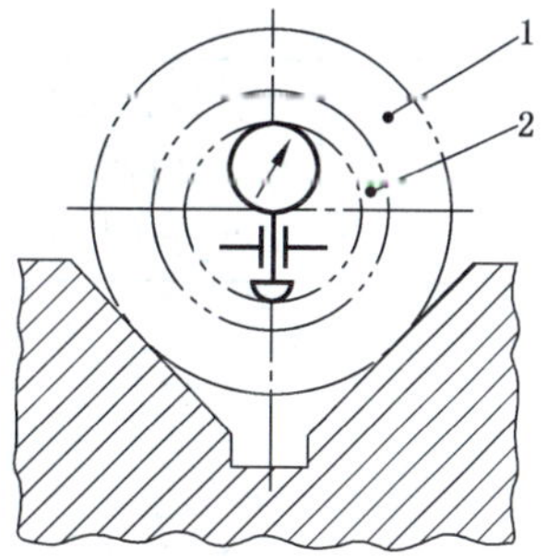 说明: 1——环规; 2——轴套。 图61	带环规的测量装置(轴套压入环规中); 测头的球面半径:3±0.2环规的同轴度应小于轴套同轴度公差的10%

7 材料质量特性

为了评定滑动轴承的质量，本章对重要的材料质量特性作了规定。

注：这些质量特性所适用的轴承类型见表 2。

为了说明在本条中所讨论的各种层及其特性，图 62 示出具有复合层的典型多层薄壁轴瓦的结构举例。

注：图中一些层不是必须的，而是可选的。

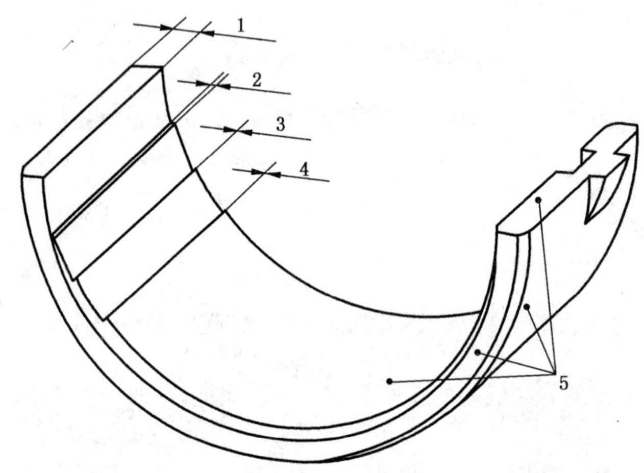

说明：

1——钢背；

2——衬层；

3——栅层；

4——镀覆层；

5——防腐蚀层(闪镀)。

图 62

7.1 金属单层材料

见表 27。

表 27

材料质量特性		检测方法	检测器具
7.1.1	硬度	硬度检验应符合 ISO 4384-2	硬度计
7.1.2	材料成分	化学和(或)物理分析	由制造者与用户协商
7.1.3	材料结构	显微分析技术	金相显微镜等

7.2 金属多层材料

见表 28。

表 28

材料质量特性		检测方法/测量原理	检测器具
7.2.1	镀覆层特性		
7.2.1.1	镀覆层厚度	无损检验应按 ISO 3543	β反向散射仪
7.2.1.2	镀覆层成分	化学和(或)物理分析	由制造者同用户协商
7.2.1.3	镀覆层硬度	检验方法应由制造者同用户协商确定	显微硬度检验仪器
7.2.2	衬层特性		
7.2.2.1	衬层厚度	磁性方法应按照 ISO 2178	磁性厚度测量仪
7.2.2.2	衬层成分	化学和(或)物理分析	由制造者同用户协商
7.2.2.3	衬层结构	显微结构分析标准由制造者同用户协商	金相显微镜
7.2.2.4	衬层硬度	硬度检验应按照 ISO 4384-1	硬度计
7.2.3	背层特性		
7.2.3.1	背层成分	化学和(或)物理分析	由制造者同用户协商
7.2.3.2	背层硬度	硬度检验应按照 ISO 4384-1	硬度计
7.2.4	相邻层结合强度		
7.2.4.1	衬层与背层的结合强度	对结合强度评定方法的选取应与产品衬层和背层材料类型以及衬层厚度相适应。 没有单独建立的适于所有情况的试验，在制造过程中所采用的许多试验实际上是以经验为基础的，并只同规定的材料组合及结合工艺有关。 可供采用的试验方法如下： a) 衬层厚度<2 mm 1) 凿子和脱层试验，适用于铝合金衬层； 2) 弯曲试验，适用于铜合金衬层； 3) 剪切峰值试验，适用于所有合金衬层； 4) 疲劳试验，适用于所有衬层材料； 5) 超声波无损定性检验，适用于铅/锡合金衬层。 b) 衬层厚度≥2 mm 1) 上述 1)~5)均可采用； 2) 按照 ISO 4386-1 规定的超声波无损定性检验，适用于铅/锡合金衬层； **注**：对衬层边缘部位的结合缺陷，可用肉眼检查或辅以着色渗透法。 3) 按照 ISO 4386-2 规定的破坏性试验，适用于所有合金衬层； 4) 按照 ISO 4386-3 规定的无损着色渗透法检验。	同检测方法相适应
7.2.4.2	镀覆层与衬层的结合强度	镀覆层结合强度没有单独的试验方法。 制造者和用户所采用的定性试验通常是破坏性的，其中包括“粘结凸杯”试验在内	同检测方法相适应

7.3 塑料层材料

见表 29。

表 29

材料质量特性		检测方法/测量原理	检测器具
7.3.1	镀覆层特性		
7.3.1.1	镀覆层厚度	显微分析方法	—
7.3.1.2	镀覆层成分	化学和(或)物理分析	由制造者同用户协商
7.3.2	衬层特性		
7.3.2.1	衬层厚度	检测方法由制造者同用户协商	—
7.3.2.2	衬层成分	化学和(或)物理分析	由制造者同用户协商
7.3.2.3	衬层结构	显微结构分析标准由制造者同用户协商	显微镜
7.3.3	背层特性		
7.3.3.1	背层成分	化学和(或)物理分析	由制造者同用户协商
7.3.3.2	背层硬度	硬度检验应按照 ISO 4384-1	硬度计
7.3.4	相邻层结合强度		
7.3.4.1	衬层与背层的结合强度	对结合强度评定方法的选取应与产品衬层和背层材料类型以及衬层厚度相适应。 没有单独建立的适合所有情况的试验,在制造过程中所采用的许多试验实际上是以经验为基础的,并只同规定的材料组合及结合工艺有关。 可供采用的试验方法如下: a) 凿子试验; b) 弯曲试验; c) 剪切峰值试验	同检测方法相适应
7.3.4.2	镀覆层结合强度	检测方法应由制造者同用户协商确定。 检测方法可用以下方法: a) 划格试验; b) 弯曲试验; c) 拉开法附着力试验。 **注**:检测方法 a)和 c)的原理与 ISO 2409 和 ISO 4624 中规定的类似	由制造者同用户协商

7.4 单层聚合物材料

见表 30。

表 30

材料质量特性		检测方法/测量原理	检测器具
7.4.1	材料成分	化学和(或)物理分析	由制造者同用户协商
7.4.2	材料结构	显微分析技术	显微镜等

7.5 烧结材料

见表31。

表31

材料质量特性		检测方法/测量原理	检测器具
7.5.1	材料成分	化学和(或)物理分析	由制造者同用户协商
7.5.2	材料结构	显微分析技术	显微镜等

附 录 A
(资料性附录)
切向载荷计算

A.1 无法兰轴瓦装配切向载荷 F_{tan} 计算举例

A.1.1 技术参数

用户:
零件编号:
机型:
轴承类别:连杆轴承(无法兰)
轴瓦衬层材料:G-CuPb24Sn(见 ISO 4383)
轴承座材料:钢
轴承座直径 $d_H = 64^{+0.019}_{0}$ mm
壁厚 $s_3 = 1.990$ mm~2.000 mm
钢背厚度 $s_1 = 1.5$ mm
衬层厚度 $s_2 \approx 0.5$ mm
轴承宽度 $B = 25$ mm
检验载荷 $F_{ch} = 4\ 500$ N(方法 A)

A.1.2 合金等效于钢的厚度

等效厚度单位为毫米,对不同合金,分别用式(A.1)~式(A.3)计算。

钢/铅合金及钢/锡合金: $s_{2,red} = 0$[1](完全等效) ……………………………(A.1)

钢/铜合金: $s_{2,red} = s_2/2$ ……………………………(A.2)

示例:$s_{2,red} = s_2/2 = 0.5/2 = 0.25$ mm

钢/铝合金: $s_{2,red} = s_2/3 =$ [1] mm ……………………………(A.3)

A.1.3 有效截面积 A_{eff}

横截面有效面积 A_{eff},单位为毫米,按式(A.4)计算:

$$A_{eff} = s_{3,eff} \times B \quad \text{(A.4)}$$

这里,$s_{3,eff}$是减薄后的等效厚度(即 $s_1 + s_{2,red}$),按式(A.5)计算:

$$s_{3,eff} = 1.5 + 0.25 = 1.75 \text{ mm} \quad \text{(A.5)}$$

因此,对 1.75 mm 的有效厚度而言:

$$A_{eff} = 1.75 \times 25 = 43.75 \text{ mm}^2$$

A.1.4 周长检验时的弹性压缩量 ν

ν 的单位为毫米,按式(A.6)计算:

$$\nu = \frac{d_H \times F_c}{A_{eff}} \times 6 \times 10^{-6} = \frac{64 \times 4\ 500}{43.75} \times 6 \times 10^{-6} = 0.039 \text{ mm} \quad \text{(A.6)}$$

---

1) 对本示例不需要。

A.1.5 测量高出度 a

按照图纸规定，$a=0.04$ mm～0.07 mm（$a_{min}=0.04$ mm，$a_{max}=0.07$ mm）。

高出度公差 $T_a=0.03$ mm。

A.1.6 装配径向压缩变形量 $\varepsilon\nu$

注：如果检验模孔径大于轴承座孔上限，ε 中应加入其差值。

在装配状态下的最小压缩变形量 ε_{min} 按式（A.7）计算：

$$\varepsilon_{min}=\frac{2}{\pi}(\nu+a_{min})=\frac{2}{\pi}(0.039+0.040)=0.050\ \text{mm} \qquad \cdots\cdots\text{(A.7)}$$

最大压缩变形量 ε_{max} 按式（A.8）计算：

$$\varepsilon_{max}=\frac{2}{\pi}\times T_a+(T_{DH}+\varepsilon_{min})=\frac{2}{\pi}\times 0.030+(0.019+0.050)=0.088\ \text{mm} \qquad \cdots\cdots\text{(A.8)}$$

这里 T_{DH} 为轴承座孔 D_H 的公差。

A.1.7 切向载荷 F_{tan}

$\frac{s_{3,eff}}{D_H}=1.75/64=0.027$

（见图 A.1）

从图 A.1 查得应力 Φ。

$\Phi=1.93\times 10^5\ \text{N/mm}^2$

应用这一查得的 Φ 值，最小及最大切向应力可按式（A.9）和式（A.10）计算：

$$\sigma_{tan,min}=\frac{\Phi}{d_H}\times\varepsilon_{min}=(1.93\times 10^5/64)\times 0.050=151\ \text{N/mm}^2 \qquad \cdots\cdots\text{(A.9)}$$

$$\sigma_{tan,max}=\frac{\Phi}{d_H}\times\varepsilon_{max}=(1.93\times 10^5/64)\times 0.088=265\ \text{N/mm}^2 \qquad \cdots\cdots\text{(A.10)}$$

本示例的平均切向载荷 $\overline{F_{tan}}$ 可按式（A.11）计算：

$$\overline{F_{tan}}=\frac{\sigma_{tan,min}+\sigma_{tan,max}}{2}\times A_{eff}=(151+265)\times 43.75/2=9\ 100\ \text{N} \qquad \cdots\cdots\text{(A.11)}$$

A.2 带法兰轴瓦装配切向载荷计算举例

A.2.1 技术参数

用户：

零件编号：

机型：

轴承类别：主轴承（带法兰）

轴瓦衬层材料：G-CuPb24Sn（见 ISO 4383）

轴承座材料：灰铸铁

轴承座直径 $d_H=110\ \text{mm}^{+0.012}_{0}$ mm

壁厚 $s_3=3.455\ \text{mm}^{+0.015}_{0}$ mm

钢背厚度 $s_1=3$ mm

轴瓦衬层厚度　$s_2 \approx 0.5$ mm

法兰钢背厚度　$s_{fl}=3$ mm

法兰直径　$D_{fl}=128$ mm

轴瓦宽度　$B=39.82_{-0.07}^{0}$ mm

法兰间距　$a_{fl}=33_{0}^{+0.05}$ mm

检验载荷　$F_{ch}=18\ 000$ N(方法 A)

A.2.2　合金层等效于钢的理论厚度

等效厚度单位为毫米，对不同合金，分别用式(A.12)～式(A.14)计算。

钢/铅合金及钢/锡合金：　$s_{2,red}=0$[1]（完全等效）　…………（A.12）

钢/铜合金：　$s_{2,red}=s_2/2$　…………（A.13）

示例： $s_{2,red}=s_2/2=0.5/2=0.25$ mm

钢/铝合金：　$s_{2,red}=s_2/3=$ [1] mm　…………（A.14）

A.2.3　横截面有效面积 A_{eff}

横截面有效面积 A_{eff} 可按式(A.15)计算：

$$A_{eff}=(s_{3,eff}\times B)+s_{fl}\times(D_{fl}-D_H) \quad \cdots\cdots（A.15）$$

这里，$s_{3,eff}$ 是减薄后的等效厚度(即 $s_1+s_{2,red}$)，可按式(A.16)计算：

$$s_{3,eff}=3+0.25=3.25\ \text{mm} \quad \cdots\cdots（A.16）$$

因此，对 3.25 mm 的有效厚度而言，

$$A_{eff}=3.25\times 39.82+3\times(128-110)=183.4\ \text{mm}^2$$

为了从图 A.1 中查出应力 Φ，首先可按式(A.17)计算有效壁厚(轴瓦及法兰)$s_{3,eff}$，单位为毫米。

$$s_{3,eff}=A_{eff}/a_{fl}=183.4/33=5.56\ \text{mm} \quad \cdots\cdots（A.17）$$

A.2.4　周长检验时的弹性压缩量 ν

弹性压缩量 ν 可按式(A.18)计算：

$$\nu=\frac{D_H+F_{ch}}{A_{eff}}\times 6\times 10^{-6}=\frac{110\times 18\ 000}{183.4}\times 6\times 10^{-6}=0.064\ 8\ \text{mm} \quad \cdots\cdots（A.18）$$

A.2.5　测量高出度 a

按照图纸规定，$a=0.050$ mm～0.080 mm($a_{min}=0.050$ mm，$a_{max}=0.080$ mm)

高出度公差，$T_a=0.030$ mm

A.2.6　装配径向压缩变形量 ε

注：如果检验模孔径大于轴承座孔上限，ε 中应加入其差值。

压紧状态下的最小变形 ε_{min} 可按式(A.19)计算：

$$\varepsilon_{min}=\frac{2}{\pi}(\nu+a_{min})=\frac{2}{\pi}(0.065+0.050)=0.073\ \text{mm} \quad \cdots\cdots（A.19）$$

最大压缩变形量 ε_{max} 可按式(A.20)计算：

$$\varepsilon_{max}=\frac{2}{\pi}\times T_a+(T_{DH}+\varepsilon_{min})=\frac{2}{\pi}\times 0.030+(0.022+0.073)=0.114\ \text{mm}$$

…………（A.20）

这里 T_{DH} 为轴承座孔直径 D_H 的公差。

A.2.7 切向载荷 F_{tan}

$s_{3,eff}/d_H = 5.55/110 = 0.05$

(见图 A.1)

从图 A.1 查得应力 Φ。

$\Phi = 1.75 \times 10^5\ N/mm^2$

应用这一查得的 Φ 值，最小及最大切向应力便可按式(A.21)和式(A.22)计算：

$$\sigma_{tan,min} = \frac{\Phi}{D_H} \times \varepsilon_{min} = (1.75 \times 10^5/110) \times 0.0732 = 116\ N/mm^2 \quad \cdots\cdots\cdots(A.21)$$

$$\sigma_{tan,max} = \frac{\Phi}{D_H} \times \varepsilon_{max} = (1.75 \times 10^5/110) \times 0.114 = 181\ N/mm^2 \quad \cdots\cdots\cdots(A.22)$$

本示例的平均切向载荷 $\overline{F_{tan}}$ 便可按式(A.23)计算：

$$\overline{F_{tan}} = \frac{\sigma_{tan,min} + \sigma_{tan,max}}{2} \times A_{eff} = (116 + 181) \times 183.4/2 = 27\,235\ N \quad \cdots\cdots\cdots(A.23)$$

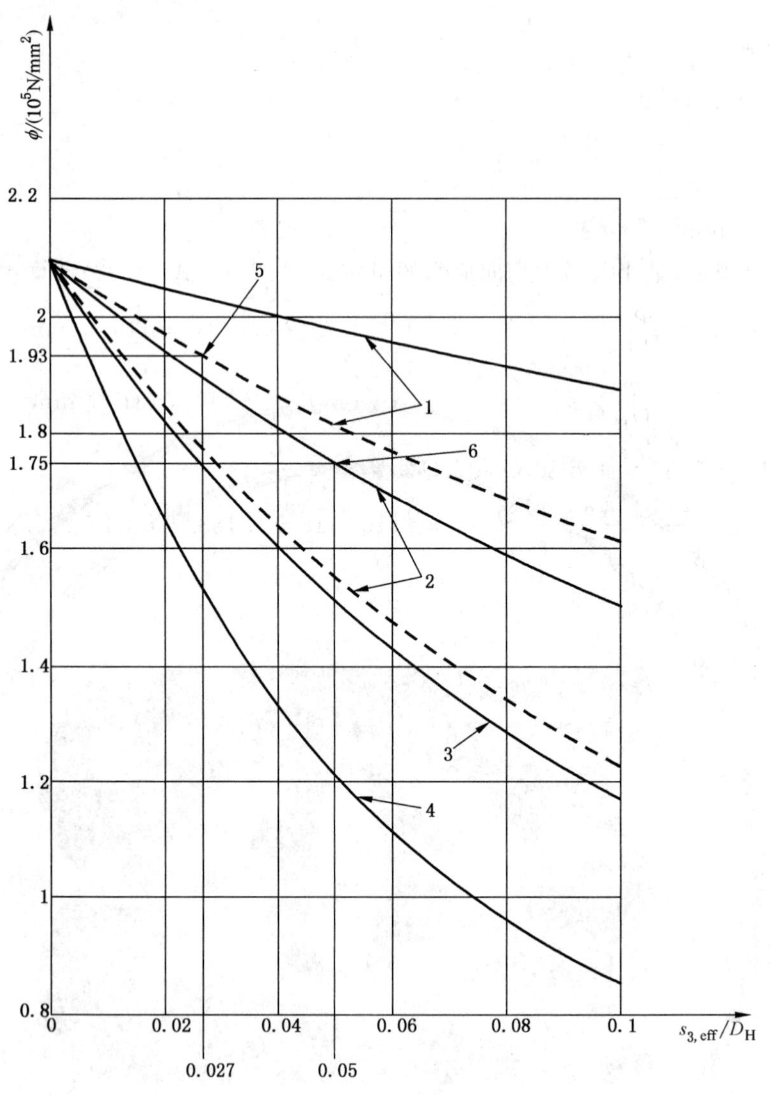

说明：

连杆瓦用-------；

主轴瓦用———；

1——钢；

2——灰铸铁；

3——铝；

4——镁；

5——A.1 中的示例；

6——A.2 中的示例。

图 A.1

附 录 NA
(资料性附录)
与规范性引用的国际文件有一致性对应关系的我国文件

GB/T 2889.1 滑动轴承 术语、定义和分类 第1部分:设计、轴瓦材料及其性能(GB/T 2889.1—2008,ISO 4378-1:1997,IDT)

GB/T 3505 产品几何技术规范(GPS) 表面结构 轮廓法 术语、定义及表面结构参数(GB/T 3505—2009,ISO 4287:1997,IDT)

GB/T 4956 磁性金属基体上非磁性覆盖层 覆盖层厚度测量 磁性法(GB/T 4956—2003,ISO 2178:1982,IDT)

GB/T 6062 产品几何技术规范(GPS) 表面结构 轮廓法 接触(触针)式仪器的标称特性(GB/T 6062—2009,ISO 3274:1996,IDT)

GB/T 7308 滑动轴承 有法兰或无法兰薄壁轴瓦 公差、结构要素和检验方法(GB/T 7308—2008,ISO 3548:1999,IDT)

GB/T 10446 滑动轴承 整圆止推垫圈 尺寸和公差(GB/T 10446—2008,ISO 6525:1983,Plain bearings—Ring type thrust washers made from strip—Dimensions and tolerances,MOD)

GB/T 10447 滑动轴承 半圆止推垫圈 要素和公差(GB/T 10447—2008,ISO 6526:1983,MOD)

GB/T 10610 产品几何技术规范(GPS) 表面结构 轮廓法 评定表面结构的规则和方法(GB/T 10610—2009,ISO 4288:1996,IDT)

GB/T 12613.1 滑动轴承 卷制轴套 第1部分:尺寸(GB/T 12613.1—2011,ISO 3547-1:2006,IDT)

GB/T 12613.2 滑动轴承 卷制轴套 第2部分:外径和内径的检测数据(GB/T 12613.2—2011,ISO 3547-2:2006,IDT)

GB/T 12613.3 滑动轴承 卷制轴套 第3部分:润滑油孔、油槽和油穴(GB/T 12613.3—2011,ISO 3547-3:2006,IDT)

GB/T 12613.4 滑动轴承 卷制轴套 第4部分:材料(GB/T 12613.4—2011,ISO 3547-4:2006,IDT)

GB/T 12613.5 滑动轴承 卷制轴套 第5部分:外径检验(GB/T 12613.5—2011,ISO 3547-5:2007,IDT)

GB/T 12613.6 滑动轴承 卷制轴套 第6部分:内径检验(GB/T 12613.6—2011,ISO 3547-6:2007,IDT)

GB/T 12613.7 滑动轴承 卷制轴套 第7部分:薄壁轴套壁厚测量(GB/T 12613.7—2011,ISO 3547-7:2007,IDT)

GB/T 12948 滑动轴承 双金属结合强度破坏性试验方法(GB/T 12948—1991,neq ISO 4386-2:1982,Plain bearings—Metallic multilayer plain bearings—Part 2:Destructive testing of bond for bearing metal layer thicknesses greater than or equal to 2 mm)

GB/T 18323 滑动轴承 烧结轴套的尺寸和公差(GB/T 18323—2001,idt ISO 2795:1991)

GB/T 18329.1 滑动轴承 金属多层滑动轴承结合强度的超声波无损检验(GB/T 18329.1—2001,idt ISO 4386-1:1992,Plain bearings—Metallic multilayer plain bearings—Part 1:Non-destructive ultrasonic testing of bond)

GB/T 20018 金属与非金属覆盖层 覆盖层厚度测量 β射线背散射法(GB/T 20018—2005,

ISO 3543:2000,IDT)

GB/T 23893 滑动轴承用热塑性聚合物 分类和标记(GB/T 23893—2009,ISO 6691:2000,IDT)

JB/T 7920 滑动轴承 薄壁轴瓦 周长的检验方法(JB/T 7920—1995,eqv ISO 6524:1983,Plain bearings—Thin-walled half bearings—Checking of peripheral length)

JB/T 7925.1 滑动轴承 单层轴承减摩合金的硬度检验方法(JB/T 7925.1:1995,neq ISO 4384-2:1982,Plain bearings—Hardness testing of bearing metals—Part 2:Solid materials)

JB/T 7925.2 滑动轴承 多层轴承减摩合金的硬度检验方法(JB/T 7925.2:1995,neq ISO 4384-1:1982,Plain bearings—Hardness testing of bearing metals—Part 1:Compound materials)

参 考 文 献

[1] GB/T 4956 磁性基体上非磁性覆盖层 覆盖层厚度测量 磁性法(GB/T 4956—2003,ISO 2178:1982,IDT)

[2] GB/T 5210 色漆和清漆 拉开法附着力试验(GB/T 5210—2006,ISO 4624:2002,IDT)

[3] GB/T 18324 滑动轴承 铜合金轴套(GB/T 18324—2001,idt ISO 4379:1993,IDT)

[4] GB/T 18326 滑动轴承 薄壁滑动轴承用金属多层材料(GB/T 18326—2001,idt ISO 4383:2000)

[5] GB/T 20018 金属与非金属覆盖层 覆盖层厚度测量 β射线背散射法(GB/T 20018—2005,ISO 3543:2000,IDT)

[6] ISO 286-1 产品几何技术规范(GPS) 极限与配合 第1部分:公差、偏差和配合的基础(Geometrical Product Specifications (GPS)—ISO code system for tolerances on linear sizes—Part 1:Basis of tolerances,deviations and fits)

[7] ISO 2409 色漆和清漆 划格试验(Paints and varnishes—Cross-cut test)

[8] ISO 16287 滑动轴承 热塑性轴套 尺寸与公差(Plain bearings—Thermoplastic bushes—Dimensions and tolerances)

[9] 指南 99 国际通用计量学基本术语和词汇(VIM)(Guide 99,International vocabulary of basic and general terms in metrology (VIM))

ICS 27.200
J 73

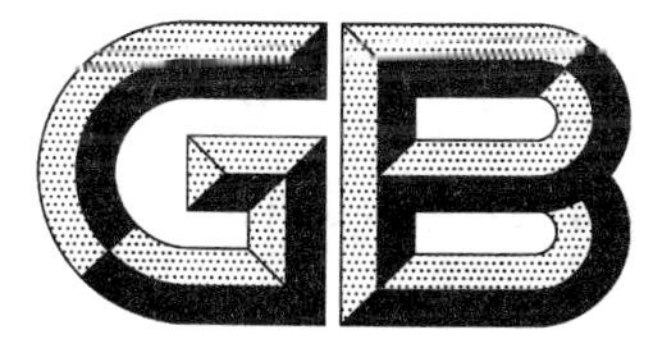

中华人民共和国国家标准

GB/T 27940—2011

制冷用容积式单级制冷压缩机并联机组

Single-stage positive displacement refrigerant compressors parallel unit for refrigeration application

2011-12-30 发布　　2012-10-01 实施

中华人民共和国国家质量监督检验检疫总局
中国国家标准化管理委员会　发布

前　言

本标准按照 GB/T 1.1—2009 给出的规则起草。

本标准由中国机械工业联合会提出。

本标准由全国冷冻空调设备标准化技术委员会(SAC/TC 238)归口。

本标准主要起草单位:西克制冷(无锡)有限公司、合肥通用机械研究院、广东吉荣空调有限公司。

本标准参加起草单位:大连三洋压缩机有限公司、江森自控楼宇设备科技(无锡)有限公司、国家节能环保制冷设备工程技术研究中心、广东美的暖通设备有限公司、浙江汇杰制冷设备有限公司、绍兴东龙制冷空调有限公司。

本标准主要起草人:文茂华、贾少波、石竹青、刘景林、吴杰生、胡祥华、黄辉、吴正茂、张志、蒋刚良、罗标。

制冷用容积式单级制冷压缩机并联机组

1 范围

本标准规定了制冷用容积式单级制冷压缩机并联机组(以下简称“机组”)的术语和定义、型式与基本参数、要求、试验方法、检验规则、标志、包装、运输和贮存。

本标准适用于以 R22、R134a、R404A、R407C、R410A 和 R507 为制冷剂的制冷用容积式单级制冷压缩机并联机组。

采用其他制冷剂的、以及带经济器的制冷用容积式单级制冷压缩机并联机组可参照执行。

2 规范性引用文件

下列文件对于本文件的应用是必不可少的。凡是注日期的引用文件,仅注日期的版本适用于本文件。凡是不注日期的引用文件,其最新版本(包括所有的修改单)适用于本文件。

GB 150 压力容器

GB/T 191 包装储运图示标志

GB 5226.1 机械电气安全 机械电气设备 第1部分:通用技术条件

GB/T 5773 容积式制冷剂压缩机性能试验方法

GB/T 6388 运输包装收发货标志

GB 9237 制冷和供热用机械制冷系统 安全要求

GB/T 10079 活塞式单级制冷压缩机

GB/T 12241 安全阀一般要求

GB/T 13306 标牌

GB/T 13384 机电产品包装通用技术条件

GB/T 16630 冷冻机油

GB/T 18429 全封闭涡旋式制冷压缩机

GB/T 19410 螺杆式制冷压缩机

GB 25131 蒸气压缩循环冷水(热泵)机组安全要求

JB/T 4330—1999 制冷与空调设备噪声的测定

JB/T 7245 制冷装置用截止阀

JB/T 7249 制冷设备术语

JB/T 7961 制冷用压力、压差控制器

NB/T 47012 制冷装置用压力容器

3 术语和定义

JB/T 7249 界定的以及下列术语和定义适用于本文件。

3.1

容积式单级制冷压缩机并联机组 single-stage positive displacement refrigerant compressors parallel unit

由2台或多台容积式单级制冷压缩机通过吸气集管和排气集管并联连接,并和其他辅助设备(如油

分离器、供油控制装置、电气控制系统等)组装在同一机架上,用于单一制冷系统的压缩制冷剂蒸汽的机组。

3.2

机组制冷量　unit refrigerating capacity

名义工况下制冷系统中流经机组的制冷剂单位时间移去的热量。它等于机组的制冷剂质量流量乘以机组进口热力状态下制冷剂蒸汽的比焓与机组出口蒸汽压力相对应的饱和温度下制冷剂液体的比焓之差。

3.3

机组输入功率　unit input power

名义工况下机组所有压缩机实测消耗总功率和其他辅助设备(如电气控制系统等)功率之和。

3.4

机组性能系数　unit coefficient of performance

名义工况下机组的制冷量与输入功率的比值。

4　型式与基本参数

4.1　型式

4.1.1　按压缩机类型分为:活塞式、螺杆式和涡旋式。

4.1.2　按应用范围分为:高温型、中温型和低温型。

4.1.3　机组的型号表示方法由制造厂自行规定。

4.2　名义工况

机组的名义工况按表1的规定。

表1　机组的名义工况

单位为摄氏度

<table>
<tr><th>类型</th><th>吸气饱和(蒸发)温度</th><th>排气饱和(冷凝)温度</th><th>吸气温度或过热度</th><th>过冷度</th></tr>
<tr><td>高温(高冷凝压力)</td><td rowspan="2">5</td><td>50</td><td rowspan="2">20</td><td rowspan="5">0</td></tr>
<tr><td>高温(低冷凝压力)</td><td>40</td></tr>
<tr><td>中温(高冷凝压力)</td><td rowspan="2">−10</td><td>45</td><td rowspan="3">10K</td></tr>
<tr><td>中温(低冷凝压力)</td><td rowspan="2">40</td></tr>
<tr><td>低温</td><td>−30</td></tr>
<tr><td colspan="5">注:1　吸气饱和(蒸发)温度是指在机组吸气压力下对应的制冷剂露点温度。
2　排气饱和(冷凝)温度是指在机组排气压力下对应的制冷剂饱和液体温度。</td></tr>
</table>

5　要求

5.1　一般要求

5.1.1　机组应按经规定程序批准的图样和技术文件制造。当用户有特殊要求时,可按用户与制造厂协议执行。

5.1.2 机组中压缩机使用和设计应符合如下规定：

a) 活塞式制冷压缩机符合 GB/T 10079 的规定；

b) 螺杆式制冷压缩机符合 GB/T 19410 的规定；

c) 涡旋式制冷压缩机符合 GB/T 18429 的规定。

5.1.3 机组配套用的压力容器应符合 NB/T 47012 或 GB 150 的规定。

5.1.4 机组应按制冷压缩机制造厂的规定安装相应的保护及报警装置(如相位、油位、液位、过载等)。

5.1.5 各零部件的安装应牢固可靠,管路与零部件不应有相互摩擦和碰撞。

5.1.6 润滑系统应保证机组正常运行。

5.1.7 润滑油应符合 GB/T 16630 的要求。

5.1.8 压力压差控制器应符合 JB/T 7961 的要求。

5.1.9 安全阀应动作灵敏、不泄漏、安全可靠,并符合 GB/T 12241 的要求。

5.1.10 制冷用截止阀应符合 JB/T 7245 的要求。

5.1.11 电气元件的选择以及电器安装、布线应符合 GB 5226.1 的要求。

5.2 安全要求

5.2.1 制冷系统安全

制冷系统安全要求应符合 GB 9237 的规定。

5.2.2 安全控制器件

机组应具有防止运行参数(如温度、压力等)超过规定范围的安全保护措施和器件,保护器件设置应符合设计要求并灵敏可靠。

5.2.3 机械安全

机组的设计应保证在正常装卸、运输、安装和使用时具有可靠的稳定性,机组应有防振动的措施。机组应有足够的机械强度。

5.2.4 电气安全

5.2.4.1 变电压

在变电压试验时,机组应无异常现象并能连续运行,安全保护机构不应动作。

注：电动机、电器元件及安全保护机构等由相关质量监督部门进行检测并提供报告则可不进行此项测试。

5.2.4.2 泄漏电流

机组带电部位和可能接地的非带电部位之间的泄漏电流值应不大于 0.5 mA。

5.2.4.3 电气强度

机组带电部位和非带电部位之间施加规定的试验电压时,应无击穿和闪络。

5.2.4.4 接地电阻

机组应有符合 GB 25131 规定的接地装置,接地电阻应小于 0.1 Ω。

5.2.5 安全标识

机组在正常安装状态下,应在显著位置设置永久性安全标识(如接地标识、警告标识等)。

5.3 性能要求

5.3.1 气密性要求

采用电子卤素检漏仪或氦检漏仪时，机组单点泄漏率应低于 14 g/a，并充分保证机组在应用周期内的气密性；

5.3.2 运转

机组在额定电压下应能正常运转，无异常。

5.3.3 名义工况性能

机组的实测制冷量不应小于明示值的 95%，实测输入功率不应大于明示值的 110%，实测制冷性能系数不应小于明示值的 95%。

5.3.4 部分负荷性能

根据机组的能量调节级数进行部分负荷运行，机组应能正常工作；运行稳定后，测量其名义工况下的性能。机组如配备了配置卸载机构，其卸载动作应灵活、可靠。

5.3.5 最小负荷性能

将能量调节级数调至最小时，机组应能正常工作。运行稳定后，测量其名义工况下的性能。

5.3.6 全性能要求

机组应进行全性能试验，并绘制符合压缩机使用温度范围的全性能曲线或图表。在全性能曲线或图表中应包括不少于 3 种不同的冷凝温度，每种冷凝温度下应不少于 5 种蒸发温度的制冷量、输入功率和制冷性能系数等值。

5.3.7 噪声

机组的实测噪声值应不大于明示值。

5.3.8 振动

机组的实测振动值应不大于明示值。

6 试验方法

6.1 试验条件

6.1.1 试验装置及试验用仪器仪表应符合 GB/T 5773 中的有关规定。

6.1.2 试验装置的制冷系统应确保无制冷剂泄漏，试验装置的液体管道与吸气管道应隔热。

6.1.3 试验应在规定的环境温度内进行，试验装置的周围不应有异常的空气流动。

6.2 电气安全试验

6.2.1 变电压试验

机组按表 1 规定的名义工况，在 95% 的额定电压下运行，时间不少于 0.5 h，再在 105% 的额定电压下运行，时间不少于 0.5 h。

6.2.2 泄漏电流试验

在机组带电部位和可能接地的非带电部位之间施加试验电压后的 5 s 内测试泄漏电流，其值符合 5.2.4.2 的规定。试验电压为：

对单相机组，为额定电压的 1.06 倍；

对三相机组，为额定电压的 1.06 倍除以$\sqrt{3}$。

注：在控制电路的电压范围内，在对地电压为直流 30 V 以下的控制回路中应用的电子器件，可免去该项试验。

6.2.3 电气强度试验

在机组带电部位和非带电金属部位之间加上一个频率为 50 Hz 的基本正弦波电压，试验电压值为 1 250 V，试验时间为 1 min。

注：1 电机已由生产商进行耐电压试验并出具检测报告的，应不再进行该项目测试。

2 已进行耐电压试验的部件可不再进行试验。

3 在控制电路的电压范围内，在对地电压为直流 30 V 以下的控制回路中应用的电子器件，可免去该项耐电压试验。

6.2.4 接地电阻测试

检查机组上是否安装具有符合规定的接地装置。在接地端子和保护接地电路部件之间，通入保安特低电压电源的 50 Hz、至少 10 A 电流和至少 10 s 时间，测试接地端子和各测试点之间的电压降，由电流和该电压降计算出电阻。

6.3 性能试验

6.3.1 气密性试验

机组制冷剂侧在设计压力下，按 NB/T 47012 中的气密性试验方法进行检验。

6.3.2 运转试验

机组在额定电压下进行运转试验，检查机组运转情况是否正常。

6.3.3 名义工况性能试验

将机组的能量调节置于最大制冷量位置，在额定电压和额定频率下，按 GB/T 5773 规定的方法进行试验，测试机组在表 1 规定名义工况下的制冷量、输入功率、制冷性能系数等。

6.3.4 部分负荷性能试验

按机组能量调节级数，在表 1 规定的名义工况下按 GB/T 5773 规定的方法在 100%负荷和最小负荷之间取中间 2 点进行制冷量部分负荷性能试验，同时注明部分负荷的百分比；对于能够无级能量调节的机组，在表 1 规定的名义工况下按 GB/T 5773 规定的方法进行制冷量的 75%、50%部分负荷性能试验。

6.3.5 最小负荷性能试验

将机组的能量调节级数调至最小，在表 1 规定的名义工况下按 GB/T 5773 规定的方法进行制冷量最小负荷性能试验，同时注明机组的最小负荷百分比。

6.3.6 全性能试验

机组按 GB/T 5773 规定的方法进行试验，并绘制符合压缩机使用温度范围的全性能曲线或图表，其试验工况由试验单位确定。

6.3.7 噪声试验

在表 1 规定的名义工况条件下，按 JB/T 4330—1999 附录 C 的方法进行测量；并按 JB/T 4330—1999 中表面平均声压级的方法计算声压级。

6.3.8 振动测量

机组按如下方法测量振动：

a) 测量仪器的频率范围应为 10 Hz～500 Hz。在此频率范围内的相对灵敏度以 80 Hz 的相对灵敏度为基准，其他频率的相对灵敏度应在基准灵敏度的＋10％～－20％的范围以内；

b) 机组安装在平台上。安装平台和基础应不产生附加振动或机组共振，机组运行时安装平台的振动值应小于被测机组最大振动值的 10％；

c) 在测定时的运行状态：机组应在输入电源的额定频率和额定电压的名义工况运行状态下进行测定；

d) 测点的配置：测点数一般为一点，该测点应在机架下部靠近机组重心的压缩机正下方分别按轴向、垂直轴向和水平面垂直轴向配置；

e) 测量的要求：测量时，测量仪器的传感器与测点的接触应良好，并应保证具有可靠的连结。机组的振动值系以各测点测得的最大数据为准；

f) 试验报告：试验报告中应写明机组型号、测定的工况、机组制造厂名及产品编号。试验报告中应注明最大振动值的测点位置。

7 检验规则

7.1 检验分类

机组的检验分为出厂检验、抽样检验和型式检验。检验项目按表 2 的规定。

7.2 出厂检验

每台机组均应做出厂检验，检验合格后附产品合格证方可出厂。

7.3 抽样检验

7.3.1 应从出厂检验合格的机组中抽样。抽样方法应符合制造厂规定。

7.3.2 批量生产的机组应进行抽样检验。抽样方法、批量、抽样方案、检验水平及合格质量水平等由制造厂质量检验部门自行确定。

7.4 型式检验

7.4.1 根据 4.1.1 的分类原则，同一类型的并联机组，第一台产品应做型式检验。

7.4.2 型式检验允许中途停车，以检查机组运行情况；运行时如有故障，在故障排除后应重新进行试验。

表 2 检验项目

<table>
<tr><th>序号</th><th>项目</th><th>出厂检验</th><th>抽样检验</th><th>型式检验</th><th>要求</th><th>试验方法</th></tr>
<tr><td>1</td><td>一般规定</td><td rowspan="8">√</td><td rowspan="9">√</td><td rowspan="16">√</td><td>5.1.4～5.1.6、5.1.11</td><td rowspan="4">视检</td></tr>
<tr><td>2</td><td>安全标识</td><td>5.2.5</td></tr>
<tr><td>3</td><td>标志</td><td>8.1</td></tr>
<tr><td>4</td><td>包装</td><td>8.4</td></tr>
<tr><td>5</td><td>泄漏电流</td><td>5.2.4.2</td><td>6.2.2</td></tr>
<tr><td>6</td><td>电气强度</td><td>5.2.4.3</td><td>6.2.3</td></tr>
<tr><td>7</td><td>气密性试验</td><td>5.3.1</td><td>6.3.1</td></tr>
<tr><td>8</td><td>运转</td><td>5.3.2</td><td>6.3.2</td></tr>
<tr><td>9</td><td>名义工况性能</td><td rowspan="8">—</td><td>5.3.3</td><td>6.3.3</td></tr>
<tr><td>10</td><td>部分负荷性能</td><td rowspan="7">—</td><td>5.3.4</td><td>6.3.4</td></tr>
<tr><td>11</td><td>最小负荷性能</td><td>5.3.5</td><td>6.3.5</td></tr>
<tr><td>12</td><td>全性能</td><td>5.3.6</td><td>6.3.6</td></tr>
<tr><td>13</td><td>噪声</td><td>5.3.7</td><td>6.3.7</td></tr>
<tr><td>14</td><td>振动</td><td>5.3.8</td><td>6.3.8</td></tr>
<tr><td>15</td><td>电压变化</td><td>5.2.4.1</td><td>6.2.1</td></tr>
<tr><td>16</td><td>接地电阻</td><td>5.2.4.4</td><td>6.2.4</td></tr>
<tr><td colspan="7">注：1 “√”表示应检验项目；“—”表示不检验项目。
2 输入功率大于 200 kW 的机组，可在使用现场进行运转试验。</td></tr>
</table>

8 标志、包装、运输和贮存

8.1 标志

8.1.1 每台机组应在明显的部位设置永久性标牌，标牌应符合 GB/T 13306 的规定。标牌上至少应标明下列内容：

a) 制造厂名称、商标；

b) 产品名称和型号；

c) 主要技术性能参数(至少应包括名义工况条件、名义制冷量、输入功率、性能系数(COP)、最小部分负荷百分比、制冷剂名称、电压、频率、相数、电流、重量)；

d) 产品出厂编号；

e) 制造年月；

f) 产品执行标准。

8.1.2 机组相关部位上应有工作情况标志，如制冷压缩机油位、电气控制标志等。

8.1.3 包装、储运、收发货标志应符合 GB/T 191 和 GB/T 6388 的规定。

8.2 随机文件

每台机组出厂时应随带下列文件。

a) 产品合格证,其内容包括:
——产品型号及名称;
——产品出厂编号;
——制造厂名称;
——检验结论;
——检验员、检验负责人签章和日期。

b) 产品使用说明书,其内容包括:
——产品型号、名称、适用范围;
——产品结构示意图、电路图及接线图等;
——技术性能参数(至少应包括名义工况条件、名义制冷量、输入功率、性能系数(COP)、最小部分负荷百分比、蒸发温度范围、制冷剂名称、电压、频率、相数、电流、重量);
——安装说明和要求;
——使用说明、维护保养及注意事项;
——机组主要部件或备件数量、目录。

c) 装箱单。

8.3 包装

8.3.1 机组包装应符合 GB/T 13384 的规定。

8.3.2 机组外露的不涂漆加工表面应采取防锈措施,螺纹接头用螺塞旋堵,法兰孔用盲板封盖。

8.3.3 机组在出厂包装前应充入 0.02 MPa～0.03 MPa(表压)的干燥氮气。

8.3.4 购货方如有特殊包装要求时应按供需双方协议执行。

8.4 运输和贮存

8.4.1 机组在运输和贮存过程中,不应碰撞、倾斜。

8.4.2 机组贮存的场所应通风、干燥,周围应无腐蚀性气体。露天贮存时应有防雨水措施,避免自控、电气系统受潮。

ICS 27.200
J 73

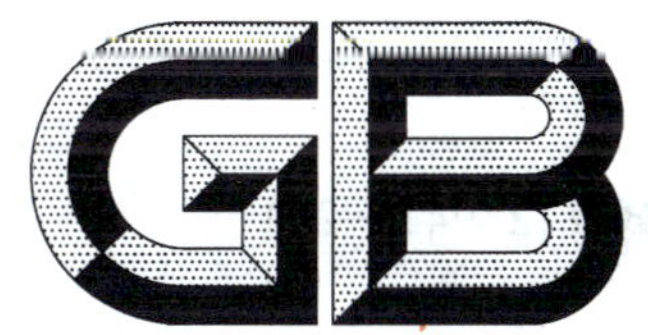

中华人民共和国国家标准

GB/T 27941—2011

多联式空调(热泵)机组应用设计与安装要求

Code of design and installation for multi-splitair conditioning (heat pump) system

2011-12-30 发布　　2012-10-01 实施

中华人民共和国国家质量监督检验检疫总局
中国国家标准化管理委员会　发布

前　言

本标准按照 GB/T 1.1—2009 给出的规则起草。

本标准由中国机械工业联合会提出。

本标准由全国冷冻空调设备标准化技术委员会(SAC/TC 238)归口。

本标准主要起草单位:浙江德盛建设集团公司、清华大学、合肥通用机械研究院、广东美的暖通设备有限公司、青岛海尔空调电子有限公司、青岛海信日立空调系统有限公司、深圳麦克维尔空调有限公司。

本标准参加起草单位:珠海格力电器股份有限公司、大金(中国)投资有限公司、上海三菱电机·上菱空调机电器有限公司、江森自控楼宇设备科技(无锡)有限公司、浙江欣晖制冷设备有限公司、浙江春晖智能控制股份有限公司、国家节能环保制冷设备工程技术研究中心、上虞风华空调工程有限公司。

本标准主要起草人:石文星、陈国民、张明圣、许永锋、毛守博、孟建军、周鸿钧、苏玉海、钟鸣、童杏生、胡祥华、姚庆忠、郑志良、黄辉、戴利峰、邓国勇、周德海、赵伟。

多联式空调(热泵)机组应用设计与安装要求

1 范围

本标准规定了多联式空调(热泵)机组(以下简称:多联式机组)的术语和定义、应用设计、安装、调试、试运行及验收。

本标准适用于采用R22、R410A、R407C制冷剂的多联式机组;也适用于低环境温度空气源多联式机组。

发动机驱动的多联式机组、水源多联式机组以及采用其他制冷剂的上述机组可参照执行。

2 规范性引用文件

下列文件对于本文件的应用是必不可少的。凡是注日期的引用文件,仅注日期的版本适用于本文件。凡是不注日期的引用文件,其最新版本(包括所有的修改单)适用于本文件。

GB/T 1527 铜及铜合金拉制管

GB/T 4272 设备及管道绝热技术通则

GB/T 8175 设备及管道绝热设计导则

GB 9237 制冷和供热用机械制冷系统安全要求

GB/T 17791 空调与制冷设备用无缝铜管

GB/T 18837 多联式空调(热泵)机组

GB 21454 多联式空调(热泵)机组能效限定值及能源效率等级

GB 50019 采暖通风与空气调节设计规范

GB 50126 工业设备及管道绝热工程施工规范

GB 50189 公共建筑节能设计标准

GB 50242 建筑给水排水及采暖工程施工质量验收规范

GB 50243 通风与空调工程施工质量验收规范

GB 50303 建筑电气工程施工质量验收规范

GB 50411 建筑节能工程施工质量验收规范

JGJ 16 民用建筑电气设计规范

JGJ 141 通风管道技术规程

JGJ 174—2010 多联机空调系统工程技术规程

3 术语和定义

GB/T 18837 和 GB 50019 界定的以及下列术语和定义适用于本文件。

3.1

多联机空调(热泵)系统 multi-split air conditioning (heat pump) system

经过工程设计,并在工程现场用规定管道将一台或数台室外机组和数台室内机组连接、安装组成的单一制冷循环直接蒸发式空气调节系统。以下简称:多联机系统。

3.2

连接管　connecting pipe

由制冷剂管道、阀门、弯头、分歧管等组成，以连接室内、外机组，使之构成制冷剂循环的封闭回路，包括液体连接管和气体连接管。

3.3

连接管长度　connecting pipe length

室外机组与室内机组之间的单程气体连接管或液体连接管的实际长度。

3.4

连接管等效长度　equivalent connecting pipe length

连接管长度与连接管上的阀门、弯头、分歧管等阻力部件所对应的等效长度之和。

3.5

分歧管　bifurcated pipe

一种类似于三通、用来实现管道中制冷剂分流或合流的连接管件。

3.6

集支管　collected branch pipe

一种在集管上设有多个支管接口、用来实现管道中制冷剂分流或合流的连接管件。

3.7

配置率　ordonnance rate

一套多联机系统所有室内机组的名义制冷量之和与所有室外机组名义制冷量的比值。

4　应用设计

4.1　一般规定

4.1.1　应按建筑物使用房间的用途、使用要求、冷(热)负荷特点、气候条件及能源状况，结合国家有关安全、环保、节能、卫生等规定，确定多联式机组的型式如下：

a)　机组仅在夏季运行时，宜采用单冷型机组；

b)　需冬夏两季运行时，宜采用热泵型机组；

c)　在同一系统中需要同时供冷和供热时，宜采用热回收型机组；

d)　在具有峰谷电价政策的场所，通过技术经济分析合理时，宜采用蓄能(蓄冷、蓄热)型机组。

4.1.2　选用的多联式机组的性能应符合 GB 21454 的规定。

4.1.3　多联式机组的应用设计宜按如下步骤进行：

a)　按房间的朝向、使用时间和频率、室内设计条件等，合理划分系统分区。每个分区的多联机系统，其室外机组允许连接的室内机组数量不应超过产品技术要求；

b)　初选室内、外机组的具体型式和容量；

c)　布置室内、外机组；

d)　设计室内、外机组的连接管；

e)　计算多联机系统的连接管等效长度，并根据连接管等效长度和多联式机组产品制造商提供的变工况运行特性(曲线或表格)，修正多联式机组的制冷(热)量，确认机组的容量和性能是否满足要求；如不满足，则返回步骤 a)重新设计；

f)　设计空调凝结水管系统、风管系统、电气与控制系统。

4.1.4　应预留安装、操作和维修所必需的空间，并根据需要预留安装和维修用孔洞。

4.1.5　当设计对施工有特殊要求时，应在设计文件中加以说明。

4.1.6　多联机系统的工程施工图设计文件应符合下列规定：

a) 应以施工图为主,并应包括图样目录、设计施工说明、主要设备表、空调系统图、平面图及详图等内容;

b) 设计深度应符合国家现行有关规定的要求。

4.2 负荷计算

4.2.1 室内、外设计参数的选取应符合 GB 50019 的规定。

4.2.2 负荷计算应符合 GB 50019 的规定。

4.3 室内、外机组的型式和容量确定

4.3.1 按计算得到的建筑物区域或房间的逐时负荷,确定相应室内机组的容量;并按气流组织要求,选择合理的室内机组型式。

4.3.2 按计算得到的同一多联机系统所承担的各房间或区域的冷(热)负荷确定室外机组的容量。

4.3.3 在较大的建筑物或建筑区域中,宜采用多套多联机系统。

4.3.4 当多联机系统的设计工况与多联式机组的名义工况不同时,多联机系统的实际制冷(热)量需根据设计条件的温度、配置率、管长、室内外机组的安装高差以及融霜等因素进行修正,由此确定需选用的室外机组的名义制冷量和名义制热量。

多联机系统室外机组的制冷量和制热量应按式(1)进行修正。

$$Q = Q_R \cdot \alpha \cdot \beta \cdot \delta \qquad (1)$$

式中:

Q ——室外机组的实际制冷(热)量,单位为千瓦(kW);

Q_R ——室外机组的名义制冷(热)量,单位为千瓦(kW);

α ——室内、外设计温度和室内、外机组配置率修正系数,采用产品制造商的推荐值;

β ——室内、外机组之间的连接管等效长度和安装高差综合修正系数,采用产品制造商的推荐值;

δ ——制热时的融霜修正系数,采用产品制造商的推荐值。

4.4 室内、外机组的布置

4.4.1 室内机组布置应满足房间气流组织要求;冬季需要采暖的,如果吊顶较高,应尽量避免采用顶送顶回的气流组织方式。

4.4.2 应避免将室内机组安装在室外、易受油烟污染、酸碱或具有强电磁干扰的环境中。无法避免时,应采取专用措施。

4.4.3 室外机组的布置应遵循以下原则:

a) 应设置在通风良好的场所,并考虑季风和楼群风对室外机组排风的影响;

b) 宜设置于阴凉处,且不应设置在多尘或污染严重的地方;

c) 应远离电磁波辐射源设置,与辐射源间距至少为 1 m;

d) 机组的排风不应影响邻居住户的开窗通风;

e) 机组的设置宜减少连接管总长度;

f) 机组之间、机组与周围障碍物之间应有安装、维护空间或通道,并符合产品的技术要求。

4.4.4 当室外机组集中布置时,应在机组周围留有充足的通风空间,以防止进、排风的气流短路或吸入其他机组的排风。当布置条件无法满足产品制造商的要求时,可采用抬高机组安装高度、加装机组排风管或改变机组周围的围护结构等措施改善散热条件。必要时,宜采用气流组织模拟分析方法,辅助确定机组的进、排风口安装位置。

4.4.5 当室外机组布置在建筑物各层的空调机房中时,应考虑既不应影响建筑立面的景观,又有利于

与室外空气的热交换，同时便于清洗和维护室外散热器。室外机组的设置位置应符合下列规定：

a） 空调机房的尺寸及围护结构必须满足室外机组的安装、维护及空气流通空间要求；

b） 应采用排风管将室外机组的排风直接排至室外空间，并避免排风管漏风，同时应满足室外机组风机的机外静压大于进、排风管的阻力之和；

c） 应避免室外机组进、排风的气流短路，宜将室外机组机房布置在建筑的边角处，分别从不同方向进风和排风。在不同进、排风口位置时的风速宜按表1进行选取；

表1 不同进、排风口位置的风速

单位为米每秒

进、排风口位置	排风风速	进风风速
同侧	6～9	≤1.6
不在同侧	≥4	≤2.5

d） 设置在多层或高层建筑中的室外机组，不应从下到上逐层、依次布置在建筑物的竖向凹槽内；必要时，宜采用气流组织模拟分析方法，辅助确定室外机组以及进、排风口的设置位置。

4.5 制冷剂配管设计

4.5.1 多联机系统的配管管径和管道配件等应按产品技术要求选用。

4.5.2 多联机系统的配管应采用铜管，其材质、规格应符合 GB/T 1527 和 GB/T 17791 的要求。配管的最小壁厚名义值应符合表2的规定。

表2 多联机系统配管的最小壁厚名义值

单位为毫米

铜管外径 ϕ	6～16	>16～29	>29～33	>33～37	>37～40	>40～45
最小壁厚 t	0.8	1.0	1.1	1.3	1.4	1.5

4.5.3 在确定多联机系统室内、外机组之间的连接管管径时，应遵循以下原则：

a） 室外机组与分歧管（或集支管）之间：与室外机组制冷剂管道接口尺寸相同；

b） 分歧管（或集支管）与室内机组之间：与室内机组管道接口尺寸相同；

c） 分歧管与分歧管之间：取决于其后所连接的所有室内机组的总容量；

d） 当需要增大连接管管径时，应按产品制造商的技术文件执行。

4.5.4 在确定多联机系统室内、外机组之间的连接管长度时，应遵循以下原则：

a） 室内机组与室外机组之间的最大允许连接管等效长度，应通过产品技术文件核算，满足安装后的多联机系统在名义制冷工况下满负荷运行时的制冷量衰减率 κ_c 不应超过20%，且此时的室外机组制冷能效比 COP_{co} 不应低于2.60或多联机系统的制冷能效比 COP_{cs} 不应低于2.40。

安装后的多联机系统在名义制冷工况下满负荷运行时的制冷量衰减率 κ_c 由式(2)进行计算：

$$\kappa_c = \frac{Q_R - Q_{out}}{Q_R} \times 100\% \qquad \cdots\cdots(2)$$

式中：

κ_c ——安装后的多联机系统在名义制冷工况下满负荷运行时的制冷量衰减率，（%）；

Q_R ——室外机组的名义制冷量，单位为千瓦（kW）；

Q_{out}——在等效长度下，仅考虑管道连接因素时在名义制冷工况下的室外机组的折合制冷量，单位为千瓦（kW），其计算公式见式(3)：

$$Q_{out} = Q_R \cdot \beta \qquad \cdots\cdots(3)$$

安装后的多联机系统在名义制冷工况下满负荷运行时，室外机组的制冷能效比 COP_{co} 和多联机系统的制冷能效比 COP_{cs} 分别由式(4)和式(5)计算：

$$COP_{co}=\frac{Q_{out}}{P_{in,o}} \qquad \cdots\cdots(4)$$

$$COP_{cs}=\frac{Q_{out}}{P_{in,o}+P_{in,i}} \qquad \cdots\cdots(5)$$

式中：

COP_{co}——室外机组的制冷能效比；

COP_{cs}——多联机系统的制冷能效比；

$P_{in,o}$ ——室外机组的名义输入功率，单位为千瓦(kW)；

$P_{in,i}$ ——多联机系统所连接的所有室内机组的名义输入功率之和，单位为千瓦(kW)。

b) 室内机组与室外机组之间、室内机组与室内机组之间的最大允许高差不应超过产品的技术要求。

4.5.5 实际多联机系统中室外机组和室内机组之间的最大允许连接管长度由式(6)进行计算。其中，连接管局部阻力部件所对应的等效长度由产品制造商给定的数据或按表3的推荐值进行计算。

$$l_{max}=l_{e,max}-\sum l_{e,i} \qquad \cdots\cdots(6)$$

式中：

l_{max} ——最大允许连接管长度，单位为米(m)；

$l_{e,max}$ ——最大允许连接管等效长度，根据4.5.4确定，单位为米(m)；

$\sum l_{e,i}$ ——连接管上局部阻力部件的等效长度之和，单位为米(m)。

表3 单个局部阻力部件所对应的等效长度推荐值

外径 ϕ mm	等效长度 $l_{e,i}$ m				
	弯管	存油弯头	分歧管	集支管	
6.35	—	—	0.5	下游各室内机名义制冷量之和小于78 kW	1.0
9.52	0.18	1.3			
12.7	0.2	1.5		下游各室内机名义制冷量之和为78 kW～84 kW	2.0
15.88	0.25	2			
19.05	0.35	2.4		下游各室内机名义制冷量之和为84 kW～98 kW	3.0
22.23	0.4	3			
25.4	0.45	3.4		下游各室内机名义制冷量之和大于98 kW	4.0
28.6	0.5	3.7			
31.75	0.55	4		—	—
34.9	0.6	4.4			
38.1	0.65	4.7			
41.3	0.7	5			
44.45	0.75	5.4			
54.1	0.8	5.7			

注：“弯管”是指具有一定弯曲半径的配管；其他管径的局部阻力部件的等效长度采用线性插值方式进行计算。

4.5.6 集支管不应用于垂直方向的分流；在集支管分流之后，不应再用分歧管或集支管进行分流。当集支管有多余分支时，应将管口夹扁焊接密封。

4.5.7 应尽量减少管道的折弯数，对于有多个支路的多联机系统，主干管的分流点与各支路最远端室内机组的距离应尽量相等。

4.5.8 制冷剂配管过梁时，应避免存在直角弯液囊和气囊，宜采用图1所示的方法。

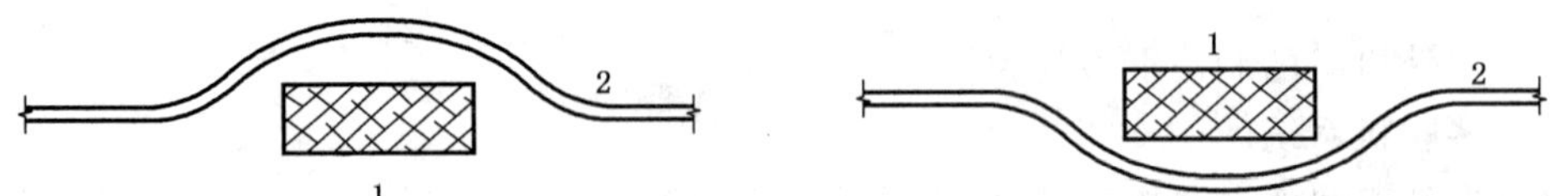

说明：

1——梁；

2——管道。

图 1

4.5.9 分歧管、集支管与直管道之间的管段长度应满足如下要求：

a) 铜管转弯处与相邻分歧管间的直管段长度应大于 0.5 m；

b) 相邻两分歧管间的直管段长度应大于 0.5 m；

c) 分歧管或集支管后连接室内机组的直管段长度应大于 0.5 m。

4.5.10 制冷剂配管穿越墙体或楼板处应预埋套管，并应符合消防安全标准的规定。

4.6 绝热

4.6.1 多联机系统中各设备、管道及其附件、阀门的绝热设计应符合 GB/T 8175 和 GB/T 4272 的规定。

4.6.2 多联机系统的配管、空调凝结水管、风管应采用不燃或难燃型泡沫橡塑绝热制品，其性能应符合 GB/T 8175 的规定，且 20 ℃时的导热系数(λ)不大于 0.040 W/(m·K)、湿阻因子不小于 800。

4.6.3 制冷剂配管采用的绝热材料的厚度，应根据铜管管径、绝热材料的导热系数大小确定，并符合 GB/T 8175 的规定。

a) 在干球温度为 35 ℃、相对湿度为 75%的环境中，如采用导热系数(λ)等于 0.035 W/(m·K)的绝热材料，当铜管外径(ϕD)不大于 12.7 mm 时，最小绝热层厚度为 15 mm；当铜管外径(ϕD)不小于 15.88 mm 时，最小绝热层厚度为 20 mm；

b) 当绝热材料的导热系数为其他数值时，可按表4中的修正系数对a)项给出的最小绝热层厚度进行修正；

表 4 绝热材料的最小厚度修正系数

绝热材料的导热系数 λ W/(m·K)	绝热层最小厚度修正系数	绝热材料的导热系数 λ W/(m·K)	绝热层最小厚度修正系数
0.025	0.77	0.035	1.00
0.030	0.89	0.040	1.12

c) 在热、湿环境下，绝热层厚度应经过计算后增加；在气候干燥地区，绝热层厚度应通过计算后减小。

4.7 空调凝结水管设计

4.7.1 室内机组的空调凝结水管应合理布置。布置时，遵循“就近排放原则”，将凝结水排至卫生间、厨房等有地漏的地方，或直接排至室外。应减少同一凝结水管连接的室内机组的数量，汇流时保证凝结水自上而下汇流进入集中排水管。

4.7.2 凝结水管的管材宜采用硬质塑料管（如U-PVC管）或热镀锌钢管。

4.7.3 凝结水管应独立配置，与其他建筑水管分开布置，并缩短其长度。凝结水管的横管应沿水流方向设置坡度，坡度不宜小于8‰，汇流水管的管径选择可参见表5。

表5 空调凝结水管时的管径

公称直径DN	mm	15	20	25	32	40	50
空调冷负荷 Q	kW	不推荐	<10	11～42	43～230	231～400	401～1 100
注：当横管坡度小于8‰时，管径放大一档。							

4.7.4 在凝结水排水立管的最高点应设置开口朝下的排气口，且不应设置在带提升泵的室内机组的凝结水提升管附近位置。

4.8 新风系统设计

多联机系统的新风系统设计应符合GB 50019和JGJ 174中的相关规定。

4.9 电气与控制系统设计

4.9.1 多联机系统的电气系统应按产品制造商提供的技术文件进行设计，并符合JGJ 16的相关规定。

4.9.2 多联机系统的电源配线规格应按多联式机组的最大运行电流配置，并符合JGJ 16的相关规定。

4.9.3 同一多联机系统的所有室内机组应采用同一配电回路供电。

4.9.4 多联机系统的控制系统应按产品制造商提供的技术文件进行设计，并应符合JGJ 174—2010中3.7的规定。

4.10 消声与隔振

多联机系统的消声与隔振设计应符合JGJ 174—2010中3.6的规定。

5 安装

5.1 一般规定

5.1.1 多联机系统的主要设备、材料、成品、半成品和仪表应进行开箱检查，并参照表A.1进行记录。多联式机组应具有出厂合格证书及使用说明书等技术文件；室内机组、室外机组、配管、管件的型号、规格、性能及技术参数等应符合产品制造商和相关标准的规定；设备外表面应无损伤、密封应良好，随机文件和配件齐全。

5.1.2 多联式机组的工程安装应按工程设计和产品技术文件进行，并应与建筑、结构、电气、给排水、装饰等专业相互协调，合理布置，且应满足GB 9237规定的安全要求。

5.1.3 多联机系统的安装和试运转宜按如下顺序进行：

a) 施工前施工图确认；

b) 施工阶段预埋管道施工；

c) 室内机组安装，室外机组安装，制冷剂配管施工；

d) 凝结水管安装，风管安装；

e） 电气工程施工，气密性试验，绝热工程，制冷剂充注；

f） 设备供电运行前的安装检查，试运转，验收，交付。

5.2 室内机组的安装

5.2.1 室内机组的搬运应做好保护工作，防止因搬运造成机组的损伤。

5.2.2 安装室内机组时，应选择合适位置，确保有必需的送风、检修空间，并保证整体的美观性。

5.2.3 吊装室内机组的吊杆下端必须采用双螺母对拧锁紧方式固定。

5.2.4 室内机组应独立固定，不应与其他设备、管线共用支、吊架或悬挂在其他专业的吊架上。

5.2.5 吊装时应使用四根吊杆，吊杆采用直径不小于 M8 的丝杆（螺纹杆）；吊杆长度超过 1.5 m 时，应采取相应措施防止运行时出现晃动。

5.2.6 当室内机组吊装在封闭吊顶内时，室内机组的电控箱位置处应预留不小于 450 mm×450 mm 的检修口。

5.3 室外机组的安装

5.3.1 吊运室外机组时不应拆去任何包装。应采用两根绳索在四个方向有包装状态下吊运，保持机器平衡，安全平稳地提升。为防止机组中心偏移，起吊移动时绳子的夹角必须小于 40°；在无包装搬运时，应用垫板或包装物进行保护。

5.3.2 室外机组吊装时应注意保持垂直；搬运时其倾斜度不应大于 45°，并注意在搬运、吊装过程中的安全。

5.3.3 室外机组安装在屋檐下或机组上方有水平障碍物时，机组的安装位置应选择通风良好的地方并应符合以下规定：

a） 室外机组安装在屋檐下，当 $l_1 \geqslant 3\ 000$ mm 时，安装位置应满足产品制造商技术文件要求；当 $1\ 000\ \text{mm} < l_1 \leqslant 3\ 000$ mm 时，$l_3 \geqslant l_2$；当 $l_1 \leqslant 1\ 000$ mm 时，$l_4 \geqslant l_2$；

b） 室外机组安装在上方有水平障碍物的场合，当 $l_1 \geqslant 3\ 000$ mm 时，安装位置应满足产品制造商技术文件要求；当 $l_1 \leqslant 3\ 000$ mm 时，应安装风帽将排风引出障碍物。

5.3.4 必要时，室外机组应安装风帽及气流导向格栅，参见图 2，以防止进、排风短路：

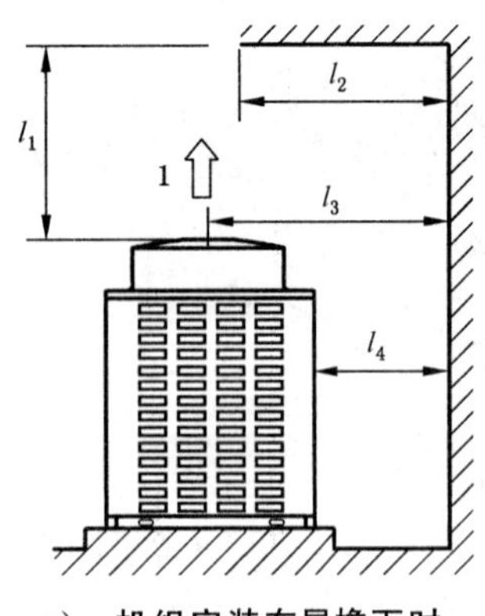

a） 机组安装在屋檐下时

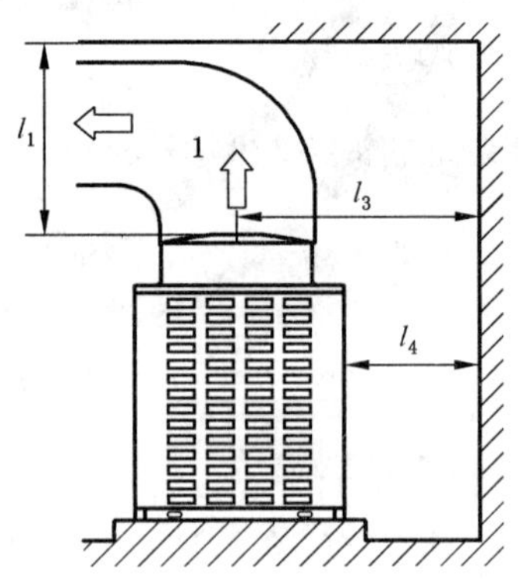

b） 机组上方有水平障碍物时

说明：

1——室外机组的排风；

l_1——室外机组与屋檐或水平障碍物的距离；

l_2——屋檐与外墙的距离；

l_3——室外机组中心轴线与外墙的距离；

l_4——室外机组外壳与外墙的距离。

图 2

5.3.5 在有冰雪覆盖的场合安装室外机组时，应在室外机组的排风口和进风口加装防雪罩，并设置较高的底座或基础，参见图3。

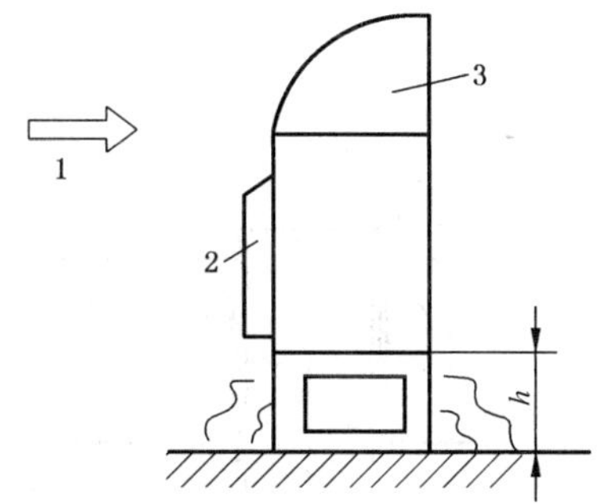

说明：

1——冬季主导风向；

2——进风口防雪罩；

3——排风口防雪罩。

h——底座或基础的高度(考虑积雪厚度时，底座或基础的高度应适当加高)。

图3

5.3.6 室外机组应安装在水平且可承重的基础上，基础的高度应大于100 mm，其长度和宽度应根据室外机组的机型和台数确定。

5.3.7 室外机组与基础之间应接触紧密，并应根据产品制造商技术文件的要求，在室外机组与基础之间安装减振部件；当无明确要求时，室外机组与基础之间的减振部件可采用5 mm～10 mm厚的橡胶板或波纹型橡胶减振垫，并应沿室外机组长度方向充分设置，不应只在固定点设置。

5.3.8 室外机组应用地脚螺栓固定在基础上，采用的螺栓型号应符合产品制造商技术文件的要求，并在土建专业进行基础部分施工时密切配合，预留地脚螺栓安装孔。

5.3.9 当采用混凝土基础时，混凝土的强度等级应不小于C20，大型基础还应加放钢筋作为混凝土基础的加强筋。混凝土基础的强度应满足：

a) 能承受室外机组的负载，安装运行后不下沉；

b) 室外机组运行时不产生异常噪声；

c) 能承受室外机组的风负载，在强台风情况下室外机不倾倒。

5.3.10 当采用钢结构基础时，基础的表面应平整、光洁，并进行防锈和防腐处理。

5.3.11 将室外机组安装在墙上时，应采用钢结构墙挂式支架基础对室外机组进行固定，其做法和强度应经过计算确定。

5.3.12 室外机组基础周围应有排水措施，以排出凝结水和融霜水，并避免在人常走动的地方排水。

5.3.13 在室外机组安装施工时，不应破坏层面等处的防水层；配管需穿越的楼板、外墙处应有密封防水处理措施。

5.4 制冷剂配管的加工、焊接与安装

5.4.1 多联机系统的配管和管件的材质、规格、型号及焊接材料必须根据设计文件选用。

5.4.2 配管的内、外表面应光滑、清洁，不应有分层、砂眼、绿锈等缺陷，且不应有沿管长方向的拉伸痕迹。

5.4.3 经清洁合格的铜管应做好防潮处理，应对管道的两端进行封闭或充氮保护，并存放在干燥、通风、避雨的地方。

5.4.4 制冷剂配管的加工应符合以下规定：

a) 切割铜管必须使用专用割刀，切割后的铜管开口应使用毛边绞刀去除多余毛边，应用锉刀磨平开口，并清除黏附在铜管内壁的切屑；

b) 铜管扩口的制作应使用专用扩口器，铜管末端露出扩口器夹具表面的尺寸应符合图4给出的夹具安装要求；管端扩口后应保持同心，不应有开裂及皱褶，并应有光滑的密封面；

单位为毫米

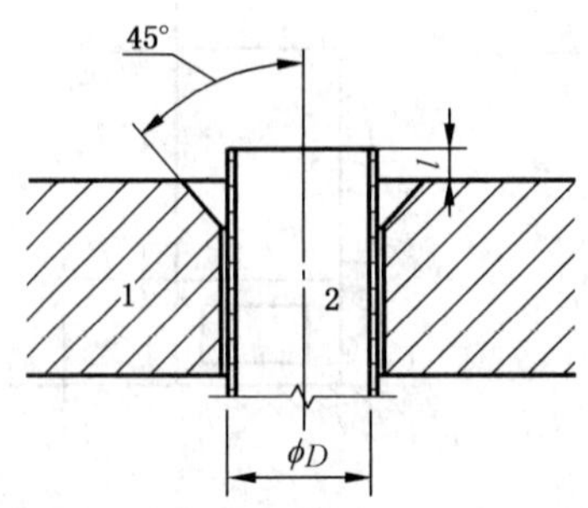

系统采用的制冷剂类型	采用的扩口器类型	铜管外径 ϕD	
		6.35～15.88	19.05
		l	
R410A	R410A 专用扩口器	0.0	0.0
	R22 专用扩口器	1.0	1.5
R22 和 R407C	R22 专用扩口器	0.5	1.0

说明：

1 ——扩口器夹具；

2 ——铜管；

l ——铜管末端超出扩口器夹具的长度；

ϕ*D* ——铜管外径。

图 4

c) 对配管进行弯管加工时应采用弯管器。配管弯曲的曲率半径应大于3.5 *D*(*D*为管道外径)，配管弯曲变形后的短径与原直径之比应大于3/4；

d) 系统配管上所有的开孔及管口，在施工前和施工停顿期间必须加以密封。

5.4.5 分歧管的安装应符合以下规定：

a) 分歧管安装前要核对型号，应与设备配套使用；

b) 分歧管应尽量靠近室内机组安装；

c) 分歧管水平安装时，三个端口应保持在同一水平面上，不应改变分歧管的定型尺寸和装配角度；

d) 分歧管垂直安装时，可向上或向下安装，但应保证三个端口在同一立面上，且不能偏斜。

5.4.6 当制冷剂配管与设备、阀门采用可拆卸连接时，可采用法兰、丝扣接头方式。法兰连接垫片宜采用厚度为1 mm～2 mm耐油耐氟垫片；管径小于ϕ22 mm的铜管可直接将管口扩口，用接头及接管螺母连接，接口应清洁干净、无划痕。

5.4.7 当制冷剂配管采用焊接方式连接时，其焊接应符合以下规定：

a) 不应在封闭管道内有压力的情况下进行焊接；

b) 配管焊接时必须在管内通入0.02 MPa～0.05 MPa表压的氮气等惰性气体，焊接后需继续通入惰性气体直到冷却至常温为止；

c) 不同管径的配管插接钎焊时，其垂直配管应采用异径同心接头、焊接时，外管内壁与内管外壁应同心、平齐；水平配管应采用异径偏心接头，气体管应选择上平安装方式，液体管应选择下平安装方式。焊接时的承插口深度和内、外管间隙应符合图5的要求；

单位为毫米

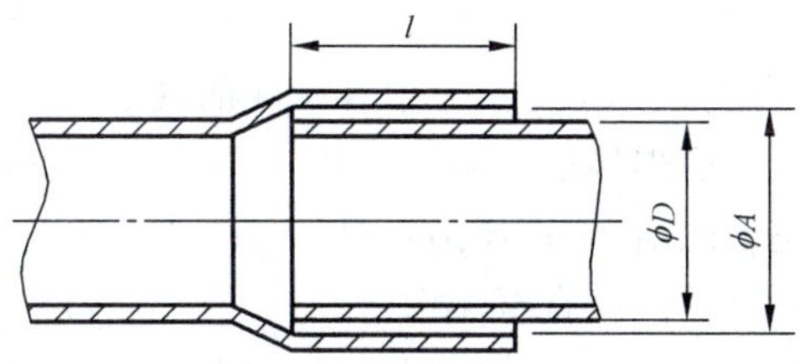

ϕD	l	$(A-D)/2$
6.35	6	0.025～0.105
9.52,12.7	7	
15.88	8	0.025～0.135
19.05,22.23,25.4	10	
28.6,31.75	12	0.025～0.175
≥35	14	

说明：

l ——最小承插口深度；

ϕA——外管内径；

ϕD——内管外径。

注：如果装配间隙过大，应钳小外管口径，使之符合表中间隙要求。

图 5

d) 配管焊缝的位置应符合下列规定：

——配管焊接口距弯管起弯点的距离应不小于管道外径，且不小于 100 mm(不包括压制弯头)；

——当配管的公称直径大于或等于 ϕ150 mm 时，其直管段两对焊接口间的距离不应小于管道外径；

——配管对接焊口与管道支、吊架边缘的距离以及与管道穿墙墙面或穿楼板板面的距离均不应小于 100 mm；

——不应在焊缝及其边缘上开孔，配管需要开孔时，其孔边缘距焊缝的距离不应小于 100 mm；

e) 配管焊接应在环境温度 5 ℃以上的条件下进行。如果气温低于 5 ℃，焊接前应清除配管上的水汽、冰霜，并对管道预热，使被焊母材有手温感。预热应以焊口为中心，两侧不小于管径的 3 倍～5 倍；

f) 配管钎焊温度应控制在高于钎料熔化温度 30 ℃～50 ℃；

g) 配管钎焊接头应采用插接接头形式，不应采用对接接头，其承插长度应符合图 5 的规定。钎焊接头表面应采用化学法或机械法除去油污、氧化膜。铜管钎焊用钎料可按表 6 选用；

表 6 铜管钎焊用钎料

铜磷钎料类	料 201	料 202	料 204	料 208 等
银基钎料类	料 302	料 303	料 312	
FWL 系列超银钎料	FWL-IB	FWL-IC	FWL-2C	

h) 对于受振动、冲击等载荷作用下工作的高压排气管，配管接头钎焊时，应使用超银钎料（FWL-2C或料303）。

5.4.8 制冷剂配管的吊装应符合JGJ 174—2010中5.4.7的规定。

5.4.9 多联机管道系统的清洁：管段焊接前应确保管内清洁、干燥、管口无毛刺；在管道系统安装完成后，且未将室内、外机组接入管道系统前，采用压力不低于0.5 MPa（表压）的干燥氮气对管道系统进行吹扫，并应在排污口处设白色标识靶检查，直至无污物为止。

5.4.10 制冷剂管道系统的安装施工属于隐蔽工程，应记录其安装及检查验收，其格式参照表A.2。

5.5 空调凝结水管的安装

5.5.1 空调凝结水管道的安装应符合以下规定：

a) 凝结水管道安装前，应确定其走向、标高，避免与其他管线交叉，以保证坡度顺直。管道吊架的固定卡子高度应当可以调节，并在绝热层外部固定；

b) 不应将凝结水管与制冷剂管道捆绑在一起；

c) 在凝结水管道穿墙体或楼板处应设保护套管，管道接缝不应置于套管内，保护套管应与墙面或楼板底面平齐，穿楼板时要高出地面20 mm，且不应影响管道的坡度；管道与套管的空隙应用柔性不燃材料填塞，不应将套管作为管道的支承物；

d) 凝结水管道应设有绝热层，绝热材料的接缝处应用专用胶粘接，然后缠塑料胶带，胶带宽度不小于50 mm。

5.5.2 水平布置的凝结水管的支、吊架最大间距宜符合表7的尺寸系列；立管支撑体的间隔宜为1.5 m～2.0 m之间，每支立管的支撑体不应少于两个。

表7 水平布置的凝结水管支、吊架的最大间距

公称直径DN mm	最大间距 m	
	凝结水管材质为PVC管	凝结水管材质为钢管
DN≤20	0.8	1.8
20<DN≤40	1.0	2.0
40<DN≤80	1.2	3.0
80<DN≤120	1.5	4.0
DN>120	2.0	4.5
注：采用其他材料的凝结水管时，支、吊架的最大间距需参考其他技术资料。		

5.5.3 空调凝结水管道系统安装完毕后，应按下列步骤对凝结水系统进行测试，并应满足GB 50242的有关要求：

a) 室内机单机排水运转；

b) 凝结水管满水试验；

c) 凝结水管排水通水试验。

5.5.4 空调凝结水管系统的安装施工属于隐蔽工程，应记录其安装及检查验收情况，其格式参见表A.2。

5.6 风管的制造与安装

5.6.1 风管的制造应符合GB 50243和JGJ 141的要求。

5.6.2 风管系统的安装应符合 GB 50243 和 JGJ 141 的要求，风管穿越防火墙处应设防火阀，防火阀两侧 2 m 范围内的风管及绝热材料应采用非燃烧材料，穿越防火墙处的空隙应用非燃烧材料填塞。

5.6.3 风管的绝热层应符合 GB 50189 的规定，风管绝热工程施工应符合 GB 50243 和 GB 50411 的规定。

5.6.4 风管系统的安装施工属于隐蔽工程，应记录其安装及检查验收情况，其格式参见表 A.2。

5.7 电气与控制系统的施工

5.7.1 电气系统及各类电气附件的安装必须按照产品制造商的技术文件进行，且应符合 GB 50303 和 JGJ 174—2010 中 5.9 的规定。

5.7.2 电气与控制系统的安装施工属于隐蔽工程，应记录其安装及检查验收情况，其格式参见表 A.2。

5.8 气密性试验

5.8.1 气密性试验包括管道系统的保压试验及抽真空试验，应从气、液管同时进行。可参见表 A.3 填写其试验过程与结果。

5.8.2 在管道系统气密性试验合格前，不应将室外机组的气、液管截止阀打开。

5.8.3 管道系统的保压试验分两次进行：

a) 第一次保压试验：在室内侧管道系统安装、吹扫与清洁工作结束，并将室内机组接入管道系统后进行，检查室内侧管道系统的气密性；

b) 第二次保压试验：在第一次保压试验合格，且室外侧管道系统安装、吹扫与清洁工作结束，并接入室外机组(但气、液管截止阀必须关闭)后进行，检查整套多联机系统的管道系统的气密性。

5.8.4 管道系统的保压试验应符合下列规定：

a) 试验前，应检查管道系统中各控制阀门的开启状况，保证管道系统中的手动阀门和电磁阀全开，形成通路；如果系统中有易被高压损坏的器件，应拆除或隔离这些器件；

b) 采用干燥氮气进行保压试验，其试验步骤、试验方法及试验压力应符合表 8 的规定；

表 8 管道系统保压试验步骤

试验步骤	试验方法	氮气的表压力 MPa		处理方式
		R22、R407C 系统 ≥	R410A 系统 ≥	
第一步	向管道系统充入干燥氮气，当表压力(MPa)达到表中右侧数值时，暂停充气；根据压力变化情况确定其处理方式	1.0	1.5	稳定 3 min 后，如无明显压力降，进入第二步；反之，应查找泄漏点
第二步		2.0	3.0	稳定 5 min 后，如无明显压力降，进入第三步；反之，应查找泄漏点
第三步		2.8	4.0	待压力平衡后，如无压力降，则保压试验计时开始；反之，查找泄漏点

c) 在表 8 所述第三步试验中，待压力平衡后应记录压力表读数，经过 24 h 后，扣除环境温度变化引起的压力降不应大于 0.02 MPa。当压力降超过此规定值时，应查明原因，消除泄漏，并重新进行保压试验，直至合格为止。

扣除环境温度变化引起的压力降应按式(7)进行计算：

$$\Delta p = p_1 - \frac{273 + t_1}{273 + t_2} p_2 \qquad \cdots\cdots(7)$$

式中：

Δp ——管道系统的压力降，单位为兆帕(MPa)；

p_1 ——试验开始时管道系统中气体的绝对压力，单位为兆帕(MPa)；

p_2 ——试验结束时管道系统中气体的绝对压力，单位为兆帕(MPa)；

t_1 ——试验开始时管道系统的环境温度，单位为摄氏度(℃)；

t_2 ——试验结束时管道系统的环境温度，单位为摄氏度(℃)。

5.8.5 抽真空试验应在保压试验合格后进行，其试验要求如下：

a) 抽真空试验前应将管道系统内的压力减至0(表压)；
b) 在管道系统中接入真空泵，进行抽真空试验，当管道系统的绝对压力降至1.3 kPa以下后关闭真空泵，当真空度保持30 min以上无变化时视为合格；
c) 当真空泵关闭30 min后出现压力回升时，应继续进行抽真空试验，直至合格为止；压力回升严重时，应查明原因，消除泄漏，并重新进行保压试验和抽真空试验，直至合格为止。

5.9 绝热

5.9.1 制冷剂管道的绝热工程所使用的绝热材料应有制造厂的产品质量证明书和质检部门出具的检验报告，其种类、规格、性能应符合设计文件的规定。

5.9.2 产品质量证明书中应有绝热材料的密度、导热系数、吸水率、使用温度、阻燃性能和外形尺寸等指标，当所列的指标不全时，供货方应负责对绝热材料进行复检，并提交国家认可的权威质检部门出具的检验报告。

5.9.3 管道绝热工程的施工应符合GB 50126的规定。

5.9.4 绝热管道穿过墙体或楼板时，其绝热层不应中断。

5.10 制冷剂充注

5.10.1 多联机系统应根据产品制造商技术文件所提供的方法计算制冷剂的追加充注量，并充注相同种类、相应量的制冷剂。

5.10.2 制冷剂的充注应在管道系统保压试验和抽真空试验合格后进行。充注前，应将系统抽真空、保压，其真空度应符合抽真空试验要求；也可在抽真空试验合格后直接充注制冷剂。

5.10.3 应根据产品制造商技术文件所提供的方法充注制冷剂。如果技术文件中没有相关的说明，则应按下列方式进行充注：

a) R22采用气态充注或者液态充注方式；
b) R410A和R407C应采用液态充注方式。

6 调试、试运行及验收

6.1 一般规定

6.1.1 进行系统调试与试运行的工作人员，应经过专业培训并持有上岗操作证书，施工作业时应持证上岗。

6.1.2 多联机系统安装完成后，应进行系统调试与试运行，并进行运行效果检验；当达到设计要求后，才能进行工程验收。

6.1.3 多联机系统的工程验收应由工程建设单位组织安装、设计、监理等单位共同进行。

6.1.4 多联机系统工程中的水系统的调试运行、检验及验收应符合GB 50242的规定。

6.2 调试与试运行

6.2.1 多联机系统在调试与试运行以前应进行开机前检查，其检查内容与流程应按产品制造商技术文件的规定进行。

6.2.2 多联机系统在开机运行前应通电预热 6 h 以上。

6.2.3 多联机系统调试所使用的测量仪器和仪表，其性能应稳定可靠，准确度等级及最小分度值应满足测试要求，并应符合现行国家计量法规及检定规程的规定。

6.2.4 在多联机系统的调试与试运行过程中，应按表 A.4 所要求的项目逐一进行检测，并参见表 A.4 填写试验记录。

6.3 验收

6.3.1 多联机系统试运行正常后方可办理工程验收。工程未办理工程验收手续，多联机系统不应投入使用。

6.3.2 多联机系统工程验收时，工程建设单位应检查验收资料，一般包括下列文件及记录：

a) 图样会审记录、设计变更通知书和竣工图；

b) 主要设备、材料、成品、半成品和仪表的出厂合格证明及进场检(试)验报告，其格式参见表 A.1；

c) 制冷剂管道系统、空调凝结水管系统、风管系统、电气与控制系统等隐蔽工程的安装及检查验收记录；

d) 系统气密性试验记录；

e) 系统试运转测试数据记录；

f) 系统施工验收记录，其格式参见表 A.5。

6.3.3 工程建设单位在审查工程安装单位提供的验收资料后，应在工程验收文件上签字验收。此后，施工单位应将所安装的系统以及全部验收资料交工程建设单位，供工程建设单位投入使用。

附 录 A
（资料性附录）
工程质量检查表

表 A.1 设备开箱检查记录表

<table>
<tr><td>工程名称</td><td></td><td>分部(或单位)工程</td><td></td></tr>
<tr><td>设备名称</td><td></td><td>型号、规格</td><td></td></tr>
<tr><td>设备编号</td><td></td><td>装箱单号</td><td></td></tr>
<tr><td>设备检查</td><td colspan="3">1. 包装
2. 设备外观
3. 设备零部件
4. 其他</td></tr>
<tr><td>技术文件检查</td><td colspan="3">1. 装箱单 份 张
2. 合格证 份 张
3. 说明书 份 张
4. 设备图 份 张
5. 其他</td></tr>
<tr><td>验收意见</td><td colspan="3">验收人员(签名)：
年 月 日</td></tr>
<tr><td colspan="2">（盖章）
监理(建设)单位：
签名：
年 月 日</td><td colspan="2">（盖章）
安装单位：
签名：
年 月 日</td></tr>
</table>

表 A.2 隐蔽工程验收记录表

<table>
<tr><td colspan="2">工程名称</td><td></td><td>工程地点</td><td colspan="2"></td></tr>
<tr><td rowspan="13">隐蔽工程内容</td><td>序号</td><td>名　　称</td><td>安装部位/检查结果</td><td>安装质量检查结果</td><td>备注</td></tr>
<tr><td>1</td><td></td><td></td><td></td><td></td></tr>
<tr><td>2</td><td></td><td></td><td></td><td></td></tr>
<tr><td>3</td><td></td><td></td><td></td><td></td></tr>
<tr><td>4</td><td></td><td></td><td></td><td></td></tr>
<tr><td>5</td><td></td><td></td><td></td><td></td></tr>
<tr><td>6</td><td></td><td></td><td></td><td></td></tr>
<tr><td>7</td><td></td><td></td><td></td><td></td></tr>
<tr><td>8</td><td></td><td></td><td></td><td></td></tr>
<tr><td>9</td><td></td><td></td><td></td><td></td></tr>
<tr><td>10</td><td></td><td></td><td></td><td></td></tr>
<tr><td>11</td><td></td><td></td><td></td><td></td></tr>
<tr><td>12</td><td></td><td></td><td></td><td></td></tr>
<tr><td>验收意见</td><td colspan="5">验收人员(签名)：
年　月　日</td></tr>
<tr><td colspan="3">（盖章）
监理(建设)单位：
签名：
年　月　日</td><td colspan="3">（盖章）
安装单位：
签名：
年　月　日</td></tr>
</table>

表 A.3　系统气密性试验记录表

<table>
<tr><td>工程名称</td><td colspan="2"></td><td colspan="2">分部(或单位)工程</td><td></td></tr>
<tr><td>试验部位</td><td colspan="2"></td><td colspan="2"></td><td></td></tr>
<tr><td rowspan="3">系统编号</td><td colspan="5">保压试验</td></tr>
<tr><td>试验日期</td><td colspan="4"></td></tr>
<tr><td>试验介质</td><td>试验压力
MPa</td><td>试验温度
℃</td><td>定压时间
h</td><td>试验结果</td></tr>
<tr><td></td><td></td><td></td><td></td><td></td><td></td></tr>
<tr><td></td><td></td><td></td><td></td><td></td><td></td></tr>
<tr><td></td><td></td><td></td><td></td><td></td><td></td></tr>
<tr><td rowspan="3">系统编号</td><td colspan="5">抽真空试验</td></tr>
<tr><td>试验日期</td><td colspan="4"></td></tr>
<tr><td>设计真空度
MPa</td><td>试验真空度
MPa</td><td colspan="2">定压时间
h</td><td>试验结果</td></tr>
<tr><td></td><td></td><td></td><td></td><td></td><td></td></tr>
<tr><td></td><td></td><td></td><td></td><td></td><td></td></tr>
<tr><td></td><td></td><td></td><td></td><td></td><td></td></tr>
<tr><td>验收意见</td><td colspan="5">验收人员(签名):
年　　月　　日</td></tr>
<tr><td colspan="3">(盖章)
监理(建设)单位:
签名:
年　　月　　日</td><td colspan="3">(盖章)
安装单位:
签名:
年　　月　　日</td></tr>
</table>

表 A.4　系统各部件试运转测试数据

室外机组试运转数据表

<table>
<tr><td colspan="7">项目名称：</td></tr>
<tr><td colspan="4">地址：</td><td colspan="3">电话：</td></tr>
<tr><td colspan="4">供货商：</td><td colspan="3">出货日期：　　年　　月　　日</td></tr>
<tr><td colspan="4">安装单位：</td><td colspan="3">负责人：</td></tr>
<tr><td colspan="4">调试单位：</td><td colspan="3">负责人：</td></tr>
<tr><td colspan="7">系统追加制冷剂量：________ kg　　制冷剂名称：□R22、□R407C、□R410A</td></tr>
<tr><td colspan="7">调试状态：　　□制冷　　□制热</td></tr>
<tr><td>系统编号：</td><td rowspan="2">单位</td><td rowspan="2">开机前</td><td rowspan="2">30 min</td><td rowspan="2">60 min</td><td rowspan="2">90 min</td><td rowspan="2">备注</td></tr>
<tr><td>室外机组型号：</td></tr>
<tr><td>室外环境温度</td><td>℃</td><td></td><td></td><td></td><td></td><td rowspan="13"></td></tr>
<tr><td>室外机出风温度</td><td>℃</td><td></td><td></td><td></td><td></td></tr>
<tr><td>室外机进风温度</td><td>℃</td><td></td><td></td><td></td><td></td></tr>
<tr><td>压缩机排气温度(定速/变速/数码)</td><td>℃</td><td></td><td></td><td></td><td></td></tr>
<tr><td>压缩机运行电流(定速/变速/数码)</td><td>A</td><td></td><td></td><td></td><td></td></tr>
<tr><td>压缩机吸气温度(定速/变速/数码)</td><td>℃</td><td></td><td></td><td></td><td></td></tr>
<tr><td>高压</td><td>MPa</td><td></td><td></td><td></td><td></td></tr>
<tr><td>低压</td><td>MPa</td><td></td><td></td><td></td><td></td></tr>
<tr><td>气体管温度</td><td>℃</td><td></td><td></td><td></td><td></td></tr>
<tr><td>液体管温度</td><td>℃</td><td></td><td></td><td></td><td></td></tr>
<tr><td>机组运转电流</td><td>A</td><td></td><td></td><td></td><td></td></tr>
<tr><td>电压</td><td>V</td><td></td><td></td><td></td><td></td></tr>
<tr><td>验收意见</td><td colspan="6">验收人员(签名)：
年　　月　　日</td></tr>
<tr><td colspan="3">（盖章）
监理(建设)单位：
签名：
年　　月　　日</td><td colspan="4">（盖章）
安装单位：
签名：
年　　月　　日</td></tr>
</table>

室内机组试运转数据表

<table>
<tr><td colspan="7">调试状态：　　□制冷　　□制热</td></tr>
<tr><td>系统编号：</td><td rowspan="3">单位</td><td rowspan="3">开机前</td><td rowspan="3">30 min</td><td rowspan="3">60 min</td><td rowspan="3">90 min</td><td rowspan="3">备注</td></tr>
<tr><td>室内机型号：</td></tr>
<tr><td>安装位置：</td></tr>
<tr><td>室内机组出/回风温度</td><td>℃</td><td></td><td></td><td></td><td></td><td rowspan="6"></td></tr>
<tr><td>室内环境温度/室内设定温度</td><td>℃</td><td></td><td></td><td></td><td></td></tr>
<tr><td>出风口风速</td><td>m/s</td><td></td><td></td><td></td><td></td></tr>
<tr><td>回风口风速</td><td>m/s</td><td></td><td></td><td></td><td></td></tr>
<tr><td>运行时有无异常噪声</td><td colspan="5">□有　　□无</td></tr>
<tr><td>制冷运行时凝结水排出状况</td><td colspan="5">□正常　　□异常</td></tr>
<tr><td>验收意见</td><td colspan="6">验收人员(签名)：
年　月　日</td></tr>
<tr><td colspan="3">（盖章）
监理(建设)单位：
签名：
年　月　日</td><td colspan="4">（盖章）
安装单位：
签名：
年　月　日</td></tr>
</table>

表 A.5　系统施工验收记录

<table>
<tr><td>工程名称</td><td></td><td>分部(或单位)工程</td><td></td></tr>
<tr><td>工程地点</td><td></td><td>开工日期</td><td>年　月　日</td></tr>
<tr><td>竣工日期</td><td>年　月　日</td><td>交验日期</td><td>年　月　日</td></tr>
<tr><td>工程内容</td><td colspan="3"></td></tr>
<tr><td>验收资料</td><td colspan="3">□图样会审记录、设计变更通知书和竣工图
□设备开箱检查记录表(参见表 A.1)
□隐蔽工程验收记录表(参见表 A.2)
□系统试验记录表(参见表 A.3)
□系统各部件试运转测试数据表(参见表 A.4)
　□室外机组调试数据
　□室内机组调试数据</td></tr>
<tr><td>验收评定意见</td><td colspan="3">验收人员(签名):
年　月　日</td></tr>
<tr><td colspan="2">(盖章)
监理(建设)单位:
签名:
年　月　日</td><td colspan="2">(盖章)
安装单位:
签名:
年　月　日</td></tr>
</table>

ICS 27.200
J 73

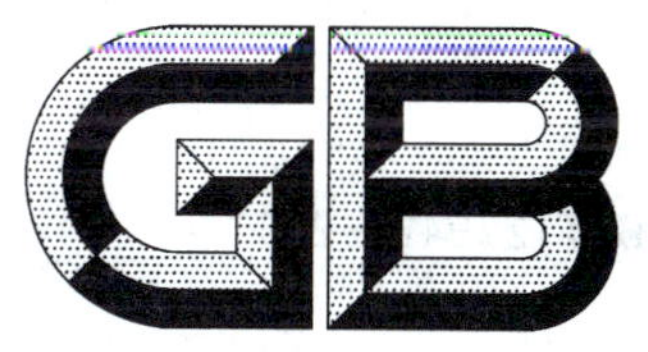

中华人民共和国国家标准

GB/T 27942—2011

汽车空调用小排量涡旋压缩机

Small capacity scroll compressor for automotive air condition

2011-12-30 发布　　　　2012-10-01 实施

中华人民共和国国家质量监督检验检疫总局
中国国家标准化管理委员会　发布

前　言

本标准按 GB/T 1.1—2009 给出的规则编制。

本标准由中国机械工业联合会提出。

本标准由全国冷冻空调设备标准化技术委员会(SAC/TC 238)归口。

本标准主要起草单位:南京奥特佳冷机有限公司、合肥通用机械研究院、上海加冷松芝汽车空调股份有限公司、上海三电贝洱汽车空调有限公司。

本标准参加起草单位:万宝(广州)压缩机有限公司、浙江春晖空调压缩机有限公司。

本标准主要起草人:钱永贵、赵成州、吴维新、潘莉、刘维华、何斌、祖广、易丰收、王洪明。

汽车空调用小排量涡旋压缩机

1 范围

本标准规定了汽车空调用小排量涡旋压缩机(以下简称“压缩机”)的术语和定义、要求、试验方法、检验规则及标志、包装、运输与贮存。

本标准适用于以 R134a 为制冷剂的汽车空调用小排量涡旋压缩机。采用其他制冷剂的涡旋压缩机可参照执行。

2 规范性引用文件

下列文件对于本文件的应用是必不可少的。凡是注日期的引用文件,仅注日期的版本适用于本文件。凡是不注日期的引用文件,其最新版本(包括所有的修改单)适用于本文件。

GB/T 191 包装储运图示标志

GB 4706.17 家用和类似用途电气的安全 电动机-压缩机的特殊要求

GB/T 5773 容积式制冷压缩机性能试验方法

GB/T 6283 化工产品中水分含量的测定 卡尔·费休法(通用方法)

GB/T 10125 人造气氛腐蚀试验 盐雾试验

GB/T 13306 标牌

JB/T 4330 制冷和空调设备噪声的测定

JB/T 9058—1999 制冷设备清洁度 测定方法

3 术语和定义

下列术语和定义适用于本文件。

3.1

小排量涡旋压缩机 small capacity scroll compressor

吸气腔容积不大于 130 mL 的开启式涡旋制冷压缩机。

4 要求

4.1 一般要求

压缩机应按经规定程序批准的图样及技术文件制造。

4.2 外观质量

压缩机的表面应光滑、平整、清洁,无毛边毛刺、锈蚀和明显的外观缺陷;表面涂层部位的漆膜应均匀牢固,无剥落、碰伤等缺陷;导线护套不应破裂;铭牌字迹清晰。

4.3 耐压强度

经耐压强度试验后，压缩机应无异常变形、破损和泄漏。

注：在该试验中，各橡胶密封件的破损不作为考核要求。

4.4 密封性

压缩机的制冷剂泄漏量应不大于 14 g/a。

4.5 内部清洁度

压缩机的内部清洁度应符合以下要求：

a) 压缩机内部的杂质总质量(重量)不大于 30 mg；

b) 压缩机内部的最大杂质颗粒直径不大于 500 μm。

4.6 内部冷冻油含水率

压缩机内部冷冻油的含水率应不大于 500×10^{-6}。

4.7 制冷量、轴功率、制冷系数

在表 1 规定的名义工况下，压缩机的制冷量、轴功率、制冷系数应能满足：

a) 实测制冷量不小于明示值的 95%；

b) 实测轴功率不大于明示值的 110%；

c) 实测制冷系数符合表 1 的要求。

表 1 名义工况及要求

名义工况	转速 rpm	吸气绝对压力	排气绝对压力	过冷度	过热度	制冷系数
		MPa		℃		
工况 1	1 200	0.5	2	5±0.5	10±0.5	≥2.6
工况 2	2 100	0.28	1.6			≥2.1
注：除非有绝对压力特殊注明，本标准中所涉及的压力均指表压。						

4.8 噪声

压缩机的实测噪声值应不大于 72 dB(A)。

4.9 耐久性

在表 2 规定的多速度耐久性试验工况下运行后，压缩机应符合以下要求：

a) 无破损、松动、漏油和离合器打滑现象；
b) 制冷量与试验前相比，下降不大于10%；
c) 轴功率与试验前相比，增加不大于10%；
d) 无异常噪声，噪声值增加不大于3 dB (A)；
e) 制冷剂泄漏符合4.4的要求；
f) 拆解检查，运动面可以有视觉磨损(如亮带)，但不能有可以触摸到的损伤。

注：如果涡旋盘表面有因杂质造成的划伤，只要满足性能测试要求，可以不认为是缺陷。

表2 压缩机多速度耐久性试验工况

项目	压缩机的速度 r/min	开/关周期	压力 MPa		环境温度 ℃	持续时间 h
			吸气压力	排气压力		
持续低速高压运转	800±100	开:30 min 关:1 min	0.4±0.04	2.6±0.2	100±10	200
持续平均速度高压运转	3 000±100	开:30 min 关:1 min	0.2±0.02	2.1±0.2	80±10	300
循环的平均速度运转	3 000±100	开:10 s 关:5 s	0.15±0.02	1.5±0.1	70±10	200
持续高速高压运转	6 000±100	开:30 min 关:20 s	0.2±0.02	1.9±0.2	80±10	100
循环高速运转	6 000±100	开:10 s 关:5 s	0.11±0.01	1.5±0.1	65±10	200
循环超高速运转(运转顺序见图1)	8 000	在8 000 r/min(开:5 s关:10 s)循环四次，再在3 800 r/min运转5 min	0.1±0.01	1.9±0.2	75±10	180
总持续时间:						1 180

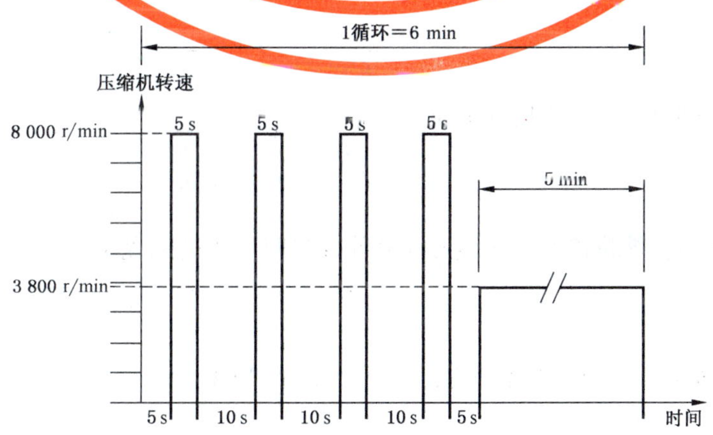

图1 循环超高速运转

4.10 耐振动性

经振动试验后，压缩机应满足以下要求：

a） 压缩机离合器吸合正常；

b） 压缩机无破损，螺栓无松动；

c） 制冷剂泄漏符合 4.4 的要求；

d） 无异常噪声，压缩机的噪声增加不大于 2 dB（A）。

4.11 耐腐蚀性

经过耐腐蚀试验后，压缩机应满足以下要求：

a） 表面产生红色锈斑面积不大于钢件外表面（离合器吸合面除外）总面积的 15%；

b） 无破损、卡死；

c） 制冷剂泄漏符合 4.4 的要求。

4.12 耐液击能力

经耐液击能力试验后，压缩机应满足以下要求：

a） 无破损、无卡滞；

b） 制冷剂泄漏符合 4.4 的要求。

4.13 缺油试验

经缺油试验后，压缩机应满足以下要求：

a） 无破损、无卡滞；

b） 制冷剂泄漏符合 4.4 的要求。

4.14 耐温性能

分别进行耐高温、耐低温和温度交变试验后，压缩机应满足以下要求：

a） 压缩机能正常运行；

b） 离合器表面不应有损伤，其中树脂、橡胶部分不应有融化和膨胀现象，零件经表面处理的部分不应有气泡或脱落；

c） 制冷剂泄漏符合 4.4 的要求。

4.15 耐真空性

压缩机在耐真空试验中，其压力回升率应不大于 10%。

4.16 电气强度

经电器强度试验后，压缩机离合器导线与线圈外壳之间应无击穿现象。

4.17 绝缘电阻

压缩机离合器线圈与外壳之间的绝缘电阻应不小于 50 MΩ。

4.18 线圈温升

压缩机离合器线圈的最大温升应不大于 85 ℃。

4.19 静脱离扭矩

压缩机离合器的静脱离扭矩应不低于表1中工况2运转时压缩机扭矩值的2.5倍。

4.20 离合器功耗

压缩机离合器的功耗应不大于48 W。

4.21 温度保护

带温度保护器的压缩机，温度保护器应在温度明示值(130～150)℃±5 ℃时断开，当温度降到明示值(105～120)℃±5 ℃时接通。

4.22 压力保护

带压力保护器的压缩机，压力保护器开启压力应为3.5 MPa～4.1 MPa，开启压力与闭合压力之差应不大于0.4 MPa。

5 试验方法

5.1 试验条件

5.1.1 在无特殊要求下，试验设备的周围环境温度为10 ℃～35 ℃，相对湿度为45%～85%。

5.1.2 试验用仪器、仪表应经校验合格，并在有效期内。

5.1.3 测量仪表安装和准确度要求：

a) 温度、压力、流量、压缩机功率、转速、时间、重量(质量)、电工等测量仪表安装和准确度要求符合GB/T 5773的规定；

b) 噪声测量仪表准确度要求符合JB/T 4330的规定；

c) 扭矩测量仪的示值准确度不低于0.1 Nm。

5.2 试验工况

5.2.1 压缩机性能测试名义工况按表1的规定。

5.2.2 压缩机耐久性试验工况按表2的规定。

5.2.3 压缩机耐振动试验条件按表3的规定。

表3 压缩机耐振动试验条件

试验条件		振动方向和振动指标		
		上下	前后	左右
振动频率	Hz	50～250		
周期(1个振动)	min	2		
振动加速度	g	30		
振动时间	h	9	4.5	

5.2.4 压缩机耐液击试验条件按表4的规定。

表 4 压缩机耐液击试验条件

转速 r/min	工作状态	排气压力 MPa	控制温度	持续时间 min
—	停止	—	环境温度 −6 ℃～0 ℃ 冷凝器出口处的过冷度 5 ℃ 蒸发器入口处的环境温度 10 ℃±1 ℃	110
6 000±100	运行	1.0±0.1		10
注：完整试验为 25 个循环(50 h)。				

5.2.5 压缩机缺油试验条件按表 5 的规定。

表 5 压缩机缺油试验条件

压缩机的转速	r/min	(1 300±100)
持续时间	s	连续运转 15

5.3 外观检验

压缩机外观采用目测的方法进行检验。

5.4 耐压强度试验

在压缩机机体内注满冷冻油或其他合适液体，排尽机体内部空气，从低压腔缓慢提高压力至(4.4±0.1)MPa，保压 1 min 后，对压缩机低压腔部位进行检查；在压缩机低压腔部位无异常变形或破损情况下，从高压腔继续缓慢提高压力至(8.8±0.1)MPa，再次保压 1 min 后，对压缩机高压腔部位进行检查。

5.5 密封性试验

压缩机的密封性试验采用如下任一种方法进行：

a) 用制冷剂作为检漏介质：倒出压缩机内的冷冻油，通过吸排气口向压缩机内充注 R134a 制冷剂达到(0.5±0.05)MPa，再用干燥氮气加压至 1 MPa 后，采用测量准确度小于 1×10^{-6} atm. cm^3/s内的电子式制冷剂检漏设备进行测量。

b) 采用氦气作为检漏介质：倒出压缩机内的冷冻油，通过吸排气口向压缩机内充注氦气(或一定比例的氦氮混合气体)至试验压力(1.2 MPa～1.8 MPa 范围内取值)后，把压缩机放置到测量准确度小于 1×10^{-8}atm. cm^3/s 内的氦检漏专用设备上，进行制冷剂泄漏的等效测量。

5.6 内部清洁度

压缩机内部清洁度按附录 A 进行检测，测出杂质总重量。

把上述杂质重新溶入异辛烷溶剂中，再用 0.5 mm 的滤网进行杂质过滤，在显微镜下对滤网残留物进行检查。

5.7 内部冷冻油含水率

压缩机在装配后 24 h 内，按附录 B 的方法进行测量和计算，确定压缩机内部冷冻油含水率。

5.8 制冷量、轴功率、制冷系数

在表 1 规定的名义工况下，按 GB/T 5773 的规定进行压缩机制冷量、轴功率和制冷系数试验和计算，并记录试验数据。

5.9 噪声

5.9.1 将压缩机安装到半消声室特定的台架上。

5.9.2 将压缩机的接口和置于室外的制冷剂管路连接起来组成试验回路;将置于室外的辅助电机与压缩机连接起来。

5.9.3 启动压缩机,使空调测试系统达到表1的名义工况2。

5.9.4 将噪声测量仪表放置在离压缩机后部1 m处(见图2),并处在同一水平高度,按JB/T 4330的规定进行噪声测试。

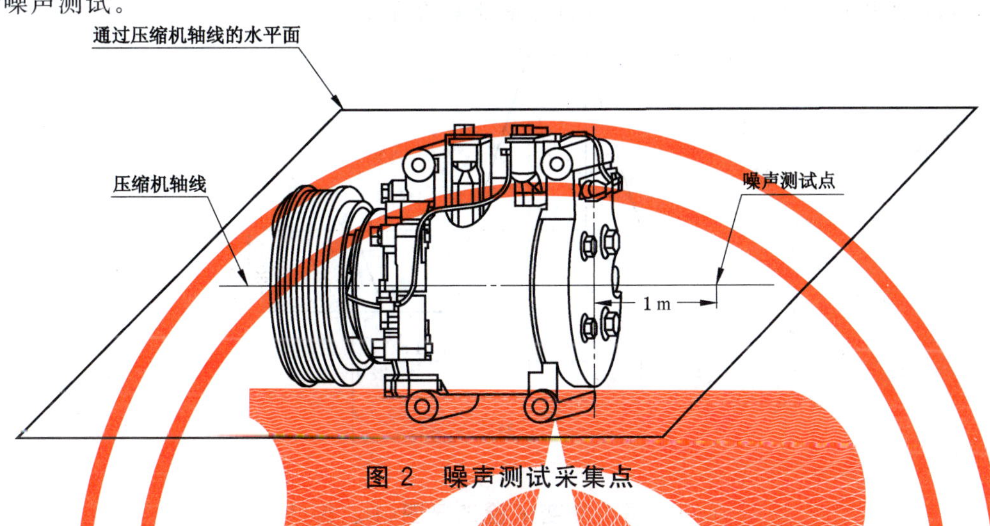

图2 噪声测试采集点

5.10 耐久性

压缩机连接到耐久性试验台系统后,将其抽真空,并充入适量制冷剂。按表2规定的试验条件,调节吸气压力、排气压力、转速开停时间和环境温度,进行耐久性试验。试验完毕后,按4.9的要求进行测试比较和检查记录。

5.11 耐振动性

将压缩机通过支架夹具安装到振动试验台上,按表3的试验条件进行参数设定后进行试验。试验完毕,按4.10中的a)~c)项检查后再进行噪声测试,其结果与振动试验前的噪声试验结果相比较。

5.12 耐腐蚀性

5.12.1 采用无腐蚀性的且不产生防护膜的清洗剂对压缩机的全部外表面进行清洗,除去压缩机表面上的灰尘及油污,然后将压缩机置于试验室内自然干燥,待其表面干燥后,即进行外观检查并记录。

5.12.2 采用压缩机制造厂规定的安装方式,将压缩机放置在盐雾箱内。要求被测压缩机不得接触箱体,也不得相互接触和相互干扰。

5.12.3 安装无误后,按GB/T 10125中性盐雾试验的规定进行试验。试验时间为72 h±2 h。

5.12.4 试验完毕,将压缩机从盐雾箱中取出,用自来水对压缩机进行冲洗,再用蒸馏水进行漂洗,然后吹除压缩机表面沉积水,并放置试验室内自然干燥,同时按4.11的要求进行检查记录。

5.13 耐液击能力

压缩机连接到试验装置后,将其抽真空,并充入适量制冷剂。按表4的试验条件,调节排气压力、转速、开停时间和各温度设定,进行耐液击能力测试。

5.14 缺油试验

用异辛烷和干燥氮气将试验装置内的残油彻底清除干净,把未注冷冻油的试验压缩机连接到试验装置后,将其抽真空,并充入适量制冷剂。按照表5的试验条件进行各试验参数的调节设定,进行试验。

5.15 耐温性能

5.15.1 耐高温:在压缩机内充入 0.8 MPa±0.05 MPa 氮气,放在 120 ℃环境中 96 h±2 h 后,在常温下放置 2 h。试验结束后对压缩机进行零部件外观检查和制冷剂泄漏检查。

5.15.2 耐低温:在压缩机内充入 0.8 MPa±0.05 MPa 氮气,放在 −35 ℃环境中 72 h±2 h 后,在常温下放置 2 h。试验结束后对压缩机进行零部件外观检查和制冷剂泄漏检查。

5.15.3 温度交变:在压缩机内充入 0.8 MPa±0.05 MPa 氮气,在图 3 所示循环工况下循环试验 5 次。试验结束后对压缩机进行零部件外观检查和制冷剂泄漏检查。

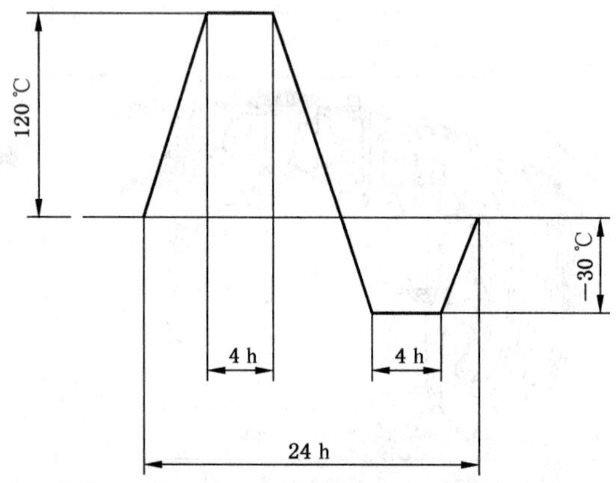

图 3 温度交变试验工况图(1 次循环)

5.16 耐真空性

将压缩机的吸气口、排气口与抽真空装置相连接,把压缩机抽真空至真空绝对压力值不大于 1 000 Pa,记录真空压力值 p_1;然后再与真空泵隔离 15 min 后,进行第二次压力值 p_2 记录。根据前后两次压力值,按式(1)计算出真空保压的变化率 D(%)。

$$D=(p_2-p_1)/p_1\times 10^2 \qquad \cdots\cdots(1)$$

5.17 电气强度

按 GB 4706.17 规定的试验方法进行测试。

对于双引出线线圈:把线圈接地线和压缩机外壳脱离后,在压缩机的电磁离合器线圈和压缩机外壳之间施加交流电压。

对于单引出线线圈:需把线圈接地线和线圈壳体断开后,在压缩机的电磁离合器线圈和压缩机外壳之间施加交流电压。

施加交流电压到 AC 1 500 V,维持 1 min 后,记录测试结果。

5.18 绝缘电阻

按 GB 4706.17 规定的试验方法进行测试。

对于双引出线线圈:把线圈接地线和压缩机外壳脱离后,在压缩机的电磁离合器线圈和压缩机外壳之间施加 DC 500 V 电压,测量其绝缘电阻。

对于单引出线线圈:需把线圈接地线和线圈壳体断开后,在压缩机的电磁离合器线圈和压缩机外壳之间施加 DC 500 V 电压,测量其绝缘电阻。

5.19 线圈温升

在周围无空气流动的常温下,给压缩机电磁离合器线圈施加额定电压 30 min,当离合器表面温度稳定（“热态”）后，用电阻法按式(2)和式(3)计算线圈绕组温升。

$$\Delta T = T_1 - T_0 \quad \cdots\cdots (2)$$

$$T_1 = (R_1/R_0) \times (C + T_0) - C \quad \cdots\cdots (3)$$

式中：

ΔT ——线圈绕组温升，单位为摄氏度(℃)；

T_1 ——线圈达到的“热态”温度，单位为摄氏度(℃)；

T_0 ——线圈通电测量前的温度，单位为摄氏度(℃)；

C ——系数，铜质导体(线圈)取值为 234.5；

R_1 ——在 T_1 温度下测量的线圈电阻，单位为欧姆(Ω)；

R_0 ——在 T_0 温度下测量的线圈电阻，单位为欧姆(Ω)。

5.20 静脱离扭矩

5.20.1 在常温下将电磁离合器置于压缩机(或等效的离合器防转夹具)上。

5.20.2 在电磁离合器上接通额定工作电压，按照扭矩测量仪的要求，缓慢地对扭矩测量仪在与压缩机轴线垂直方向上施加作用力，在吸盘与皮带轮发生相对滑动瞬间记录扭矩测量仪的读数。

5.20.3 重复测量 5 次，并取后三次的平均值作为压缩机离合器静脱离扭矩的测量值。

5.21 离合器功耗

在 20 ℃±5 ℃的环境温度下，给离合器线圈施加额定工作电压后在 2 s 内测量线圈电流，以此测量数据，按式(4)计算出离合器的功耗值。

$$P = U \cdot I \quad \cdots\cdots (4)$$

式中：

P ——离合器的功耗，单位为瓦特(W)；

U ——额定工作电压，单位为伏特(V)；

I ——通过的线圈电流，单位为安培(A)。

5.22 温度保护

5.22.1 把温度保护器的导线与通断测量装置相连接；把温度保护器的感温头完全浸入到可加温的油池中。

5.22.2 打开油池的加热功能，在油池升温至 120 ℃后，以不大于 1 ℃/min 的速度继续升温，当温度保护器由原先导线通路转成断路时，记录下油池的油温，作为温度保护器的断开温度。

5.22.3 关闭油池的加热功能，对油池进行自然降温，当温度保护器由断路状态恢复为通路状态时，记录下油池的油温，作为温度保护器接通温度。

5.23 压力保护

5.23.1 将压力保护器连接到试验装置上，给压力保护器加压至 3 MPa，确认无泄漏后，以不大于0.05 MPa/s 的速度，缓慢提升测试压力，当开始出现压力保护器泄漏时，记录下测试压力值作为开启压力。

5.23.2 关闭供气阀门，使试验装置处在保压状态。当压力保护器泄漏停止时，立即记录下测试压力值作为闭合压力。

6 检验规则

6.1 出厂检验

6.1.1 每台压缩机须经制造厂质量检验部门检验合格后方可出厂。

6.1.2 检验项目、技术要求和试验方法按表6规定。

6.2 抽样检验

6.2.1 在出厂检验的合格品中随机抽取，抽样方法和抽样数量由制造厂自行确定。

6.2.2 抽样检验项目、技术要求和试验方法按表6规定。

6.2.3 如抽检不合格时，应以双倍数量重新检验。如仍有一台不合格，该批产品应逐台检验。

6.2.4 若客户对抽检频次和项目有特殊要求，则按客户要求执行。

6.3 型式检验

6.3.1 压缩机在下列情况之一下时，应进行型式检验：

a) 新产品或老产品转厂生产的试制定型鉴定时；

b) 正式生产后，如设计、工艺、材料有重大改变，可能影响产品性能时；

c) 连续批量生产的产品，自上一次型式试验起满一年时；

d) 质量不稳定，认为有必要时；

e) 停产一年以上，再次恢复生产时。

6.3.2 型式检验项目、技术要求和试验方法按表6规定。

表6 检验项目

<table>
<tr><th>序号</th><th>项目</th><th>出厂检验</th><th>抽样检验</th><th>型式检验</th><th>要求</th><th>试验方法</th></tr>
<tr><td>1</td><td>外观质量</td><td>√</td><td>√</td><td rowspan="23">√</td><td>4.2</td><td>5.3</td></tr>
<tr><td>2</td><td>耐压强度</td><td>—</td><td>—</td><td>4.3</td><td>5.4</td></tr>
<tr><td>3</td><td>密封性</td><td>√</td><td rowspan="5">√</td><td>4.4</td><td>5.5</td></tr>
<tr><td>4</td><td>内部清洁度</td><td rowspan="19">—</td><td>4.5</td><td>5.6</td></tr>
<tr><td>5</td><td>内部冷冻油含水率</td><td>4.6</td><td>5.7</td></tr>
<tr><td>6</td><td>制冷量、轴功率、性能系数</td><td>4.7</td><td>5.8</td></tr>
<tr><td>7</td><td>噪声</td><td>4.8</td><td>5.9</td></tr>
<tr><td>8</td><td>耐久性</td><td rowspan="6">—</td><td>4.9</td><td>5.10</td></tr>
<tr><td>9</td><td>耐振动性</td><td>4.10</td><td>5.11</td></tr>
<tr><td>10</td><td>耐腐蚀性</td><td>4.11</td><td>5.12</td></tr>
<tr><td>11</td><td>耐液击能力</td><td>4.12</td><td>5.13</td></tr>
<tr><td>12</td><td>缺油试验</td><td>4.13</td><td>5.14</td></tr>
<tr><td>13</td><td>耐温性能</td><td>4.14</td><td>5.15</td></tr>
<tr><td>14</td><td>耐真空性</td><td rowspan="10">√</td><td>4.15</td><td>5.16</td></tr>
<tr><td>15</td><td>电气强度</td><td>4.16</td><td>5.17</td></tr>
<tr><td>16</td><td>绝缘电阻</td><td>4.17</td><td>5.18</td></tr>
<tr><td>17</td><td>线圈温升</td><td>4.18</td><td>5.19</td></tr>
<tr><td>18</td><td>静脱离扭矩</td><td>4.19</td><td>5.20</td></tr>
<tr><td>19</td><td>离合器功耗</td><td>4.20</td><td>5.21</td></tr>
<tr><td>20</td><td>温度保护</td><td>4.21</td><td>5.22</td></tr>
<tr><td>21</td><td>压力保护</td><td>4.22</td><td>5.23</td></tr>
<tr><td>22</td><td>安装尺寸</td><td>4.1</td><td>通用量具</td></tr>
<tr><td>23</td><td>标志、包装</td><td>√</td><td>7.1、7.2</td><td>目测</td></tr>
<tr><td colspan="7">注："√"为应检项目，"—"为不检项目。</td></tr>
</table>

7 标志、包装、运输与贮存

7.1 标志

7.1.1 每台压缩机应在显著位置固定永久性铭牌，铭牌应符合 GB/T 13306 规定，铭牌内容至少应包括：

a) 制造厂名称；

b) 产品名称和型号；

c) 主要技术参数、使用的工质；

d) 生产日期和出厂编号。

7.1.2 产品应在相应的地方(如铭牌、产品说明书等)标注执行标准的编号。

7.2 包装

7.2.1 包装前应充注冷冻油后，从吸气腔抽真空至压力－0.09 MPa 以下，并充入 0.03 MPa～0.06 MPa 的氮气。

7.2.2 压缩机包装应符合 GB/T 191 的规定。购货方有特殊要求时可按供需双方协议办理。

7.2.3 包装箱内压缩机应固定可靠，并有防潮和防振措施。

7.2.4 包装箱外应注明下列内容：

a) 产品名称、规格型号；

b) 净重、毛重；

c) 包装外形尺寸；

d) 制造厂名称；

e) 储运注意事项；

f) 生产日期。

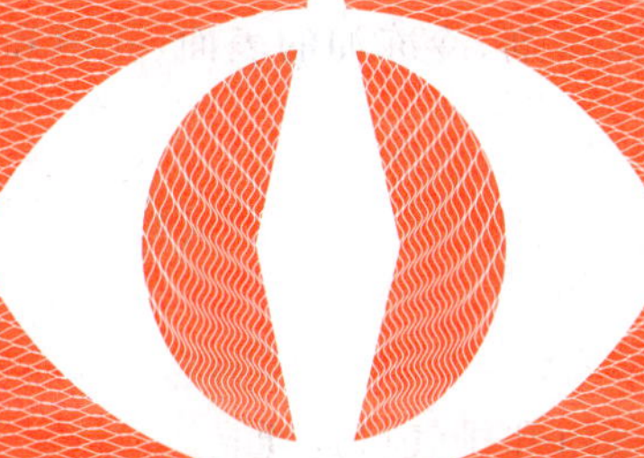

7.3 运输与贮存

7.3.1 压缩机在正常运输、装卸中应保证零(部)件不受损坏。

7.3.2 压缩机应在干燥、通风的环境下贮存，周围不应有腐蚀性气体存在。

7.3.3 压缩机贮存时不应拔出密封塞，任何脱落或松动应及时检查处理。

附 录 A
（规范性附录）
压缩机整机内部清洁度测定方法

A.1 准备

按 JB/T 9058—1999 中第 6 章的规定，做好试验前的准备工作。

A.2 一般要求

按 JB/T 9058—1999 中第 7 章的规定，压缩机在清洗过程中应保持操作一致，使结果具备较高的再现性。

A.3 清洗部位

清洗部位为压缩机内所有接触制冷剂、冷冻油的表面、孔道和间隙。

A.4 清洗

按以下步骤清洗压缩机：

a) 用干净的铜管和接头将吸气口和排气口连通；
b) 用注射器注入足够量的异辛烷溶剂；
c) 封闭注射口后，在 1 min 内用手旋转压缩机主轴 20 圈；
d) 卸下铜管，将压缩机内部物质（冷冻油和异辛烷溶剂的混合物）倒入干净的烧杯内；
e) 向铜管内注入足够量的异辛烷溶剂，清洗铜管内留下的任何物质；
f) 再从压缩机吸气口和排气口注入足够量的异辛烷溶剂，立即密封吸气口和排气口；
g) 用手在 X、Y、Z 方向上摇动压缩机各 10 次，从而彻底清洁压缩机内部；
h) 拆下密封接头，将压缩机内物质倒入干净的烧杯内；
i) 重复 f)～h)过程 1 次。

A.5 过滤

A.5.1 按 JB/T 9058—1999 中第 8 章的规定，分别对混浊液和冷冻油进行过滤。

A.5.2 过滤完毕后，用洁净的清洗液充分清洗收集混浊液、冷冻油的容器内壁。再将该部分混浊液按 JB/T 9058—1999 中 8 的规定进行过滤。

A.6 烘干、称重和计算

按 JB/T 9058—1999 中第 9 章的规定进行烘干、称重和计算。

A.7 杂质分析

按 JB/T 9058—1999 中第 10 章的规定的重量分析法进行分析，并将分析结果记录在清洁度的测定及分析报告中。

附 录 B
（规范性附录）
压缩机内部冷冻油含水率的测定方法

B.1 测试环境

测试房间相对湿度不大于60%。

B.2 测试用标准试剂

测试用标准试剂应满足 GB/T 6283 的规定要求。

B.3 测试仪器、设备

测试仪器、设备应满足 GB/T 6283 的规定要求。

B.4 试验方法

B.4.1 将被测压缩机用手分别在 X、Y、Z 方向摇动各 10 次，使压缩机内的水分和油均匀分布。

B.4.2 用放置在干燥瓶内的注射器从压缩机吸气口抽取油样 5 mL～10 mL，取样后立即进行压缩机吸排气口的密封。

B.4.3 用精密天平测量油样的质量值 C_1，读数单位为 g，示值精度不低于 1 mg。

B.4.4 将油样注入卡尔·费休试液中，按 GB/T 6283 规定的测量方法进行试验。要求注入的测试油样质量不低于 4 g。

B.4.5 用精密天平测量剩余油样的质量值 C_2，读数单位为 g，示值精度不低于 1 mg。

B.4.6 油样含水率

将注入测试验仪器前后的油样质量值（C_1 和 C_2）分别输入卡尔·费休测试仪器中，在仪器测试工作完成后，由其按式（B.1）自动计算得出油样含水率。

$$A=(B/C)\times 10^{6} \qquad \cdots\cdots\cdots\cdots\cdots\cdots\cdots\cdots\cdots\cdots\text{（B.1）}$$

式中：

A ——含水率，10^{-6}；

B ——油中水分质量，单位为克（g）；

C ——测试油样质量，为油样质量 C_1 和 C_2 的差值，单位为克（g）。

B.4.7 再重复 B.4.1～B.4.5 方法 4 次。

B.4.8 去除 5 次测量数据中最大值、最小值，余下的 3 个数据取平均值，就是被测压缩机内部冷冻油的含水率。

ICS 27.200
J 73

中华人民共和国国家标准

GB/T 27943—2011

热泵式热回收型溶液调湿新风机组

Heat pump driven liquid desiccant outdoor air processor with heat recovery

2011-12-30 发布 2012-10-01 实施

中华人民共和国国家质量监督检验检疫总局
中国国家标准化管理委员会 发布

前　言

本标准按 GB/T 1.1—2009 给出的规则起草。

本标准由中国机械工业联合会提出。

本标准由全国冷冻空调设备标准化技术委员会(SAC/TC 238)归口。

本标准主要起草单位:清华大学、合肥通用机械研究院。

本标准参加起草单位:北京华创瑞风空调科技有限公司、江森自控楼宇设备科技(无锡)有限公司、广东吉荣空调有限公司、绍兴市制冷设备厂有限公司。

本标准主要起草人:江亿、刘晓华、田旭东、张秀平、贾磊、陈晓阳、刘拴强、张海强、张涛、胡祥华、陈镇凯、杨坚斌。

热泵式热回收型溶液调湿新风机组

1 范围

本标准规定了热泵式热回收型溶液调湿新风机组(以下简称“机组”)的术语和定义、型式与基本参数、要求、试验方法、检验规则、标志、包装、运输和贮存。

本标准适用于以吸湿性溶液为工质的、带有排风全热回收的、以热泵驱动的溶液调湿新风机组。

本标准不适用于送风含湿量低于 6 g/kg 的深度除湿场合的设备。

2 规范性引用文件

下列文件对于本文件的应用是必不可少的。凡是注日期的引用文件,仅注日期的版本适用于本文件。凡是不注日期的引用文件,其最新版本适用于本文件。

GB/T 191 包装储运图示标志

GB/T 2828.1 计数抽样检验程序 第1部分:按接收质量限(AQL)检索的逐批检验抽样计划

GB 4343.1 家用电器、电动工具和类似器具的电磁兼容要求 第1部分:发射

GB 4706.1—2005 家用和类似用途电器的安全 第1部分:通用要求

GB/T 9068 采暖通风与空气调节设备噪声声功率级的测定 工程法

GB 9237 制冷和供热用机械制冷系统 安全要求

GB/T 13306 标牌

GB/T 17061 作业场所空气采样仪器的技术规范

GB/T 17758—2010 单元式空气调节机

GB/T 21087—2007 空气-空气能量回收装置

JB/T 7249 制冷设备术语

JY/T 020 离子色谱分析方法通则

3 术语和定义

JB/T 7249 中界定的及下列术语和定义适用于本文件。

3.1

热泵式热回收型溶液调湿新风机组 heat pump driven liquid desiccant outdoor air processor with heat recovery

以电能作为驱动能源,将热泵循环和溶液式空气处理装置结合起来,是集溶液式全热回收段、溶液式调温调湿段为一体的新风处理设备,具备对新风全热回收、降温除湿、加热加湿等处理功能。

3.2

调湿溶液 liquid desiccant

具有对空气除湿或加湿功能的无机盐的水溶液,包括溴化锂水溶液、氯化锂水溶液、氯化钙水溶液等。

3.3

制冷(热)消耗功率 power input for cooling (heating)

在规定条件下,机组制冷(热)消耗的功率,即除风机外机组所有用电设备消耗的总功率,单位:kW。

3.4

除(加)湿性能系数 coefficient of dehumidification (humidification) performance

在规定条件下,机组除(加)湿量对应的潜热量与机组制冷(热)消耗功率之比,单位:kW/kW。

3.5

制冷(热)性能系数 coefficient of cooling (heating) performance

在规定条件下,机组制冷(热)量与机组制冷(热)消耗功率之比,单位:kW/kW。

4 型式与基本参数

4.1 型式

机组型式分类见表1。

表1 机组型式分类

编号	型式分类		代号
1	使用功能	全工况运行(制冷除湿、制热加湿)	T
		仅制冷除湿工况	C
2	风机变频	变频	F
		不变频	S
3	放置方式	室内	I
		室外	O
4	安装方式	左式	L
		右式	R

4.2 型号表示方法

机组的型号表示方法参见附录A。

4.3 基本参数

4.3.1 机组的试验工况见表2,大气压101 kPa,室内侧排风量为室外侧新风量的95%～100%。

4.3.2 名义工况下,送风参数为:制冷除湿运行时送风露点温度应不大于10 ℃;制热加湿运行时送风露点温度应不小于4.5 ℃。

表2 机组的试验工况

单位为摄氏度

工况条件		室内侧回风状态		室外侧新风状态	
		干球温度	湿球温度	干球温度	湿球温度
制冷除湿运行	名义工况	27	19	35	28
	最大负荷工况			43	30
	部分负荷工况			32	25
制热加湿运行	名义工况	20	13.5	0	−3
	最大负荷工况			−7	−8
	部分负荷工况			2	1

5 要求

5.1 一般要求

5.1.1 机组应按规定的程序批准的图样和技术文件制造。

5.1.2 机组工作室外环境温度为－10 ℃～45 ℃。

5.1.3 机房温度为 0 ℃～45 ℃，相对湿度小于 85%（无冷凝）。

5.1.4 机组中与溶液接触的管路应采用耐腐蚀型材料，如塑料管或不锈钢管等。

5.1.5 机组中与溶液接触的换热设备、溶液循环泵应采用耐腐蚀型的材质。

5.1.6 涂漆件表面应平整、涂布均匀、色泽一致，不应有明显的气泡、流痕、漏涂、底漆外露及不应有的皱纹和其他损失。

5.1.7 塑料件表面应平整、色泽均匀，不应有裂痕、气泡和明显缩孔等缺陷。

5.1.8 机组各零部件的安装应牢固可靠，管路与零部件不应有相互摩擦和碰撞。

5.1.9 机组的绝热材料应无毒、无异味、难燃。

5.1.10 机组制冷系统零部件的材料应能在制冷剂、润滑油及其混合物的作用下，不产生劣化并保证机组正常工作。

5.1.11 机组配置的溶液循环泵，其流量和扬程应保证机组的正常工作。

5.1.12 机组的电气控制应包括对压缩机、溶液循环泵、风机的控制。一般机组还应有电机过载保护、缺相保护（三相电源）、溶液系统断流保护、制冷系统高低压保护等必要的保护功能或器件。各种控制功能正常，各种保护器件应符合设计要求并灵敏可靠。

5.1.13 机组应在正常安装状态下，在易见的部位固定永久性安全标识（如接地标识，警告标识等）。

5.2 性能要求

5.2.1 密封性

制冷系统各部分不应有制冷剂泄漏。

5.2.2 运转

在接近名义工况的条件下，机组应能正常运行，安全保护装置应灵敏可靠，温度、电器等控制元件的动作应正常，各项参数应符合设计要求。

5.2.3 制冷（热）量

机组实测制冷（热）量不应小于名义制冷（热）量的 95%。

5.2.4 除（加）湿量

机组实测除（加）湿量不应小于名义除（加）湿量的 95%。

5.2.5 制冷（热）消耗功率

机组实测制冷（热）消耗功率不应大于名义制冷（热）消耗功率的 105%。

5.2.6 制冷（热）性能系数和除（加）湿性能系数

机组的制冷（热）性能系数和除（加）湿性能系数不应小于表 3 的规定值。

表 3　机组的制冷(热)性能系数和除(加)湿性能系数

名义新风量 m³/h	制冷性能系数	制热性能系数	除湿性能系数	加湿性能系数
	kW/kW			
<6 000	4.0	4.0	2.7	1.2
6 000～15 000	4.1	4.1	2.8	1.3
>15 000	4.2	4.2	2.9	1.3

5.2.7　风量和送风静压

机组的实测风量不应小于名义风量的 95%,送风静压不低于机组标称值的 90%。

5.2.8　漏风率和有效换气率

对于名义新风量大于 5 000 m³/h 的机组,外部漏风率不应大于 3%,内部漏风率不应大于 5%;对于名义新风量不大于 5 000 m³/h 的机组;有效换气率不应小于 95%。

5.2.9　最大负荷制冷(热)运行

机组在最大负荷制冷(热)工况运行时,应满足:

a)　机组应能正常运行,没有任何故障;

b)　机组应连续运行,过载保护装置或其他保护装置不应动作;

c)　当机组停机 5 min 后,再启动连续运行 1 h,但在启动运行的最初 5 min 内允许过载保护器跳开,其后不允许动作;在运行的最初 5 min 内过载保护器不复位时,在停机不超过 30 min 内复位的,应连续运行 1 h。

5.2.10　噪声限值

机组实测的噪声值应不大于明示值(按声功率计)。

5.2.11　送风携带溶液离子量

机组送风携带溶液离子量应不大于 0.070 mg/m³。

5.3　安全要求

5.3.1　制冷系统安全

机组的机械制冷系统安全性能应符合 GB 9237 的有关规定。

5.3.2　机械安全

5.3.2.1　机组的设计应保证在正常运输、安装和使用时具有可靠的稳定性。机组应有足够的机械强度,其结构应能承受正常使用中可能发生的非正常操作。

5.3.2.2　在正常使用状态下,人员有可能触及的运行部分和高温零部件等,应设置适当的防护罩或者防护网。防护罩、防护网或类似部件应符合 GB 4706.1—2005 中 20.2 的规定。

5.3.3　电气安全

5.3.3.1　机组防触电保护应符合 GB 4706.1—2005 中Ⅰ类电器的要求。

5.3.3.2 额定电压下，机组在表 2 规定的名义工况运行时，压缩机的电动机绕组温度不应超过其产品标准要求，人可能接触的零部件、外壳等发热部位的温度应不大于 60 ℃。其他部位温度也不应有异常上升。

5.3.3.3 机组带电部件和易触及部件之间施加规定的试验电压时，应无击穿或闪络。

5.3.3.4 机组外露金属部分和电源线的泄漏电流应不大于 2 mA/kW 额定输入功率，泄漏电流最大值为 10 mA。

5.3.3.5 机组应有可靠的接地装置并标识明显，其接地电阻不应大于 0.1 Ω。

5.3.3.6 经按 GB 4706.1—2005 中第 15 章潮湿处理后，机组应满足 5.3.3.3 及 5.3.3.4 的要求。

5.3.3.7 机组电气控制系统的电磁干扰特性，应不大于 GB 4343.1 规定的限值。

6 试验方法

6.1 试验条件

6.1.1 机组制冷量、除湿量、制热量、加湿量的试验装置见附录 B。

6.1.2 试验工况见表 2。

6.1.3 消耗功率试验与名义工况下的制冷除湿（或制热加湿）试验同时进行。消耗功率包括压缩机和溶液循环泵消耗的功率，风机消耗的功率不计入。

6.2 试验用仪器仪表

6.2.1 试验用仪器仪表应经法定计量检验部门检定合格，并在有效期内。

6.2.2 试验用仪器仪表的型式及准确度应符合表 4 的要求。

表 4 试验用仪器仪表的型式及准确度

类别	型式	准确度	说明
温度测量仪表	水银玻璃温度计，热电偶	±0.1 ℃	测试空气干球、湿球温度
空气压力	气压表，气压变送器	±2.0%	
风量测量仪表	记录式，指示式，积算式	±1.0%	
电量测量	指示式	±0.5%	
	积算式	±1.0%	
噪声仪表	声级计		机组噪声 GB/T 9068
携带溶液离子量	离子色谱仪		JY/T 020

6.2.3 机组进行制冷量、除湿量、制热量、加湿量试验时，试验工况的读数偏差应符合表 5 的规定。

表 5 试验工况的读数偏差

读数			读数的平均值对名义工况的偏差	各读数对名义工况的最大偏差
空气温度	干球	℃	±0.3	±0.5
	湿球	℃	±0.2	±0.5
风量 %			±5.0	±10.0
空气全压 Pa			±5.0	±12.5
电功率 %			±1.0	±2.0

6.3 试验的一般要求

6.3.1 机组应按铭牌上的额定电压和额定电流运行。

6.3.2 制冷量、除湿量、制热量、加湿量应为实测值，在试验工况运行波动的范围之内不作修正。

6.3.3 应按制造厂的要求安装。除试验必需的装置和仪器连接外，不应对机组进行更改和调整。

6.4 试验方法

6.4.1 密封性试验

机组的制冷系统在正常的制冷剂充灌下，用准确度为 1×10^{-5} Pa · m^3/s 的制冷剂检漏仪进行检验。

6.4.2 运转试验

机组在接近名义制冷除湿工况、名义制热加湿工况的条件下运行，检查机组的运行状况、安全保护装置的灵敏度和可靠性，检验温度、电器等控制元件的动作是否正常。

6.4.3 制冷(热)量试验

机组在表 2 的规定的制冷除湿(制热加湿)工况下，按附录 B 规定的方法进行试验。

6.4.4 除(加)湿量试验

在表 2 的制冷除湿(制热加湿)工况下，按附录 B 规定的方法进行试验。

6.4.5 制冷(热)消耗功率试验

在制冷(热)量试验的同时，测定机组除风机以外所有用电设备消耗的总功率。

6.4.6 制冷(热)性能系数和除(加)湿性能系数试验

在表 2 规定的制冷除湿(制热加湿)工况下，按附录 B 进行试验并计算制冷(热)性能系数和除(加)湿性能系数。

6.4.7 风量和送风静压试验

机组在表 2 的名义工况下，按附录 B 规定的方法进行试验。

6.4.8 漏风率和有效换气率试验

机组外部漏风率测定按 GB/T 21087—2007 附录 C 中给定的方法进行试验；机组内部漏风率测定按 GB/T 21087—2007 附录 B 中给定的方法进行试验；机组有效换气率测定按 GB/T 21087—2007 附录 D 中给定的方法进行试验。

6.4.9 最大负荷制冷(热)运行试验

在额定电压下，按表 2 的最大制冷除湿(制热加湿)工况进行试验，机组运行稳定后，连续运行 1 h，然后停机 5 min(此间电压上升不大于 3%)，再启动运行 1 h。

6.4.10 噪声限值试验

按 GB/T 9068 的规定的方法测定机组的噪声值。

6.4.11 送风携带溶液离子量试验

按附录 C 对机组空气进行取样并检测送风空气样品中吸湿溶液离子含量(例如采用溴化锂溶液为吸湿剂,则检测送风中溴元素含量、锂元素含量)。

6.5 安全试验

6.5.1 机械安全

6.5.1.1 按 GB 4706.1—2005 中 21.1 所规定的试验方法进行冲击试验。

6.5.1.2 防护罩、防护网或类似部件的机械强度按 GB 4706.1—2005 中 20.2 规定的方法进行检验。

6.5.2 电气安全

6.5.2.1 机组防触电保护性按 GB 4706.1—2005 中 8.1 进行试验。

6.5.2.2 额定电压下,机组在表 2 规定的名义工况运行时,用电阻法测定压缩机电动机绕组的温度,其余温度用热电偶丝测定。

6.5.2.3 机组的电气强度按 GB 4706.1—2005 中 16.3 方法进行试验。

6.5.2.4 机组的泄漏电流按 GB 4706.1—2005 中的 16.2 的方法进行试验。

6.5.2.5 机组的接地电阻按 GB 4706.1—2005 中的 27.5 的方法进行试验。

6.5.2.6 按 GB 4706.1—2005 中第 15 章进行潮湿处理后,立即进行电气强度和泄漏电流试验。

6.5.2.7 机组电气控制系统的电磁干扰特性按 GB 4343.1 进行测试。

6.6 外观

机组的外观采用目测方法进行检验。

7 检验规则

7.1 检验类别

检验分出厂检验、抽样检验和型式检验。检验项目、要求和试验方法按表 6 的规定。

7.2 出厂检验

每台机组均应做出厂检验。

7.3 抽样检验

机组应从出厂检验合格的产品中抽样,抽样方法按 GB/T 2828.1 进行。

7.4 型式检验

7.4.1 新产品或定型产品作重大改进,第一台产品应作型式检验。

7.4.2 机组在试验运行时如有故障,应在排除故障后重新检验。

表 6 检验项目

<table>
<tr><th>序号</th><th>项 目</th><th>出厂检验</th><th>抽样检验</th><th>型式检验</th><th>要求</th><th>试验方法</th></tr>
<tr><td>1</td><td>外观</td><td rowspan="8">✓</td><td rowspan="15">✓</td><td rowspan="21">✓</td><td>5.1.6、5.1.7</td><td>6.6</td></tr>
<tr><td>2</td><td>标志</td><td>8.1</td><td rowspan="2">视检</td></tr>
<tr><td>3</td><td>包装</td><td>8.2</td></tr>
<tr><td>4</td><td>电气强度</td><td>5.3.3.3</td><td>6.5.2.3</td></tr>
<tr><td>5</td><td>泄漏电流</td><td>5.3.3.4</td><td>6.5.2.4</td></tr>
<tr><td>6</td><td>接地电阻</td><td>5.3.3.5</td><td>6.5.2.5</td></tr>
<tr><td>7</td><td>制冷系统密封性</td><td>5.2.1</td><td>6.4.1</td></tr>
<tr><td>8</td><td>运转</td><td>5.2.2</td><td>6.4.2</td></tr>
<tr><td>9</td><td>制冷(热)量</td><td rowspan="13">—</td><td>5.2.3</td><td>6.4.3</td></tr>
<tr><td>10</td><td>除(加)湿量</td><td>5.2.4</td><td>6.4.4</td></tr>
<tr><td>11</td><td>制冷(热)消耗功率</td><td>5.2.5</td><td>6.4.5</td></tr>
<tr><td>12</td><td>制冷(热)性能系数和除(加)湿性能系数</td><td>5.2.6</td><td>6.4.6</td></tr>
<tr><td>13</td><td>风量和送风静压</td><td>5.2.7</td><td>6.4.7</td></tr>
<tr><td>14</td><td>漏风率和有效换气率</td><td>5.2.8</td><td>6.4.8</td></tr>
<tr><td>15</td><td>最大负荷制冷(热)运行</td><td>5.2.9</td><td>6.4.9</td></tr>
<tr><td>16</td><td>噪声限值</td><td rowspan="6">—</td><td>5.2.10</td><td>6.4.10</td></tr>
<tr><td>17</td><td>送风携带溶液离子量</td><td>5.2.11</td><td>6.4.11</td></tr>
<tr><td>18</td><td>防触电保护</td><td>5.3.3.1</td><td>6.5.2.1</td></tr>
<tr><td>19</td><td>温度限制</td><td>5.3.3.2</td><td>6.5.2.2</td></tr>
<tr><td>20</td><td>机械安全</td><td>5.3.2</td><td>6.5.1</td></tr>
<tr><td>21</td><td>耐潮湿性</td><td>5.3.3.6</td><td>6.5.2.6</td></tr>
<tr><td colspan="7">注:“✓”为必检项目,“—”为不检项目。</td></tr>
</table>

8 标志、包装、运输和贮存

8.1 标志

8.1.1 每台机组应在明显而平整的部位上固定永久性铭牌。铭牌应符合 GB/T 13306 的规定。铭牌上应标出以下内容:

——制造厂名称;

——产品型号和名称;

——主要性能参数(适用范围、名义制冷量、名义除湿量、名义制热量、名义加湿量、额定电压、频率和相数、装机功率、风量、噪音、运行重量等);

——产品出厂编号;

——制造年月。

8.1.2 机组上应标明运行状态的标志，如指示仪表和控制按钮的标志等。

8.1.3 机组包装箱上应有下列标志：

——制造单位名称；

——产品型号、名称和商标；

——净重量、毛重量；

——外型尺寸；

——有关包装、储运图示标志，运输包装收发货标志应符合 GB/T 191 的有关规定。

8.1.4 应在相应的位置(如产品说明书、铭牌等)标注产品执行标准的编号。

8.2 包装

8.2.1 机组包装前应进行清洁处理。各部件应清洁，干燥。

8.2.2 包装箱内应附有随机文件，随机文件包括产品合格证、产品说明书和装箱单。

8.2.2.1 产品合格证的内容包括：

——产品型号和名称；

——产品出厂编号；

——产品制造厂名称和商标；

——检验结论；

——检验员签字或印章；

——检验日期。

8.2.2.2 产品说明书的内容包括：

——产品型号和名称；

——主要技术参数(适用范围、名义制冷量、名义除湿量、名义制热量、名义加湿量、额定电压、频率和相数、装机功率、风量、噪音、运行重量等)；

——产品结构示意图、电气原理图及接线图等；

——安装说明和要求、使用要求、维修、保养及注意事项；

——机组主要部件名称及数量。

8.3 运输和贮存

8.3.1 机组在运输和贮存过程中不应碰撞、倾斜、雨雪淋袭。

8.3.2 产品应储存在干燥的透风的仓库中。

附 录 A
（资料性附录）
热泵式热回收型溶液调湿新风机组型号编制方法

A.1 型号编制方法

机组的型号由大写字母和阿拉伯数字组成，具体表示方法为：

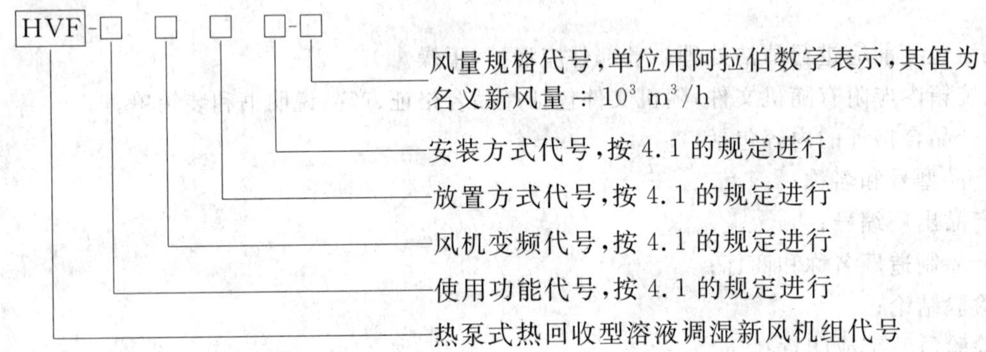

A.2 机组的型号示例

HVF-TSIL-02：表示可在制冷除湿、加热加湿全工况运行、风机不变频、室内放置、左式安装方式的机组，名义新风量为2 000 m^3/h。

HVF-CFOR-10：表示仅在制冷除湿工况运行、风机变频、室外放置、右式安装方式的机组，名义新风量为10 000 m^3/h。

附　录　B
（规范性附录）
热泵式热回收型溶液调湿新风机组除（加）湿量、制冷（热）量的试验方法

B.1　试验方法

采用空气焓差法进行测试，制冷（热）量通过测定机组新风进口以及送风的空气干、湿球温度和空气流量确定，机组除（加）湿量通过测试计算新风进口以及送风的空气含湿量和空气流量确定。

B.2　试验装置

B.2.1　试验装置采用图 B.1 布置。

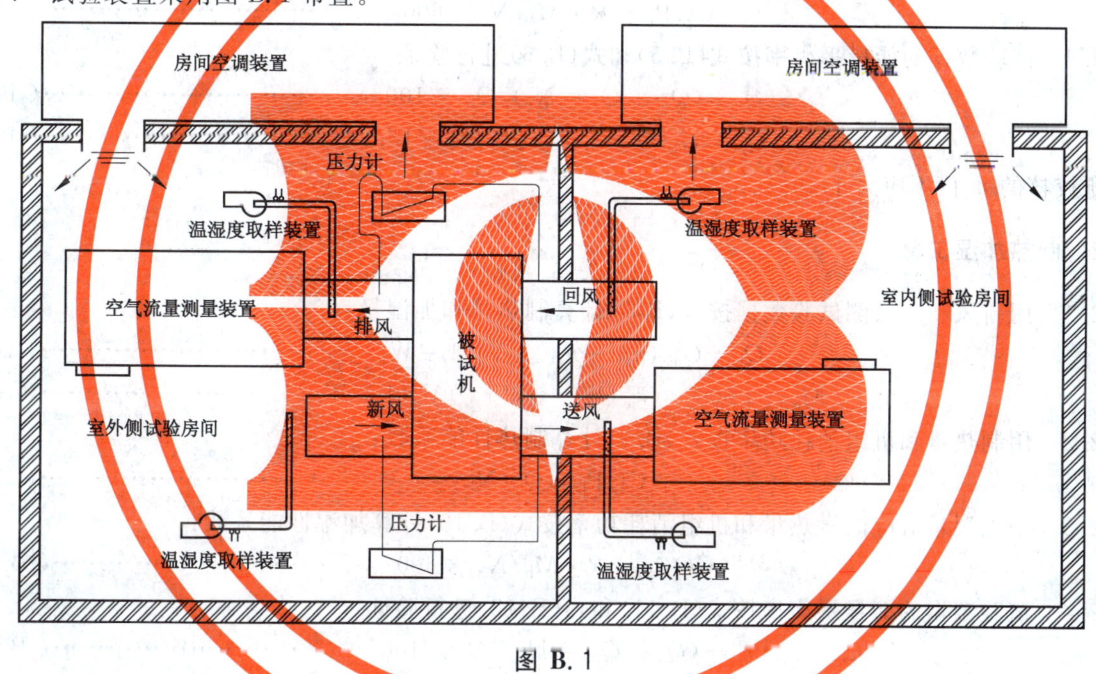

图 B.1

B.2.2　试验房间

试验需要两间房间，一间室内侧测试房间，一间室外侧测试房间。房间的测试条件应保持在允许的范围内，试验时机组附近的空气流速不应超过 2.5 m/s。房间应有足够的容积，使空气循环和正常运行时有相同的条件。房间除安装要求的尺寸关系外，应使房间和机组有空气排出一侧之间的距离不小于 1.8 m，机组其他表面和房间之间的距离不小于 0.9 m。房间空调装置处理空气按要求的工况条件处理后低速均匀送回试验房间。

B.2.3　空气流量测量

采用 GB/T 17758—2010 附录 A 中 A.6 空气流量测量的方法。

B.2.4　机组送风静压测量

采用 GB/T 17758—2010 附录 A 中 A.7 静压测定的方法。

B.2.5 温度测量

按 GB/T 17758—2010 附录 A 中 A.2.7 温度测量的规定。

B.3 机组性能计算

B.3.1 制冷除湿工况

B.3.1.1 用新风和送风侧试验数据按式(B.1)和式(B.2)计算制冷量和除湿量:

$$Q_c = G_{ma}(h_{a1} - h_{a2})/[V_a(1 + W_a)] \tag{B.1}$$

$$M_c = 3\,600 \times G_{ma}(W_{a1} - W_{a2})/[V_a(1 + W_a)] \tag{B.2}$$

B.3.1.2 用制冷量和机组消耗功率按式(B.3)计算制冷性能系数:

$$COP_c = Q_c/N_c \tag{B.3}$$

B.3.1.3 用除湿量对应的潜热量和机组消耗功率按式(B.4)计算除湿性能系数:

$$COP_D = R \cdot M_c/N_c/3\,600 \tag{B.4}$$

B.3.1.4 试验数据的能量平衡率按式(B.5)和式(B.6)进行验证:

$$\eta_c = (Q_{rc} - Q_c - N_c)/Q_{rc} \times 100\% \tag{B.5}$$

$$Q_{rc} = G_{mr}(h_{r2} - h_{r1})/[V_r(1 + W_r)] \tag{B.6}$$

所校核的 η_c 值不应大于 10%。

B.3.2 制热加湿工况

B.3.2.1 用新风和送风侧试验数据按式(B.7)计算制热量和加湿量:

$$Q_h = G_{ma}(h_{a2} - h_{a1})/[V_a(1 + W_a)] \tag{B.7}$$

$$M_h = 3\,600 \times G_{ma}(W_{a2} - W_{a1})/[V_a(1 + W_a)] \tag{B.8}$$

B.3.2.2 用制热量和机组消耗功率按式(B.9)计算制热性能系数:

$$COP_h = Q_h/N_h \tag{B.9}$$

B.3.2.3 用加湿量对应的潜热量和机组消耗功率按式(B.10)计算加湿性能系数:

$$COP_H = R \cdot M_h/N_h/3\,600 \tag{B.10}$$

B.3.2.4 试验数据的能量平衡率按式(B.11)和式(B.12)进行验证:

$$\eta_h = (Q_h - Q_{rh} - N_h)/Q_h \times 100\% \tag{B.11}$$

$$Q_{rh} = G_{mr}(h_{r1} - h_{r2})/[V_r(1 + W_r)] \tag{B.12}$$

所校核的 η_h 值不应大于 10%。

B.3.3 式(B.1)~式(B.12)中各符号的含义如下:

COP_c ——制冷性能系数,单位为千瓦每千瓦(kW/kW);

COP_D ——除湿性能系数,单位为千瓦每千瓦(kW/kW);

COP_h ——制热性能系数,单位为千瓦每千瓦(kW/kW);

COP_H ——加湿性能系数,单位为千瓦每千瓦(kW/kW);

G_{ma} ——送风侧空气流量测量值,单位为立方米每秒(m^3/s);

G_{mr} ——排风侧空气流量测量值,单位为立方米每秒(m^3/s);

h_{a1} ——新风侧空气的焓,单位为千焦每千克干空气(kJ/kg);

h_{a2} ——送风侧空气的焓,单位为千焦每千克干空气(kJ/kg);

h_{r1} ——回风侧空气的焓,单位为千焦每千克干空气(kJ/kg);

h_{r2} ——排风侧空气的焓,单位为千焦每千克干空气(kJ/kg);

M_c ——除湿量，单位为千克每小时(kg/h)；
M_h ——加湿量，单位为千克每小时(kg/h)；
N_c ——制冷除湿工况下机组消耗功率，单位为千瓦(kW)；
N_h ——制热加湿工况下机组消耗功率，单位为千瓦(kW)；
Q_c ——制冷量，单位为千瓦(kW)；
Q_h ——制热量，单位为千瓦(kW)；
Q_{rc} ——制冷除湿工况下回风侧的能量变化，单位为千瓦(kW)；
Q_{rh} ——制热加湿工况下回风侧的能量变化，单位为千瓦(kW)；
R ——水蒸气的汽化潜热值，单位为千焦每千克(kJ/kg)；
V_a ——送风侧喷嘴处的空气比容，单位为立方米每千克(m^3/kg)；
V_r ——排风侧喷嘴处的空气比容，单位为立方米每千克(m^3/kg)；
W_a ——送风侧喷嘴处的空气含湿量，单位为千克每千克干空气(kg/kg)；
W_{a1} ——新风侧空气含湿量，单位为千克每千克干空气(kg/kg)；
W_{a2} ——送风侧空气含湿量，单位为千克每千克干空气(kg/kg)；
W_r ——排风侧喷嘴处的空气含湿量，单位为千克每千克干空气(kg/kg)；
η_c ——制冷除湿工况下能量平衡率，单位为百分比(%)；
η_h ——制热加湿工况下能量平衡率，单位为百分比(%)。

附　录　C
（规范性附录）
热泵式热回收型溶液调湿新风机组送风携带溶液离子量的试验方法

C.1　试验方法

根据空气采样方法对送风侧空气进行采样，按 JY/T 020 规定测定送风侧的离子含量。

C.2　空气采样方法

空气采样采取溶液吸收法，试验原理见图 C.1，所用吸收液为去离子水。空气采样仪的空气采样点布置在机组接口的送风直管段上，距离机组出风口 1 倍以上管径或管宽。根据 GB/T 17061 选用一台空气采样仪，气泡吸收管连接采样仪的抽气口。采样时间 3 h，采样空气流速为 0.6 L/min。

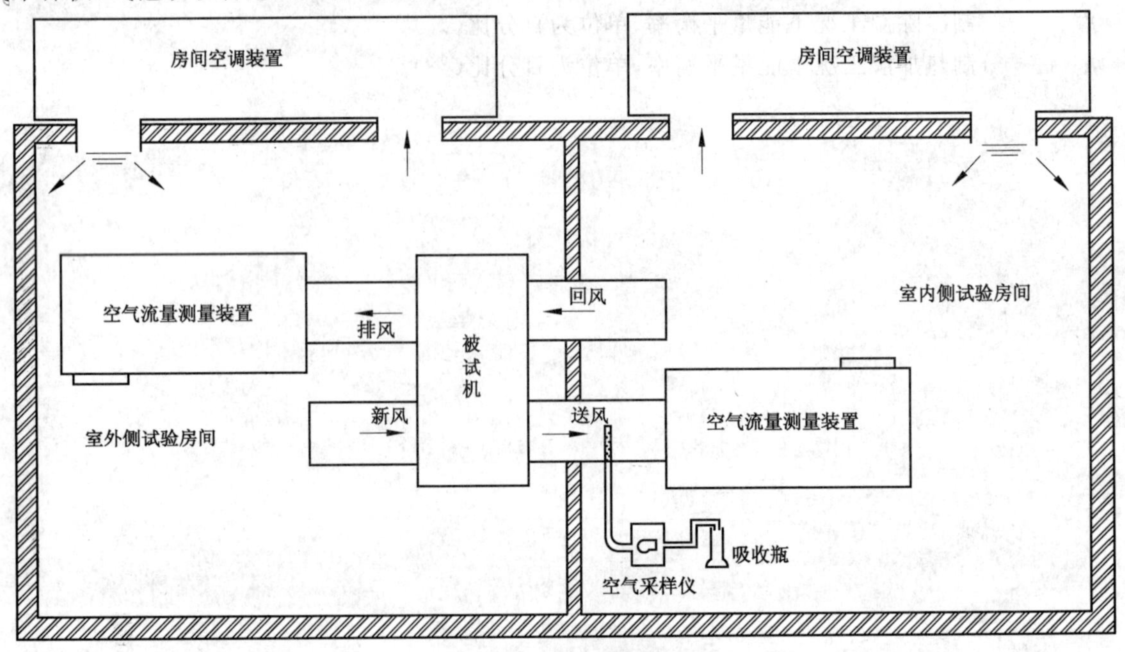

图 C.1　试验原理见图

C.3　仪器定量分析

采样完毕后，对吸收液中溶液离子含量按 JY/T 020 规定的离子色谱法进行分析。

ICS 21.040.20
J 04

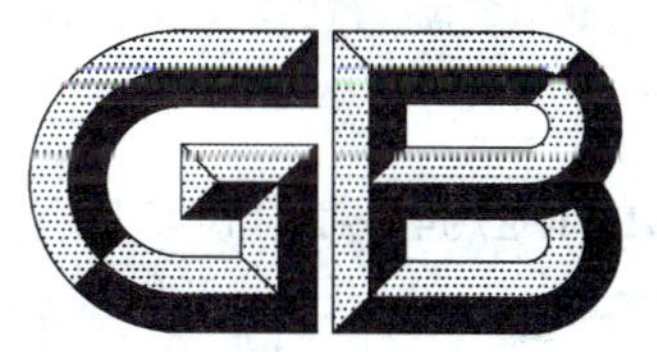

中华人民共和国国家标准

GB/T 27944—2011

60°干密封管螺纹

Dryseal pipe threads with the thread angle of 60 degrees

2011-12-30 发布　　2012-10-01 实施

中华人民共和国国家质量监督检验检疫总局
中国国家标准化管理委员会　发布

前　言

本标准按 GB/T 1.1—2009 给出的规则起草。

本标准采用重新起草法修改采用美国标准 ASME B1.20.3:1976《干密封管螺纹》(2003 年确认)。我国标准与美国标准相比主要有如下不同:

——螺纹尺寸代号:美国使用 D_x、E_x、K_x、p、D 和 d 分别表示螺纹的大径、中径、小径和螺距、管子的外径和内径;而我国和 ISO 则使用 D、D_2、D_1、d、d_2、d_1 和 P 分别表示内螺纹的大径、中径和小径、外螺纹的大径、中径和小径、螺纹螺距。为避免与我国和 ISO 已有的螺纹代号体系发生冲突,本标准没有采用与我国发生冲突的那部分美国尺寸代号。

——美国标准是以英制单位给出螺纹尺寸值;而本标准则是以米制单位给出螺纹尺寸值。

——对牙高公差,美国标准是以削平高度方式间接给出;而本标准则是以牙顶和牙底高直接给出。

——在螺纹标记中,美国标准是先给出螺纹的尺寸代号,后给出螺纹的特征代号;而我国螺纹标准体系则先标出螺纹的特征代号,后标出螺纹的尺寸代号。另外,为简化螺纹标记,我国标准允许省略螺纹标记中的螺纹牙数项。

——本标准补充规定了干密封圆锥管螺纹的螺距累积公差和牙侧角公差。

——本标准补充规定倒角与基准平面位置关系。

——本标准补充规定了螺纹量规。

——本标准规范性引用文件中引用了 GB/T 14791《螺纹术语》。

本标准由全国螺纹标准化技术委员会(SAC/TC 108)提出。

本标准由全国螺纹标准化技术委员会(SAC/TC 108)、全国量具量仪标准化技术委员会(SAC/TC 132)归口。

本标准负责起草单位:浙江省计量科学研究院、中机生产力促进中心。

本标准参加起草单位:成都艾立特螺纹工具有限公司。

本标准主要起草人:茅振华、何虹、李晓滨、刘远模。

60°干密封管螺纹

1 范围

本标准规定了60°干密封管螺纹的牙型、基本尺寸、公差、标记和量规。

本标准适用于对螺纹密封性能有较高要求的管子、阀门、管接头及其他管路附件的螺纹连接。

2 规范性引用文件

下列文件对于本文件的应用是必不可少的。凡是注日期的引用文件，仅注日期的版本适用于本文件。凡是不注日期的引用文件，其最新版本(包括所有的修改单)适用于本文件。

GB/T 14791 螺纹术语

3 术语和代号

3.1 术语和定义

GB/T 14791界定的以及下列术语和定义适用于本文件。

3.1.1

参照平面 reference plane

量规检验螺纹时，读取检验数值(基准平面的位置偏差)所参照的工件可见平面。它是内螺纹件的外端面或外螺纹件的小端面。

3.2 代号

D——内螺纹在基准平面内的大径；

d——外螺纹在基准平面内的大径；

D_2——内螺纹在基准平面内的中径；

d_2——外螺纹在基准平面内的中径；

D_1——内螺纹在基准平面内的小径；

d_1——外螺纹在基准平面内的小径；

n——在25.4 mm轴向长度内所包含的牙数；

P——螺距；

H——原始三角形高度；

h——螺纹牙型高度；

f——削平高度；

L_1——基准距离；

L_2——外螺纹的有效螺纹长度；

L_3——装配余量；

V——螺尾长度。

4 牙型

4.1 设计牙型

圆柱内螺纹(NPSF 和 NPSI)牙型见图 1;圆锥螺纹(NPTF 和 PTF-SAE SHORT)牙型见图 2。螺纹牙型的左、右牙侧角相等,牙型角的角平分线垂直于螺纹轴线。圆锥螺纹的锥度为 1∶16。牙型尺寸应符合表 1 的规定。

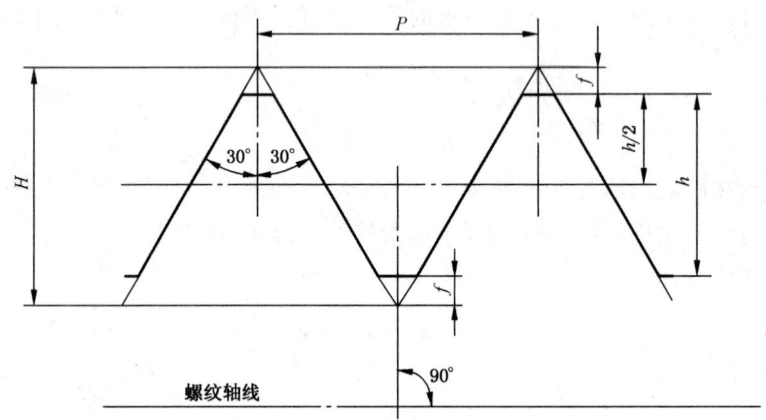

图 1　圆柱内螺纹牙型

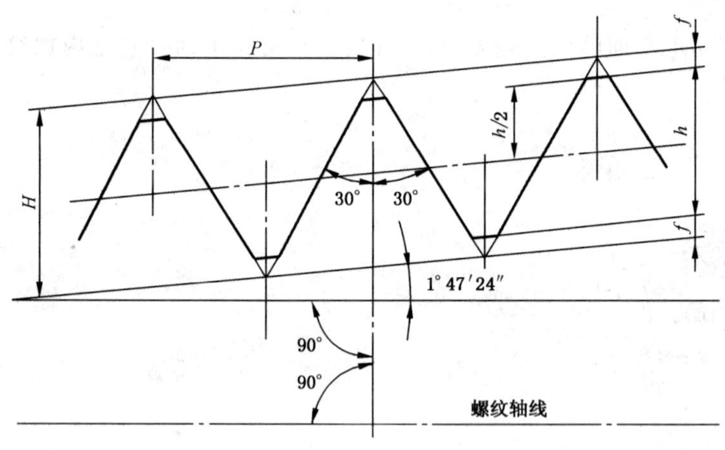

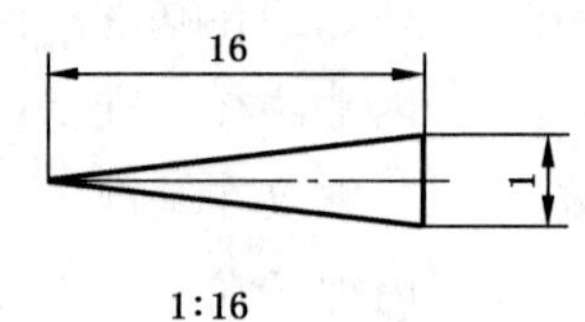

图 2　圆锥螺纹牙型

4.2 牙高

4.2.1 牙高公差

螺纹牙顶高和牙底高的公差带分布位置见图 3,其公差数值应符合表 2 的规定。

在基准距离 L_1 配合范围内,工件螺纹应具有完整牙顶和牙底。

表 1　干密封管螺纹的牙型尺寸

牙数 n	螺距 P	原始三角形高度 H[a]	削平高度 f		牙高 h	
	mm	mm	公式	mm	公式	mm
27	0.941	0.815	$0.094P$	0.089	$0.678P$	0.637
18	1.411	1.222	$0.078P$	0.109	$0.710P$	1.004
14	1.814	1.571	$0.060P$	0.109	$0.746P$	1.353
11.5	2.209	1.913	$0.060P$	0.132	$0.746P$	1.649
8	3.175	2.750	$0.055P$	0.175	$0.756P$	2.400
注：圆锥管螺纹的 H 精确公式为 $0.865\,743P$，与圆柱管螺纹 $0.866\,025P$ 间的差异可以忽略。						
[a] $H=0.866\,025P$。						

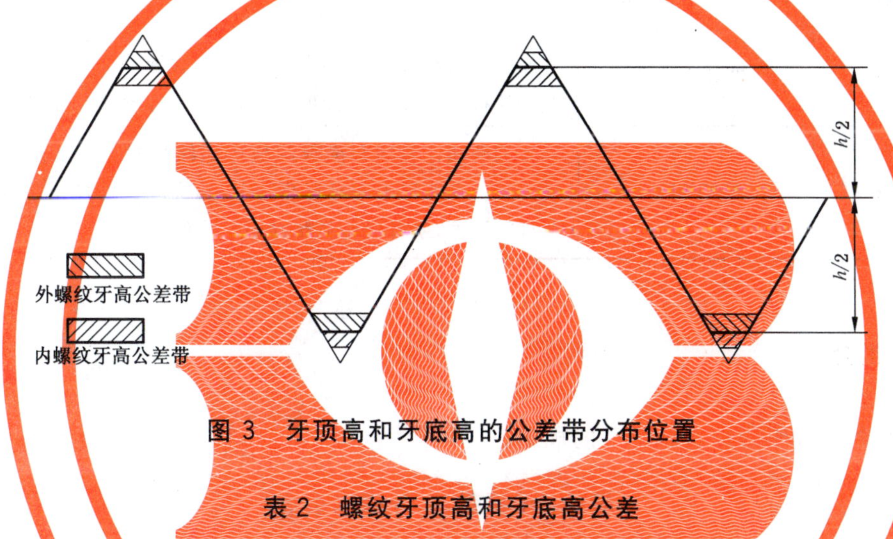

图 3　牙顶高和牙底高的公差带分布位置

表 2　螺纹牙顶高和牙底高公差

单位为毫米

牙数 n	牙顶高公差	牙底高公差	对应的牙顶宽度[a]		对应的牙底宽度[a]	
			max	min	max	min
27	0.046	0.043	0.102	0.051	0.152	0.102
18	0.043	0.046	0.127	0.076	0.178	0.127
14	0.043	0.046	0.127	0.076	0.178	0.127
11.5	0.043	0.066	0.152	0.102	0.229	0.152
8	0.043	0.066	0.203	0.152	0.279	0.203
注：实际螺纹工件的牙顶和牙底可以为圆弧牙顶和牙底，此圆弧段要处在牙顶高和牙底高的公差带以内。						
[a] 优先按牙顶高和牙底高公差控制螺纹牙高尺寸，允许用牙顶宽和牙底宽作为控制牙高的参考值。						

4.2.2　牙高检验

应该控制刀具螺纹牙型尺寸来保证工件螺纹的牙顶高和牙底高尺寸。除非刀具已经能够控制好工件螺纹的牙高尺寸，否则必须用测量仪器或量规对工件螺纹进行牙顶高和牙底高检验。当发生牙高检验争议时，以仪器直接测量结果作为仲裁依据。内螺纹牙高也可用测量脱模牙高作为仲裁依据。

标准圆锥管螺纹(NPTF)有两个公差等级：1 级和 2 级。两者差异为检验要求不同。1 级螺纹不要求进行牙高检验；2 级螺纹则要求进行牙高检验。对没有规定公差等级的标准圆锥管螺纹，按 1 级螺纹处理。

5 螺纹种类及其适用场合

干密封管螺纹的种类、代号和用途见表3。

为提高螺纹密封连接的可靠性和安装性,允许在干密封螺纹副内添加合适的密封介质。但2级标准圆锥管螺纹(NPTF)除外。

表3 干密封管螺纹的种类、代号和用途

种类	代号	用途
标准圆锥管螺纹	NPTF	适用于各种场合。在强度和密封性方面,优于其他干密封螺纹。对硬脆性材料的薄壁管件,可以减少装配破坏的发生
短型圆锥管螺纹	PTF-SAE SHORT	用于因管件空间或壁厚条件限制而无法采用标准圆锥管螺纹的场合。也可用于节省材料场合
燃料圆柱内螺纹	NPSF	加工较为经济,但密封性能不如圆锥管螺纹。一般用于软性或延展性好的材质管件上。也可用于厚壁的硬脆性材料管件上
大直径圆柱内螺纹	NPSI	加工性和密封性与燃料圆柱内螺纹相同。其直径比燃料圆柱内螺纹的大。在四种干密封管螺纹中,其旋合长度最长。用于厚壁的硬脆性材料管件,或者其他膨胀性小的管件上

6 内、外螺纹组合

干密封内、外螺纹组合应符合表4的规定。

表4 干密封内、外螺纹组合

外螺纹	内螺纹
标准圆锥外螺纹(NPTF)	标准圆锥内螺纹(NPTF) 短型圆锥内螺纹(PTF-SAE SHORT) 燃料圆柱内螺纹(NPSF) 大直径圆柱内螺纹(NPSI)[a]
短型圆锥外螺纹(PTF-SAE SHORT)	大直径圆柱内螺纹(NPSI) 标准圆锥内螺纹(NPTF)[a]
注1:短型圆锥内、外螺纹(PTF-SAE SHORT)间不允许形成组合。 **注2**:对不允许使用螺纹密封介质场合,优先选用2级标准圆锥管螺纹(NPTF)组合。	
[a] 这两种组合使用不多。	

7 螺纹基本尺寸及其公差

7.1 基本尺寸

圆锥管螺纹(NPTF和PTF-SAE-SHORT)主要尺寸的分布位置见图4,其基本尺寸应符合表5的规定。

圆柱内螺纹(NPSF 和 NPSI)的直径基本尺寸与圆锥管螺纹基准平面内的直径相同。

注：较标准圆锥螺纹，短型圆锥外螺纹在小端被截短一扣($L_{1短}=L_1-P$)；短型圆锥内螺纹在大端被截短一扣。此一扣轴向尺寸差异体现为螺纹基准平面位置的极限偏差不同。同样，基准平面位置极限偏差不同也体现了圆柱内螺纹与标准圆锥螺纹间的直径尺寸差异。四种干密封标准管螺纹的基准平面位置极限偏差见 7.3(综合位置公差)。另外，为消除圆锥螺纹塞规检验圆柱内螺纹时所产生的 $+3P/8$ 系统误差，圆柱内螺纹尺寸在上述综合位置公差基础上又进行了 $-3P/8$ 调整，具体见表 7 和表 8 的表注。

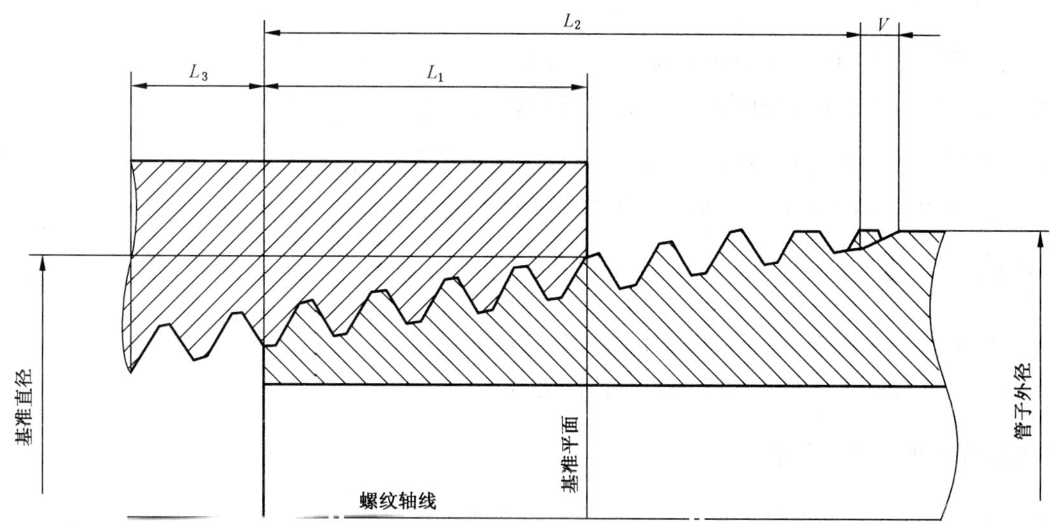

图 4　圆锥管螺纹主要尺寸分布位置

表 5　圆锥管螺纹基本尺寸

螺纹尺寸代号	牙数 n	螺距 P/mm	牙型高度 h/mm	基准平面内的基本直径/mm 大径 D、d	中径 D_2、d_2	小径 D_1、d_1	基准距离 L_1 mm	基准距离 L_1 圈数	装配余量 L_3 mm	装配余量 L_3 圈数	外螺纹有效螺纹长度[a] L_2 mm	外螺纹有效螺纹长度[a] L_2 圈数
1/16	27	0.941	0.637	7.779	7.142	6.505	4.064	4.32	2.822	3	6.632	7.05
1/8	27	0.941	0.637	10.126	9.489	8.852	4.102	4.36	2.822	3	6.703	7.12
1/4	18	1.411	1.004	13.491	12.487	11.483	5.786	4.10	4.234	3	10.206	7.23
3/8	18	1.411	1.004	16.930	15.926	14.922	6.096	4.32	4.234	3	10.358	7.34
1/2	14	1.814	1.353	21.125	19.772	18.419	8.128	4.48	5.443	3	13.556	7.47
3/4	14	1.814	1.353	26.470	25.117	23.764	8.611	4.75	5.443	3	13.861	7.64
1	11.5	2.209	1.649	33.110	31.461	29.812	10.160	4.60	6.627	3	17.343	7.85
1¼	11.5	2.209	1.649	41.867	40.218	38.569	10.668	4.83	6.627	3	17.953	8.13
1½	11.5	2.209	1.649	47.936	46.287	44.638	10.668	4.83	6.627	3	18.377	8.32
2	11.5	2.209	1.649	59.974	58.325	56.676	11.074	5.01	6.627	3	19.215	8.70
2½	8	3.175	2.400	72.559	70.159	67.759	17.323	5.46	9.525	3	28.893	9.10
3	8	3.175	2.400	88.468	86.068	83.668	19.456	6.13	9.525	3	30.480	9.60

注：螺纹收尾长度 V 为 $3.47P$，肩距长度约为 $2P$。

[a] 此列是 L_2 环规的厚度尺寸。

7.2 基准平面位置

圆锥外螺纹基准平面的理论位置位于垂直于螺纹轴线、与小端面(参照平面)相距一个基准距离 L_1 的平面内;内螺纹基准平面的理论位置位于垂直于螺纹轴线的端面(参照平面)内,见图 4。

7.3 综合位置公差

标准圆锥螺纹(NPTF)基准平面的轴向位置极限偏差为:$\pm 1P$;

短型圆锥螺纹(PTF-SAE SHORT)基准平面的轴向位置极限偏差为:${}^{0}_{-1.5P}$;

燃料圆柱内螺纹(NPSF)基准平面的轴向位置极限偏差为:${}^{0}_{-1.5P}$;

大直径圆柱内螺纹(NPSI)基准平面的轴向位置极限偏差为:${}^{+1.0P}_{-0.5P}$;

7.4 大径和小径公差

在同一轴向位置平面内,螺纹的大径和小径尺寸应随其中径尺寸的变化而变化,以保证螺纹牙顶高和牙底高尺寸在本标准第 4 章所规定的公差范围之内。

7.5 圆锥管螺纹单项要素公差

圆锥管螺纹的锥度、导程和牙侧角极限偏差应符合表 6 的规定。

螺纹的锥度、导程和牙侧角极限偏差一般由刀具尺寸来保证。为确保螺纹密封性能,设计者可以单独提出对螺纹锥度、导程和牙侧角误差进行检验的要求。

注:螺纹的圆度误差对螺纹密封性也有直接影响。

表 6 圆锥管螺纹的单项要素极限偏差

牙数 n	中径线锥度(1/16)的极限偏差	有效螺纹的导程累积极限偏差/mm	牙侧角极限偏差/(°)
27	±0.005	±0.025	±1
18		±0.038	±1
14		±0.051	±1
11.5		±0.064	±0.75
8		±0.076	±0.75
注:当有效螺纹长度大于 25.4 mm 时,其导程累积误差的最大测量跨度为 25.4 mm。			

8 圆柱内螺纹的直径极限尺寸

燃料圆柱内螺纹(NPSF)的直径极限尺寸和最短有效螺纹长度应符合表 7 规定。

大直径圆柱内螺纹(NPSI)的直径极限尺寸和最短有效螺纹长度应符合表 8 规定。

表 7　燃料圆柱内螺纹(NPSF)的直径极限尺寸和最短有效螺纹长度

螺纹尺寸代号	牙数 n	中径/mm		小径/mm	最短有效螺纹长度	
		max	min	min	mm	圈数
1/16	27	7.120	7.031	6.304	7.9	8.44
1/8	27	9.467	9.378	8.651	7.9	8.44
1/4	18	12.456	12.324	11.232	11.9	8.44
3/8	18	15.893	15.761	14.671	12.7	9.00
1/2	14	19.728	19.558	18.118	16.8	9.19
3/4	14	25.075	24.905	23.465	16.8	9.19
1	11.5	31.407	31.201	29.464	19.8	8.98

注：燃料圆柱内螺纹的最大中径＝标准圆锥螺纹在基准平面内的基本中径$-3P/(8\times16)$。

表 8　大直径圆柱内螺纹(NPSI)的直径极限尺寸和最短有效螺纹长度

螺纹尺寸代号	牙数 n	中径/mm		小径/mm	最短有效螺纹长度	
		max	min	min	mm	圈数
1/16	27	7.178	7.089	6.363	7.9	8.44
1/8	27	9.525	9.436	8.710	7.9	8.44
1/4	18	12.543	12.410	11.321	11.9	8.44
3/8	18	15.982	15.850	14.760	12.7	9.00
1/2	14	19.842	19.672	18.237	16.8	9.19
3/4	14	25.189	25.019	23.579	16.8	9.19
1	11.5	31.547	31.339	29.604	19.8	8.98

注：大直径圆柱内螺纹最大中径＝标准圆锥螺纹在基准平面内的基本中径$+5P/(8\times16)$。

9　有效螺纹长度

外螺纹有效螺纹长度应不小于其基准距离的实际尺寸与装配余量之和。

圆锥内螺纹有效螺纹长度应不小于其基准平面位置的实际偏差、基准距离的基本尺寸与装配余量之和。

圆柱内螺纹有效螺纹长度应不小于表 7 或表 8 的规定。

10 倒角与基准平面的理论位置

一般按下面规定确定螺纹基准平面的理论位置。对特殊使用需求,允许产品供需双方协商确定基准平面的轴向位置。

在外螺纹小端面倒角,如果倒角的轴向长度不大于一个螺距,其基准平面的理论位置不变,见图 5a)。

在内螺纹大端面倒角。如果倒角大径小于或等于大端面上内螺纹的大径,其基准平面的轴向理论位置不变,见图 5b);如果倒角大径大于大端面上内螺纹的大径,其基准平面的理论位置位于内螺纹大径圆锥或圆柱与倒角圆锥相交的轴向位置处,见图 5c)。

11 标记

11.1 标记方法

管螺纹的标记由螺纹特征代号、螺纹尺寸代号和螺纹牙数组成。

对标准螺纹,允许省略螺纹的牙数项。

螺纹特征代号见表 3 的第 2 列。

螺纹尺寸代号见表 5、表 7 和表 8 的第 1 列。

对标准圆锥干密封管螺纹(NPTF),应在其标记后标注螺纹的公差等级代号(1 或 2)。对 1 级螺纹,允许省略其公差等级代号。

对左旋螺纹,应在其标记后标注螺纹的左旋代号(LH)。

11.2 标记示例

尺寸为 1/8、27 牙的右旋 1 级标准圆锥干密封管螺纹:NPTF 1/8-27-1 或 NPTF 1/8;

尺寸为 1/8 的右旋 2 级标准圆锥干密封管螺纹:NPTF 1/8-2;

尺寸为 1/8 的右旋短型圆锥干密封管螺纹:PTF-SAE-SHORT 1/8;

尺寸为 1/8 的右旋燃料圆柱内螺纹:NPSF 1/8;

尺寸为 1/8 的右旋大直径圆柱内螺纹:NPSI 1/8;

尺寸为 1/8 的左旋短型圆锥螺纹:PTF-SAE-SHORT 1/8-LH。

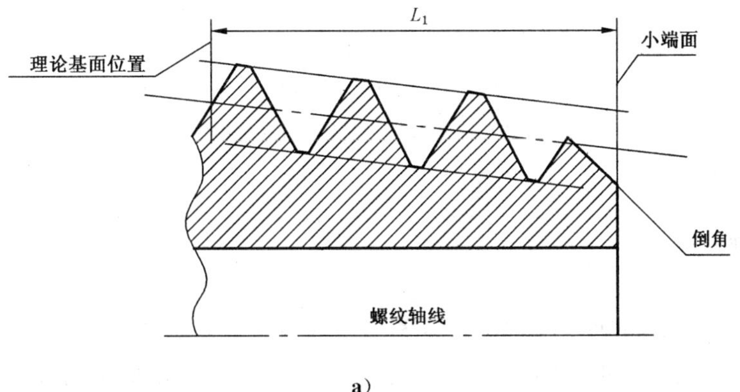

a)

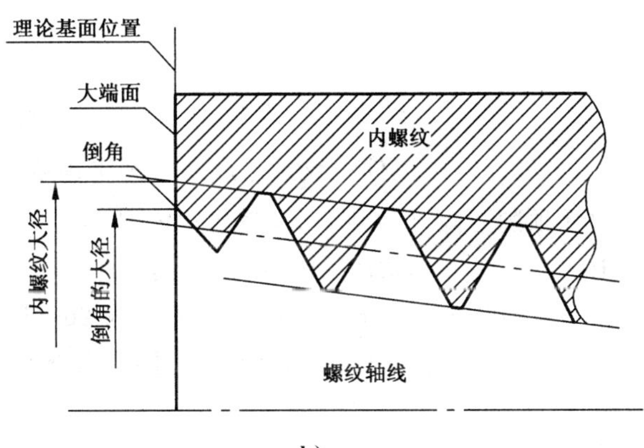

b)

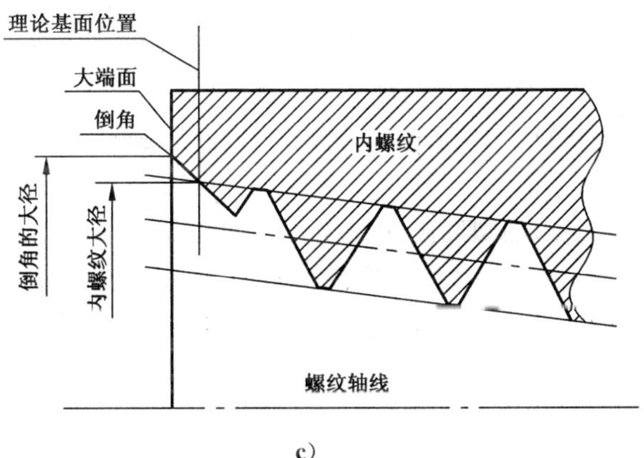

c)

图 5　倒角对基准平面理论位置的影响

12　螺纹检验

用螺纹量规检验干密封管螺纹尺寸。

螺纹量规应符合附录 A 的规定。

附 录 A
（资料性附录）
60°干密封管螺纹工作量规

A.1 螺纹工作量规种类

干密封管螺纹工作量规的种类、作用、牙型和使用规则应符合表 A.1 的规定。

量规的使用顺序为：先使用 L_1 量规，然后使用 L_2 或 L_3 量规。如果需要，最后使用牙顶或牙底量规。

A.2 螺纹工作量规牙型

L_1 工作量规的螺纹牙顶削平高度等于工件螺纹的牙底最大削平高度，为完整牙型。

L_2 和 L_3 工作量规的螺纹牙顶削平高度为 0.20P，为截短牙型。

工作量规的螺纹牙底要让开宽度为 0.042P 的螺纹牙顶，其牙底可以开间隙槽。

6 台阶牙底量规的螺纹牙型为 50°牙型角的对称牙型，牙侧角为 25°，其牙顶最大宽度比工件螺纹牙底最小宽度小 0.025 mm；其牙底要让开宽度为 0.15P 的螺纹牙顶，其牙底可以开间隙槽。

A.3 螺纹工作量规基本尺寸

检验标准圆锥螺纹（NPTF）的螺纹工作量规见图 A.1～图 A.8，其基本尺寸应符合表 A.2～表A.9 的规定。

检验短型圆锥螺纹（PTF-SAE SHORT）的螺纹工作量规见图 A.9～图 A.12，其基本尺寸应符合表 A.10～表 A.13 的规定。

检验燃料圆柱内螺纹（NPSF）的螺纹工作塞规见图 A.11，其基本尺寸应符合表 A.12 的规定。

检验大直径圆柱内螺纹（NPSI）的螺纹工作塞规见图 A.13，其基本尺寸应符合表 A.14 的规定。

A.4 螺纹工作量规公差

A.4.1 螺纹工作量规制造公差

螺纹工作量规制造公差应符合表 A.15 和表 A.16 的规定。

6 台阶牙顶和牙底螺纹工作量规的锥度公差为±0.000 5。

4 台阶螺纹工作量规台阶轴向尺寸的极限偏差为：

第 1 台阶：${}^{+0.051}_{\ \ 0}$ mm；

第 2、3 台阶：±0.025 mm；

第 4 台阶：${}^{\ \ 0}_{-0.051}$ mm。

A.4.2 螺纹工作量规允许磨损量

相对于新量规尺寸，螺纹工作塞规和环规的轴向允许磨损量为 0.5P。

A.5 螺纹工作量规之间的位置关系

4 台阶 L_1 量规对工件螺纹尺寸分段与 6 台阶牙顶和牙底量规各台阶面之间的对应关系见图 A.14。

L_1 工作量规与 L_2 和 L_3 工作量规的检验工件螺纹位置差异应该在半扣以内。

A.6 螺纹工作量规标记

螺纹工作量规标记应包含被检螺纹的标记和中径量规类型代号或牙顶和牙底量规类型的英文词组。

表 A.1 60°干密封管螺纹工作量规的名称、作用、牙型和使用规则

名　称	作　用	牙型	使用规则
4 台阶型或基本型 L_1 圆锥螺纹环规	检验标准圆锥外螺纹 NPTF 在 L_1 范围内的作用中径和底径	完整牙型	环规旋入工件,外螺纹小端面应处在环规第 1 至第 4 台阶面之间,或与基本型环规小端面相距一个螺距以内
4 台阶型或基本型 L_2 圆锥螺纹环规	检验标准圆锥外螺纹 NPTF 在(L_2-L_1)范围内的作用中径	截短牙型	环规旋入工件,外螺纹小端面应处在环规第 1 至第 4 台阶面之间,或与基本型环规小端面相距一个螺距以内,并且外螺纹小端面相对于 L_1 环规和 L_2 环规台阶面(或端面)的位置差异量应不大于 0.5P
6 台阶牙顶光滑圆锥环规	检验标准圆锥外螺纹 NPTF 在 L_2 范围内的作用顶径	—	对 2 级螺纹,应检验工件螺纹牙高。 首先利用 4 台阶型 L_1 环规确定外螺纹工件的尺寸范围(大尺寸段 MX,基本尺寸段 B,小尺寸段 MN),然后利用 6 台阶牙顶或牙底圆锥环规来确定外螺纹小端面是否处在相应尺寸段的牙顶或牙底台阶范围之内。大尺寸段的牙顶或牙底台阶范围为 MX～MX_T;基本尺寸段的牙顶或牙底台阶范围为 B～B_T;小尺寸段的牙顶或牙底台阶范围为 MN～MN_T,见图 A.14
6 台阶牙底圆锥环规	检验标准圆锥外螺纹 NPTF 在 L_2 范围内的作用底径	50°特殊牙型	
4 台阶型或基本型 L_1 圆锥螺纹塞规	检验标准圆锥内螺纹 NPTF 在 L_1 范围内的作用中径和底径	完整牙型	塞规旋入工件,内螺纹大端面(基准平面)应处在塞规第 1 至第 4 台阶面之间,或与基本型塞规台阶面(基准平面)相距一个螺距以内
4 台阶型或基本型 L_3 圆锥螺纹塞规	检验标准圆锥内螺纹 NPTF 在 L_3 范围内的作用中径	截短牙型	塞规旋入工件,内螺纹大端面(基准平面)应处在与塞规第 1 至第 4 台阶面之间,或与基本型塞规台阶(基准平面)相距一个螺距以内,并且内螺纹大端面(基准平面)相对于 L_1 塞规和 L_3 塞规台阶面的位置差异量应不大于 0.5P

表 A.1（续）

<table>
<tr><th>名　称</th><th>作　用</th><th>牙型</th><th>使用规则</th></tr>
<tr><td>6 台阶牙顶光滑圆锥塞规</td><td>检验标准圆锥内螺纹 NPTF 在(L_1+L_3)范围内的作用顶径</td><td>—</td><td rowspan="2">对 2 级螺纹，应检验工件螺纹牙高。
首先利用 4 台阶型 L_1 塞规确定内螺纹工件的尺寸范围(大尺寸段 MX，基本尺寸段 B，小尺寸段 MN)，然后利用 6 台阶牙顶或牙底圆锥塞规来确定内螺纹大端面(基准平面)是否处在相应尺寸段的牙顶或牙底台阶范围之内。大尺寸段的牙顶或牙底台阶范围为 $MX \sim MX_T$；基本尺寸段的牙顶或牙底台阶范围为 $B \sim B_T$；小尺寸段的牙顶或牙底台阶范围为 $MN \sim MN_T$，见图 A.14</td></tr>
<tr><td>6 台阶牙底圆锥塞规</td><td>检验标准圆锥内螺纹 NPTF 在(L_1+L_3)范围内的作用底径</td><td>50°特殊牙型</td></tr>
<tr><td>3 台阶短型 L_1 圆锥螺纹环规</td><td>检验短型圆锥外螺纹 PTF-SAE SHORT 在 L_1 范围内的作用中径和底径</td><td>完整牙型</td><td>环规旋入工件，外螺纹小端面应处在环规最大与最小台阶面之间</td></tr>
<tr><td>3 台阶短型 L_2 圆锥螺纹环规</td><td>检验短型圆锥外螺纹 PTF-SAE SHORT 在(L_2-L_1)范围内的作用中径</td><td>截短牙型</td><td>环规旋入工件，外螺纹小端面应处在环规最大与最小台阶面之间，并且外螺纹小端面相对于短型 L_1 环规和短型 L_2 环规台阶面的位置差异量应不大于 $0.5P$</td></tr>
<tr><td>3 台阶短型 L_1 圆锥螺纹塞规</td><td>检验短型圆锥内螺纹 PTF-SAE SHORT 和燃料圆柱内螺纹 NPSF 在 L_1 范围内的作用中径和底径</td><td>完整牙型</td><td>塞规旋入工件，内螺纹大端面(基准平面)应处在塞规最大与最小台阶面之间</td></tr>
<tr><td>3 台阶短型 L_3 圆锥螺纹塞规</td><td>检验短型圆锥内螺纹 PTF-SAE SHORT 在 L_3 范围内的作用中径</td><td>截短牙型</td><td>塞规旋入工件，内螺纹大端面(基准平面)应处在塞规最大与最小台阶面之间，并且内螺纹大端面(基准平面)相对于短型 L_1 塞规和短型 L_3 塞规台阶面的位置差异量应不大于 $0.5P$</td></tr>
<tr><td>3 台阶型 L_1 圆锥螺纹塞规</td><td>检验大直径圆柱内螺纹 NPSI 在 L_1 范围内的作用中径和底径</td><td>完整牙型</td><td>塞规旋入工件，内螺纹端面(基准平面)应处在塞规最大与最小台阶面之间</td></tr>
</table>

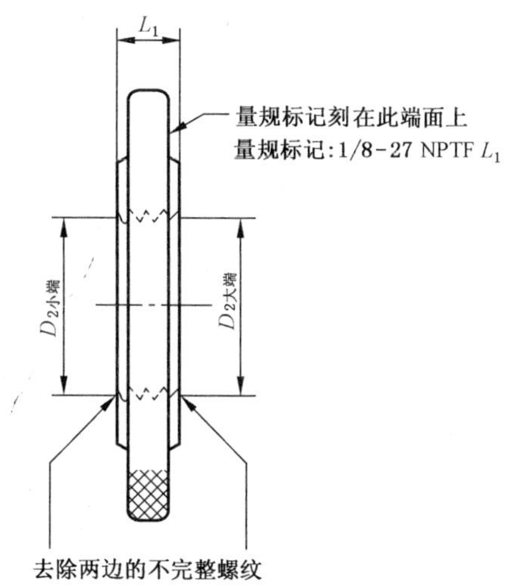

a） 基本台阶型

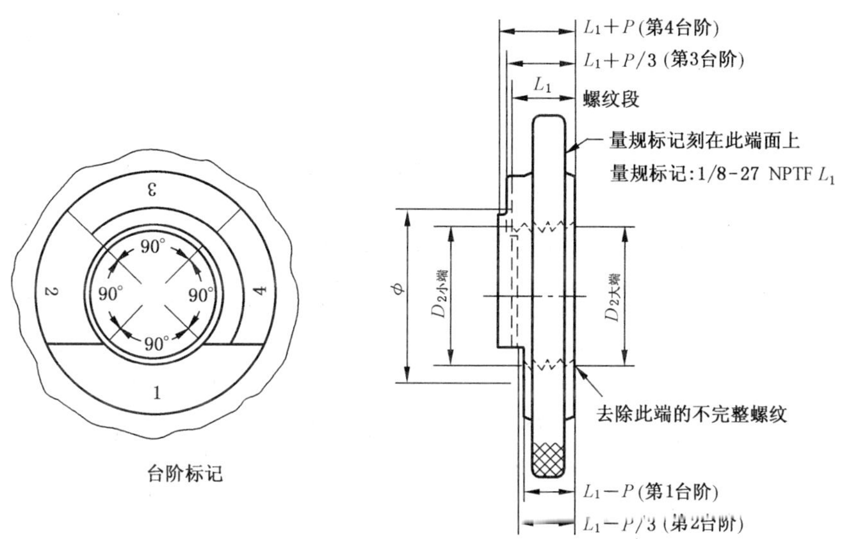

b） 4 台阶型

注：大尺寸段螺纹位于第 1 台阶至第 2 台阶之间；基本尺寸段螺纹位于第 2 台阶至第 3 台阶之间；小尺寸段螺纹位于第 3 台阶至第 4 台阶之间。

图 A.1 基本型和 4 台阶型 L_1 圆锥螺纹环规

表 A.2 基本型和 4 台阶型 L_1 圆锥螺纹环规的基本尺寸(检验 NPTF 螺纹)

单位为毫米

螺纹尺寸代号-牙数	基本厚度 L_1	大端面内		大尺寸段边界		基本尺寸段边界		小尺寸段边界		小端面内		光孔直径(至小端面) ϕ
		中径 $D_{2大端}$	小径 $D_{1大端}$	max	min	max	min	max	min	中径 $D_{2小端}$	小径 $D_{1小端}$	
				第1台阶	第2台阶	第2台阶	第3台阶	第3台阶	第4台阶			
				L_1-P	$L_1-P/3$	$L_1-P/3$	$L_1+P/3$	$L_1+P/3$	L_1+P			
1/16-27	4.064	7.142	6.591	3.123	3.751	3.751	4.377	4.377	5.005	6.888	6.337	9.7
1/8-27	4.102	9.489	8.938	3.161	3.789	3.789	4.416	4.416	5.043	9.233	8.682	11.9
1/4-18	5.786	12.487	11.573	4.375	5.316	5.316	6.257	6.257	7.197	12.126	11.211	15.0
3/8-18	6.096	15.926	15.012	4.685	5.626	5.626	6.566	6.566	7.507	15.545	14.631	18.3
1/2-14	8.128	19.772	18.509	6.314	7.523	7.523	8.733	8.733	9.942	19.264	18.001	22.4
3/4-14	8.611	25.117	23.854	6.796	8.006	8.006	9.215	9.215	10.425	24.579	23.316	27.7
1-11.5	10.160	31.461	29.946	7.951	9.424	9.424	10.896	10.896	12.369	30.826	29.311	34.0
1¼-11.5	10.668	40.218	38.702	8.459	9.932	9.932	11.404	11.404	12.877	39.551	38.036	42.9
1½-11.5	10.668	46.287	44.772	8.459	9.932	9.932	11.404	11.404	12.877	45.621	44.105	49.3
2-11.5	11.074	58.325	56.810	8.866	10.338	10.338	11.810	11.810	13.283	57.633	56.118	63.5
2½-8	17.323	70.159	67.892	14.148	16.265	16.265	18.381	18.381	20.498	69.076	66.809	74.7
3-8	19.456	86.068	83.801	16.281	18.398	18.398	20.515	20.515	22.631	84.852	82.585	90.4

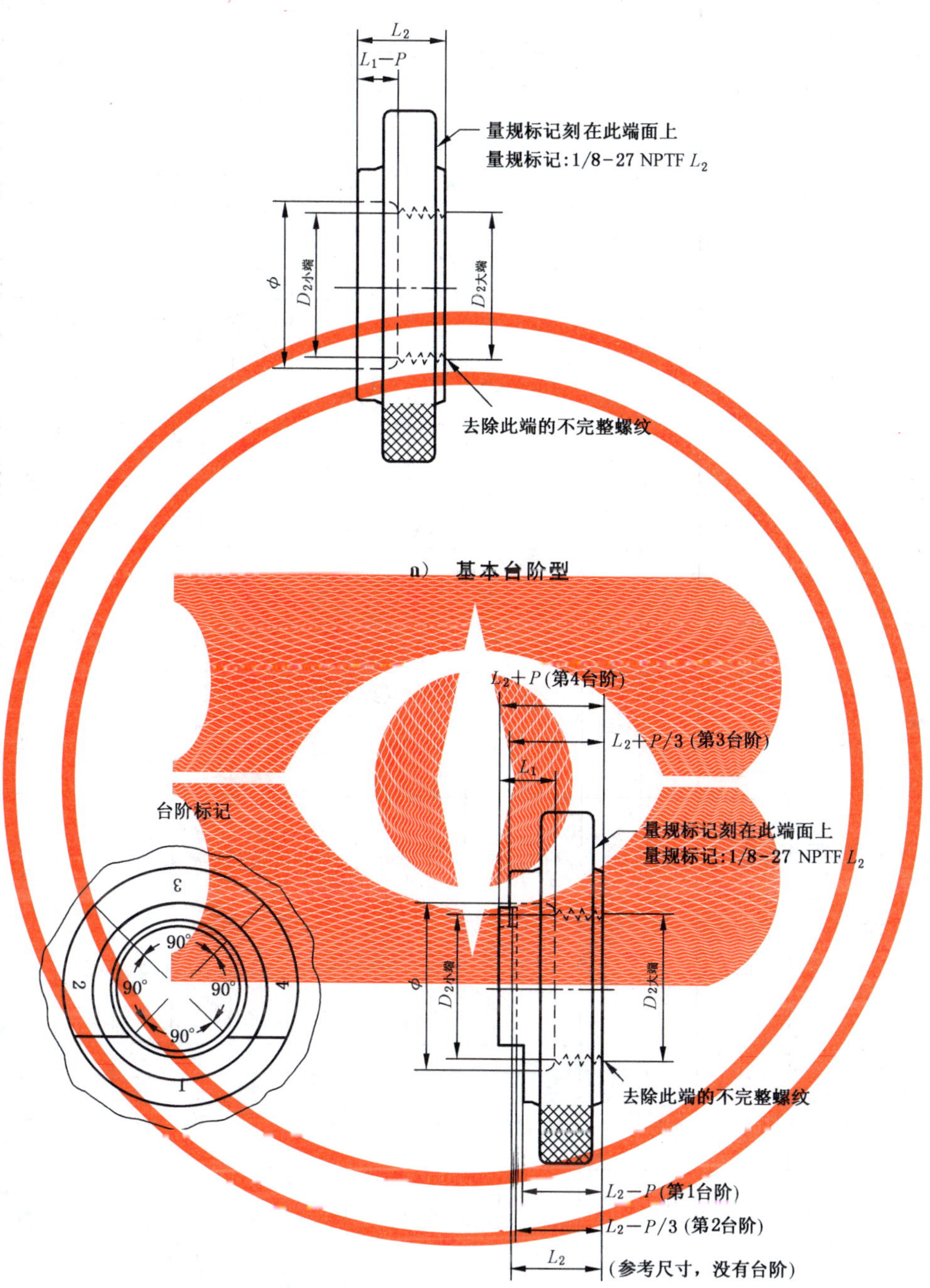

a） 基本台阶型

b） 4 台阶型

图 A.2 基本型和 4 台阶型 L_2 圆锥螺纹环规

表 A.3　基本型和 4 台阶型 L_2 圆锥螺纹环规的基本尺寸(检验 NPTF 螺纹)

单位为毫米

螺纹尺寸代号-牙数	基本厚度 L_2	大端面内		大尺寸段边界		基本尺寸段边界		小尺寸段边界		小端面内		L_1	光孔直径(至基面) ϕ
		中径 $D_{2大端}$	小径 $D_{1大端}$	max	min	max	min	max	min	中径 $D_{2小端}$	小径 $D_{1小端}$		
				第 1 台阶	第 2 台阶	第 2 台阶	第 3 台阶	第 3 台阶	第 4 台阶				
				L_2-P	$L_2-P/3$	$L_2-P/3$	$L_2+P/3$	$L_2+P/3$	L_2+P				
1/16-27	6.633	7.303	6.864	5.692	6.319	6.319	6.946	6.946	7.574	7.083	6.645	4.064	9.7
1/8-27	6.702	9.652	9.214	5.761	6.388	6.388	7.015	7.015	7.643	9.431	8.992	4.102	11.9
1/4-18	10.205	12.764	12.106	8.794	9.735	9.735	10.676	10.676	11.616	12.399	11.742	5.786	15.0
3/8-18	10.358	16.193	15.535	8.946	9.887	9.887	10.828	10.828	11.769	15.838	15.180	6.096	18.3
1/2-14	13.556	20.111	19.266	11.742	12.951	12.951	14.161	14.161	15.371	19.659	18.813	8.128	22.4
3/4-14	13.861	25.445	24.600	12.047	13.256	13.256	14.466	14.466	15.675	25.004	24.158	8.611	27.7
1-11.5	17.343	31.910	30.881	15.134	16.606	16.606	18.079	18.079	19.551	31.323	30.294	10.160	34.0
1¼-11.5	17.952	40.673	39.644	15.743	17.216	17.216	18.688	18.688	20.161	40.080	39.050	10.668	42.9
1½-11.5	18.376	46.769	45.740	16.168	17.640	17.640	19.112	19.112	20.585	46.149	45.120	10.668	49.3
2-11.5	19.216	58.834	57.805	17.007	18.480	18.480	19.952	19.952	21.424	58.187	57.158	11.074	63.5
2½-8	28.893	70.882	69.402	25.718	27.834	27.834	29.951	29.951	32.068	69.960	68.481	17.323	74.7
3-8	30.480	86.757	85.277	27.305	29.422	29.422	31.538	31.538	33.655	85.869	84.390	19.456	90.4

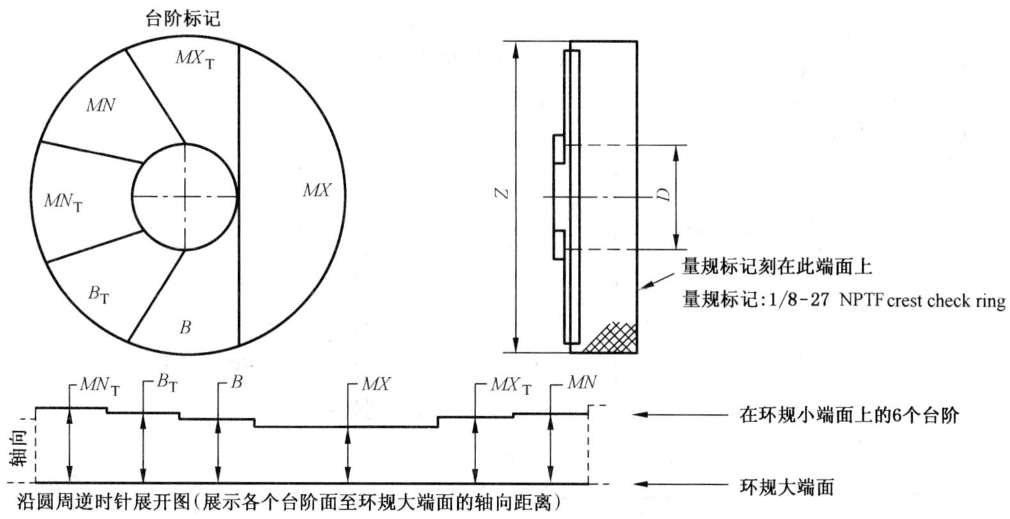

图 A.3 6台阶牙顶光滑圆锥环规

表 A.4 6台阶牙顶光滑圆锥环规的基本尺寸(检验 NPTF 螺纹)

单位为毫米

螺纹尺寸代号-牙数	在 L_2 处的大径(最大削平)	基本尺寸段边界		小尺寸段边界		大尺寸段边界		环规外径
		最小削平	最大削平	最小削平	最大削平	最小削平	最大削平	
	D	B	B_T	MN	MN_T	MX	MX_T	Z
	$^{0}_{-0.004}$	±0.025	$^{0}_{-0.051}$	±0.025	$^{0}_{-0.051}$	±0.25	$^{0}_{-0.051}$	±0.7
1/16-27	7.940	5.217	6.632	5.845	7.259	4.590	6.005	31.8
1/8-27	10.290	5.288	6.703	5.916	7.330	4.661	6.076	31.8
1/4-18	13.764	8.806	10.206	9.746	11.146	7.866	9.266	38.1
3/8-18	17.193	8.959	10.358	9.898	11.298	8.019	9.418	44.5
1/2-14	21.466	12.162	13.556	13.371	14.765	10.952	12.347	50.8
3/4-14	26.800	12.466	13.861	13.675	15.070	11.257	12.652	57.2
1-11.5	33.558	15.931	17.343	17.404	18.816	14.458	15.870	66.5
1¼-11.5	42.321	16.540	17.953	18.014	19.426	15.067	16.480	79.2
1½-11.5	48.417	16.962	18.377	18.435	19.850	15.489	16.904	85.9
2-11.5	60.482	17.800	19.215	19.274	20.688	16.327	17.742	101.6
2½-8	73.282	27.572	28.893	29.688	31.008	25.456	26.777	120.7
3-8	89.157	29.159	30.480	31.275	32.596	27.043	28.364	139.7

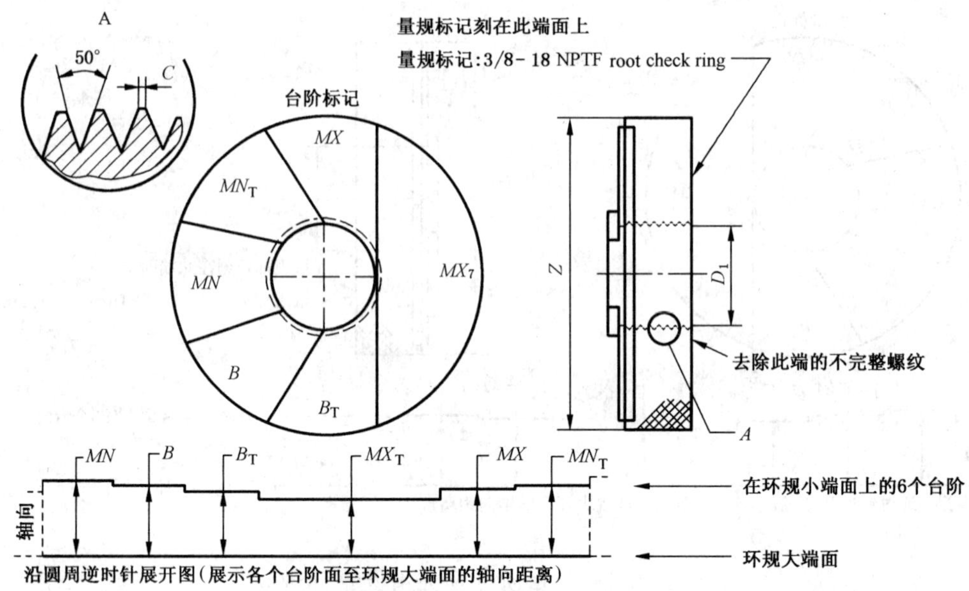

图 A.4 6台阶牙底圆锥环规

表 A.5 6台阶牙底圆锥环规的基本尺寸(检验 NPTF 螺纹)

单位为毫米

螺纹尺寸代号-牙数	在 L_2 处的小径(最小削平) D_1 $^{+0.005}_{0}$	牙顶最大宽度 C	基本尺寸段边界		小尺寸段边界		大尺寸段边界		环规外径 Z ±0.7
			最小削平 B ±0.025	最大削平 B_T $^{+0.051}_{0}$	最小削平 MN ±0.025	最大削平 MN_T $^{+0.051}_{0}$	最小削平 MX ±0.25	最大削平 MX_T $^{+0.051}_{0}$	
1/16-27	6.665	0.07	6.632	5.248	7.259	5.875	6.005	4.620	31.8
1/8-27	9.014	0.07	6.703	5.319	7.330	5.946	6.076	4.691	31.8
1/4-18	11.763	0.10	10.206	8.806	11.146	9.746	9.266	7.866	38.1
3/8-18	15.192	0.10	10.358	8.959	11.298	9.898	9.418	8.019	44.5
1/2-14	18.758	0.10	13.556	12.106	14.765	13.315	12.347	10.897	50.8
3/4-14	24.092	0.10	13.861	12.410	15.070	13.619	12.652	11.201	57.2
1-11.5	30.262	0.12	17.343	15.222	18.816	16.695	15.870	13.749	66.5
1¼-11.5	39.025	0.12	17.953	15.832	19.426	17.305	16.480	14.359	79.2
1½-11.5	45.121	0.12	18.377	16.256	19.850	17.729	16.904	14.783	85.9
2-11.5	57.186	0.12	19.215	17.094	20.688	18.567	17.742	15.621	101.6
2½-8	68.481	0.17	28.893	26.759	31.008	28.875	26.777	24.643	120.7
3-8	84.356	0.17	30.480	28.346	32.596	30.462	28.364	26.231	139.7

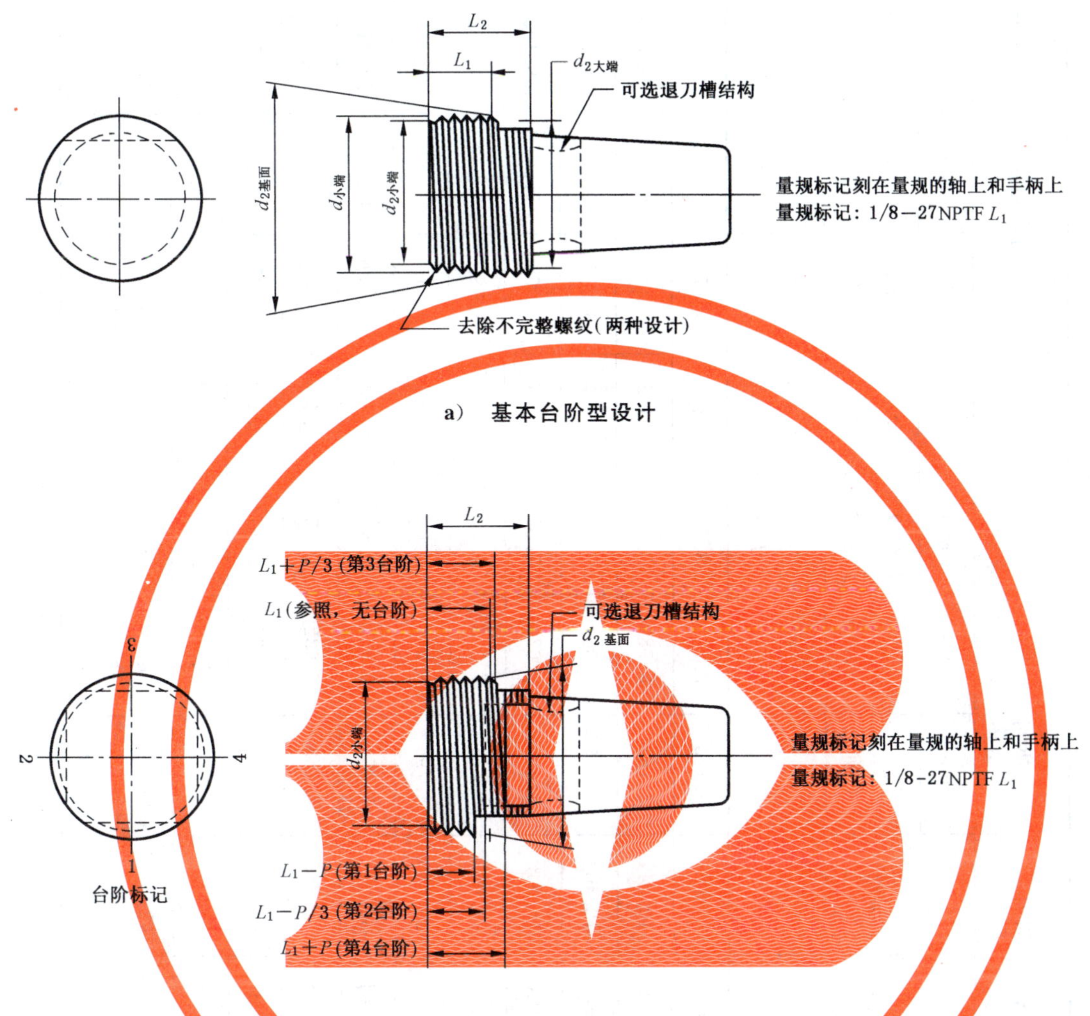

a） 基本台阶型设计

b） 4台阶型设计

注：小尺寸段螺纹位于第1台阶至第2台阶之间；基本尺寸段螺纹位于第2台阶至第3台阶之间；大尺寸段螺纹位于第3台阶至第4台阶之间。

图 A.5 4台阶型和基本型 L_1 圆锥螺纹塞规

表 A.6　4 台阶型和基本型 L_1 圆锥螺纹塞规的基本尺寸(检验 NPTF 螺纹)

单位为毫米

螺纹尺寸代号-牙数	基本长度 L_1	全长 L_2	小端面内		基准平面内		小尺寸段边界		基本尺寸段边界		大尺寸段边界		大端面内	
			中径 $d_{2小端}$	大径 $d_{小端}$	中径 $d_{2基面}$	大径 $d_{基面}$	min 第 1 台阶 L_1-P	max 第 2 台阶 $L_1-P/3$	min 第 2 台阶 $L_1-P/3$	max 第 3 台阶 $L_1+P/3$	min 第 3 台阶 $L_1+P/3$	max 第 4 台阶 L_1+P	中径 $d_{2大端}$	大径 $d_{大端}$
1/16-27	4.064	6.633	6.888	7.439	7.142	7.693	3.123	3.751	3.751	4.377	4.377	5.005	7.303	7.854
1/8-27	4.102	6.702	9.233	9.785	9.489	10.041	3.161	3.789	3.789	4.416	4.416	5.043	9.652	10.203
1/4-18	5.786	10.205	12.126	13.040	12.487	13.402	4.375	5.316	5.316	6.257	6.257	7.197	12.764	13.678
3/8-18	6.096	10.358	15.545	16.459	15.926	16.840	4.685	5.626	5.626	6.566	6.566	7.507	16.193	17.107
1/2-14	8.128	13.556	19.264	20.527	19.772	21.035	6.314	7.523	7.523	8.733	8.733	9.942	20.111	21.374
3/4-14	8.611	13.861	24.579	25.842	25.117	26.380	6.796	8.006	8.006	9.215	9.215	10.425	25.445	26.708
1-11.5	10.160	17.343	30.826	32.342	31.461	32.977	7.951	9.424	9.424	10.896	10.896	12.369	31.910	33.425
1¼-11.5	10.668	17.952	39.551	41.066	40.218	41.733	8.459	9.932	9.932	11.404	11.404	12.877	40.673	42.188
1½-11.5	10.668	18.376	45.621	47.136	46.287	47.803	8.459	9.932	9.932	11.404	11.404	12.877	46.769	48.284
2-11.5	11.074	19.216	57.633	59.148	58.325	59.841	8.866	10.338	10.338	11.810	11.810	13.283	58.834	60.349
2½-8	17.323	28.893	69.076	71.343	70.159	72.426	14.148	16.265	16.265	18.381	18.381	20.498	70.882	73.149
3-8	19.456	30.480	84.852	87.119	86.068	88.335	16.281	18.398	18.398	20.515	20.515	22.631	86.757	89.024

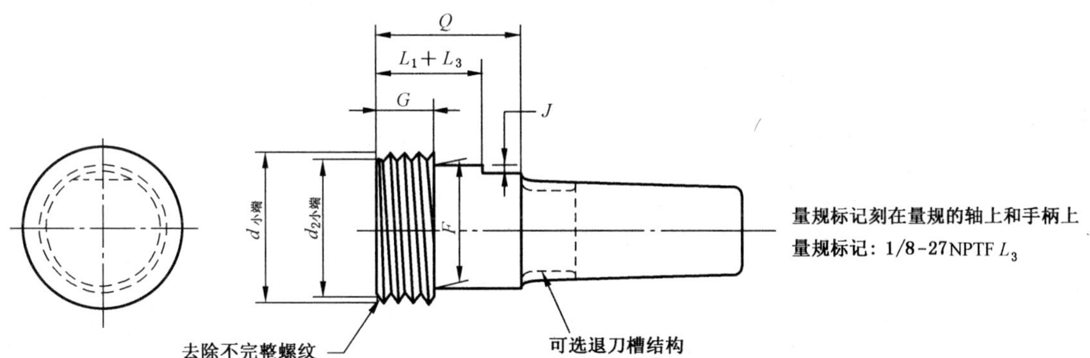

a） 基本台阶型设计

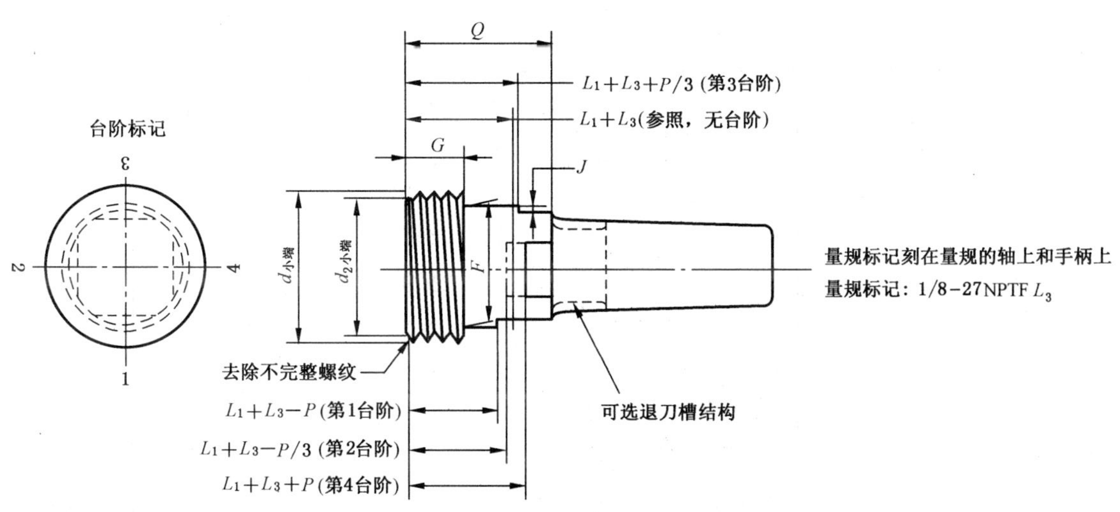

b） 4台阶型设计

图 A.6 4台阶型和基本型 L_3 圆锥螺纹塞规

表 A.7　4 台阶型或基本型 L_3 圆锥螺纹塞规的基本尺寸(检验 NPTF 螺纹)

单位为毫米

螺纹尺寸代号-牙数	基本长度 L_1+L_3	小端面内		缩杆直径 F $^{+0.12}_{0}$	4 牙 L_3+P G	小尺寸段边界		基本尺寸段边界		大尺寸段边界		全长 Q	台阶高度 J $^{+0.12}_{0}$
		中径 $d_{2小端}$	大径 $d_{小端}$			min	max	min	max	min	max		
						第 1 台阶	第 2 台阶	第 2 台阶	第 3 台阶	第 3 台阶	第 4 台阶		
						L_1+L_3-P	$L_1+L_3-P/3$	$L_1+L_3-P/3$	$L_1+L_3+P/3$	$L_1+L_3+P/3$	L_1+L_3+P		
1/16-27	6.886	6.711	7.150	5.49	3.764	5.945	6.573	6.573	7.199	7.199	7.827	10.7	0.76
1/8-27	6.924	9.058	9.497	7.85	3.764	5.983	6.611	6.611	7.237	7.237	7.865	11.7	0.76
1/4-18	10.020	11.862	12.520	10.39	5.644	8.609	9.550	9.550	10.491	10.491	11.432	14.0	0.76
3/8-18	10.330	15.281	15.939	13.77	5.644	8.919	9.860	9.860	10.801	10.801	11.741	15.7	0.76
1/2-14	13.571	18.926	19.771	17.17	7.257	11.757	12.966	12.966	14.176	14.176	15.386	18.8	1.02
3/4-14	14.054	24.239	25.085	22.50	7.257	12.239	13.449	13.449	14.659	14.659	15.868	19.8	1.02
1-11.5	16.787	30.411	31.440	28.40	8.834	14.578	16.051	16.051	17.523	17.523	18.996	23.9	1.27
1¼-11.5	17.295	39.136	40.165	37.13	8.834	15.086	16.559	16.559	18.031	18.031	19.504	23.9	1.27
1½-11.5	17.295	45.207	46.236	43.21	8.834	15.086	16.559	16.559	18.031	18.031	19.504	23.9	1.27
2-11.5	17.701	57.219	58.247	55.22	8.834	15.492	16.965	16.965	18.437	18.437	19.910	23.9	1.27
2½-8	26.848	68.481	69.962	65.79	12.700	23.673	25.790	25.790	27.906	27.906	30.023	40.1	1.27
3-8	28.981	84.257	85.738	81.64	12.700	25.806	27.923	27.923	30.040	30.040	32.156	40.1	1.27

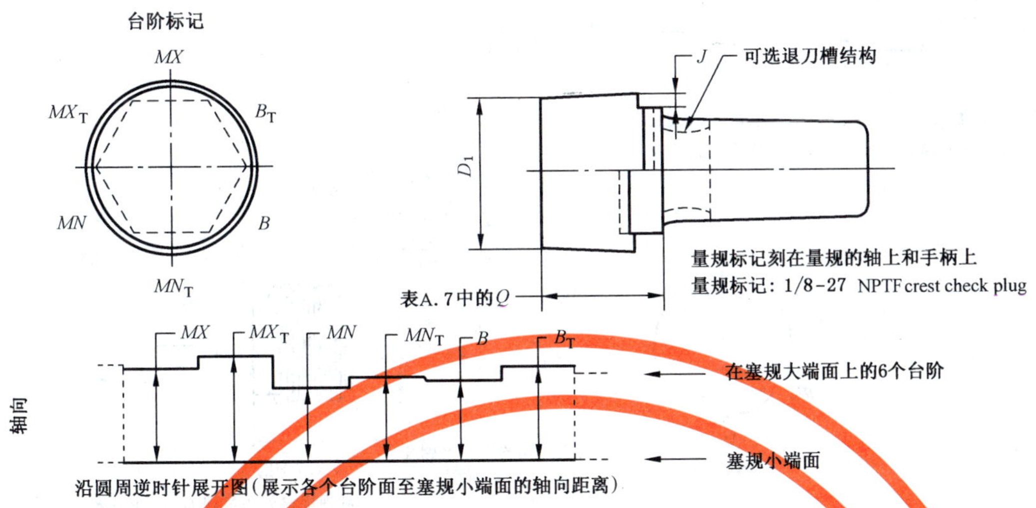

图 A.7　6 台阶牙顶光滑圆锥塞规

表 A.8　6 台阶牙顶光滑圆锥塞规的基本尺寸(检验 NPTF 螺纹)

单位为毫米

螺纹尺寸代号-牙数	在 L_3 处的小径（最大削平）D_1 $^{+0.004}_{0}$	基本尺寸段边界		小尺寸段边界		大尺寸段边界		台阶高度 J
		最小削平 B ±0.025	最大削平 B_T $^{0}_{-0.051}$	最小削平 MN ±0.025	最大削平 MN_T $^{0}_{-0.051}$	最小削平 MX ±0.025	最大削平 MX_T $^{0}_{-0.051}$	
1/16-27	6.073	5.471	6.886	4.844	6.259	6.099	7.513	0.94
1/8-27	8.420	5.509	6.924	4.882	6.297	6.137	7.551	1.40
1/4-18	10.861	8.621	10.020	7.681	9.081	9.561	10.960	1.40
3/8-18	14.280	8.931	10.330	7.991	9.390	9.870	11.270	2.16
1/2-14	17.572	12.177	13.571	10.968	12.362	13.386	14.780	2.16
3/4 14	22.885	12.659	14.054	11.450	12.845	13.868	15.263	3.05
1-11.5	28.763	15.372	16.787	13.899	15.314	16.845	18.260	3.05
1¼-11.5	37.488	15.880	17.295	14.407	15.822	17.353	18.768	3.05
1½-11.5	43.558	15.880	17.295	14.407	15.822	17.353	18.768	3.05
2-11.5	55.570	16.286	17.701	14.813	16.228	17.760	19.174	3.05
2½-8	66.081	25.527	26.848	23.411	24.732	27.643	28.964	3.05
3-8	81.857	27.661	28.981	25.545	26.866	29.776	31.097	3.05

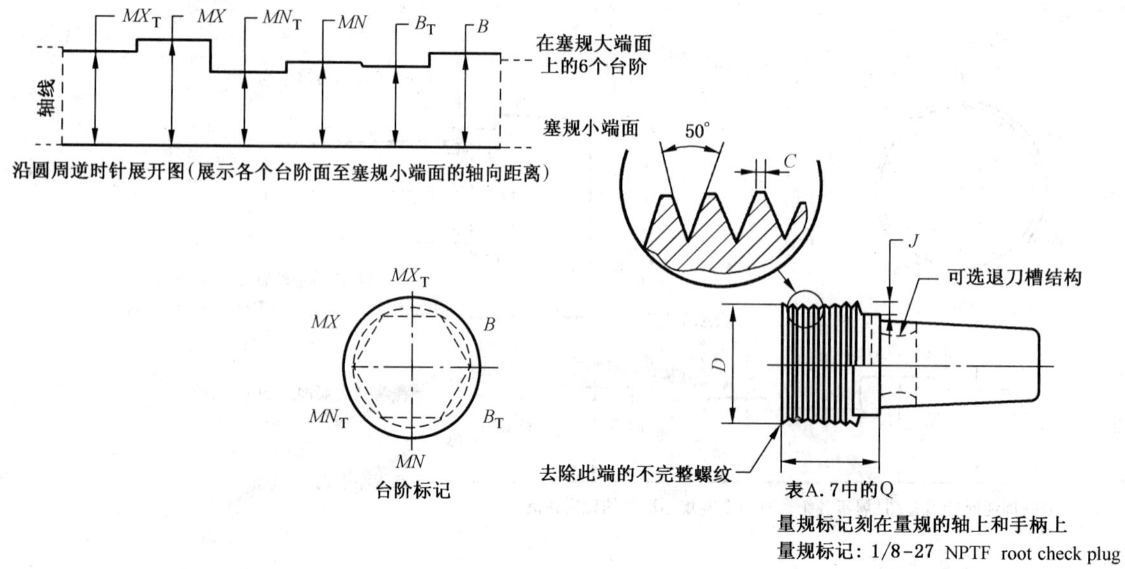

图 A.8 6台阶牙底圆锥塞规

表 A.9 6台阶牙底圆锥塞规的基本尺寸(检验 NPTF 螺纹)

单位为毫米

螺纹尺寸代号-牙数	在 L_1+L_3 处的大径(最小削平) D $^{+0.005}_{0}$	牙顶最大宽度 C	基本尺寸段边界		小尺寸段边界		大尺寸段边界		台阶高度 J $^{+0.12}_{0}$
			最小削平 B ±0.025	最大削平 B_T $^{+0.051}_{0}$	最小削平 MN ±0.025	最大削平 MN_T $^{+0.051}_{0}$	最小削平 MX ±0.025	最大削平 MX_T $^{+0.051}_{0}$	
1/16-27	7.348	0.07	6.886	5.502	6.259	4.874	7.513	6.129	1.52
1/8-27	9.695	0.07	6.924	5.540	6.297	4.912	7.551	6.167	1.52
1/4-18	12.863	0.10	10.020	8.621	9.081	7.681	10.960	9.561	2.03
3/8-18	16.281	0.10	10.330	8.931	9.390	7.991	11.270	9.870	2.03
1/2-14	20.279	0.10	13.571	12.121	12.362	10.912	14.780	13.330	2.41
3/4-14	25.593	0.10	14.054	12.603	12.845	11.394	15.263	13.813	2.41
1-11.5	32.060	0.12	16.787	14.666	15.314	13.193	18.260	16.139	2.79
1¼-11.5	40.785	0.12	17.295	15.174	15.822	13.701	18.768	16.647	2.79
1½-11.5	46.855	0.12	17.295	15.174	15.822	13.701	18.768	16.647	2.79
2-11.5	58.867	0.12	17.701	15.580	16.228	14.107	19.174	17.054	2.79
2½-8	70.881	0.17	26.848	24.714	24.732	22.598	28.964	26.830	3.56
3-8	86.657	0.17	28.981	26.848	26.866	24.732	31.097	28.964	3.56

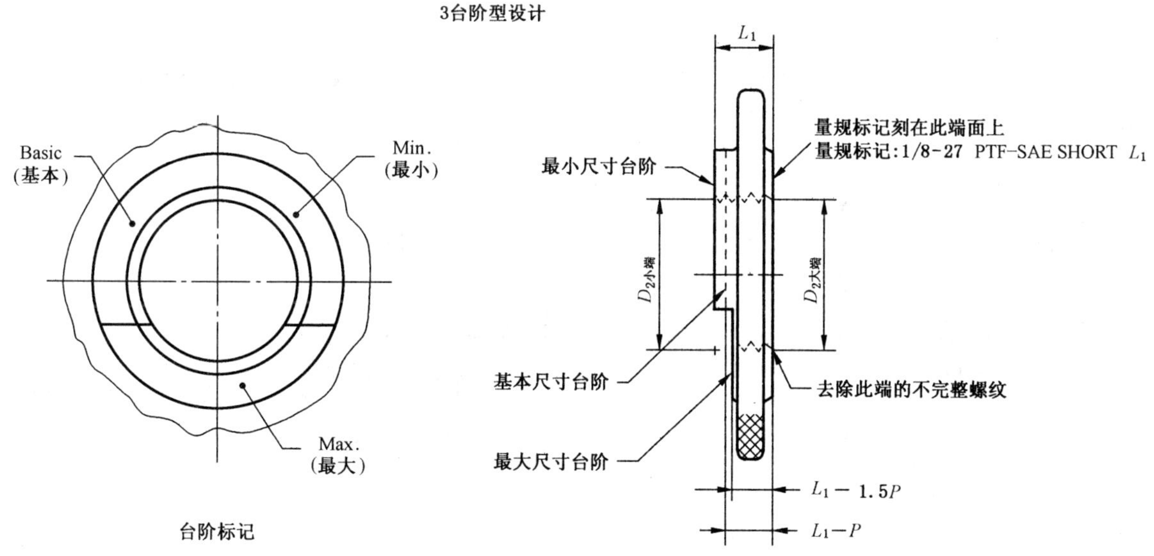

图 A.9　3 台阶短型 L_1 圆锥螺纹环规

表 A.10　3 台阶短型 L_1 圆锥螺纹环规的基本尺寸（检验 PTF-SAE SHORT 螺纹）

单位为毫米

螺纹尺寸代号-牙数	L_1-P	最大尺寸台阶 $L_1-1.5P$	最小尺寸台阶 L_1	大端面内		小端面内	
				中径 $D_{2大端}$	小径 $D_{1大端}$	中径 $D_{2小端}$	小径 $D_{1小端}$
1/16-27	3.123	2.653	4.064	7.142	6.591	6.888	6.337
1/8-27	3.161	2.691	4.102	9.489	8.938	9.233	8.682
1/4-18	4.375	3.669	5.786	12.487	11.573	12.126	11.211
3/8-18	4.685	3.979	6.096	15.926	15.012	15.545	14.631
1/2-14	6.314	5.407	8.128	19.772	18.509	19.264	18.001
3/4-14	6.796	5.889	8.611	25.117	23.854	24.579	23.316
1-11.5	7.951	6.847	10.160	31.461	29.946	30.826	29.311
1¼-11.5	8.459	7.355	10.668	40.218	38.702	39.551	38.036
1½-11.5	8.459	7.355	10.668	46.287	44.772	45.621	44.105
2-11.5	8.866	7.761	11.074	58.325	56.810	57.633	56.118
2½-8	14.148	12.560	17.323	70.159	67.892	69.076	66.809
3-8	16.281	14.694	19.456	86.068	83.801	84.852	82.585

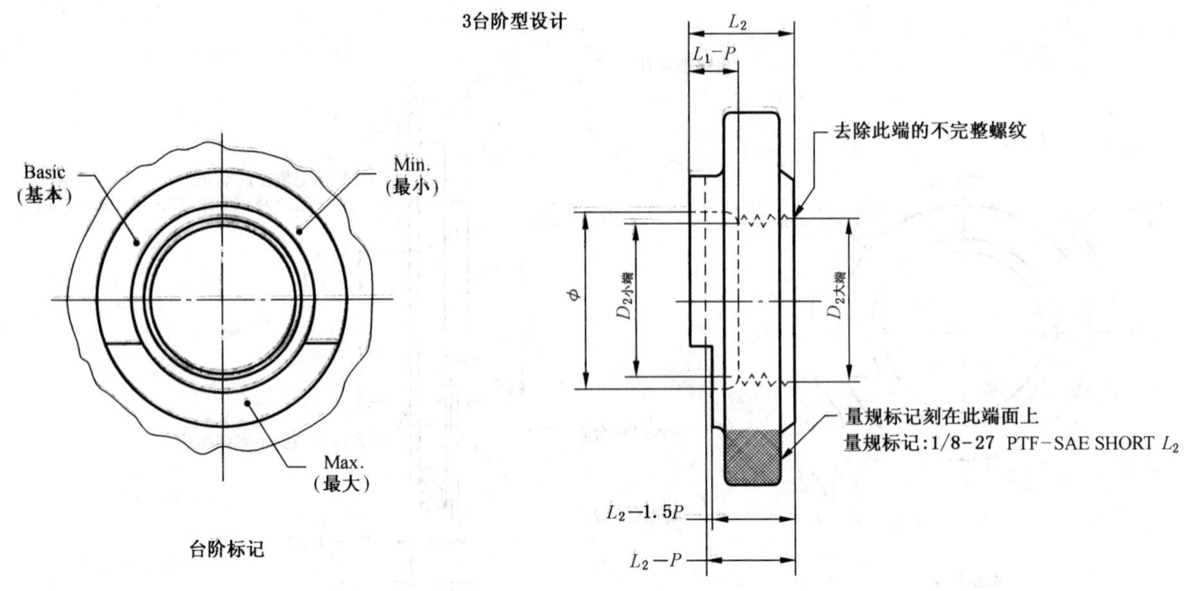

图 A.10　3 台阶短型 L_2 圆锥螺纹环规

表 A.11　3 台阶短型 L_2 圆锥螺纹环规的基本尺寸
（检验 PTF-SAE SHORT 螺纹）

单位为毫米

螺纹尺寸代号-牙数	L_2-P	最大尺寸台阶 $L_2-1.5P$	最小尺寸台阶 L_2	大端面内		小端面内		L_1-P	光孔直径 ϕ
				中径 $D_{2大端}$	小径 $D_{1大端}$	中径 $D_{2小端}$	小径 $D_{1小端}$		
1/16-27	5.692	5.221	6.633	7.303	6.864	7.083	6.645	3.123	9.7
1/8-27	5.761	5.291	6.702	9.652	9.214	9.431	8.992	3.161	11.9
1/4-18	8.793	8.089	10.205	12.764	12.106	12.399	11.742	4.375	15.0
3/8-18	8.946	8.241	10.358	16.193	15.535	15.838	15.180	4.685	18.3
1/2-14	11.742	10.835	13.556	20.111	19.266	19.659	18.813	6.314	22.4
3/4-14	12.047	11.140	13.861	25.445	24.600	25.004	24.158	6.796	27.7
1-11.5	15.133	14.030	17.343	31.910	30.881	31.323	30.294	7.951	34.0
1¼-11.5	15.743	14.639	17.952	40.673	39.644	40.080	39.050	8.459	42.9
1½-11.5	16.167	15.063	18.376	46.769	45.740	46.149	45.120	8.459	49.3
2-11.5	17.005	15.903	19.216	58.834	57.805	58.187	57.158	8.866	63.5
2½-8	25.718	24.130	28.893	70.882	69.402	69.960	68.481	14.148	74.7
3-8	27.305	25.718	30.480	86.757	85.277	85.869	84.390	16.281	90.4

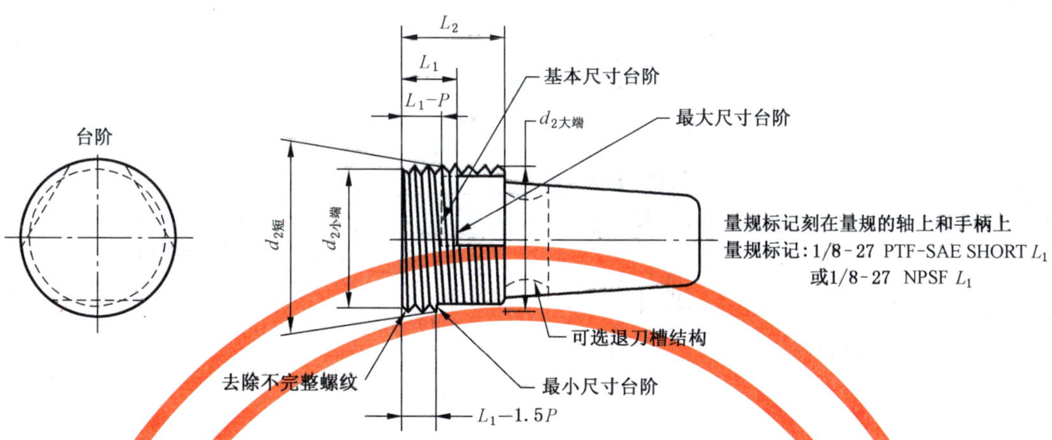

图 A.11 3台阶短型 L_1 圆锥螺纹塞规

表 A.12 3台阶短型 L_1 圆锥螺纹塞规的基本尺寸
（检验 PTF-SAE SHORT 和 NPSF 螺纹）

单位为毫米

螺纹尺寸代号-牙数	L_1-P	L_2	小端面内		最小尺寸台阶内		最大尺寸台阶内		基本尺寸台阶内		大端面内	
			中径 $d_{2小端}$	大径 $d_{小端}$	$L_1-1.5P$	中径 d_{2min}	L_1	中径 d_{2max}	中径 $d_{2短}$	大径 $d_{短}$	中径 $d_{2大端}$	大径 $d_{大端}$
1/16-27	3.123	6.633	6.888	7.439	2.653	7.054	4.064	7.142	7.083	7.634	7.303	7.854
1/8-27	3.161	6.702	9.233	9.785	2.691	9.401	4.102	9.489	9.431	9.982	9.652	10.203
1/4-18	4.375	10.205	12.126	13.040	3.669	12.355	5.786	12.487	12.399	13.314	12.764	13.678
3/8-18	4.685	10.358	15.545	16.459	3.979	15.794	6.096	15.926	15.838	16.752	16.193	17.107
1/2-14	6.314	13.556	10.264	20.527	5.407	19.602	8.128	19.772	19.659	20.922	20.111	21.374
3/4-14	6.796	13.861	24.579	25.842	5.889	24.947	8.611	25.117	25.004	26.267	25.445	26.708
1-11.5	7.951	17.343	30.826	32.342	6.847	31.254	10.160	31.461	31.323	32.839	31.910	33.425
1¼-11.5	8.459	17.952	39.551	41.066	7.355	40.011	10.668	40.218	40.080	41.595	40.673	42.188
1½-11.5	8.459	18.376	45.621	47.136	7.355	46.080	10.668	46.287	46.149	47.665	46.769	48.284
2-11.5	8.866	19.216	57.633	59.148	7.761	58.118	11.074	58.325	58.187	59.703	58.834	60.349
2½-8	14.148	28.893	69.076	71.343	12.560	69.861	17.323	70.159	69.960	72.227	70.882	73.149
3-8	16.281	30.480	84.852	87.119	14.694	85.770	19.456	86.068	85.870	88.136	86.757	89.024

注：对尺寸大于 1-11.5 的 NPSF 螺纹，本表中的量规数据为参考尺寸。

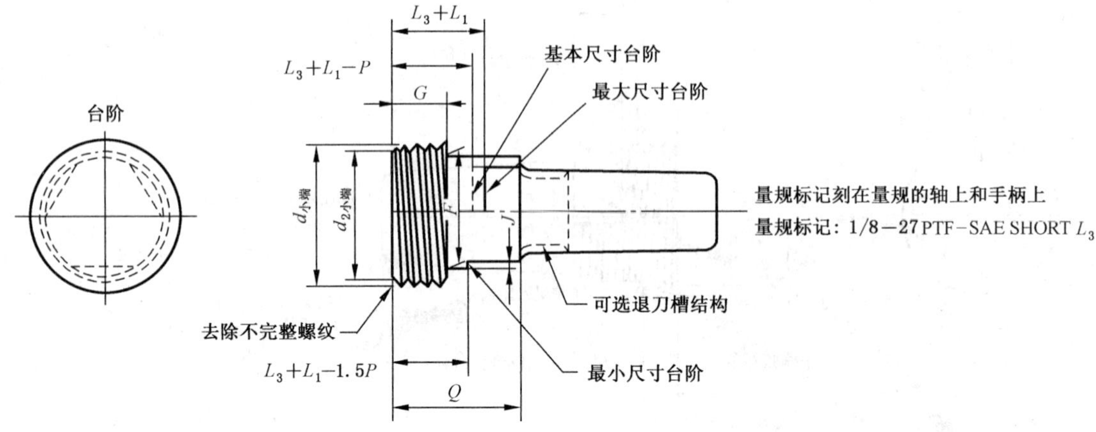

图 A.12　3 台阶短型 L_3 圆锥螺纹塞规

表 A.13　3 台阶短型 L_3 圆锥螺纹塞规的基本尺寸
（检验 PTF-SAE SHORT 螺纹）

单位为毫米

螺纹尺寸代号-牙数	小端面内		缩杆直径 F $^{+0.12}_{0}$	4 牙 L_3+P G	最小尺寸台阶 $(L_3+L_1-1.5P)$	最大尺寸台阶 (L_3+L_1)	全长 Q	台阶高度 J $^{+0.12}_{0}$
	中径 $d_{2小端}$	大径 $d_{小端}$						
1/16-27	6.711	7.149	5.49	3.764	5.476	6.886	10.7	0.76
1/8-27	9.058	9.496	7.85	3.764	5.514	6.924	11.7	0.76
1/4-18	11.862	12.519	10.39	5.644	7.902	10.020	14.0	0.76
3/8-18	15.281	15.938	13.77	5.644	8.212	10.330	15.7	0.76
1/2-14	18.926	19.771	17.17	7.257	10.848	13.571	18.8	1.02
3/4-14	24.239	25.085	22.50	7.257	11.333	14.054	19.8	1.02
1-11.5	30.411	31.441	28.40	8.834	13.472	16.787	23.9	1.27
1¼-11.5	39.136	40.166	37.13	8.834	13.980	17.295	23.9	1.27
1½-11.5	45.207	46.236	43.21	8.834	13.980	17.295	23.9	1.27
2-11.5	57.219	58.248	55.22	8.834	14.387	17.701	23.9	1.27
2½-8	68.481	69.961	65.79	12.700	22.085	26.848	40.1	1.27
3-8	84.257	85.737	81.64	12.700	24.221	28.981	40.1	1.27

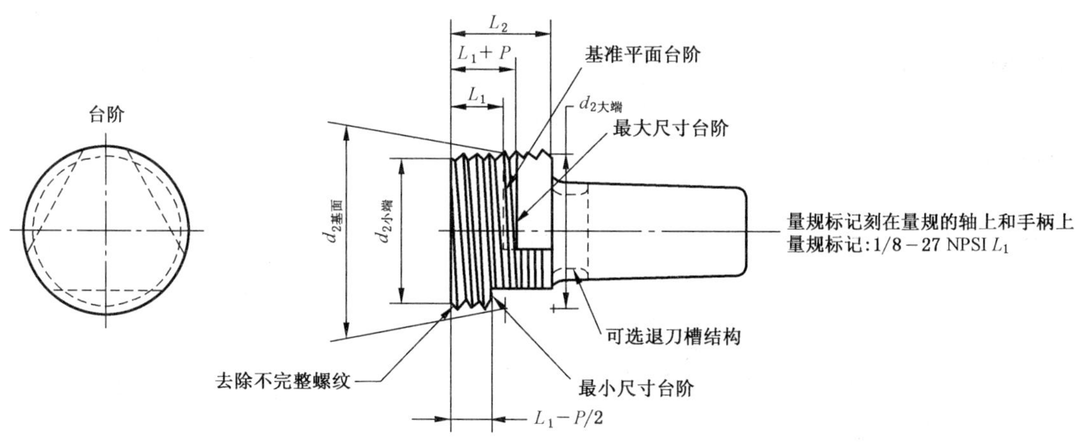

图 A.13 3 台阶 L_1 圆锥螺纹塞规

表 A.14 3 台阶型 L_1 圆锥螺纹塞规的基本尺寸(检验 NPSI 螺纹)

单位为毫米

螺纹尺寸代号-牙数	L_1	L_2	小端面内		最小尺寸台阶内		最大尺寸台阶内		基准平面台阶内		大端面内	
			中径 $d_{2小端}$	大径 $d_{小端}$	$L_1-P/2$	中径 d_{2min}	L_1+P	中径 d_{2max}	中径 $d_{2基面}$	大径 $d_{基面}$	中径 $d_{2大端}$	大径 $d_{大端}$
1/16-27	4.064	6.633	6.888	7.439	3.594	7.113	5.005	7.201	7.142	7.693	7.303	7.854
1/8-27	4.102	6.702	9.233	9.785	3.632	9.460	5.043	9.548	9.489	10.041	9.652	10.203
1/4-18	5.786	10.205	12.126	13.040	5.081	12.443	7.197	12.576	12.487	13.402	12.764	13.678
3/8-18	6.096	10.358	15.545	16.459	5.390	15.882	7.507	16.014	15.926	16.840	16.193	17.107
1/2-14	8.128	13.556	19.264	20.527	7.221	19.715	9.942	19.885	19.772	21.035	20.111	21.374
3/4-14	8.611	13.861	24.579	25.842	7.703	25.061	10.425	25.231	25.117	26.380	25.445	26.708
1-11.5	10.160	17.343	30.826	32.342	9.056	31.392	12.369	31.599	31.461	32.977	31.910	33.425
1¼-11.5	10.668	17.952	39.551	41.066	9.564	40.149	12.877	40.356	40.218	41.733	40.673	42.188
1½-11.5	10.668	18.376	45.621	47.136	9.564	46.218	12.877	46.426	46.287	47.803	46.769	48.284
2-11.5	11.074	19.216	57.633	59.148	9.970	58.256	13.283	58.463	58.325	59.841	58.834	60.349
2½-8	17.323	28.893	69.076	71.343	15.735	70.060	20.498	70.357	70.159	72.426	70.882	73.149
3-8	19.456	30.480	84.852	87.119	17.869	85.969	22.631	86.266	86.068	88.335	86.757	89.024
注：对尺寸大于 1-11.5 的 NPSI 螺纹，本表中的量规数据为参考尺寸。												

被检螺纹的标记方法见第 11 章。

中径量规的类型代号为：L_1、L_2 和 L_3。

牙顶和牙底量规类型的英文词组为：

牙顶环规：crest check ring；牙底环规：root check ring；

牙顶塞规：crest check plug；牙底塞规：root check plug。

螺纹量规的标记示例见图 A.1～图 A.13。

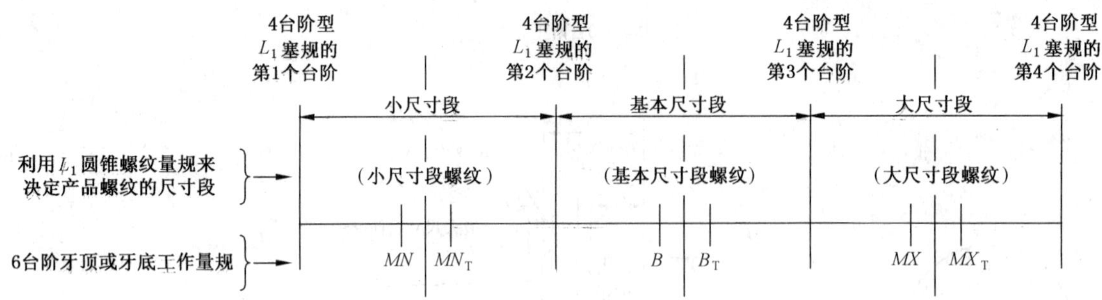

注 1：此例为检验内螺纹工件。

注 2：MN——小尺寸段螺纹的最小削平高度；

MN_T——小尺寸段螺纹的最大削平高度；

B——基本尺寸段螺纹的最小削平高度；

B_T——基本尺寸段螺纹的最大削平高度；

MX——大尺寸段螺纹的最小削平高度；

MX_T——大尺寸段螺纹的最大削平高度。

图 A.14　4 台阶 L_1 量规对工件螺纹尺寸分段与 6 台阶牙顶和牙底量规各台阶面之间的对应关系

表 A.15　螺纹工作量规制造公差

单位为毫米

螺纹尺寸代号-牙数	塞规基面中径极限偏差 ±	L_1 范围内的导程累积公差		牙侧角极限偏差/(′)		L_1 范围内的锥度极限偏差		塞规大径极限偏差	环规小径极限偏差	环塞规旋合后两基面位置允许分离的最大距离
		塞规	环规	塞规 ±	环规 ±	塞规	环规			
1/16-27	0.005	0.005	0.008	15	20	+0.008 0	0 −0.015	0 −0.030	+0.030 0	0.76
1/8-27	0.005	0.005	0.008	15	20	+0.008 0	0 −0.015	0 −0.030	+0.030 0	0.76
1/4-18	0.005	0.005	0.008	15	20	+0.010 0	0 −0.018	0 −0.030	+0.030 0	0.86
3/8-18	0.005	0.005	0.008	15	20	+0.010 0	0 −0.018	0 −0.030	+0.030 0	0.86
1/2-14	0.008	0.005	0.008	10	15	+0.015 0	0 −0.023	0 −0.038	+0.038 0	0.91
3/4-14	0.008	0.005	0.008	10	15	+0.015 0	0 −0.023	0 −0.038	+0.038 0	0.91
1-11.5	0.008	0.008	0.010	10	15	+0.020 0	0 −0.030	0 −0.038	+0.038 0	1.12
1¼-11.5	0.008	0.008	0.010	10	15	+0.020 0	0 −0.030	0 −0.038	+0.038 0	1.12
1½-11.5	0.008	0.008	0.010	10	15	+0.020 0	0 −0.030	0 −0.038	+0.038 0	1.12
2-11.5	0.008	0.008	0.010	10	15	+0.020 0	0 −0.030	0 −0.038	+0.038 0	1.12
2½-8	0.013	0.010	0.013	7	10	+0.025 0	0 −0.036	0 −0.048	+0.048 0	1.42
3-8	0.013	0.010	0.013	7	10	+0.025 0	0 −0.036	0 −0.048	+0.048 0	1.42

表 A.16 螺纹工作量规轴向尺寸极限偏差

单位为毫米

螺纹尺寸代号	塞规		环规
	L_1 和 L_3 量规小端面至基面长度	全长 L_2	L_1 和 L_2 量规厚度
1/16～2	0 −0.025	+0.397 0	+0.025 0
≥2½	0 −0.051	+0.794 0	+0.051 0

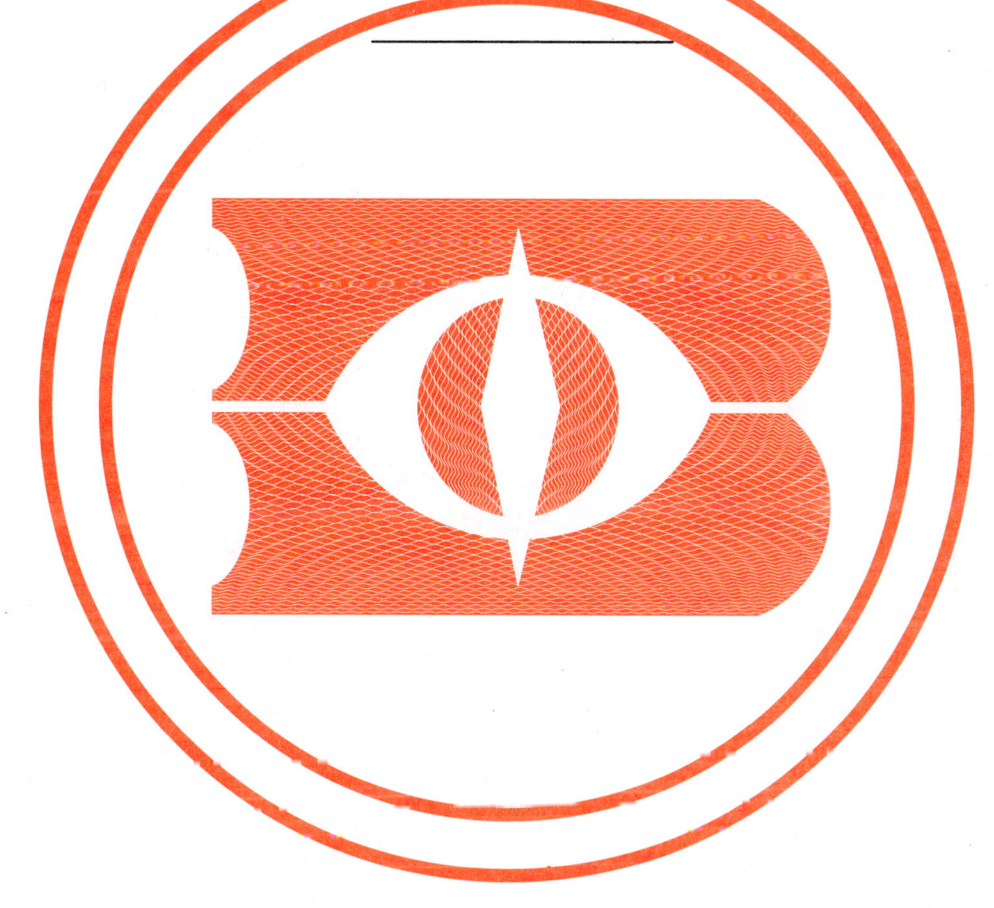